深智數位
股份有限公司

前言

✣ 寫作背景

Spring Cloud 微服務系統在中文使用地區真正流行是在 2017 年左右，那時我所在的公司——摩拜單車風頭正盛，後端系統也剛完成了從早期單體應用到 Spring Cloud 微服務架構的轉型。在這次大規模的微服務架構實踐中，我深刻感受到微服務架構給高速發展中的摩拜單車，在後端架構、系統負載、開發方式、組織架構等方面所帶來的好處。

於是，我便有了將這些實踐經驗透過文章輸出的想法，然而寫作過程並非一帆風順。因為工作繁忙，所以本書的寫作從 2019 年 4 月整整持續了兩年多的時間。技術更新是非常快的，這樣的寫作時長存在著技術落後的風險，不過幸好目前 Spring Cloud 微服務系統依然是主流，雖然新一代微服務架構 Service Mesh 也在迅速發展，但短期內並不會完全取代 Spring Cloud。

雖然寫作過程進展不快，但這也正好有了更多的思考時間，因此書稿內容也都處於持續最佳化中，根據技術的變化進行同步。所以，本書在技術上不僅不落後，反而具有一定的前瞻性。

✣ 本書特色

本書以專案實例的形式來展示 Spring Cloud 微服務生命週期所涉及的技術，具有以下特點。

（1）精選業界普遍採用的技術方案進行詳細介紹。

雖然 Spring Cloud 微服務的技術生態非常豐富，但在實際應用中，並不是所有技術都是必需的。所以，本書並沒有像其他某些 Spring Cloud 圖書那樣囫圇式地將各個技術元件都介紹一遍，而是以目前網際網路業界普遍採用的技術方案進行詳細介紹。

舉例來說，關於註冊中心的選擇，大部分網際網路公司並不會直接採用 Eureka，而是會選擇性能更高、支援微服務數量規模更大的方案，如

Consul 或 Nacos 等。而對於像微服務的分散式鏈路追蹤方案，一般也不會選擇 Spring Cloud Sleuth，而是選擇更流行的 SkyWalking 方案等。

（2）包括 Spring Cloud 微服務系統的絕大部分內容。

本書包括建構 Spring Cloud 微服務的絕大部分內容——包括微服務專案架設、微服務閘道、熔斷限流、分散式任務排程、自動化 CI/CD 建構、Kubernetes 容器化部署、微服務監控系統、分散式鏈路追蹤等。

（3）循序漸進，實戰性強。

本書對於微服務技術並不是枯燥地敘述，而是根據每個專案實例的特點，「從原理到實踐」一步步地教學，並且每章的實例都可以獨立學習。書中實例都提供了完整的原始程式，且精確到具體的套件路徑。

（4）實例具有強大實用參考性。

本書所有實例都是作者從多年的工作實踐中整理出來的真實專案，使用者系統、SSO 授權系統、車輛電子圍欄系統、電子錢包系統、支付系統、A/B 測試系統等，都是目前網際網路業務系統中真實存在的。本書列出了這些系統的詳細設計方案，以及具體程式實現。

（5）程式工整，注重程式設計思想的提煉。

本書實例中，注重程式設計規範及軟體分層架構。透過學習本書，讀者不僅能夠快速掌握 Spring Cloud 微服務開發技術，還能感受到良好的程式設計思想，從而在潛移默化中培養良好的程式設計習慣，提升程式設計水準。

（6）技術前瞻，緊接發展潮流。

本書所相關的技術具有一定的前瞻性，特別是最後兩章所涉及的 Kubernetes 容器編排、監控系統及分散式鏈路追蹤等內容，都是當前流行及今後會流行的技術，也是下一代微服務架構 Service Mesh 所依賴的平台基礎。

由於筆者能力有限，錯漏之處在所難免，歡迎讀者批評、指正。筆者的電子郵件為 1468325120@qq.com

✤ 使用技術及版本

本書所採用的技術及相關版本較新，請讀者將相關開發環境設定成與下方所列的設定，或不低於本書所列的設定。

- JDK 1.8。
- Apache Maven 3.6.1。
- Spring Boot 2.1.5.RELEASE。
- Spring Cloud Greenwich.SR1。
- Docker 19.03.5。
- Consul 1.9.1。
- MySQL 5.7。
- Redis 3.2。
- PostgresSQL 10.0。
- PostGIS 2.4。
- Spring Cloud Config Server 2.1.1. RELEASE。
- Spring Cloud Hystrix Dashboard 1.4.7.RELEASE。
- Vue 2.9.6。
- Npm 6.13.4。
- MyBatis Plus 3.3.0。
- Apache Zookeeper 3.7.0-bin。
- Elasticjob-Lite 3.0.0-RC1。
- Elasticjob-Lite-UI 3.0.0-RC1。
- Ubantu Linux 20.04 LTS。
- GitLab 13.2.2。
- Harbor 2.0.2。
- Kubernetes 1.18.1。
- Helm v3.4.0-rc.1。
- Prometheus-Operator 0.38.1。
- Prometheus 2.22.0
- SkyWalking OAP Server 8.3.0-es7。
- SkyWalking UI 8.3.0。

本書實例所採用的整合開發工具為 IntelliJ IDEA ULTIMATE 2019.2。

姜橋

目錄

01 基礎

02【實例】使用者系統

04【實例】車輛電子圍欄系統

05【實例】電子錢包系統

06【實例】支付系統

07【實例】A/B 測試系統

08【實例】分散式任務排程系統

09 架設微服務 DevOps 發佈系統

10 架設微服務監控系統

Chapter

01

基礎

從 Spring Boot 單體應用到 Spring Cloud 微服務

「微服務」是近年來後端技術領域的熱門話題，也是如今網際網路服務端系統普遍採用的架構方式。那麼，如何實施微服務？傳統單體應用如何升級為微服務？微服務開發框架 Spring Boot 與 Spring Cloud 有什麼樣的關係？如何才能快速掌握微服務開發的技巧？

帶著這些問題，讓我們一起開始本書的學習吧。

本書將透過多個完整的實戰專案來介紹在實際工作場景下微服務的開發技巧，內容涵蓋開發框架、程式設計技巧、微服務治理、Kubernetes 容器化部署及監控等。此外，本書中的每一個實戰專案都是從實際業務中提煉的，透過這些實戰專案除能夠掌握基本的微服開發技巧外，還能直接獲得特定系統的設計想法及方案。

> 無論是否接觸過微服務開發，只要具備一定的 Java 開發基礎的讀者，都能透過本書快速掌握實際場景中的微服務開發技巧，並快速提升專案實戰經驗。

在正式開始微服務專案實戰之前，本章先介紹 Spring Boot、Spring Cloud 框架的基礎知識，這是目前快速實踐微服務架構的主流框架，在很多網際網路公司的微服務實踐中它們都獲得了普遍應用。本書後面所有的實戰專案也都是以 Spring Boot 及 Spring Cloud 框架為基礎來建構的。

透過本章，讀者將學習到以下內容：

- 微服務的基本概念及進化史。
- Spring Boot 框架基礎及核心原理。
- 快速建構 Spring Boot 應用的方法。
- Spring Cloud 微服務系統基礎及執行原理。
- Spring Cloud 的技術生態圈。

1.1 微服務的概念

本節從微服務的基本概念入手，分別介紹微服務的特點、實施原因，以及主流的微服務技術堆疊。

1.1.1 什麼是微服務

微服務從本質上來說，是一種分散式系統的架構模式。它透過將規模龐大的單體應用拆分成一組獨立的「微」服務，來降低系統功能之間的耦合性，並提升系統的整體服務能力及敏捷性。

在微服務系統結構中，應用被構造為一組鬆散耦合的、細顆粒度的服務，並透過羽量級協定（如以 HTTP 為基礎的 RESTful API、RPC）來實現互相通訊。整體來說，微服務具備以下特點：

- 鬆散耦合。微服務需要圍繞具體的業務來建構，因此從系統的邊界劃分上說，服務之間的依賴應該處於低耦合狀態。
- 獨立部署。每一個微服務都可以被獨立部署，從而可以有效地避免因系統的局部變動而需要整體發佈。

- 高度可維護性及可測試性。在實施微服務架構後，服務的數量會急劇上升，因此微服務系統應該具備 DevOps 的執行維護能力，以滿足微服務高可維護性及可測試性的需求。
- 更小、更獨立的團隊。按照服務功能邊界的劃分，單體架構時代模糊的組織結構可以被拆分為更小、更獨立的團隊，從而實現服務疊代的敏捷性。

1.1.2 從單體應用到微服務

對大多數網際網路公司來說，在初創時期，面對的主要問題是如何將一個想法快速變成實際的軟體實現。為了產品的快速上線，系統的架構一般不會設計得太複雜——服務端系統以單體應用架構為主，如圖 1-1 所示。

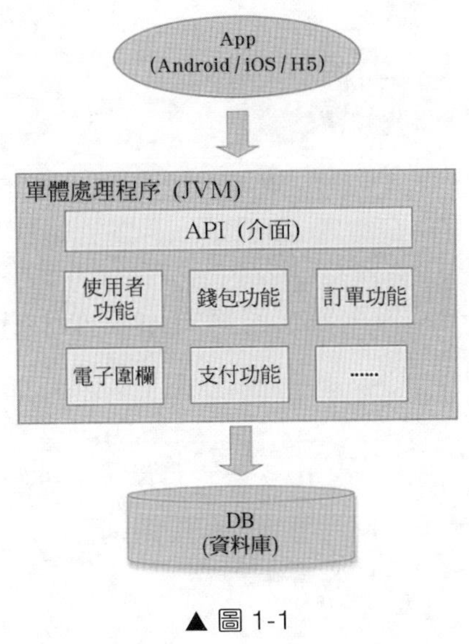

▲ 圖 1-1

如圖 1-1 所示，創業初期系統的功能相對簡單，業務流程也不複雜，所以，功能基本都耦合在一個單體應用中。但隨著業務的迅速發展（如筆者 2017 年任職摩拜單車 (譯註：中國大陸的共享單車平台) 時業務的爆發式增長)，App 的下載量、線上註冊人數迅速增長，此時整個後端服務面臨的壓力會陡然上升，而為了扛住流量壓力，只能透過不斷增加伺服器來平行擴充後端服務節點數量。此時的系統架構如圖 1-2 所示。

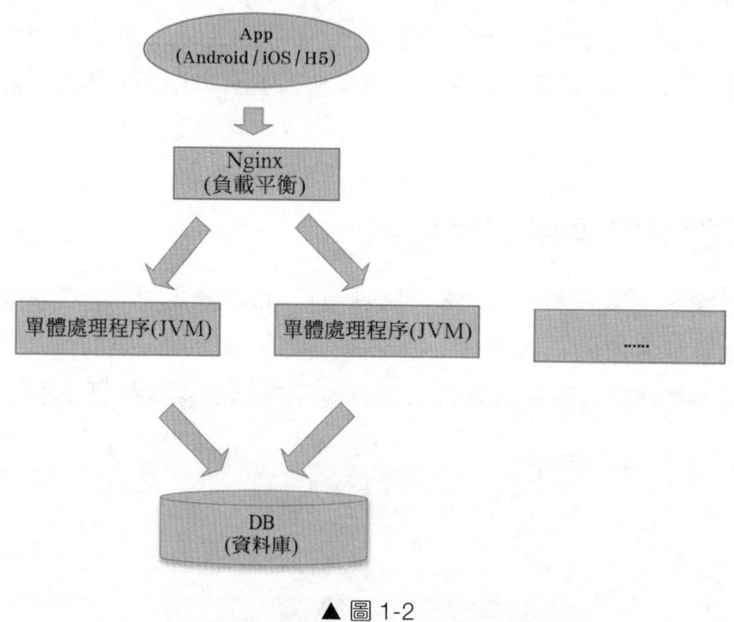

▲ 圖 1-2

如圖 1-2 所示，透過增加伺服器的方式，雖然使得系統抗住了一波壓力，但系統並不夠穩定——舉例來說，有時會因為 API 中的某個介面的性能問題而導致整體服務的不可用。

> 這是因為，這些介面都在一個 JVM 處理程序中，雖然部署了多個節點，但底層資料庫、快取系統都是共用的，所以還是會出現「一掛全掛」的情況（作者之前就親身經歷過這樣的事件）。

此外，隨著業務的快速發展，之前相對簡單的功能變得複雜起來——舉例來說，滿足增長策略的紅包、分享以吸引新的用戶，以及滿足變現需求的廣告推薦等功能。這些複雜的功能疊加在一個單體應用中，可能導致系統的可維護性變得越來越低，反過來也會阻礙業務的發展。

另外，流量 / 業務的增長也表示團隊人數的增長，此時如果大家開發各自的業務功能還是共用一套後端程式，則很難想像如此規模的研發團隊在同一套程式中疊加功能是一個什麼樣的場景。因此，如何劃分業務邊界、合理地進行團隊設定就變成了一件非常棘手的事。

為了解決上述問題，適應業務、團隊的發展，就需要實施微服務架構，按照業務邊界對單體應用進行微服務拆分。而要實施微服務架構，除需要合理地劃分業務邊界外，還需要一套完整的技術解決方案。

1.1.3 主流的微服務技術堆疊

在技術方案的選擇上，服務治理的框架有很多，例如早期的 WebService，近期的各種 RPC 框架（如 Dubbo、Thirft、GRPC 等）。而 Spring Cloud 是以 Spring Boot 為基礎的一套微服務解決方案——開發友善，對服務治理相關的各類元件的支撐也非常全面。所以 Spring Cloud 成了大部分網際網路公司實施微服務架構的首選技術方案。

> 如今以 Spring Cloud 為代表的微服務技術，在業界已經獲得了普遍應用。Spring Cloud 將原本複雜的架構方式，變成了一件相對容易實施的事情，而之所以能夠有這樣的效果，關鍵就在於：以 Spring Boot、Spring Cloud 為核心的微服務技術框架，以及圍繞它們所建構的開放原始碼生態，已經為我們掃平了通向微服務架構之路的絕大部分技術障礙。
>
> 雖然目前以 Istio 為代表的 Service Mesh（服務網格）也在迅猛發展，但從實施成本和普及程度來看，以 Spring Cloud 為代表的微服務技術系統仍然是大部分網際網路公司實施微服務架構的首選。

本章接下來的內容，將重點說明 Spring Boot、Spring Cloud 的基本原理及其核心元件。將有助讀者更進一步地學習本書後面的專案實例。

1.2 Spring Boot 框架基礎

Spring Cloud 微服務應用是以 Spring Boot 框架為基礎來建構的，並且 Spring Cloud 微服務系統中相關的依賴也都是遵循 Spring Boot 框架的基本邏輯來定義的。所以，在開始學習 Spring Cloud 微服務之前，需要先了解 Spring Boot 框架的相關知識。

1.2.1 Spring Boot 簡介

下面從 Spring Boot 的核心能力及版本來簡單介紹 Spring Boot 框架。

1. Spring Boot 是什麼

隨著微服務架構理念的普及，Spring Boot 已經成為 Java 服務端開發的工業級技術框架，而 Spring Boot 之所以能夠迅速被接受並流行起來，關鍵在於：

（1）利用 Spring Boot 可以十分方便地建構生產等級的 Spring 應用。相較於早期繁瑣的 Spring 應用建構方式來說，Spring Boot 框架的出現極大地改善了 Spring 應用的開發體驗。

（2）Spring Boot Starter「開箱即用」的依賴整合方式，使得 Spring Boot 應用能夠非常方便地整合其他技術元件。

> 目前在應用中經常使用的技術元件，如 Redis、MyBatis、RocketMQ 等，都對 Spring Boot 應用提供了 Spring Boot Starter 方式的連線元件。即使沒有現成的依賴支持，以 Spring Boot Starter 機制為基礎的自動設定原理，也能很方便地訂製 Spring Boot Starter 元件，從而讓 Spring Boot 應用無縫地連線某個技術元件。

Spring Boot 框架在 Spring 框架的基礎上進行了進一步的封裝（如封裝了大量的註釋），並延續了 Spring「約定大於設定」的思想。因此，在使用 Spring Boot 開發應用時，只需要透過幾個簡單的註釋設定，即可快速地將應用架設起來——這極大地提高了應用的專案建構效率，也是為什麼 Spring Boot 框架能夠流行起來的重要原因。

2. Spring Boot 的發佈版本

Spring Boot 目前主要有兩大版本：Spring Boot 1.x 系列、Spring Boot 2.x 系列。

在 Spring Boot 1.x 系列中，Spring Boot 1.5.x 是在生產中使用得比較廣泛的版本。而隨著 Spring Boot 2.x 的發佈，目前很多公司在逐步將 Spring Boot 升級到 2.x 版本。

> 截至本書寫作時目前 Spring Boot 的最新版本是 2.1.x 系列，因此本書所有的實例均採用 Spring Boot 2.1.5.RELEASE 版本來建構。

1.2.2 Spring Boot 的核心原理

Spring Boot 並不是一種全新的技術，也不是要「重複造輪子」來替代 Spring，而是以 Spring 框架進行為基礎的一次應用程式開發模式的最佳化。在 JDK 1.5 推出註釋功能後，Spring 框架後續的版本，開始大量採用定義註釋來替代原有的繁瑣設定，這些 Spring 註釋後來被逐步用於 Spring 框架的設定管理、Bean 的依賴注入，以及 AOP 等功能的實現。

> 任何事物都有兩面性，隨著 Spring 框架中定義的註解越來越多，這些註解被大量重複地使用到 Spring 專案的各個類別、方法及依賴之中，這導致應用產生了大量繁瑣的註解依賴和容錯的註解程式。

到這裡大家也許會想到，既然這麼多 Spring 註釋很繁瑣，那麼是不是可以組合一下呢？具體來說就是，可不可以將 Spring 的一些註釋按照功能分類，透過定義一組新的註釋來對相關性較強的 Spring 註釋進行重新組合。這樣，對於一些比較通用的場景，只需要引入這一個組合註釋，就能夠自動引入與之相關的其他 Spring 註釋。這實際上也是 Spring Boot 框架的實質。

但要實現 Spring 註釋的組合，並不只是把多個註釋組合在一起就可以了，還需要解決以下兩個核心問題：

- 如果將幾個 Spring 註釋組合成一個註釋，那麼該組合註釋是否能夠被應用在其他註釋上。
- 組合註釋還會遇到在 Spring 容器初始化上下文時 Bean 的注入順序問題。舉例來說，存在兩個元件 A 和 B 需要被 Spring 容器初始化，而 A 元件的邏輯需要使用到 B 元件。如果 Spring 容器先初始化 A 元件，則可能因為缺失 B 元件而導致 A 元件建立失敗，從而導致整個 Spring 容器無法正常啟動。

> 上述問題在 Spring 框架中早已有了解決方案——組合註解及以條件為基礎的設定。
>
> Spring Boot 正是基於 Spring 框架提供的這種核心能力，才能夠繼續對 Spring 的原始註解進行組合，並透過條件設定來實現對其他技術依賴的「智慧化」整合。這也正是 Spring Boot 框架的核心吸引力所在。

所以，從本質上來說，Spring Boot 更多是以 Spring 原有的能力為基礎做了很多關於「註釋」、「依賴」及「自動化設定」的整合和最佳化，從而提高了應用的開發效率。

講到這裡大家應該對 Spring Boot 框架的本質有了一定的認識。接下來，從技術細節來分析 Spring Boot 框架的具體實現。

1. 什麼是元註釋

透過前面的說明可以知道，Spring Boot 實質上就是在 Spring 框架的基礎上進行了很多二次封裝，其關鍵的特性之一是：定義了一些新的註釋，來實現對部分 Spring 註釋的組合。

> Spring 框架提供的各種註解，其底層邏輯也基於 JDK1.5 之後推出的註解特性。

在 JDK 的註釋邏輯中，如果一個註釋要被其他註釋所引用，則需要將該註釋定義為「元註釋」。

> 「元註解」就是可以註解到其他註解上的註解，而被註解的註解就是上面提到的組合註解。關於元註解在 JDK 中的定義，可以參考 JDK 相關的資料。

實際上在 Spring 中定義的很多註釋都可以作為「元註釋」，並且 Spring 本身也實現了很多組合註釋。舉例來說，經常使用的 @Configuration 註釋就是一個組合註釋，它包含了 @Component 註釋。正是因為有了這樣的基本條件，Spring Boot 才可以定義一些組合註釋來實現特定的功能。

2. 條件註釋 @Conditional

接下來重點討論條件註釋 @Conditional，它是 Spring 4 提供的具有重要意義的註釋。

(1) 條件註釋 @Conditional 的作用。

條件註釋 @Conditional 可以根據是否滿足某一個特定條件，來控制 Spring 容器建立 Bean 的行為。

舉例來說，某個依賴在同一個類別路徑下需要設定一個或多個 Bean，則可以透過條件註釋 @Conditional 來實現——只有當某個 Bean 被建立之後才會自動建立另外一個 Bean。這也就解決了前面提到的 Bean 注入順序的問題。另外，也可以依據一些特定的條件來控制 Bean 的建立邏輯，這樣就可以使用該特性來實現一些依賴的自動設定。

> Spring Boot 之所以用起來如此便捷，核心原因就在於：它不僅本身實現了很多常用元件的自動設定，並且也支援其他元件透過自訂的自動設定來和 Spring Boot 應用快速整合。

條件註釋 @Conditional 是 Spring Boot 實現自動設定能力的基礎。事實上，Spring Boot 之所以能夠實現自動註釋設定，正是以這種能力為基礎。

（2）Spring Boot 的核心條件註釋。

在 Spring Boot 框架中，以 @Conditional 註釋為「元註釋」重新定義了一組針對不同應用場景的組合條件註釋，它們是 Spring Boot 實現元件開發的重要利器。這些註釋分別有：

- @ConditionalOnBean：當 Spring 容器中有指定的 Bean 時才進行實例化。
- @ConditionalOnMissingBean：功能與 @ConditionalOnBean 正好相反，當 Spring 容器中沒有指定的 Bean 時才進行實例化。
- @ConditionalOnClass：當 Classpath 類別路徑下有指定的類別時才進行實例化。
- @ConditionalOnMissingClass：該註釋與 @ConditionalOnClass 的功能相反，當 Classpath 類別路徑下沒有指定的類別時才進行實例化。
- @ConditionalOnWebApplication：當應用是一個 Web 應用時才進行實例化。
- @ConditionalOnNotWebApplication：當應用不是一個 Web 應用時才進行實例化。
- @ConditionalOnProperty：當指定的屬性有指定的值時才進行實例化。

- @ConditionalOnExpression：以 Spring EL 運算式為基礎的條件判斷。
- @ConditionalOnJava：當 JVM 版本為指定範圍內的版本時才進行實例化。
- @ConditionalOnResource：當類別路徑下有指定的資源時才進行實例化。
- @ConditionalOnJndi：在 JNDI 存在的條件下才進行實例化。
- @ConditionalOnSingleCandidate：當指定的 Bean 在 Spring 容器中只有一個，或雖然有多個但是指定了首選的 Bean 時才實例化。

（3）Spring Boot 核心條件註釋在自動設定類別中的應用。

從 Spring Boot 的核心條件註釋可以看出，以 @Conditional 元註釋為基礎的條件註釋佔了很大的篇幅。而實際上，Spring Boot 的核心功能基本上就是以這些條件註釋為基礎來實現的。

在 Spring Boot 為實現自動設定而定義的 "spring-boot-autoconfigure" 項目中隨意打開一些常用元件的 AutoConfiguration 檔案，會發現以上條件註釋被大量應用在這些自動設定類別的定義中。舉例來說，以持久層（Dao 層）開發框架 JOOQ 的自動設定類別 JooqAutoConfiguration，其程式範例如下：

```
@Configuration(proxyBeanMethods = false)
@ConditionalOnClass(DSLContext.class)
@ConditionalOnBean(DataSource.class)
@AutoConfigureAfter({ DataSourceAutoConfiguration.class,
TransactionAutoConfiguration.class })
public class JooqAutoConfiguration {
    @Bean
    @ConditionalOnMissingBean
    public DataSourceConnectionProvider dataSourceConnectionProvider(Data
Source dataSource) {
        return new DataSourceConnectionProvider(new TransactionAwareDataS
ourceProxy(dataSource));
    }
```

```
    @Bean
    @ConditionalOnBean(PlatformTransactionManager.class)
    public SpringTransactionProvider transactionProvider(PlatformTransact
ionManager txManager) {
        return new SpringTransactionProvider(txManager);
    }
    ...
}
```

可以看到，在該自動設定類別中包括很多其他 Bean 的依賴注入，所以，為了確保自動設定的正確性，JOOQ 自動設定類別使用了很多前面提到的 Spring Boot 條件註釋來控制設定 Bean 的建立邏輯。

> 其他 Spring Boot 元件的自動設定類別，也採用了類似的機制。正是因為有了這樣的機制，所以在使用 Spring Boot 進行專案開發時，才會感覺到需要自己手工設定的地方越來越少，開發效率和體驗都獲得了很大的提升。

3. Spring Boot 應用的啟動邏輯

接下來從 Spring Boot 最核心的組合註釋 @SpringBootApplicationdd 的原始程式角度，來介紹 Spring Boot 應用的啟動邏輯。

透過梳理原始程式可以知道，註釋 @SpringBootApplication 組合了多個註釋，這些註釋之間的依賴關係如圖 1-3 所示。

透過分析 @SpringBootApplication 註釋的依賴關係可以發現，除對應用開放的 @ComponentScan 註釋外，最核心的註釋就是 @EnableAutoConfiguration 了，該註釋的作用是對應用開啟自動設定功能，而具體實現則是透過 @Import({AutoConfigurationImportSelector. class}) 註釋匯入 EnableAutoConfigurationImportSelector 類別的實例來實現自動設定邏輯的。

深入分析 EnableAutoConfigurationImportSelector 類別的原始程式，其中關鍵的 selectImports() 方法的程式如下：

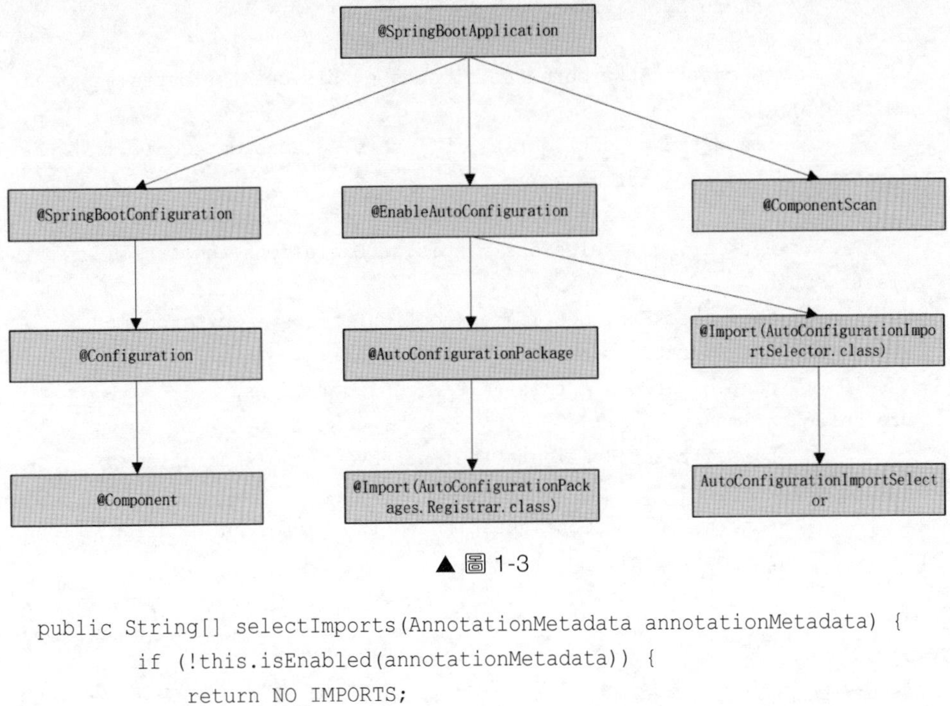

▲ 圖 1-3

```
public String[] selectImports(AnnotationMetadata annotationMetadata) {
        if (!this.isEnabled(annotationMetadata)) {
            return NO_IMPORTS;
        } else {
            AutoConfigurationMetadata autoConfigurationMetadata =
AutoConfigurationMetadataLoader.loadMetadata(this.beanClassLoader);
            AutoConfigurationImportSelector.AutoConfigurationEntry
autoConfigurationEntry = this.getAutoConfigurationEntry(autoConfiguration
Metadata, annotationMetadata);
            return StringUtils.toStringArray(autoConfigurationEntry.
getConfigurations());
        }
    }
```

在上述方法中有對 getAutoConfigurationEntry() 方法的呼叫，該方法程式如下：

```
protected AutoConfigurationImportSelector.AutoConfigurationEntry getAuto
ConfigurationEntry(AutoConfigurationMetadata autoConfigurationMetadata,
AnnotationMetadata annotationMetadata) {
        if (!this.isEnabled(annotationMetadata)) {
```

```
            return EMPTY_ENTRY;
        } else {
            AnnotationAttributes attributes = this.getAttributes(annotati
onMetadata);
            List<String> configurations = this.getCandidateConfigurations
(annotationMetadata, attributes);
            configurations = this.removeDuplicates(configurations);
            Set<String> exclusions = this.getExclusions(annotationMetadat
a, attributes);
            this.checkExcludedClasses(configurations, exclusions);
            configurations.removeAll(exclusions);
            configurations = this.filter(configurations,
autoConfigurationMetadata);
            this.fireAutoConfigurationImportEvents(configurations,
exclusions);
            return new AutoConfigurationImportSelector.AutoConfigurationE
ntry(configurations, exclusions);
        }
    }
```

而順著這個方法繼續往下看，會發現其中核心的邏輯是呼叫 getCandidateConfigurations() 方法，該方法的程式如下：

```
protected List<String> getCandidateConfigurations(AnnotationMetadata
metadata, AnnotationAttributes attributes) {
        List<String> configurations = SpringFactoriesLoader.
loadFactoryNames(this.getSpringFactoriesLoaderFactoryClass(), this.
getBeanClassLoader());
        Assert.notEmpty(configurations, "No auto configuration classes
found in META-INF/spring.factories. If you are using a custom packaging,
make sure that file is correct.");
        return configurations;
}
```

分析到這裡，應該基本上能了解 @EnableAutoConfiguration 註釋的核心邏輯實際上就是，實現對依賴（JAR 套件）中 "META-INF/spring.factories" 檔案進行掃描，而該檔案中則聲明了有哪些自動設定類別需要被 Spring 容器載入。利用這樣的邏輯，Spring Boot 應用也就能夠自動載入依賴的 Spring 設定類別，從而最終完成 Spring Boot 應用設定的自動化。

> 上述過程對開發人員完全透明，並不需要進行額外的設定，只需要引入相應的 Starter 依賴即可實現對特定技術或業務邏輯元件的「開箱即用」。

舉例來說，Spring Boot 官方實現自動設定的核心元件 "spring-boot-autoconfigure" 就在其 "META-INF/spring.factories" 檔案中定義了 Spring Boot 應用所依賴的基礎設定類別（如 Spring 的容器初始化設定類別及其他常用元件設定等），該檔案內容範例如下：

```
# Spring 容器初始化相關自動設定類別
org.springframework.context.ApplicationContextInitializer=\
org.springframework.boot.autoconfigure.SharedMetadataReaderFactoryContext
Initializer,\
org.springframework.boot.autoconfigure.logging.ConditionEvaluationReportL
oggingListener
# 應用監聽相關自動設定類別
org.springframework.context.ApplicationListener=\
org.springframework.boot.autoconfigure.BackgroundPreinitializer
...
```

> 上述設定檔中的設定並不會在應用啟動時就被全部初始化，因為某個元件的設定是否被載入很多時候還依賴其他的條件，如果直接被初始化，則可能造成 Spring 容器啟動錯誤。所以，這也是以條件為基礎的註解在自動設定類別中被大量使用的原因。
>
> 大部分第三方技術元件，以及在日常開發中封裝某些業務邏輯的公共元件，得益於該機制，都可以透過這種「開箱即用」的 Starter 元件方式，來實現與 Spring Boot 應用的快速整合。而使用這些 Starter 元件的使用者，通常只需要引入相應的依賴，而不需要進行太多額外的設定。這也是在使用 Spring Boot 進行專案開發時，為什麼會感覺很多時候只需要引入一個 Starter 依賴就能夠即刻生效一個元件的原因。

1.2.3 Spring Boot 的核心註釋

雖然 Spring Boot 簡化了應用的設定，提高了開發效率，但是對於很多初學者而言，這種方式也很容易讓人產生疑惑。所以，要用好 Spring Boot 框架，一個比較好的切入點就是對其提供的各類功能註釋有一個清晰的了解和認識——這樣不僅可以提高開發 Spring Boot 應用的效率，還可以在開發中快速排除問題。

接下來介紹在利用 Spring Boot 開發應用時比較常見的一些註釋。

1. 與 Spring Boot 密切相關的 Spring 基礎註釋

Spring Boot 本身是以 Spring 框架為基礎的，所以在 Spring Boot 中有一些註釋是需要與 Spring 註釋搭配使用的。下面整理了在實際專案中與 Spring Boot 註釋配合最為緊密的 6 個 Spring 基礎註釋。

（1）@Configuration。

Spring 從 3.0 版本開始透過用 @Configuration 註釋修飾的設定類別來替換 XML 設定檔。在用 @Configuration 註釋修飾的類別中，可以包含多個用 @Bean 註釋修飾的方法，這些方法會被應用容器類別 AnnotationConfigApplicationContext 或 AnnotationConfigWebApplicationContext 掃描，並在 Spring 容器初始化時被建構。在下方程式中，就透過這樣的方式初始化了兩個類別的實例 Bean。

```
@Configuration
public class TaskAutoConfiguration {
    @Bean
    @Profile("biz-electrfence-controller")
    public BizElectrfenceControllerJob bizElectrfenceControllerJob() {
        return new BizElectrfenceControllerJob();
    }
    @Bean
    @Profile("biz-consume-1-datasync")
    public BizBikeElectrFenceTradeSyncJob bizBikeElectrFenceTradeSyncJ
```

```
ob() {
        return new BizBikeElectrFenceTradeSyncJob();
    }
}
```

（2）@ComponentScan。

以 Spring MVC 為基礎做過 Web 開發的讀者一定都使用過 @Controller、@Service、@Repository 這幾個註釋。查看它們的原始程式會發現，它們有一個共同的 @Component 註釋。@ComponentScan 註釋的作用就是將被 @Component 註釋修飾的類別載入到 Spring 容器中。所以，被 @Controller、@Service、@Repository 這些註釋修飾的類別也會被 @ComponentScan 註釋掃描到，從而被載入到 Spring 容器中。例如：

```
@ComponentScan(value = "com.user.api")
public class UserApplication {
    public static void main(String[] args) {
        SpringApplication.run(UserApplication.class, args);
    }
}
```

在 Spring Boot 應用的主類別中，經常會使用 @ComponentScan 註釋來設定特定的掃描路徑。Spring Boot 的核心註釋 @SpringBootApplication 也包含了註釋 @ComponentScan，所以，也可以以 @SpringBootApplication 為基礎來設定特定的掃描路徑。例如：

```
@SpringBootApplication(scanBasePackages = {"com.user.api", "com.user.
service"})
public class UserApplication {
    public static void main(String[] args) {
        SpringApplication.run(UserApplication.class, args);
    }
}
```

（3）@Conditional。

@Conditional 是 Spring 4 新提供的註釋。透過 @Conditional 註釋，可以根據程式中設定的條件來載入不同的 Bean。

> 在 1.2.2 節的 "2." 小標題中提及的 Spring Boot 中的 @ConditionalOnProperty、@ConditionalOnBean 等以 "@Conditional*" 開頭的註解，都是以 @Conditional 註解為基礎來實現的。

（4）@Import。

@Import 註釋可以透過匯入的方式把類別的實例載入到 Spring 容器中。在 1.2.2 節的 "3." 小標題中介紹 Spring Boot 的啟動邏輯時，在 @EnableAutoConfiguration 註釋的定義中就有這樣的用法，例如：

```
@Target({ElementType.TYPE})
@Retention(RetentionPolicy.RUNTIME)
@Documented
@Inherited
@AutoConfigurationPackage
@Import({EnableAutoConfigurationImportSelector.class})
public @interface EnableAutoConfiguration {
    String ENABLED_OVERRIDE_PROPERTY = "spring.boot.
enableautoconfiguration";
    Class<?>[] exclude() default {};
    String[] excludeName() default {};
}
```

（5）@ImportResource。

@ImportResource 註釋和 @Import 註釋類似。但區別在於，@ImportResource 註釋匯入的是設定檔，而 @Import 註釋匯入的是類別。透過 @ImportResource 註釋可以在 Spring Boot 專案中匯入額外的 XML 設定檔，例如：

```
@ImportResource("classpath:spring-redis.xml")
public class UserApplication {
    public static void main(String[] args) {
        SpringApplication.run(UserApplication.class, args);
    }
}
```

(6) @Component。

@Component 是一個元註釋，可以註釋其他類型的註釋，如 @Controller、@Service、@Repository。帶此註釋的類別可以被看作元件，在 Spring 的類別路徑掃描設定中會被實例化。

> 其他同類型的註解，也可以被認定為是一種特殊類型的元件，比如 @Controller 控制器（注入服務）、@Service 服務（注入 Dao）、@Repository（實現 Dao 存取）。
>
> @Component 泛指元件。當元件不好歸類時，可以使用這個註解進行標注，相當於 XML 設定 <bean id="" class=""/>。

2. Spring Boot 框架自身提供的核心註釋

接下來介紹 Spring Boot 框架自身提供的核心註釋。

(1) @SpringBootApplication。

該註釋是 Spring Boot 最核心的註釋，用在 Spring Boot 應用的主類別上標識這是一個 Spring Boot 應用，以開啟 Spring Boot 應用的各項能力。

在前面說明 Spring Boot 應用的啟動邏輯時已經分析過該註釋的作用，這裡就不再贅述。

(2) @EnableAutoConfiguration。

開啟該註釋後，Spring Boot 應用就能夠根據當前類別路徑下的套件或類別來設定 Spring Bean。例如：當前類別路徑下有 MyBatis 的依賴時，Spring Boot 就會透過自動設定類別 MybatisAutoConfiguration ，來實現 MyBatis 框架的初始化。

@EnableAutoConfiguration 註釋實現的關鍵在於引入了 AutoConfigurationImportSelector 類別，其核心 selectImports() 方法的邏輯大致如下：

① 從設定檔 "META-INF/spring.factories" 載入所有可能用到的自動設定類別。
② 去重，並排除 exclude 和 excludeName 屬性攜帶的類別。
③ 過濾，返回滿足條件（@Conditional）的自動設定類別。

> 在 1.2.2 節 "3." 小標題中說明 Spring Boot 應用的啟動邏輯時也提到過該方法。

（3）@SpringBootConfiguration。

該註釋是 @Configuration 註釋的變形，用來修飾 Spring Boot 的設定，可用於 Spring Boot 後續的擴充。

（4）@ConditionalOnBean。

@ConditionalOnBean(A.class) 僅在當前上下文中存在 A 物件時，才會實例化一個 Bean。即只有當 A.class 在 spring 的 applicationContext 中存在時，當前的 Bean 才能被建立。

（5）@ConditionalOnMissingBean。

該註釋和 @ConditionalOnBean 註釋相反，僅在當前上下文中不存在某個實例時，才會實例化一個 Bean。例如：

```
@Bean
@ConditionalOnMissingBean(RocketMQProducer.class)
public RocketMQProducer mqProducer() {
    return new RocketMQProducer();
}
```

僅在當前環境上下文中不存在 RocketMQProducer 實例時，才會實例化 RocketMQProducer 的實例 Bean。

（6）@ConditionalOnClass。

該註釋僅當某些類別存在於 "classpath" 上時才建立某個 Bean。例如：

```
@Bean
 @ConditionalOnClass(HealthIndicator.class)
 public HealthIndicator rocketMQProducerHealthIndicator(Map<String,
DefaultMQProducer> producers) {
     if (producers.size() == 1) {
          return new RocketMQProducerHealthIndicator(producers.values().
iterator().next());
     }
 }
```

當 "classpath" 中存在 HealthIndicator 類別時，才建立 HealthIndicator Bean 物件。

（7）@ConditionalOnMissingClass。

該註釋和 @ConditionalOnClass 註釋相反：當 "classpath" 中沒有指定的 Class 才開啟設定。

（8）@ConditionalOnWebApplication。

該註釋表示在當前專案類型是 Web 專案時才開啟設定。當前專案有以下 3 種類型：ANY（任何 Web 專案都開啟）、SERVLET（僅基礎的 Servelet 專案才開啟）、REACTIVE（只有是以回應為基礎的 Web 應用才開啟）。

（9）@ConditionalOnNotWebApplication。

該註釋和 @ConditionalOnWebApplication 註釋相反：當前專案類型不是 Web 專案才開啟設定。

（10）@ConditionalOnProperty

該註釋表示當指定的屬性有指定的值時才開啟設定。具體操作是透過其兩個屬性 "name" 及 "havingValue" 來實現的。其中 ,"name" 用來從 application.properties 中讀取某個屬性值：

- 如果該值為空，則傳回 false。
- 如果該值不為空，則將該值與 "havingValue" 指定的值進行比較，如果一樣則傳回 true，否則傳回 false。

如果傳回值為 false，則該設定不開啟；如果傳回值為 true，則該設定開啟。例如：

```
@Bean
@ConditionalOnProperty(value = "rocketmq.producer.enabled", havingValue =
"true", matchIfMissing = true)
 public RocketMQProducer mqProducer() {
     return new RocketMQProducer();
 }
```

（11）@ConditionalOnExpression。

該註釋表示當 SpEL 運算式為 true 時才開啟設定。例如：

```
@Configuration
@ConditionalOnExpression("${enabled:false}")
public class BigpipeConfiguration {
    @Bean
    public OrderMessageMonitor orderMessageMonitor(ConfigContext
configContext) {
        return new OrderMessageMonitor(configContext);
    }
}
```

（12）@ConditionalOnResource。

該註釋表示當類別路徑下有指定的資源時才開啟設定。例如：

```
@Bean
@ConditionalOnResource(resources="classpath:shiro.ini")
protected Realm iniClasspathRealm(){
  return new Realm();
}
```

（13）@ConfigurationProperties。

Spring Boot 可使用註釋的方式將自訂的 properties 檔案（比如 config.properties 檔案）映射到實體 Bean 中。例如：

```
@Data
@ConfigurationProperties("rocketmq.consumer")
public class RocketMQConsumerProperties extends RocketMQProperties {
```

```
    private boolean enabled = true;
    private String consumerGroup;
    private MessageModel messageModel = MessageModel.CLUSTERING;
    private ConsumeFromWhere consumeFromWhere = ConsumeFromWhere.CONSUME_
FROM_LAST_OFFSET;
    private int consumeThreadMin = 20;
    private int consumeThreadMax = 64;
    private int consumeConcurrentlyMaxSpan = 2000;
    private int pullThresholdForQueue = 1000;
    private int pullInterval = 0;
    private int consumeMessageBatchMaxSize = 1;
    private int pullBatchSize = 32;
}
```

（14）@EnableConfigurationProperties。

當 @EnableConfigurationProperties 註釋與 @Configuration 註釋配合使用時，任何被 @ConfigurationProperties 註釋修飾的 Bean 將自動實現 Environment 屬性映射設定。例如：

```
@Configuration
@EnableConfigurationProperties({
    RocketMQProducerProperties.class,
    RocketMQConsumerProperties.class,
})
@AutoConfigureOrder
public class RocketMQAutoConfiguration {
    @Value("${spring.application.name}")
    private String applicationName;
}
```

（15）@AutoConfigureAfter。

該註釋用在自動設定類別上，表示該自動設定類別需要在指定的自動設定類別設定完之後，才可以被載入。如 MyBatis 的自動設定類別，就需要在資料來自動設定類別設定完成之後才可以被載入。例如：

```
@AutoConfigureAfter(DataSourceAutoConfiguration.class)
public class MybatisAutoConfiguration {
}
```

(16) @AutoConfigureBefore。

該註釋和 @AutoConfigureAfter 註釋相反，表示該自動設定類別需要在指定的自動設定類別設定之前被載入。

(17) @AutoConfigureOrders

該註釋是 Spring Boot 1.3.0 提供的註釋，用於確定設定載入的優先順序。例如：

```
// 自動設定裡面的最高優先順序
@AutoConfigureOrder(Ordered.HIGHEST_PRECEDENCE)
@Configuration
// 僅限於 Web 應用
@ConditionalOnWebApplication
// 匯入內建容器的設定
@Import(BeanPostProcessorsRegistrar.class)
public class EmbeddedServletContainerAutoConfiguration {
    @Configuration
    @ConditionalOnClass({ Servlet.class, Tomcat.class })
    @ConditionalOnMissingBean(value = EmbeddedServletContainerFactory.
class, search = SearchStrategy.CURRENT)
    public static class EmbeddedTomcat {
       //...
    }
    @Configuration
    @ConditionalOnClass({ Servlet.class, Server.class, Loader.class,
WebAppContext.class })
    @ConditionalOnMissingBean(value = EmbeddedServletContainerFactory.
class, search = SearchStrategy.CURRENT)
    public static class EmbeddedJetty {
       //...
    }
}
```

以上就是 Spring Boot 中比較常見的註釋。雖然在開發 Spring Boot 應用時，一些設定程式和 Starter 依賴已經有了開放原始碼的實現，只需要引入即可，但在閱讀這些元件的原始程式時會經常遇到上述註釋。

此外，如果需要自訂 Starter 元件，則在定義自動設定類別時，可以根據注入邏輯使用上述註釋。靈活運用 Spring Boot 相關註釋，對於學習 Spring Boot 框架是非常有幫助的。

1.3 開發一個 Spring Boot 應用

透過前面內容的説明，相信大家對 Spring Boot 應該有了一個初步的了解，接下來開發一個可以執行的 Spring Boot 應用。

1.3.1 步驟 1：建立 Spring Boot 基礎專案

使用 IntelliJ IDEA 建立一個標準的 Maven 專案 —— 雖然可以直接使用 IntelliJ IDEA 建立一個以 Spring Boot 為基礎的專案，但是為了更清晰地了解 Spring Boot 應用的建立過程，這裡將採用手工設定的方式來實現。

（1）建立一個標準的 Maven 專案。

在 IDEA 工具列選擇 "File → New → Project"，選擇 Maven 專案類型，如圖 1-4 所示。

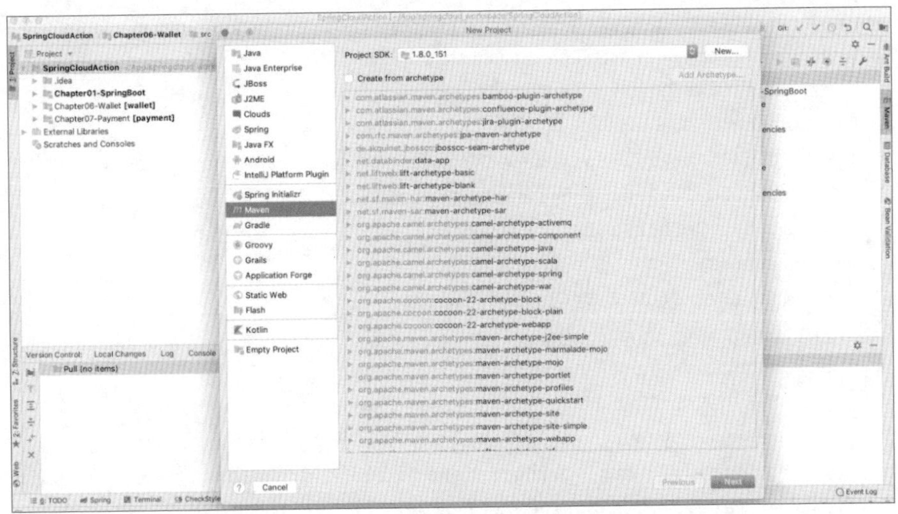

▲ 圖 1-4

建立後的 Maven 專案的程式結構如圖 1-5 所示。

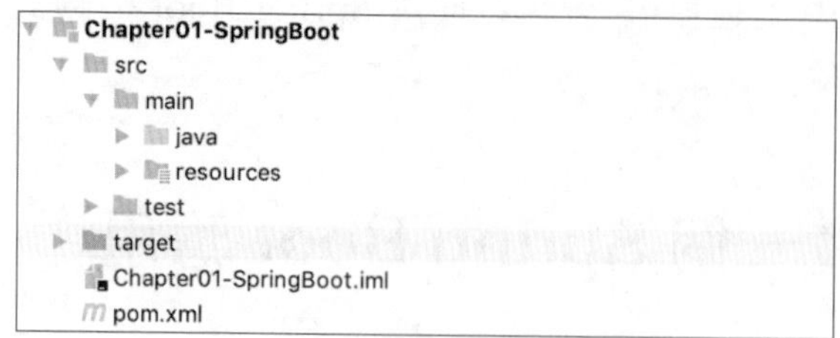

▲ 圖 1-5

（2）引入 Spring Boot 的依賴。

在 Maven 專案的 pom.xml 檔案中引入 Spring Boot 的依賴，這裡引入的版本是 Spring Boot 2.1.5.RELEASE。程式如下：

```
<?xml version="1.0" encoding="UTF-8"?>
<project xmlns="http://maven.apache.org/POM/4.0.0"
        xmlns:xsi="http://www.w3.org/2001/XMLSchema-instance"
        xsi:schemaLocation="http://maven.apache.org/POM/4.0.0 http://
maven.apache.org/xsd/maven-4.0.0.xsd">
    <modelVersion>4.0.0</modelVersion>
    <!-- 引入 Spring Boot 父依賴 -->
    <parent>
        <groupId>org.springframework.boot</groupId>
        <artifactId>spring-boot-starter-parent</artifactId>
        <version>2.1.5.RELEASE</version>
        <relativePath/> <!-- lookup parent from repository -->
    </parent>
    <groupId>Chapter01-SpringBoot</groupId>
    <artifactId>Chapter01-SpringBoot</artifactId>
    <version>1.0-SNAPSHOT</version>
    <properties>
        <java.version>1.8</java.version>
    </properties>
    <dependencies>
        <!-- 引入 Spring Boot 核心 Starter 依賴 -->
        <dependency>
            <groupId>org.springframework.boot</groupId>
            <artifactId>spring-boot-starter</artifactId>
```

```
        </dependency>
        <dependency>
            <groupId>org.springframework.boot</groupId>
            <artifactId>spring-boot-starter-test</artifactId>
            <scope>test</scope>
        </dependency>
    </dependencies>
    <build>
        <plugins>
            <!-- 引入 Spring Boot Maven 的編譯外掛程式 -->
            <plugin>
                <groupId>org.springframework.boot</groupId>
                <artifactId>spring-boot-maven-plugin</artifactId>
            </plugin>
        </plugins>
    </build>
</project>
```

（3）建立 Spring Boot 應用的啟動類別。程式如下：

```
package com.wudimanong.demo;
import org.springframework.boot.SpringApplication;
import org.springframework.boot.autoconfigure.SpringBootApplication;

@SpringBootApplication
public class DemoApplication {
    public static void main(String[] args) {
        SpringApplication.run(DemoApplication.class, args);
    }
}
```

（4）引入 Spring Boot Web 依賴。

如果要將 Spring Boot 應用作為一個服務，並能夠對外提供介面呼叫，則需要繼續在 Spring Boot 專案的 pom.xml 檔案中引入 Spring Boot Web 依賴。程式如下：

```
<!-- 引入 Spring Boot Web 依賴 -->
  <dependency>
      <groupId>org.springframework.boot</groupId>
```

```
        <artifactId>spring-boot-starter-web</artifactId>
    </dependency>
```

> 在引入 spring-boot-starter-web 依賴後，因為該依賴本身也包含 spring-boot-starter 依賴，所以，為了避免重複引用，需要在專案中去掉 spring-boot-starter 的依賴。

1.3.2 步驟 2：建立專案設定檔

為了更接近實際的專案環境，在專案的 "/src/main/resources" 目錄下建立設定檔 application.yml。程式如下：

```
spring:
  application:
    name: Chapter01-SpringBoot
server:
  port: 8080
```

上述設定檔定義了應用的名稱及服務的通訊埠編號。

> 關於設定檔類型的選擇，本書統一使用 YML 格式的檔案。

1.3.3 步驟 3：整合 MyBatis 框架

在實際的專案中，普遍使用的資料庫操作框架是 MyBatis，接下來示範如何在 Spring Boot 應用中整合 MyBatis 框架，從而在業務邏輯中實現對資料庫的操作。

（1）利用 Docker 在本地快速安裝一個 MySQL 資料庫。

為了方便實驗，筆者是在自己的 Mac 筆記型電腦上安裝了 Docker 引擎，並透過容器快速部署了 MySQL 資料庫。操作命令如下：

```
docker run --name dev-mysql -p 3306:3306 -e MYSQL_ROOT_PASSWORD=123456 -d
mysql:5.7
```

執行完上述 Docker 命令後，可以透過 "docker ps" 命令查看 MySQL 資料庫的啟動情況：

```
$ docker ps
CONTAINER ID   IMAGE   COMMAND   CREATED   STATUS   PORTS   NAMES
50afedce617f   mysql:5.7  "docker-entrypoint.s…"   7 months ago  Up 2
seconds        0.0.0.0:3306->3306/tcp, 33060/tcp   dev-mysql
```

> 執行上述命令需要在本地安裝 Docker 引擎，具體安裝方式可根據自己的開發環境選擇相應的安裝方式。

此時就在本地環境中啟動了一個 MySQL 資料庫，可以透過 MySQL 連接工具建立一個名為 "test" 的資料庫。

（2）在設定檔 application.yml 中增加資料庫連接資訊。程式如下：

```
spring:
  application:
    name: Chapter01-SpringBoot
  datasource:
    url: jdbc:mysql://127.0.0.1:3306/test
    username: root
    password: 123456
    type: com.alibaba.druid.pool.DruidDataSource
    driver-class-name: com.mysql.jdbc.Driver
    separator: //
server:
  port: 9090
```

在上述設定檔中，設定了資料來源、資料庫連接串、密碼及資料庫連接池等資訊。

（3）引入資料庫連接的相關依賴。程式如下：

```
<!-- 引入 Druid 連接池依賴 -->
<dependency>
    <groupId>com.alibaba</groupId>
```

```
        <artifactId>druid</artifactId>
        <version>1.0.28</version>
    </dependency>
    <!-- 引入 MySQL 資料庫驅動程式依賴 -->
    <dependency>
        <groupId>mysql</groupId>
        <artifactId>mysql-connector-java</artifactId>
        <scope>runtime</scope>
    </dependency>
```

(4) 引入 MyBatis 框架的 Starter 依賴。

對於 MyBatis 框架的整合非常簡單，只需要引入對應的 Starter 依賴即可，程式如下：

```
<!-- 引入 MyBatis 的 Starter 依賴 -->
<dependency>
    <groupId>org.mybatis.spring.boot</groupId>
    <artifactId>mybatis-spring-boot-starter</artifactId>
    <version>2.0.1</version>
</dependency>
```

至此，MyBatis 框架就基本設定完成了。如果此時在專案的應用程式中撰寫一些以 MyBatis 為基礎的資料庫持久層（Dao 層）操作類別，則它們能夠被 Spring Boot 自動掃描到並被 Spring 容器載入。

1.3.4 步驟 4：撰寫服務介面完成資料庫操作

接下來撰寫一個模擬使用者註冊的介面，該介面接收參數並透過 MyBatis 完成對資料庫的「寫入」操作。

(1) 在資料庫中建立一張測試表 "user"。SQL 程式如下：

```
create table user(
    id bigint primary key AUTO_INCREMENT,
    username varchar(60),
    password varchar(60)
)
```

（2）在 Spring Boot 應用中開發持久層（Dao 層）程式。

在開發專案的套件路徑中建立一個名為 "entity" 的套件，並建立一個 User 物件的實體類別。程式如下：

```
package com.wudimanong.demo.entity;
public class User {
    private String username;
    private String password;
    public String getUsername() {
        return username;
    }
    public void setUsername(String username) {
        this.username = username;
    }
    public String getPassword() {
        return password;
    }
    public void setPassword(String password) {
        this.password = password;
    }
}
```

之後建立一個名為 "dao" 的套件路徑，然後在該包中撰寫 MyBatis 的持久層（Dao 層）介面。程式如下：

```
package com.wudimanong.demo.dao;
import com.wudimanong.demo.entity.User;
import org.apache.ibatis.annotations.Insert;
import org.apache.ibatis.annotations.Mapper;

@Mapper
public interface UserDao {
    String TABLE_NAME = " user ";
    String ALL_FIELDS = "username,password";
    @Insert("INSERT INTO " + TABLE_NAME + "(" + ALL_FIELDS + ") VALUES
(#{username}, #{password})")
    int addUser(User user);
}
```

這裡用 @Mapper 註釋定義了一個 MyBatis 的資料庫介面。

（3）撰寫 Spring MVC 服務介面。

接下來建立一個名為 "controller" 的套件路徑，並撰寫一個名為 "addUser" 的服務介面。程式如下：

```
@RestController
@RequestMapping("/user")
public class UserController {
    @Autowired
    UserDao userDao;
    @RequestMapping(value = "/addUser", method = RequestMethod.POST)
    public User getUserById(@RequestParam(value = "username") String
username,@RequestParam(value = "password") String password) {
        User user = new User();
        user.setUsername(username);
        user.setPassword(password);
        userDao.addUser(user);
        return user;
    }
}
```

在上述程式中，透過注入持久層（Dao 層）介面 UserDao 來完成對資料庫的「寫入」操作。

（4）執行 Spring Boot 應用的 DemoApplication 主類別，啟動後的 Spring Boot 應用如圖 1-6 所示。

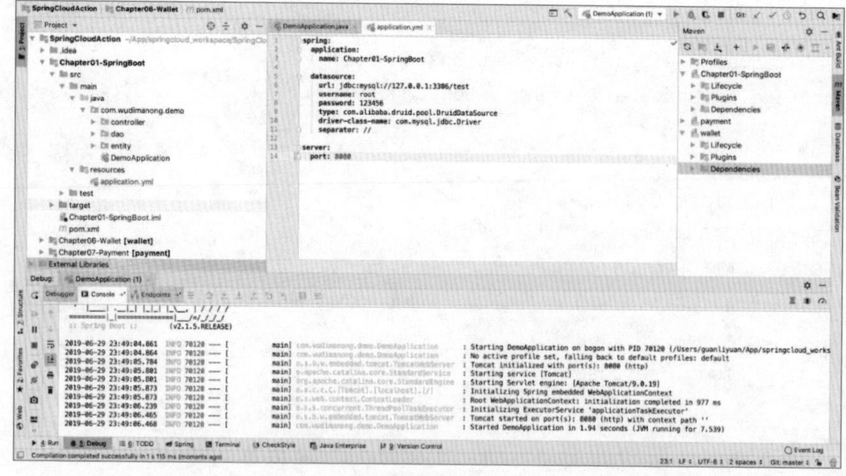

▲ 圖 1-6

（5）模擬對服務介面的存取，來完成對資料庫的操作。

用 HTTP 介面工具 Postman 來呼叫步驟（3）中撰寫的介面，效果如圖 1-7 所示。

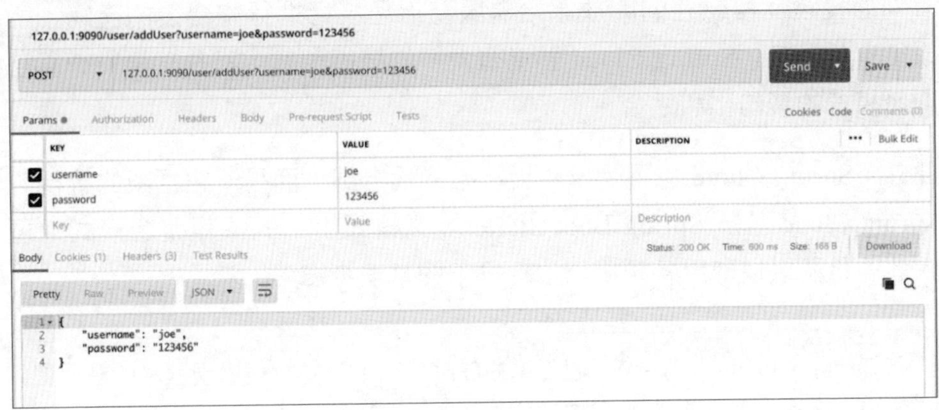

▲ 圖 1-7

此時查看資料庫記錄，就會看到在表中插入了一筆資料。至此就完成了一個 Spring Boot 基本應用的開發。

1.4 Spring Cloud 微服務系統

透過前面的學習，相信大家對 Spring Boot 框架的依賴管理及自動設定機制有了一定的認識和了解。而 Spring Boot 的這個核心能力，也正是 Spring Cloud 微服務框架得以建構的基礎。接下來進一步學習 Spring Cloud 微服務系統的內容。

1.4.1 Spring Cloud 簡介

接下來從基本概念及版本來簡單介紹一下 Spring Cloud。

1. Spring Cloud 是什麼

從技術角度來說，Spring Cloud 不是某一個具體技術的名稱，也不是一種全新的技術系統。它是以 Spring Boot 框架為基礎，將業界比較著名的、得到過實踐反覆驗證的開放原始碼服務治理技術進行整合後的產物。所以從本質上說，Spring Cloud 並沒有太多的技術創新，只是一種對微服務開發模式的最佳化和組合。

此外，Spring Cloud 也不是一兩種技術的代名詞，而是一組框架的統稱。Spring Cloud 基於 Spring Boot Starter「開箱即用」的依賴整合模式，極大地簡化了以往使用各類服務治理框架的繁瑣步驟。

> 在 Spring Cloud 中，透過一個簡單的註解設定，就能快速實現服務的註冊與發現；透過一個簡單的宣告式註解，就能夠實現服務的呼叫、負載平衡、限流、熔斷等。

2. Spring Cloud 的版本

Spring Boot 用比較明確的數字編號來表示版本，而 Spring Cloud 關於版本的命名則比較特殊：它只有對應的開發代號。目前使用較廣的 Spring Cloud 版本為 Edgware.SR5，對應於 Spring Boot 1.5.x.RELEASE。

截至本書寫稿時（2021 年 8 月）Spring Cloud 的最新版本為 Greenwich.SR1，對應於 Spring Boot 2.1.3.RELEASE。本書所有的微服務實例採用的 Spring Cloud 版本均為 Greenwich.SR1。

1.4.2 Spring Boot 與 Spring Cloud 的關係

Spring Boot 應用可以實現與 Spring Cloud 微服務元件的無縫整合，舉例來說，透過一些註釋設定快速將 Spring Boot 應用連線 Spring Cloud 微服務系統，從而實現單體應用的微服務化轉型。

因此，從某種程度上說 Spring Boot 是 Spring Cloud 的子集：Spring Boot 應用可以不使用 Spring Cloud 的微服務元件，但 Spring Cloud 微服務則必須以 Spring Boot 為基礎來建構。

1.4.3 Spring Cloud 微服務的核心元件

在 1.4.1 節中提到 Spring Cloud 是一組框架的組合，那麼組成這個「組合」的核心技術框架有哪些呢？

1. Spring Cloud 的依賴引用關係

Spring Cloud 微服務開發系統是以 Spring Boot 框架為基礎的，如果 Spring Boot 應用要順利實現微服務的功能，則需要訂製一組針對 Spring Cloud 核心微服務元件的 Spring Boot Starter 依賴。

在建構 Spring Cloud 微服務時，一般會透過引入 "spring-cloud-starter-parent" 父依賴來實現 Spring Cloud 核心微服務元件的快速引入。依賴程式如下：

```
<!-- 引入 Spring Cloud 父依賴 -->
<parent>
    <groupId>org.springframework.cloud</groupId>
    <artifactId>spring-cloud-starter-parent</artifactId>
    <version>Greenwich.SR1</version>
    <relativePath/>
</parent>
```

為了更進一步地了解在引入上述父依賴套件後 Spring Cloud 微服務到底整合了哪些依賴，接下來分析該依賴套件的引用關係，如圖 1-8 所示。

從上述依賴引用關係可以看到，雖然在建構 Spring Cloud 微服務時只引入了 "spring cloud parent" 這一個父依賴，但該依賴向上繼承了 Spring Boot 框架的父依賴 "spring-boot-starter-parent"，從而間接引入了整個 Spring Boot 框架系統。

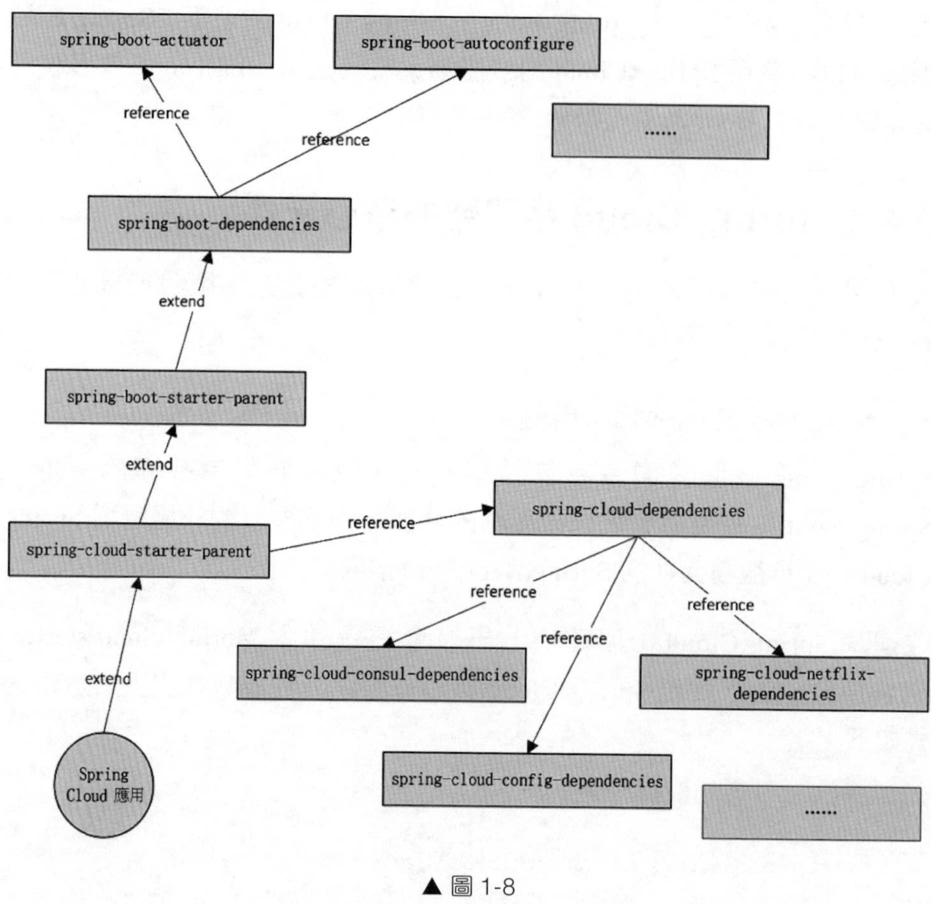

▲ 圖 1-8

而從水平上看，Spring Cloud 的父依賴還透過引入 "spring-cloud-dependencies" 依賴，實現了對其他開放原始碼服務治理框架（如 Consul、ConfigServer 及 Netflix 等服務註冊與發現、設定管理、限流熔斷技術框架）的引入和整合。

2. Spring Cloud 的核心元件

那麼在 Spring Cloud 中具體整合了哪些核心元件來實現微服務功能呢？見表 1-1。

表 1-1 Spring Cloud 的核心元件

元件名稱	功能簡介
Spring Boot	建構 Spring Cloud 微服務的框架基礎
Spring Cloud Starters	Spring Cloud 開箱即用的 Spring Boot 依賴管理
Consul	一個用 Go 語言撰寫的服務註冊及設定系統，可以作為整個微服務系統的服務註冊中心
Eureka	與 Consul 的功能定位類似，是一款用 Java 語言撰寫的服務註冊中心
Feign	Feign 是一種宣告式的 HTTP 用戶端，主要用於簡化微服務之間的通訊呼叫方式
Ribbon	Ribbon 是一種處理程序間通訊（遠端呼叫）函數庫，內建了軟體負載平衡器，支援 RESTful 呼叫，以及各種序列化方案
Spring Cloud Gateway	服務閘道元件，提供動態路由、監視、彈性及安全性等功能
Hystrix	一個延遲容錯函數庫，旨在隔離對遠端系統、服務或第三方函數庫的介面呼叫，防止串聯故障，增強系統的彈性
Spring Cloud Config	設定管理工具套件，支援將微服務的設定放到遠端伺服器中進行集中管理

具體說明如下。

（1）在微服務系統中最核心的元件莫過於服務註冊中心，所有的微服務都需要透過它實現服務的註冊與發現。在 Spring Cloud 中使用得比較普遍的註冊中心有：以 Java 語言為基礎撰寫的 Eureka、以 Go 語言為基礎撰寫的 Consul。

> 考慮到系統異質問題（如為了讓用 Go/Python 等語言撰寫的微服務能方便地與用 Java 撰寫的微服務進行通訊），目前在生產中使用 Consul 作為服務註冊中心的比較多。為了更好地貼近生產實踐，本書主要使用 Consul 作為服務註冊中心進行示範。

（2）在微服務透過註冊中心完成服務註冊後，在服務之間需要一種便捷的通訊呼叫方式。在 Spring Cloud 中比較通用的方式是：使用 Feign 實現 HTTP 用戶端的宣告式服務呼叫。

> 由於所有的微服務都支援透過 Consul 或 Eureka 進行多節點叢集部署，所以在用戶端呼叫微服務時，還需要實現負載平衡等功能，而這種用戶端呼叫負載平衡功能的實現，在 Spring Cloud 中是透過 "Feign + Ribbon" 組合來實現的。

（3）在微服務系統中，一個比較核心的問題是如何實現服務的限流與熔斷。作為針對外部的服務，如果服務間的請求出現流量波動或阻塞現象，則需要實施限流熔斷，以保證服務的可用性。Spring Cloud Gateway 及 Hystrix 可提供這樣的功能。

（4）設定管理在 Spring Cloud 中是透過 Spring Cloud Config 來實現的，透過該元件可以實現 Spring Cloud 系統中微服務應用設定的集中管理，從而解決專案中設定散亂的問題，同時也可以提高敏感設定資訊的安全性。

1.4.4 Spring Cloud 的核心註釋

Spring Cloud 正是因為整合了一組核心的服務治理元件，所以才實現了微服務系統的基本功能。而這些功能要以友善的方式提供給開發者，則還需要透過註釋的定義與封裝來實現。這樣，開發者只需在程式中簡單地引入某個註釋，就能實現對應的微服務功能。

接下來介紹 Spring Cloud 提供的核心註釋，以及這些註釋是怎麼實現微服務功能的。

1. @EnableDiscoveryClient

微服務的註冊與發現有多種實現方式，如利用註冊中心 Consul 和 Eureka。

@EnableDiscoveryClient 註釋定義在 "spring-cloud-commons" 套件中，是便於開發者快速實現服務註冊與發現的註釋。

在實際專案開發中，只需要引入該註釋，就能夠實現微服務與服務註冊中心連接。程式如下：

```
@EnableFeignClients(basePackageClasses = {PaymentClient.class})
@EnableHystrixDashboard
@EnableCircuitBreaker
@EnableDiscoveryClient
@SpringBootApplication
public class Wallet {
    public static void main(String[] args) {
        SpringApplication.run(Wallet.class, args);
    }
}
```

下面透過原始程式來分析 @EnableDiscoveryClient 註釋是如何將微服務註冊到服務註冊中心的。

（1）該註釋透過 @Import({EnableDiscoveryClientImportSelector.class}) 匯入邏輯類別。此邏輯類別透過定義 isEnabled() 方法來標識是否開啟服務註冊與發現功能。程式如下：

```
@Override
    protected boolean isEnabled() {
       return getEnvironment().getProperty("spring.cloud.discovery.enabled",
         Boolean.class, Boolean.TRUE);
    }
```

（2）SpringFactoryImportSelector 父類別透過 selectImports() 方法掃描整合的 Eureka 或 Consul 的 Spring Boot Starter 依賴。程式如下：

```
@Override
public String[] selectImports(AnnotationMetadata metadata) {
   String[] imports = super.selectImports(metadata);
   AnnotationAttributes attributes = AnnotationAttributes.fromMap(
         metadata.getAnnotationAttributes(getAnnotationClass().getName(),
```

```
true));
    boolean autoRegister = attributes.getBoolean("autoRegister");
    if (autoRegister) {
        List<String> importsList = new ArrayList<>(Arrays.asList(imports));
        importsList.add(
"org.springframework.cloud.client.serviceregistry.AutoServiceRegistration
Configuration");
        imports = importsList.toArray(new String[0]);
    }
    else {
        Environment env = getEnvironment();
        if (ConfigurableEnvironment.class.isInstance(env)) {
            ConfigurableEnvironment configEnv = (ConfigurableEnvironment) env;
            LinkedHashMap<String, Object> map = new LinkedHashMap<>();
            map.put("spring.cloud.service-registry.auto-registration.
enabled", false);
            MapPropertySource propertySource = new MapPropertySource(
                    "springCloudDiscoveryClient", map);
            configEnv.getPropertySources().addLast(propertySource);
        }
    }
    return imports;
}
```

（3）這裡以使用 Consul 作為微服務註冊中心為例，在專案中引入 "spring-cloud- starter-consul-discovery" 依賴。程式如下：

```
<dependency>
    <groupId>org.springframework.cloud</groupId>
    <artifactId>spring-cloud-starter-consul-discovery</artifactId>
</dependency>
```

① 在該依賴套件的 "META-INF/spring.factories" 檔案中包含了一系列自動設定類別，如下：

```
org.springframework.boot.autoconfigure.EnableAutoConfiguration=\
org.springframework.cloud.consul.discovery.
RibbonConsulAutoConfiguration,\
org.springframework.cloud.consul.discovery.configclient.ConsulConfigServe
```

```
rAutoConfiguration,\
org.springframework.cloud.consul.serviceregistry.ConsulAutoServiceRegistr
ationAutoConfiguration,\
org.springframework.cloud.consul.serviceregistry.ConsulServiceRegistryAut
oConfiguration,\
org.springframework.cloud.consul.discovery.ConsulDiscoveryClientConfigura
tion
org.springframework.cloud.bootstrap.BootstrapConfiguration=\
org.springframework.cloud.consul.discovery.configclient.ConsulDiscoveryCl
ientConfigServiceBootstrapConfiguration
```

② 這些自動設定類別會在應用啟動時被初始化和載入，以完成微服務與 Consul 的連接。如以下這個自動設定類別，會在存在設定屬性 "spring.cloud.config.discovery.enabled=ture" 時被初始化。

```
@ConditionalOnClass(ConfigServicePropertySourceLocator.class)
@ConditionalOnProperty(value = "spring.cloud.config.discovery.enabled",
matchIfMissing = false)
@Configuration
@ImportAutoConfiguration({ ConsulAutoConfiguration.class,
        ConsulDiscoveryClientConfiguration.class })
public class ConsulDiscoveryClientConfigServiceBootstrapConfiguration {
}
```

③ 這些被初始化的元件會與專案中關於 Consul 的設定進行比對。例如：

```
spring:
  application:
    name: wallet
  profiles:
    active: debug
  cloud:
    consul:
      discovery:
        preferIpAddress: true
        instance-id: ${spring.application.name}:${spring.cloud.client.
ipAddress}:${spring.application.instance_id:${server.port}}:@project.
version@
        healthCheckPath: /actuator/health
```

透過上述分析，讀者可以大致了解 Spring Cloud 微服務自動註冊與發現的基本原理。

> Spring Cloud 本質上還是以 Spring Boot 框架為基礎的機制來執行的。關於微服務是如何與 Consul 註冊中心連接的，感興趣的讀者可以看一下 "spring-cloud-consul-discovery" 這個依賴的原始程式。

2. @EnableFeignClients

@EnableFeignClients 註釋用於生效用 @FeignClient 註釋定義的 Feign 用戶端。在微服務消費端設定了 @EnableFeignClients 註釋後，就可以透過 @FeignClient("wallet") 註釋的方式實現對其他微服務的「用戶端負載平衡呼叫」。

如果查看 @EnableFeignClients 註釋的關鍵邏輯類別 FeignClientsRegistrar，則會發現該註釋預設開啟了 Robbin，而 Robbin 是實現微服務用戶端負載平衡的核心元件——它從 Consul 拉取服務節點資訊，以輪詢的策略將用戶端的呼叫請求轉發至不同的服務端節點。

3. @EnableCircuitBreaker

要在 Spring Cloud 中使用斷路器，只需要加上 @EnableCircuitBreaker 註釋即可。該註釋會引入 Hystrix 元件，其過程與本節 "1." 小標題中講解的 @EnableDiscoveryClient 註釋的邏輯類似。例如：

```
@Target({ElementType.TYPE})
@Retention(RetentionPolicy.RUNTIME)
@Documented
@Inherited
@Import({EnableCircuitBreakerImportSelector.class})
public @interface EnableCircuitBreaker {
}
```

@EnableCircuitBreaker 註釋透過匯入 EnableCircuitBreakerImportSelector

類別，來開啟斷路器設定。程式如下：

```
protected boolean isEnabled() {
    return ((Boolean)(new RelaxedPropertyResolver(this.
getEnvironment())).getProperty("spring.cloud.circuit.breaker.enabled",
Boolean.class, Boolean.TRUE)).booleanValue();
}
```

如果在專案中引入了 "spring-cloud-starter-hystrix" 依賴，那麼在應用載入時就會初始化 Hystrix 的自動設定類別。可以查看該依賴的 "META-INF/spring.factories" 檔案的內容：

```
org.springframework.boot.autoconfigure.EnableAutoConfiguration=\
org.springframework.cloud.netflix.hystrix.HystrixAutoConfiguration,\
org.springframework.cloud.netflix.hystrix.security.HystrixSecurityAutoCon
figuration
org.springframework.cloud.client.circuitbreaker.EnableCircuitBreaker=\
org.springframework.cloud.netflix.hystrix.HystrixCircuitBreakerConfigurat
ion
```

1.4.5 Spring Cloud 的技術生態圈

事實上，實施微服務架構的複雜性較高，前面提及的 Spring Cloud 核心元件只是實現了服務的註冊與發現、限流、熔斷等核心功能，還有很多其他的協助工具，如分散式鏈路追蹤、安全等。

因此，Spring Cloud 除了一些核心功能元件，還有很多實現特定功能的元件，如 Sleuth、Turbine 等。表 1-2 中列出了一些 Spring Cloud 生態中關注度比較高的元件。

表 1-2

元件名稱	功能簡介
Spring Cloud Sleuth	一個針對 Spring Cloud 的分散式追蹤工具，它借鏡了 Dapper、Zipkin 及 Htrace 等框架的設計思想。但該元件並不普及（目前比較普及的替代方案是 SkyWalking）
Spring Cloud Bus	主要用於實現微服務與羽量級訊息代理的連接

元件名稱	功能簡介
Spring Cloud Security	以 Spring Security 為基礎的安全工具套件，主要用於加強微服務的安全機制
Spring Cloud CLI	以 Spring Boot CLI 為基礎，支援以命令的方式快速建構微服務元件
Turbine	發送事件流資料的工具，可以用來監控叢集下 Hystrix 的 Metrics 指標情況
Spring Cloud Task	微服務任務排程、管理的元件
Archaius	設定管理 API，包含一系列的設定 API，可以提供執行緒安全的設定操作、輪詢、回呼等功能
Spring Cloud Data Flow	巨量資料操作工具。作為 Spring XD 的替代產品，它採用混合計算模型，結合了串流資料與批次資料的處理方式
Spring Cloud Stream	資料流程操作開發套件，封裝了與 Redis、Rabbit 及 Kafka 等元件的訊息通訊方式

1.5 本章小結

本章簡單介紹了 Spring Boot、Spring Cloud 微服務框架的基本情況，目的是為了讓大家對 Spring Cloud 微服務系統有一個基本的認識，為更進一步地學習本書後面的實例打下基礎。

Spring Cloud 是一個比較龐大的系統——既有核心功能元件，也有針對特定場景的元件。本書將透過具體的實例來讓讀者掌握實際工作中的 Spring Cloud 微服務開發技巧。本書並不會一一講解每一個元件，但會在每一個實例中，根據具體的應用場景引入對應的技術元件，這種方式可以讓讀者在實戰中逐步掌握 Spring Cloud 微服務開發的要點。

此外，Spring Cloud 微服務只是一種架構方式，並不是「銀彈」，大家要對此有一個清晰的認識。

Chapter

02

【實例】使用者系統

用 Spring Boot 開發應用
用 Spring Cloud 將其改為微服務架構

本章將開啟本書的第一個微服務實例——以 Spring Cloud 微服務系統為基礎完成一個使用者系統，該系統就只有一個使用者微服務 "user"。

> 在真實場景下，根據複雜程度，使用者系統可以被拆分為一個或多個微服務。「系統」與「微服務」這兩個概念之間關係是：微服務是系統的一種實現形式。從整體上看，除系統與系統之間可以透過微服務的方式進行拆分外，在系統內部也可以根據業務的發展進一步拆分為多個微服務。
>
> 本書後續內容中關於「系統」與「微服務」的描述，均遵循此類邏輯關係，請讀者提前知悉。

從業務角度來看，對於大部分網際網路應用而言，使用者管理都是其一項基本功能。

從技術角度來看，在 Spring Cloud 框架微服務系統中，微服務需要先透過 Spring Boot 框架進行建構，然後引入 Spring Cloud 框架的相關依賴，再透過服務註冊中心與其他微服務相互連接，並利用 Spring Cloud 微服務技術堆疊實現服務註冊 / 發現、負載平衡、呼叫等服務治理邏輯。

在本章中，除完成使用者微服務的基本建構外，還將引入微服務註冊中心 Consul（它是確保使用者微服務能夠正常執行的基礎，也是整個 Spring Cloud 微服務系統的關鍵元件）。

透過本章，讀者將學習到以下內容。

- 真實業務場景下的使用者微服務設計方案。
- Spring Cloud 微服務應用建構的基本方法。
- 服務註冊中心 Consul 的基本原理及部署方式。
- 將 Spring Cloud 微服務連線服務註冊中心的方法。
- 微服務的開發技巧，如在應用連線 Redis 服務、使用 Docker 容器等。

2.1 功能概述

在使用者微服務中，必須實現的基本功能包括使用者註冊、登入及登入退出等。目前大部分 App 的登入方式主要有：①「手機號碼 + 簡訊驗證碼」；②第三方帳號（如 Line 等）授權登入。在本實例中，將按照這兩種方式進行設計。

此外，因為第三方帳號授權登入需要「前端跳躍到第三方介面，獲取使用者授權」，所以，使用者微服務在進行邏輯設計時需要考慮到這一點，並在進行介面設計時相容這兩種方式在流程處理上的差異。

2.2 系統設計

下面從系統設計的角度來設計使用者微服務的邏輯，主要從業務邏輯設計及資料庫設計兩個方面進行。

2.2.1 業務邏輯設計

目前很多網際網路 App 在設計使用者的登入邏輯時，考慮到使用者體驗的問題，都是直接支持「手機號碼 + 簡訊驗證碼」及第三方帳號授權登入，而並沒有直接顯示註冊入口。所以，在後端邏輯中需要相容註冊 - 登入一體的邏輯：如果是系統中不存在的新使用者，則在註冊之後自動登入；否則就是老使用者，直接完成登入。

當然，並不是所有 App 的登入邏輯都這樣設計的，這取決於 App 的功能性質及成本。舉例來說，「手機號碼 + 簡訊驗證碼」和第三方帳號授權登入都需要一定的通道成本，所以很多 App 在第一次完成使用者資訊註冊後會提示使用者設定帳號密碼，而在下次登入時，使用者可以選擇使用帳號密碼直接登入。

接下來針對上述兩種登入方式，對使用者微服務的業務邏輯進行設計。

1.「手機號碼 + 簡訊驗證碼」登入

「手機號碼 + 簡訊驗證碼」登入的流程如圖 2-1 所示。

「手機號碼 + 簡訊驗證碼」登入的一般流程是：

（1）使用者輸入手機號碼並點擊「獲取驗證碼」按鈕，用戶端 App 呼叫使用者微服務獲取簡訊驗證碼登入介面。

（2）使用者微服務在接收到請求後，會在後台隨機生成該註冊手機的簡訊驗證碼，並將其透過第三方簡訊通道發送至使用者手機。

（3）使用者在收到簡訊驗證碼後，在用戶端 App 中輸入簡訊驗證碼，點擊「登入」按鈕。使用者微服務在收到簡訊驗證碼請求後，會先驗證使用者輸入的簡訊驗證碼是否與之前發送的一致，如一致則表示使用者驗證成功。

（4）使用者微服務後台邏輯判斷該手機號碼是否已經註冊：如果在系統中存在該使用者手機號碼，則表示是老使用者登入，直接生成使用者階段資訊（Token），並將階段資訊及使用者 ID 透過介面傳回給用戶端 App；如果在系統中不存在該使用者手機號碼，則表示該手機號碼為新註冊使用者，此時使用者微服務需要生成一筆新的使用者 ID，然後生成使用者階段資訊（Token），並將使用者階段資訊及新生成的使用者 ID 傳回至用戶端 App。

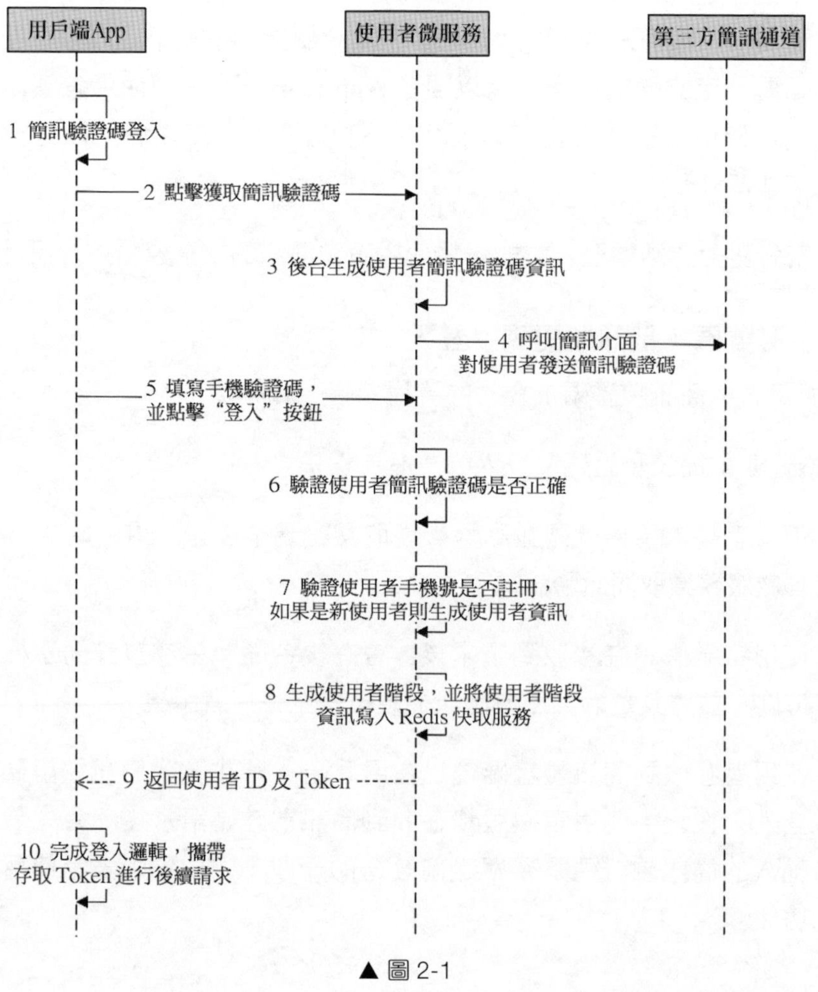

▲ 圖 2-1

此後，用戶端 App 與後端服務介面的互動都需要攜帶使用者 ID 及使用者階段資訊（Token），而後端服務也都需要驗證使用者的登入合法性。

2. 第三方帳號授權登入

採用第三方帳號授權登入，使用者微服務的處理邏輯如圖 2-2 所示。

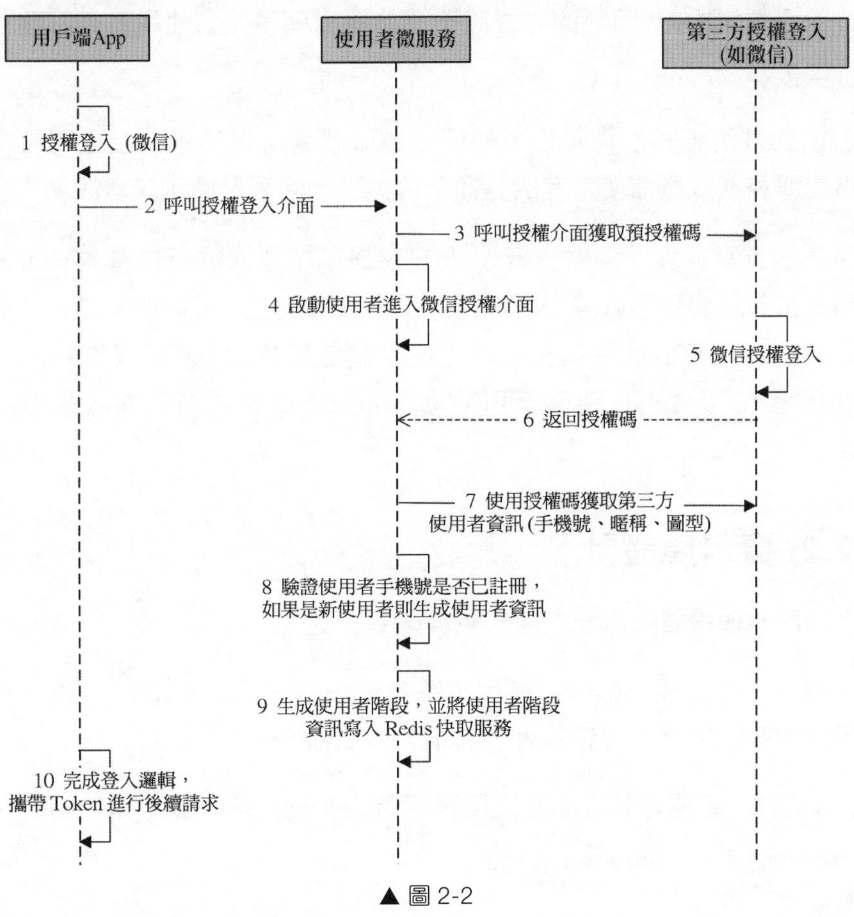

▲ 圖 2-2

第三方帳號授權登入的一般流程是：

（1）在使用者選擇使用第三方帳號授權登入（如微信）後，使用者微服務呼叫對應的第三方帳號授權登入平台的開放介面。以微信登入為例，使用者微服務會先呼叫微信開放平台的預授權登入介面獲取一個預授權碼。

（2）使用者微服務會啟動使用者進入微信的授權介面（目前的流程需要使用者使用微信掃描二維碼），而在跳躍到微信授權介面時，會將之前獲取的預授權碼攜帶過去。如果使用者在微信授權介面中同意授權登入，則微信會透過 URL 回呼的方式將正式的授權碼傳回給使用者微服務對應的介面。

（3）拿到微信正式授權碼後，使用者微服務就可以透過該授權碼再次呼叫微信服務獲取微信使用者的註冊手機號碼、暱稱、圖示等資訊。

而後面的流程就與「手機號碼 + 簡訊驗證碼」登入的邏輯基本一致了，使用者微服務會驗證微信授權傳回的手機號碼是否已經註冊：如未註冊，則需要生成對應的使用者資訊，之後生成使用者階段資訊（Token），並將使用者 ID 及 Token 傳回至用戶端 App，從而完成第三方帳號授權登入。

2.2.2 資料庫設計

接下來設計使用者微服務所需的資料庫表結構。

根據邏輯，先定義一張儲存使用者基本資訊的表（user_info），然後設計一張儲存簡訊驗證碼資訊的表（user_sms_code）。

程式碼：這兩個表在本書書附程式碼的 "chapter02-user/src/main/resources/db.migration" 目錄下。

具體表結構設計如下。

1. 使用者資訊表

建立使用者資訊表的 SQL 程式（MySQL）如下：

```
create table user_info
(
   id              bigint not null auto_increment,
   user_id         varchar(10) comment '使用者 ID',
   nick_name       varchar(30) comment '使用者暱稱',
   mobile_no       varchar(11) comment '使用者註冊手機號碼',
   password        varchar(64) comment '登入密碼',
   is_login        int comment '是否登入。0-未登入；1-已登入',
   login_time      timestamp default current_timestamp comment '最近登入時間',
   is_del          int comment '是否登出。0-未登出；1-已登出',
   create_time     timestamp default current_timestamp comment '建立時間',
   primary key (id)
);
alter table user_info comment '使用者資訊表';
create index idx_ui_user_id on user_info(user_id);
create index idx_ui_mobile_no on user_info(mobile_no);
```

2. 簡訊驗證碼資訊表

建立簡訊驗證碼資訊表的 SQL 程式（MySQL）如下：

```
create table user_sms_code
(
   id              bigint not null auto_increment comment 'id',
   mobile_no       varchar(11) comment '使用者註冊手機號碼',
   sms_code        varchar(10) comment '簡訊驗證碼',
   send_time       timestamp default current_timestamp comment '簡訊發送資訊',
   create_time     timestamp default current_timestamp comment '建立時間',
   primary key (id)
);
alter table user_sms_code comment '簡訊驗證碼表';
create index idx_usc_mobile_no on user_sms_code(mobile_no);
```

上述表結構基本滿足了使用者登入功能所要求的資料庫儲存需求。

> 在實際的應用場景中，使用者資訊的儲存可能會更複雜。例如，在實名認證的業務場景中，則還需要儲存使用者證件資訊的欄位，根據具體的業務場景進行擴展即可。

2.3 步驟 1：架設 Spring Boot 應用的專案程式

接下來以實操的形式來一步步建構以 Spring Cloud 為基礎的使用者微服務的專案程式結構，並整合系統功能開發所需要的第三方元件——資料庫持久層（Dao 層）操作框架 MyBatis、快取資料庫 Redis。

2.3.1 建立 Spring Boot 應用專案

先以 Maven 為基礎建構一個簡單的 Spring Boot 專案，然後在此基礎之上進行豐富。

1. 建立一個基本的 Maven 專案

（1）使用 IntelliJ IDEA 建立一個 Spring Boot 專案，選擇 File → New → Project，並選擇 Maven 專案類型，圖 2-3 所示。

（2）建立的 Maven 專案的程式結構如圖 2-4 所示。

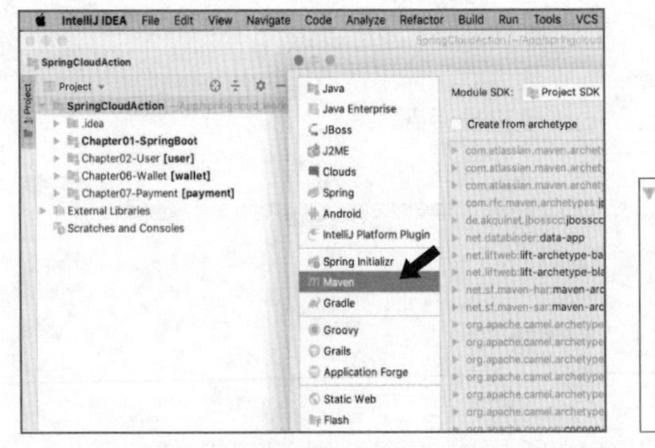

▲ 圖 2-3

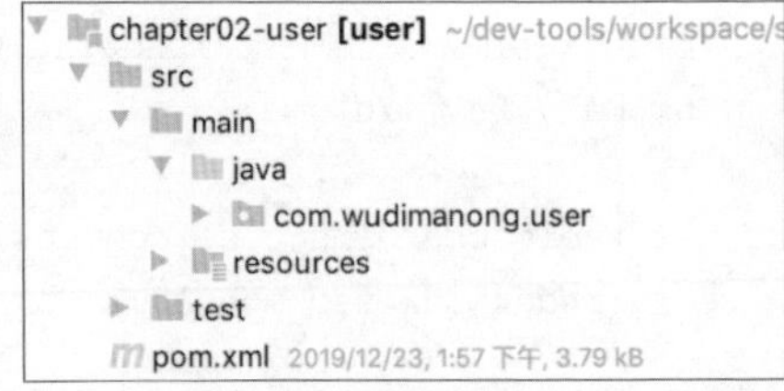

▲ 圖 2-4

此時的專案還只是一個基本的 Maven 專案結構。接下來向這個專案中增加內容，將其改造為一個能夠執行並被存取的 Spring Boot 應用。

2. 將 Maven 專案改造為 Spring Boot 應用

（1）在專案的 pom.xml 檔案中，引入 Spring Boot 的依賴。這裡引入的版本為 Spring Boot 2.1.5.RELEASE，程式如下：

```
<?xml version="1.0" encoding="UTF-8"?>
<project xmlns="http://maven.apache.org/POM/4.0.0"
        xmlns:xsi="http://www.w3.org/2001/XMLSchema-instance"
        xsi:schemaLocation="http://maven.apache.org/POM/4.0.0 http://
maven.apache.org/xsd/maven-4.0.0.xsd">
    <modelVersion>4.0.0</modelVersion>
    <groupId>com.wudimanong.user</groupId>
    <artifactId>user</artifactId>
    <version>1.0-SNAPSHOT</version>
    <!-- 引入 Spring Boot 的依賴 -->
    <parent>
        <groupId>org.springframework.boot</groupId>
        <artifactId>spring-boot-starter-parent</artifactId>
        <version>2.1.5.RELEASE</version>
        <relativePath/> <!-- lookup parent from repository -->
    </parent>
    <dependencies>
        <!-- 引入 Spring Boot Starter 依賴 -->
        <dependency>
            <groupId>org.springframework.boot</groupId>
            <artifactId>spring-boot-starter-web</artifactId>
        </dependency>
        <dependency>
            <groupId>org.springframework.boot</groupId>
            <artifactId>spring-boot-starter-test</artifactId>
            <scope>test</scope>
        </dependency>
    </dependencies>
    <build>
        <plugins>
            <!-- 引入 Spring Boot Maven 的編譯外掛程式 -->
            <plugin>
                <groupId>org.springframework.boot</groupId>
                <artifactId>spring-boot-maven-plugin</artifactId>
```

```
            </plugin>
        </plugins>
    </build>
</project>
```

引入依賴後，專案就能夠繼承 Spring Boot 的核心元件了。

（2）建立 Spring Boot 應用的入口類別，程式如下：

```
@SpringBootApplication
public class User {
    public static void main(String[] args) {
        SpringApplication.run(User.class, args);
    }
}
```

至此就建構了一個以 Spring Boot 框架為基礎的 Web 應用了。此時，執行入口程式應用就能夠以固定的通訊埠啟動一個 Web 服務了。程式的本地執行效果如圖 2-5 所示。

▲ 圖 2-5

這裡預設啟動的 HTTP 通訊埠為 8080。

2.3.2 建立應用的設定檔

在前面建構的 Spring Boot 應用中，預設啟動的通訊埠為 8080。而在實際的專案中，可以透過設定檔來指定應用的通訊埠。透過設定檔也可以設定資料庫的連接等資訊。

> Spring Boot 專案的設定檔主要有 "*.properties" 及 "*.yml" 兩種形式。由於 "*.yml" 設定檔的可讀性更強，所以在實際的應用中建議讀者多使用 "*.yml" 設定檔。

這裡使用的是 "*.yml" 形式的設定檔。在專案的 "/src/main/resources" 目錄下建立基本的設定檔 application.yml，程式如下：

```
spring:
      application:
        name: user
    server:
      port: 9091
```

在這個設定檔中，定義了 Spring 應用的名稱，以及服務的 HTTP 通訊埠編號。隨著功能的增加，會在設定檔中逐漸增加資料庫的連接資訊、Redis 快取伺服器的連接地址等。

2.3.3 整合資料庫存取框架 MyBatis

在實際的專案中，經常會用到持久層（Dao 層）框架 MyBatis 來操作資料庫。對於大部分應用而言，資料庫操作存取都是其業務邏輯的主要組成部分。

在第 1 章中提到，得益於 Spring Boot 框架的自動設定及依賴管理機制，Spring Boot 應用可以很輕鬆地整合第三方技術元件。所以，在應用中利用這個機制也可以很容易地整合 MyBatis 框架，只需要引入對應的 Starter 依賴即可，步驟如下。

1. 引入 MyBatis Spring Boot 整合元件

（1）在專案的 pom.xml 檔案中，引入 MyBatis 框架的依賴（JAR 套件）。如下：

```
<dependency>
      <groupId>org.mybatis.spring.boot</groupId>
      <artifactId>mybatis-spring-boot-starter</artifactId>
      <version>2.0.1</version>
    </dependency>
```

（2）引入該依賴（JAR 套件）後的依賴關係如圖 2-6 所示。

（3）從圖 2-6 中可以看到，在專案中引入 MyBatis Spring Boot Starter 依賴，也就是引入了 MyBatis 及 JDBC 相關的依賴。MyBatis 自動設定的程式在 mybatis-spring-boot-autoconfigure 中。

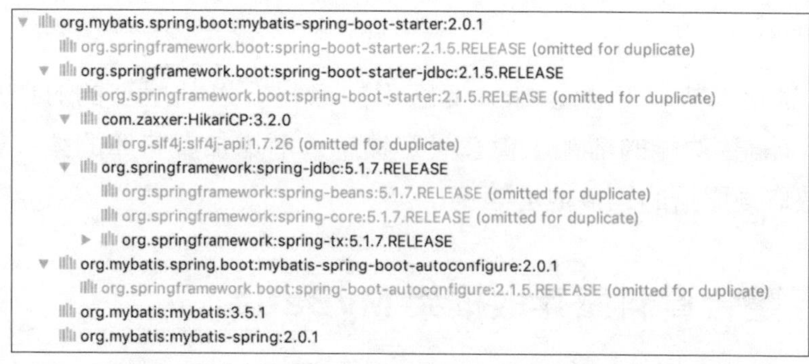

▲ 圖 2-6

與以 Spring Boot 為基礎的其他 Starter 元件一樣，Spring Boot 應用在啟動時會自動掃描在該依賴（JAR 套件）中 "META-INF/spring.factories" 檔案中定義的自動設定類別，內容如下：

```
# Auto Configure
org.springframework.boot.autoconfigure.EnableAutoConfiguration=\
org.mybatis.spring.boot.autoconfigure.MybatisAutoConfiguration
```

可以看到，在該檔案中定義了 MyBatis 的自動設定類別 MybatisAutoConfiguration。

如果查看定義的自動設定類別的原始程式，則會發現其中的邏輯實際上與第 1 章中 Spring Boot 自動設定的原理是一致的，例如部分程式如下：

```
@org.springframework.context.annotation.Configuration
@ConditionalOnClass({ SqlSessionFactory.class, SqlSessionFactoryBean.
class })
@ConditionalOnSingleCandidate(DataSource.class)
@EnableConfigurationProperties(MybatisProperties.class)
@AutoConfigureAfter(DataSourceAutoConfiguration.class)
public class MybatisAutoConfiguration implements InitializingBean {
  private static final Logger logger = LoggerFactory.getLogger(MybatisAut
oConfiguration.class);
  private final MybatisProperties properties;
  private final Interceptor[] interceptors;
  private final ResourceLoader resourceLoader;
  private final DatabaseIdProvider databaseIdProvider;
  private final List<ConfigurationCustomizer> configurationCustomizers;
  public MybatisAutoConfiguration(MybatisProperties properties,
      ObjectProvider<Interceptor[]> interceptorsProvider,
      ResourceLoader resourceLoader,
      ObjectProvider<DatabaseIdProvider> databaseIdProvider,
      ObjectProvider<List<ConfigurationCustomizer>> configurationCustomiz
ersProvider) {
    this.properties = properties;
    this.interceptors = interceptorsProvider.getIfAvailable();
    this.resourceLoader = resourceLoader;
    this.databaseIdProvider = databaseIdProvider.getIfAvailable();
    this.configurationCustomizers = configurationCustomizersProvider.
getIfAvailable();
  }
  @Override
  public void afterPropertiesSet() {
    checkConfigFileExists();
  }
  private void checkConfigFileExists() {
    if (this.properties.isCheckConfigLocation() && StringUtils.hasText
(this.properties.getConfigLocation())) {
      Resource resource = this.resourceLoader.getResource(this.
properties.getConfigLocation());
      Assert.state(resource.exists(), "Cannot find config location: " +
resource
          + " (please add config file or check your Mybatis
```

```
configuration)");
        }
    }
...
```

關於 MyBatis 自動設定類別的細節邏輯這裡就不再贅述了。大家只需要了解 MyBatis 框架能夠被快速整合的基本原理即可。如果要了解更多的細節邏輯，則需要仔細閱讀 MybatisAutoConfiguration 類別的原始程式。

2. 引入「資料庫驅動程式 + 連接池」依賴

實際上 MyBatis 框架只是一款資料庫操作框架，而對於資料庫的基本連接及資料庫連接池的管理，則需要在專案中引入對應的資料庫連接池依賴，以及針對特定資料庫的 JDBC 驅動程式。

在資料庫連接池的選擇上，這裡選擇的是業界使用得比較廣泛的 Druid 連接池。對於 JDBC 驅動程式，因為本書中所有的實例都使用的是 MySQL 資料庫，所以引入 MySQL 的 JDBC 驅動程式即可。程式如下：

```
<!-- 引入 Druid 連接池的依賴 -->
<dependency>
    <groupId>com.alibaba</groupId>
    <artifactId>druid</artifactId>
    <version>1.0.28</version>
</dependency>
<!-- 引入 MySQL 的 JDBC 驅動程式 -->
<dependency>
    <groupId>mysql</groupId>
    <artifactId>mysql-connector-java</artifactId>
    <scope>runtime</scope>
</dependency>
```

3. 設定專案 MySQL 資料庫連接資訊

在引入 MyBatis 依賴後，在應用啟動時，MyBatis 自動設定類別需要初始化資料來源。而在這個過程中，需要讀取專案中的資料庫連接資訊，從而初始化資料庫連接，否則 Spring Boot 應用將無法啟動。

在專案的設定檔 application.yml 中，增加資料庫連接資訊，具體程式如下：

```
spring:
  application:
    name: user
  datasource:
    url: jdbc:mysql://127.0.0.1:3306/user
    username: root
    password: 123456
    type: com.alibaba.druid.pool.DruidDataSource
    driver-class-name: com.mysql.jdbc.Driver
    separator: //
server:
  port: 9091
```

這裡利用第 1 章中給大家示範過的「用 Docker 安裝 MySQL 資料庫」方式，在本地環境中啟動了一個 MySQL 資料庫，並建立了一個名為 "user" 的資料庫實例。

至此，完成了在 Spring Boot 應用中整合 MyBatis 框架。在後面業務邏輯開發章節中，就可以使用 MyBatis 框架完成業務邏輯中對資料庫的 DML 操作了。

2.3.4 整合快取資料庫 Redis

Redis 是一款應用非常廣泛的 NoSQL 快取資料庫，用於提高系統的併發處理性能。在使用者微服務中，主要使用 Redis 來快取使用者的階段資訊。接下來示範在 Spring Boot 應用中具體整合 Redis 的方法。

一般在公司中會有專人維護一組 Redis 叢集服務來供不同的業務線使用。這裡出於測試的目的，暫且用 Docker 啟動一個本地 Redis 環境。

1. 用 Docker 啟動一個本地 Redis 環境

具體的 Docker 命令如下：

```
docker run -p 6379:6379 -v $PWD/data:/data  -d redis:3.2 -server
--requirepass "123456"  --appendonly yes
```

命令說明如下。

- -p 6379:6379：將容器的 6379 通訊埠映射到主機的 6379 通訊埠。
- -v $PWD/data:/data：將主機目前的目錄下的 data 目錄掛載到容器的 "/data" 目錄中。
- redis-server --requirepass "123456" --appendonly yes：在容器中執行 Redis Server 啟動命令，打開 Redis 持久化設定並設定存取密碼為 "123456"。

之後，透過 "docker ps" 命令查看 Redis 服務的 Docker 容器資訊，如圖 2-7 所示。

```
bogon:1.0.10-SNAPSHOT guanliyuan$ docker ps
CONTAINER ID     IMAGE          COMMAND                   CREATED         STATUS         PORTS                     NAMES
20206f811aad     redis:3.2      "docker-entrypoint.s…"   9 minutes ago   Up 9 minutes   0.0.0.0:6379->6379/tcp    silly_ganguly
```

▲ 圖 2-7

也可以透過 Redis 用戶端工具來存取 Docker 容器中的 Redis 服務，命令如下：

```
./redis-cli -h 127.0.0.1 -p 6379 -a 123456
```

在連接上後，為了測試 Redis 服務的可用性，可以透過 set/get 命令進行賦 / 取值的操作，命令如下：

```
127.0.0.1:6379> set a 123
OK
127.0.0.1:6379> get a
"123"
```

在上述命令中，透過 set 命令設定了屬性 a 的值，並透過 get 命令獲取屬性 a 的值。這說明以 Docker 為基礎執行的 Redis 服務是可用的，可以基本滿足開發需求了。

2. 整合 Spring Boot 存取元件來實現對 Redis 的存取操作

接下來看看在 Spring Boot 應用中如何透過整合 Redis 存取元件，以實現應用對 Redis 服務的存取操作。

(1) 引入 Spring Boot 的 Redis 存取元件。

與在 Spring Boot 應用中整合 MyBatis 框架一樣，Spring Boot 針對 Redis 服務的存取也已經提供了現成的 Starter 依賴，只需要引入它即可，程式如下：

```
<dependency>
    <groupId>org.springframework.boot</groupId>
    <artifactId>spring-boot-starter-data-redis</artifactId>
</dependency>
```

引入該元件後，Spring Boot 應用就具備了存取和操作 Redis 的能力。而其基本原理與前面說明的 MyBatis 框架一致，也是利用了 Spring Boot 框架提供的自動設定能力。具體細節大家可以閱讀 Starter 依賴（JAR 套件）的原始程式。

(2) 設定 Redis 服務的連接資訊。

當然，此時 Redis 的存取並不會生效，還需要在 Spring Boot 的應用設定檔中設定 Redis 服務的連接資訊，設定如下：

```
spring:
  application:
    name: user
  datasource:
    url: jdbc:mysql://127.0.0.1:3306/user
    username: root
    password: 123456
```

```
      type: com.alibaba.druid.pool.DruidDataSource
      driver-class-name: com.mysql.jdbc.Driver
      separator: //
    redis:
      host: 127.0.0.1
      port: 6379
      password: 123456
  server:
    port: 9091
```

完成後，Spring Boot 應用就可以透過 RedisTemplate 很方便地操作和使用 Redis 服務了。關於具體的使用方法，會在使用者微服務業務邏輯開發的過程中示範。

2.4 步驟 2：用 Spring Boot 實現業務邏輯

在前面的章節中，設計了業務流程及資料庫結構，並且完成了專案開發所需的專案環境。接下來將具體實現使用者微服務的業務邏輯。

按照基本的軟體分層思想，將分別從服務介面層（Controller 層）、業務層（Service 層）及持久層（Dao 層）逐層進行開發。

2.4.1 定義使用者微服務服務介面層（Controller 層）

在本實例中，Spring Cloud 微服務之間的通訊協定採用的是 HTTP 協定，所以，微服務對外介面的定義與以 Spring MVC 為基礎的介面撰寫方式是一致的。

按照本章前面關於使用者微服務需求的概述，整個使用者微服務所需要的介面見表 2-1。

表 2-1 實現使用者微服務所需要的介面

介　面	功　能
/user/getSmsCode	獲取簡訊驗證碼
/user/loginByMobile	簡訊驗證碼登入
/user/loginExit	登入退出

根據上述介面定義，用 Spring MVC 分別予以定義。

1. 撰寫「獲取簡訊驗證碼」介面

「獲取簡訊驗證碼」介面（/user/getSmsCode）的程式如下：

```
@RestController
@RequestMapping("/user")
public class UserController {
    @Autowired
    UserService userServiceImpl;
    @RequestMapping(value = "getSmsCode", method = RequestMethod.POST)
    public Boolean getSmsCode(@RequestParam("reqId") String reqId,
            @RequestParam("mobileNo") String mobileNo) {
        GetSmsCodeReqVo getSmsCodeReqVo = GetSmsCodeReqVo.builder().
reqId(reqId).mobileNo(mobileNo).build();
        boolean result = userServiceImpl.getSmsCode(getSmsCodeReqVo);
        return result;
    }
}
```

在上述程式中，定義了獲取簡訊驗證碼的 Spring MVC 的服務介面層（Controller 層），該介面並不做具體的業務邏輯，只是將請求封裝為物件後交給業務層（Service 層）的方法。這裡先定義 UserService 業務層（Service 層）介面，具體的實現在 2.4.2 節實現。

2. 撰寫「簡訊驗證碼登入」介面

下面撰寫「簡訊驗證碼登入」介面（/user/loginByMobile）。繼續在 UserController 類別中增加 loginByMobile() 方法。程式如下：

```
@RequestMapping(value = "loginByMobile", method = RequestMethod.POST)
    public ApiResponse loginByMobile(@RequestParam("reqId") String reqId,
            @RequestParam("mobileNo") String mobileNo,
@RequestParam("smsCode") String smsCode) {
        LoginByMobileReqVo loginByMobileReqVo = LoginByMobileReqVo.
builder().reqId(reqId).mobileNo(mobileNo)
                .smsCode(smsCode).build();
        LoginByMobileResVo loginByMobileResVo = userServiceImpl.loginByMo
bile(loginByMobileReqVo);
        return ApiResponse.success(ResultCode.SUCCESS.getCode(),
ResultCode.SUCCESS.getDesc(), loginByMobileResVo);
    }
```

與 "1." 小標題中類似，在將請求參數封裝為具體物件後，呼叫業務層（Service 層）介面 UserService 對應的方法，而業務層（Service 層）定義了傳回物件類別 LoginByMobileResVo，程式如下：

```
@Data
@Builder
public class LoginByMobileResVo implements Serializable {
    private String userId;
    private String accessToken;
}
```

針對上述介面的定義，這裡有一些輔助的依賴及公共類別需要定義。

（1）引入 lombok 工具套件依賴。

> 在 LoginByMobileResVo 實體類別的定義中使用了 @Data、@Builder 註解。這兩個註解來自目前使用比較廣泛的開放原始碼工具套件 lombok，以減少撰寫 "setter/getter" 這樣的重複程式。

要使用 lombok 工具套件所帶來的功能，只需要在專案的 pom.xml 檔案中引入其依賴即可，程式如下：

```
<dependency>
    <groupId>org.projectlombok</groupId>
```

```
    <artifactId>lombok</artifactId>
</dependency>
```

（2）定義介面層統一 JSON 回應封包物件。

> 由於 Controller 層需要向網路呼叫方返回具體的封包，而目前大部分業務介面協定採用 JSON 格式比較多，所以在這個介面中，為了讓返回封包更加規範，定義了統一的 JSON 回應封包物件 ApiResponse 類別。

該物件的主要作用就是封裝介面回應封包資訊。其程式如下：

```
@Data
@Builder
public class ApiResponse<T> {
    private String code;
    private String message;
    private T data;
    public ApiResponse() {
    }
    public ApiResponse(String code, String message, T data) {
        this.code = code;
        this.message = message;
        this.data = data;
    }
    public static <T> ApiResponse<T> success(String code, String message,
T data) {
        ApiResponse<T> response = new ApiResponse<>();
        response.setCode(code);
        response.setMessage(message);
        response.setData(data);
        return response;
    }
}
```

該物件定義了傳回封包的回應碼、回應資訊及具體的傳回資料，而最終的回應封包會被 Spring MVC 轉化為 JSON 格式展示給呼叫端。

3. 撰寫「登入退出」介面

使用者登入退出也是所有用戶端 App 必須具備的功能。下面定義「登入退出」介面（/user/loginExit）。程式如下：

```
@RequestMapping(value = "loginExit", method = RequestMethod.POST)
public Boolean loginExit(@RequestParam("userId") String userId,
        @RequestParam("accessToken") String accessToken) {
    LoginExitReqVo loginExitReqVo = LoginExitReqVo.builder().
userId(userId).accessToken(accessToken).build();
    boolean result = userServiceImpl.loginExit(loginExitReqVo);
    return result;
}
```

2.4.2 開發使用者微服務業務層（Service 層）程式

2.4.1 節定義了使用者微服務服務介面的 Controller 層。一般情況下，Controller 層不會承擔太多的業務邏輯，所以，真正實現業務功能的還是業務層（Service 層）。

而在上述的介面中，已經定義了業務層（Service 層）的業務介面 UserService，並在該介面中定義了具體的業務層（Service 層）方法，程式如下：

```
public interface UserService {
    // 獲取簡訊驗證碼
    boolean getSmsCode(GetSmsCodeReqVo getSmsCodeReqVo);
    // 簡訊登入
    LoginByMobileResVo loginByMobile(LoginByMobileReqVo
loginByMobileReqVo);
    // 登入退出
    boolean loginExit(LoginExitReqVo loginExitReqVo);
}
```

接下來，具體實現以上業務層（Service 層）的方法：建立 UserServiceImpl 實現類別，並逐一實行上述方法。

1. 實現「獲取簡訊驗證碼」介面的業務層（Service 層）方法

實現「獲取簡訊驗證碼」介面的業務層（Service 層）方法：

```
@Service
@Slf4j
public class UserServiceImpl implements UserService {
@Autowired
    UserSmsCodeDao userSmsCodeDao;
    @Override
    public boolean getSmsCode(GetSmsCodeReqVo getSmsCodeReqVo) {
        // 隨機生成 6 位簡訊驗證碼
        String smsCode = String.valueOf((int) (Math.random() * 100000 + 1));
        // 真實場景中，這裡需要呼叫簡訊平台介面
        // 儲存使用者簡訊驗證碼資訊至簡訊驗證碼資訊表
        UserSmsCode userSmsCode = UserSmsCode.builder().
mobileNo(getSmsCodeReqVo.getMobileNo()).smsCode(smsCode)
                .sendTime(new Timestamp(new Date().getTime())).
createTime(new Timestamp(new Date().getTime()))
                .build();
        userSmsCodeDao.insert(userSmsCode);
        return true;
    }
}
```

由於業務層（Service 層）方法需要操作資料庫，所以先提前定義了使用者簡訊資訊表在持久層（Dao 層）的介面（參見 2.4.3 節）。

而實際的邏輯是：系統隨機生成 6 位簡訊驗證碼，並透過簡訊通道發送給使用者手機；之後，系統本機存放區簡訊驗證碼資訊，用於使用者登入時的驗證比對。

2. 實現「簡訊驗證碼登入」介面的業務層（Service 層）方法

繼續根據 2.2.1 節中業務邏輯的設計，實現「簡訊驗證碼登入」介面的業務層（Service 層）方法。程式如下：

```
@Service
@Slf4j
public class UserServiceImpl implements UserService {
    @Autowired
    UserSmsCodeDao userSmsCodeDao;
    @Autowired
    UserInfoDao userInfoDao;
    @Autowired
    RedisTemplate redisTemplate;
    @Override
    public LoginByMobileResVo loginByMobile(LoginByMobileReqVo
loginByMobileReqVo) throws BizException {
        //1 驗證簡訊驗證碼是否正確
        UserSmsCode userSmsCode = userSmsCodeDao.selectByMobileNo(loginBy
MobileReqVo.getMobileNo());
        if (userSmsCode == null) {
            throw new BizException(-1, "驗證碼輸入錯誤");
        } else if (!userSmsCode.getSmsCode().equals(loginByMobileReqVo.
getSmsCode())) {
            throw new BizException(-1, "驗證碼輸入錯誤");
        }
        //2 判斷使用者是否已註冊
        UserInfo userInfo = userInfoDao.selectByMobileNo(loginByMobileReq
Vo.getMobileNo());
        if (userInfo == null) {
            //隨機生成使用者 ID
            String userId = String.valueOf((int) (Math.random() * 100000
+ 1));
            userInfo = UserInfo.builder().userId(userId).
mobileNo(loginByMobileReqVo.getMobileNo()).isLogin("1")
                    .loginTime(new Timestamp(new Date().getTime())).
createTime(new Timestamp(new Date().getTime()))
                    .build();
            //完成系統預設註冊流程
            userInfoDao.insert(userInfo);
        } else {
            userInfo.setIsLogin("1");
            userInfo.setLoginTime(new Timestamp(new Date().getTime()));
            userInfoDao.updateById(userInfo);
```

```
        }
        //3 生成使用者階段資訊
        String accessToken = UUID.randomUUID().toString().toUpperCase().
replaceAll("-", "");
        //將使用者階段資訊儲存至 Redis 服務
        redisTemplate.opsForValue().set("accessToken", userInfo, 30,
TimeUnit.DAYS);
        //4 封裝回應參數
        LoginByMobileResVo loginByMobileResVo = LoginByMobileResVo.
builder().userId(userInfo.getUserId())
                .accessToken(accessToken).build();
        return loginByMobileResVo;
    }
}
```

登入驗證及註冊整體上分為 4 步：

(1) 判斷簡訊驗證碼是否正確。如果正確，則進行後續邏輯；如果不正確，則拋出異常，提示使用者簡訊驗證碼輸入錯誤。
(2) 判斷使用者是否已經註冊。如果未註冊，則生成使用者資訊並保存。
(3) 將使用者資訊及隨機生成的使用者階段資訊（Token）存入 Redis 快取伺服器，並設定有效時間為 30 天。
(4) 將階段資訊及使用者 ID 傳回至呼叫端，呼叫端後續透過 Token 與服務端進行互動。

3. 實現「登入退出」介面的業務層（Service 層）方法

下面繼續實現「登入退出」介面的業務層（Service 層）方法。程式如下：

```
@Service
@Slf4j
public class UserServiceImpl implements UserService {
    @Autowired
    RedisTemplate redisTemplate;
    @Override
```

```
        public boolean loginExit(LoginExitReqVo loginExitReqVo) {
            try {
                redisTemplate.delete(loginExitReqVo.getAccessToken());
                return true;
            } catch (Exception e) {
                log.error(e.toString() + "_" + e);
                return false;
            }
        }
    }
```

階段登入退出比較簡單——根據 Token 刪除儲存在 Redis 中的使用者資訊。

2.4.3 開發 MyBatis 持久層（Dao 層）元件

在業務層（Service 層）方法的實現過程中，需要使用資料庫操作元件。本節就針對不同表的操作，撰寫以 MyBatis 為基礎的資料庫操作程式。

1. 開發使用者簡訊資訊表的持久層（Dao 層）元件 UserSmsCodeDao

在「獲取簡訊驗證碼」介面的業務層（Service 層）實現中，需要將簡訊驗證碼資訊進行儲存。所以，需要在 UserSmsCodeDao 介面中實現一個 insert() 方法。另外，在使用者登入時，需要根據手機號碼獲取最新的簡訊驗證碼資訊進行驗證，所以還需要一個 selectByMobileNo() 方法。步驟如下：

（1）定義持久層（Dao 層）介面類別。

先在程式套件路徑中建立一個名稱為 "dao" 的套件，然後在該套件路徑中建立 MyBatis 持久層（Dao 層）介面 UserSmsCodeDao，並定義對應介面方法。程式如下：

```
@Mapper
public interface UserSmsCodeDao {
```

```
    int insert(UserSmsCode userSmsCode);
    UserSmsCode selectByMobileNo(String mobileNo);
}
```

（2）撰寫對應的 MyBatis SQL 映射檔案。

定義 MyBatis SQL 映射的 XML 檔案，在專案程式 resources 目錄中建立 mybatis 目錄作為存放 SQL 映射檔案專用目錄，並建立針對使用者簡訊資訊表的 MyBatis SQL 映射 XML 檔案 user_sms_code.xml，程式如下：

```
<?xml version="1.0" encoding="UTF-8" ?>
<!DOCTYPE mapper PUBLIC "-//mybatis.org//DTD Mapper 3.0//EN" "http://
mybatis.org/dtd/mybatis-3-mapper.dtd" >
<mapper namespace="com.wudimanong.user.dao.UserSmsCodeDao">
    <sql id="Base_Column_List">
        id, mobile_no, sms_code, send_time, create_time
    </sql>
    <insert id="insert" parameterType="com.wudimanong.user.entity.
UserSmsCode">
        insert into user_sms_code(mobile_no, sms_code, send_time, create_
time)
        values (#{mobileNo}, #{smsCode}, #{sendTime}, #{createTime})
    </insert>
    <select id="selectByMobileNo" resultType="com.wudimanong.user.entity.
UserSmsCode">
        SELECT
        <include refid="Base_Column_List"/>
        FROM user_sms_code
        WHERE mobile_no=#{mobileNo} order by create_time desc limit 1
    </select>
</mapper>
```

（3）在 Maven 專案檔案 pom.xml 中增加對 XML 檔案的包含。

在專案中新增加 XML 檔案，需要在 pom.xml 中增加對 XML 檔案的包含，程式如下：

```
<build>
    <plugins>
        <!-- 引入 Spring Boot Maven 編譯外掛程式 -->
```

```
        <plugin>
            <groupId>org.springframework.boot</groupId>
            <artifactId>spring-boot-maven-plugin</artifactId>
        </plugin>
    </plugins>
    <resources>
        <resource>
            <directory>${basedir}/src/main/resources</directory>
            <filtering>true</filtering>
            <includes>
                <include>**/application*.yml</include>
                <include>**/application*.yaml</include>
                <include>**/bootstrap.yml</include>
                <include>**/bootstrap.yaml</include>
                <include>**/*.xml</include>
            </includes>
        </resource>
    </resources>
</build>
```

2. 開發使用者資訊表的持久層（Dao 層）元件 UserInfoDao

本 MyBatis 持久層（Dao 層）介面包括 selectByMobileNo()、insert() 及 updateById() 這 3 個資料庫操作方法。步驟如下。

（1）定義持久層（Dao 層）介面類別。

與 "1." 小標題中類似，在對應的專案程式目錄中建立 UserInfoDao 介面。程式如下：

```
@Mapper
public interface UserInfoDao {
    UserInfo selectByMobileNo(String mobikeNo);
    int insert(UserInfo userInfo);
    int updateById(UserInfo userInfo);
}
```

（2）撰寫對應的 MyBatis SQL 映射檔案。

繼續實現 MyBatis SQL 映射 XML 檔案：在 "resources/mybatis" 目錄中建

立 user_info.xml 檔案，並具體實現 SQL 映射方法，程式如下：

```
<?xml version="1.0" encoding="UTF-8" ?>
<!DOCTYPE mapper PUBLIC "-//mybatis.org//DTD Mapper 3.0//EN" "http://
mybatis.org/dtd/mybatis-3-mapper.dtd" >
<mapper namespace="com.wudimanong.user.dao.UserInfoDao">
    <sql id="Base_Column_List">
        id, user_id, nick_name, mobile_no, password,is_login,login_
time,is_del,create_time
    </sql>
    <insert id="insert" parameterType="com.wudimanong.user.entity.
UserInfo">
        insert into user_info(user_id, nick_name, mobile_no, password,is_
login,login_time,is_del,create_time)
        values (#{userId}, #{nickName}, #{mobileNo}, #{password},#{isLogi
n},#{loginTime},#{isDel},#{createTime})
    </insert>
    <select id="selectByMobileNo" resultType="com.wudimanong.user.entity.
UserInfo">
        SELECT
        <include refid="Base_Column_List"/>
        FROM user_info
        WHERE mobile_no=#{mobileNo}
    </select>
    <update id="updateById" parameterType="com.wudimanong.user.entity.
UserInfo">
        update user_info
        <set>
            <if test="userId != null">
                user_id = #{userId,jdbcType=VARCHAR},
            </if>
            <if test="nickName != null">
                nick_name = #{nickName,jdbcType=VARCHAR},
            </if>
            <if test="mobileNo != null">
                mobile_no = #{mobileNo,jdbcType=VARCHAR},
            </if>
            <if test="password != null">
                password = #{password,jdbcType=VARCHAR},
```

```
            </if>
            <if test="isLogin != null">
                is_login = #{isLogin,jdbcType=VARCHAR},
            </if>
            <if test="loginTime != null">
                login_time = #{loginTime,jdbcType=TIMESTAMP},
            </if>
            <if test="isDel != null">
                is_del = #{isDel,jdbcType=VARCHAR},
            </if>
            <if test="createTime != null">
                create_time = #{createTime,jdbcType=TIMESTAMP},
            </if>
        </set>
        where id = #{id,jdbcType=BIGINT}
    </update>
</mapper>
```

至此就完成了以 Spring Boot 框架為基礎的使用者微服務業務功能開發。此時可以透過 Postman 進行介面呼叫，來驗證邏輯的正確性。

2.5 步驟 3：將 Spring Boot 應用升級為 Spring Cloud 微服務

前面實際上已經以 Spring Boot 框架為基礎完成了使用者微服務的主要業務功能。但目前，該應用還不是一個真正意義上的微服務，而只是一個普通的 Spring Boot 應用。

下面將該 Spring Boot 應用升級為以 Spring Cloud 為基礎的微服務。

2.5.1 部署服務註冊中心 Consul

在對 Spring Boot 應用進行 Spring Cloud 微服務化改造之前，先來認識下「服務註冊中心」，它是 Spring Cloud 微服務系統中最重要的元件。

1. 了解「服務註冊中心」元件

目前 Spring Cloud 微服務系統中比較主流的服務註冊中心元件有 Consul、Eureka 和 Nacos。

> 現在使用 Spring Cloud 微服務技術棧優先選擇的註冊中心元件是 Consul 或 Nacos。本書以 Consul 為例。

Consul 是一款開放原始碼的、使用 Go 語言撰寫的服務註冊中心，它內建了服務註冊 / 發現、分散式一致性協定實現、健康性檢查、Key/Value 儲存、多資料中心等多個方案。

在使用 Consul 作為微服務註冊中心的架構中，一旦作為關鍵元件的 Consul 當機，則可能造成所有微服務系統的當機。所以在生產環境中，Consul 都會以叢集部署的方式實現高可用。

2. 部署一個單機版的 Consul 服務

為了便於開發和測試，這裡先以 Docker 的方式部署一個單機版的 Consul 服務。

（1）透過 Docker 部署 Consul，命令如下：

```
// 建立映射目錄
mkdir -p /tmp/consul/{conf,data}
//Docker 啟動 Consul 容器
docker run --name consul -p 8500:8500 -v /tmp/consul/conf/:/consul/conf/
-v /tmp/consul/data/:/consul/data/ -d consul
```

（2）透過 Docker 命令查看容器執行情況，命令如下：

```
docker ps
```

（3）示範 Consul 主控台效果。

如果 Consul 容器啟動成功，則可以打開主控台位址進行查看。在瀏覽器

中輸入位址 "http://127.0.0.1:8500"。Consul 部署成功後的主控台介面如圖 2-8 所示。

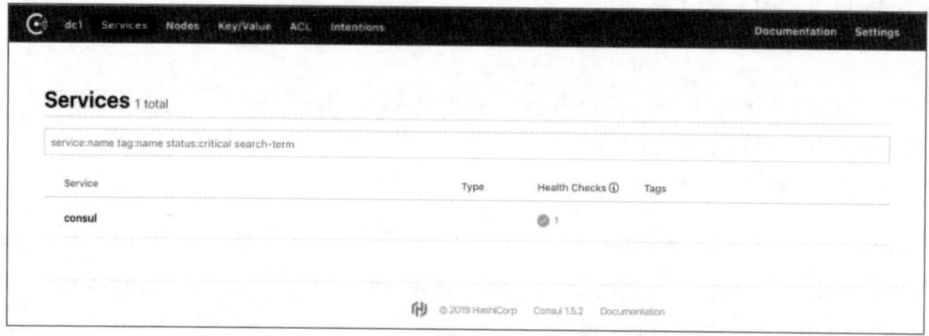

▲ 圖 2-8

2.5.2 對 Spring Boot 應用進行微服務改造

Spring Cloud 是以 Spring Boot 框架為基礎，所以，要將一個 Spring Boot 應用改造為以 Spring Cloud 為基礎的微服務應用是一件相對簡單的事情。

1. 引入 Spring Cloud 父依賴

將 Spring Boot 應用的 Maven 父依賴改成 Spring Cloud 父依賴。程式如下：

```
<!--引入 Spring Cloud 父依賴 -->
<parent>
    <groupId>org.springframework.cloud</groupId>
    <artifactId>spring-cloud-starter-parent</artifactId>
    <version>Greenwich.SR1</version>
    <relativePath/>
</parent>
```

這裡將原先 Spring Boot 專案中以 spring-boot-starter-parent 為基礎的父依賴改為 spring-cloud-starter-parent 父依賴。

> 在第 1 章的內容中分析過 Spring Cloud 框架是繼承 Spring Boot 的，所以，引入 Spring Cloud 框架的父依賴，實際是引入 Spring Boot 相關的依賴。

在 Spring Cloud 的版本選擇上，本書使用的是 Greenwich.SR1，它是以 Spring Boot 2.1.3.RELEASE 版本為基礎的。

2. 引入 Spring Cloud 微服務的核心依賴

接下來，在專案 pom.xml 檔案中引入建構 Spring Cloud 微服務的核心依賴。程式如下：

```
<!--Spring Cloud 核心依賴 -->
<!-- 微服務健康性檢查 -->
<dependency>
    <groupId>org.springframework.boot</groupId>
    <artifactId>spring-boot-starter-actuator</artifactId>
</dependency>
<!-- 以 Consul 為基礎的服務註冊 / 發現依賴 -->
<dependency>
    <groupId>org.springframework.cloud</groupId>
    <artifactId>spring-cloud-starter-consul-discovery</artifactId>
</dependency>
<!-- 以 Hystrix 為基礎的服務限流熔斷依賴 -->
<dependency>
    <groupId>org.springframework.cloud</groupId>
    <artifactId>spring-cloud-starter-netflix-hystrix</artifactId>
</dependency>
<!--Spring Cloud 公共程式 -->
<dependency>
    <groupId>org.springframework.cloud</groupId>
    <artifactId>spring-cloud-commons</artifactId>
</dependency>
```

在上方的程式中，除引入 Spring Boot 的核心依賴外，還引入了 Spring Cloud 微服務的幾個核心依賴，主要包括微服務健康性檢查、Consul 的服務註冊 / 發現依賴、Hystrix 的服務限流熔斷依賴，以及 Spring Cloud 公共程式。

3. 新增 Spring Cloud 微服務的相關設定

在專案程式的 resources 目錄中，新建一個基礎性設定檔 bootstrap.yml，該設定檔的功能與 application.yml 類似——用於在 Spring Cloud 微服務架構中設定一些與微服務相關的基礎性資訊，例如服務註冊中心相關的設定，以及 Hystrix 熔斷降級等。

> 新建設定檔 bootstrap.yml 不是必須的步驟，也可以將微服務的基本資訊設定到 application.yml 中。只是在 Spring Cloud 微服務實踐中，大家比較傾向於使用 bootstrap.yml 來設定應用的不區分環境的基礎性資訊，使用 application.yml 來設定區分環境的資訊。

具體步驟如下。

（1）建立 bootstrap.yml 設定檔。

建立以 YAML 格式為基礎的設定檔，程式如下：

```
spring:
  application:
    name: user
  profiles:
    active: debug
  cloud:
    consul:
      discovery:
        preferIpAddress: true
        instance-id: ${spring.application.name}:${spring.cloud.client.
ipAddress}:${spring.application.instance_id:${server.port}}:@project.
version@
        healthCheckPath: /actuator/health
server:
  port: 9090
```

在 bootstrap.yml 檔案中，將原先在 application.yml 中的應用名稱及 HTTP 通訊埠資訊移過來了，並且設定了 Consul 服務註冊的相關資訊，例如 instance-id 及 healthCheckPath 服務健康性檢查的位址。

> Spring Boot 會預設載入 application.yml 設定檔，但不會載入 bootstrap.yml 設定檔。所以，還需要在 pom.xml 中增加 Maven 資源相關的設定。

（2）在 pom.xml 中增加 Maven 資源相關的設定。

程式如下：

```
<build>
    <plugins>
        <!-- 引入 Spring Boot Maven 編譯外掛程式 -->
        <plugin>
            <groupId>org.springframework.boot</groupId>
            <artifactId>spring-boot-maven-plugin</artifactId>
        </plugin>
    </plugins>
    <resources>
        <resource>
            <directory>${basedir}/src/main/resources</directory>
            <filtering>true</filtering>
            <includes>
                <include>**/application*.yml</include>
                <include>**/application*.yaml</include>
                <include>**/bootstrap.yml</include>
                <include>**/bootstrap.yaml</include>
            </includes>
        </resource>
    </resources>
</build>
```

此時，bootstrap.yml 檔案中的設定就能夠被 Spring Boot 應用讀取了。

4. 修改 Spring Boot 應用入口類別，開啟微服務自動註冊 / 發現機制

經過以上幾個步驟的操作，此時 Spring Boot 應用已經具備成為 Spring Cloud 微服務的必要前提條件了。

接下來，在入口類別上透過使用 Spring Cloud 提供的註釋 @EnableDiscoveryClient，正式將 Spring Boot 應用升級成為 Spring Cloud 微服務。程式如下：

```
@EnableDiscoveryClient
@SpringBootApplication
public class User {
    public static void main(String[] args) {
        SpringApplication.run(User.class, args);
    }
}
```

透過 @EnableDiscoveryClient 註釋，微服務會自動根據在前面引入的 "spring-cloud-starter-consul-discovery" 依賴，將微服務註冊到在應用啟動時指定的 Consul 中去。

2.5.3 將 Spring Cloud 微服務注入服務註冊中心 Consul

經過前面的準備，現在就可以將使用者微服務正式注入服務註冊中心 Consul，實現真正意義上的微服務架構了。

1. 連接本地 Consul 服務

為了方便開發測試，可以透過 IDEA 工具啟動微服務，並將其註冊到 2.5.1 節所部署的本地 Consul 中去。步驟如下：

（1）透過 IDEA 執行使用者微服務。

在開發整合環境中執行使用者微服務，觀察開機記錄。可以看到，應用已經成功註冊到服務註冊中心 Consul 中了，如圖 2-9 所示。

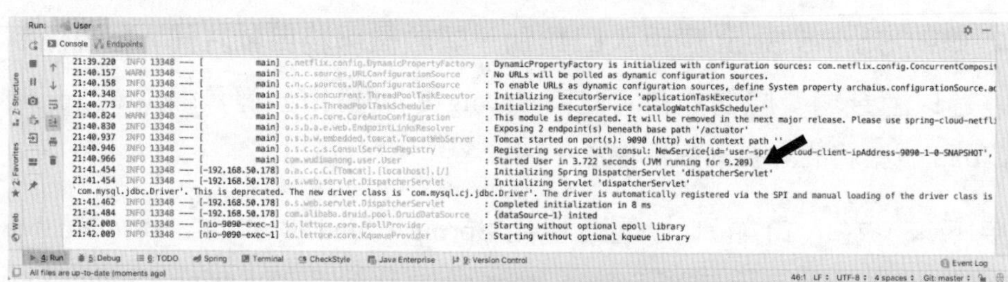

▲ 圖 2-9

（2）透過 Consul 主控台觀察微服務註冊資訊。

打開 2.5.1 節部署的 Consul 主控台，可以看到，Consul 主控台已經能夠顯示 User 微服務資訊了，如圖 2-10 所示。

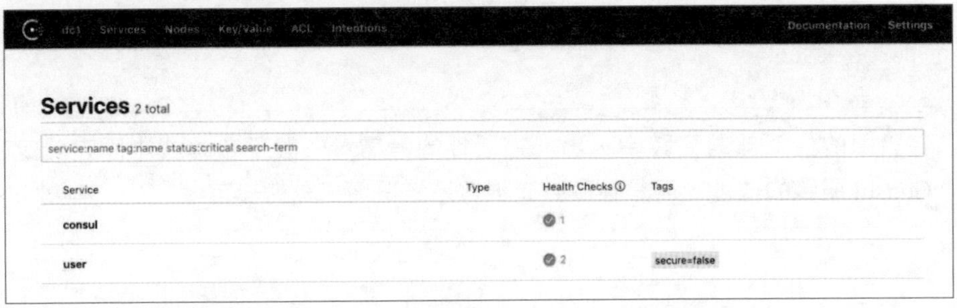

▲ 圖 2-10

這樣，其他微服務就可以透過 Consul 對 User 微服務實現發現，並透過 FeignClient 實現介面存取了。

2. 連接遠端 Consul 服務

至此可能有讀者會有疑惑，在程式執行的過程中並沒有具體指定 Consul 服務的位址，那麼應用是怎麼連接上 Consul 的呢？

實際上，在沒有設定任何 Consul 位址的情況下，Spring Cloud 預設連接本地 IP 位址的 8500 通訊埠。如果需要連接遠端 Consul 服務，則可以透過參數進行指定，例如：

```
spring:
  application:
    name: user
  profiles:
    active: debug
  cloud:
    consul:
      host: 127.0.0.1
      port: 8500
      discovery:
```

```
        preferIpAddress: true
        instance-id: ${spring.application.name}:${spring.cloud.client.
ipAddress}:${spring.application.instance_id:${server.port}}:@project.
version@
        healthCheckPath: /actuator/health
server:
  port: 9090
```

> 在實際的生產部署實踐中，出於靈活性的考慮，一般不在程式中固定設定 Consul 服務的位址，而是在啟動時根據系統環境來動態設定。

2.6 本章小結

本章以實際的業務場景為例完成了一個使用者微服務的實例，介紹了如何建構基本的 Spring Boot 應用，以及如何將 Spring Boot 應用升級為 Spring Cloud 微服務。在這個過程中，示範了如何整合 MyBatis、Redis 等常用的元件。這些元件的整合方式，與第 1 章中 Spring Boot 框架的整合方法是完全一致的。

本章還介紹了 Spring Cloud 微服務系統中「服務註冊中心」這個最重要的依賴，並以主流的 Consul 為例，透過 Docker 的方式完成了一個開發版本的部署，最終將使用者微服務註冊到 Consul 服務中心中。

Chapter

03

【實例】SSO 授權認證系統

用 "Spring Security + Spring Cloud Gateway" 建構 OAuth 2.0 授權認證服務

大家應該都有過這樣的體驗：在登入一些不常用的網站時，可以使用常用的 QQ、微信等第三方帳號進行授權登入。在公司內部一般會存在多種不同的軟體系統（例如 GitLab 程式管理平台、財務報銷系統、人事系統等），也可以提供類似的授權登入功能，從而實現員工利用帳號登入一次就能存取多個系統的效果。要實現這樣的效果，需要一套獨立的帳號授權認證系統——SSO（SingleSignOn，單點登入）授權認證系統。

本章將以 OAuth 2.0 授權認證流程為基礎，實現一套以 Spring Cloud 微服務系統為基礎的 SSO 授權認證系統。

因為考慮到 SSO 授權認證系統在某些情況下會包括外部服務對內部微服務的存取，所以，從微服務存取安全的角度考慮，本章將引入 Spring Cloud 微服務系統中另一個比較重要的元件——Spring Cloud Gateway 微服務閘道。

此外，由於在閘道服務與具體的微服務（如資源微服務）之間還會具有呼叫關係，所以，為了實現 Spring Cloud 微服務的遠端服務存取，還將引入 "Feign + Ribbon" 組合，以實現 Spring Cloud 微服務遠端通訊、負載平衡呼叫等功能。

透過本章，讀者將學習到以下內容：

- OAuth 2.0 協定的授權認證流程。
- 引入 Spring Security Oauth 2 元件，實現 OAuth 2.0 授權認證服務。
- 撰寫 FeignClient 微服務呼叫介面。
- 建構以 Spring Cloud Gateway 為基礎的微服務閘道。
- 使用 "Feign + Ribbon" 元件，實現微服務的遠端負載平衡呼叫。

3.1 功能概述

為了實現企業內部網路資訊的安全存取、打通內部資訊孤島，如今稍有規模的 IT 企業都會實行內部員工帳號的集中認證、存取授權，以及存取日誌定期審核。具體來說，就是提供一套獨立的 SSO 授權認證系統，為內部各業務系統提供集中認證、授權登入的服務。

本章要實現的系統主要包括以下幾個方面功能。

（1）集中式的帳戶系統：實現員工登入帳號的集中管理，確保公司內部不同系統之間帳戶資訊及時、準確地同步，為獲得授權的內部業務系統提供帳戶資訊查詢的服務。

（2）統一認證服務：提供以 OAuth 2.0 協定為基礎的統一授權認證服務。

（3）授權管理：實現應用等級的授權管理，提供門戶入口，便於應用管理者註冊應用，以使用 SSO 服務。另外，支援對許可權及角色的編輯管理，可以對使用者進行角色指派、編組等，從而實現應用等級的授權管理。

（4）稽核服務：記錄授權認證的日誌，實現使用者存取記錄的快速查詢，從而為定期的 IT 安全稽核提供支撐。

3.2 系統設計

接下來從系統設計的角度，對 SSO 授權認證系統的邏輯進行設計，主要從 OAuth 2.0 授權認證流程、系統結構設計和資料庫設計這 3 個方面進行說明。

3.2.1 OAuth 2.0 授權認證流程

OAuth 2.0 是一種允許第三方 App 使用資源所有者頒發的權杖，對資源實現有限存取的一種授權認證協定。舉例來說，透過 QQ、微信授權登入某個 App，相當於 QQ、微信允許該 App 在經過使用者授權後，透過 QQ、微信授權認證服務頒發的權杖有限地存取 QQ、微信的使用者資訊。

> 在 OAuth 2.0 協定中，第三方 App 獲取的權杖就是一個表示特定範圍、生存週期，以及存取權限的字串權杖，即通常所說的 Token 資訊。

1. 四種角色

在 OAuth 2.0 協定中定義了以下四種角色。

（1）Resource owner（資源擁有者）。

資源擁有者即有權對受保護資源授予存取權限的實體。舉例來說，在透過微信帳號登入其他第三方 App 的過程中，微信使用者就是資源擁有者（也被稱為最終使用者）。在這個過程中一般需要微信使用者進行手動確認。

（2）Resource Server（資源服務）。

資源服務即承載受保護資源的服務。它接收第三方 App 應用透過存取權杖對受保護資源發起的請求，並予以回應。

> 在實際場景中，資源服務與授權認證服務可以是同一服務，也可以是不同服務，這取決於 SSO 授權認證系統的架構設計。以微信帳號授權登陸第三方 App 為例，資源服務就是儲存微信使用者資訊的伺服器。

（3）Client（用戶端）。

用戶端即需要被授權登入的第三方 App。在透過微信帳號登入第三方 App 的過程中，第三方 App 就是用戶端。

（4）Authorization Server（授權認證服務）。

在整個 OAuth 2.0 授權認證協定中，授權認證服務用於處理授權認證請求，從而將第三方 App 與受保護資源進行隔離。

2. 授權認證過程

前面基本介紹了 OAuth 2.0 認證流程中的不同角色，那麼這些角色是如何實現一次完整的授權認證過程的呢？

在 OAuth 2.0 標準協定中，定義了四種不同的用戶端授權模式：①授權碼模式（Authorization Code）；②簡化模式（Implicit）；③密碼模式（Resource Owner Password Credentials）；④用戶端模式（Client Credentials）。

> 不同用戶端授權模式的處理流程也不同。但在實踐中，應用最廣泛的是授權碼模式。授權碼模式也是這四種模式中功能最完整、流程最嚴密的授權認證模式。

在授權碼模式中，授權碼並不是用戶端直接從資源服務獲取的，而是從授權認證服務獲取的。授權認證的過程是：資源所有者直接透過授權認證服務進行身份認證。這樣就避免了資源所有者與用戶端共用身份憑證。

本實例將使用授權碼模式作為 OAuth 2.0 授權認證服務的實現方式。

以使用微信授權登入微博為例，OAuth 2.0 授權碼模式系統的執行流程如圖 3-1 所示。

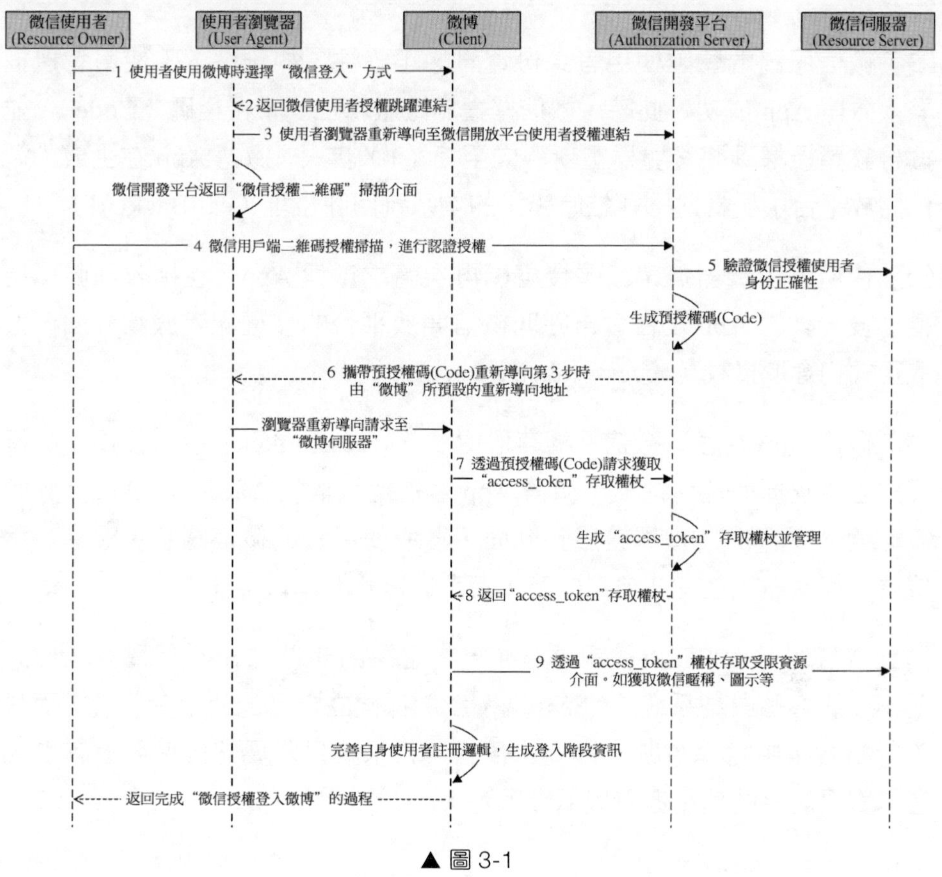

▲ 圖 3-1

具體說明如下：

（1）使用者在登入微博 App 時選擇「微信登入」按鈕，之後微博 App 會將使用者請求以 URL 重新導向的方式跳躍至微信開放平台的第三方帳號授權登入介面。

（2）使用者打開微信用戶端，使用「掃一掃」功能掃描此時瀏覽器展示的微信授權二維碼，完成微信使用者授權登入操作。

> 具體的使用者授權形式取決於授權認證服務具體的實現，例如 QQ 授權會要求使用者輸入使用者帳號及密碼。

（3）微信服務端驗證使用者身份資訊的正確性，如正確，則使用者授權登入微博 App 成功。此時，微信授權認證服務生成預授權碼（Code），並攜帶該預授權碼將瀏覽器重新導向至第（1）步——微博 App 在生成「微信開放平台」授權跳躍連結時設定的本系統回呼位址（callBackUrl）。

（4）使用者瀏覽器攜帶該預授權碼再次請求微博 App。在接收到此預授權碼後，微博 App 後台會再呼叫微信開放平台的授權認證服務介面，換取正式的存取權杖（access_token）。

（5）微博 App 在獲取微信授權存取權杖（access_token）後，使用者的授權認證流程即完成。之後，微博 App 會透過該權杖（access_token）呼叫微信開放平台的授權認證服務介面，獲取使用者的微信圖示、暱稱、手機號碼等資訊，並完成自身的使用者註冊邏輯及階段資訊。

回到本實例——SSO 授權認證系統，在企業內部實現 SSO 單點登入時，並不需要各個業務系統（Client 端系統）都建立自己的使用者系統，而是實行帳號集中管理，統一授權，各個業務系統只需要記錄使用者存取憑證，實現統一的使用者階段邏輯即可。

3.2.2 系統結構設計

根據 OAuth 2.0 授權認證系統的流程特點，本實例將「授權認證服務」與「資源服務」進行分離設計。這樣，在系統結構上也更加清晰，並且從 OAuth 2.0 的互動細節上看——Client 端系統在連線授權認證服務時，需要經過多次的使用者瀏覽器頁面跳躍。由於授權認證服務本身是具備安全控制能力的，所以 Client 端系統可以更安全地透過 HTTP 直接存取授權認證服務，實現使用者授權認證邏輯。

除此之外，Client 端系統在完成授權認證獲取存取權杖（access_token）後，會存取「資源服務」以獲取授權使用者的資訊。

但從微服務架構來看，Client 端系統很可能是來自外部的系統，所以 Client 端系統不能直接存取資源微服務，而是透過服務閘道（Api Gateway）來存取資源微服務，並由服務閘道實現微服務入口請求的統一控管。

OAuth 2.0 授權認證系統的結構如圖 3-2 所示。

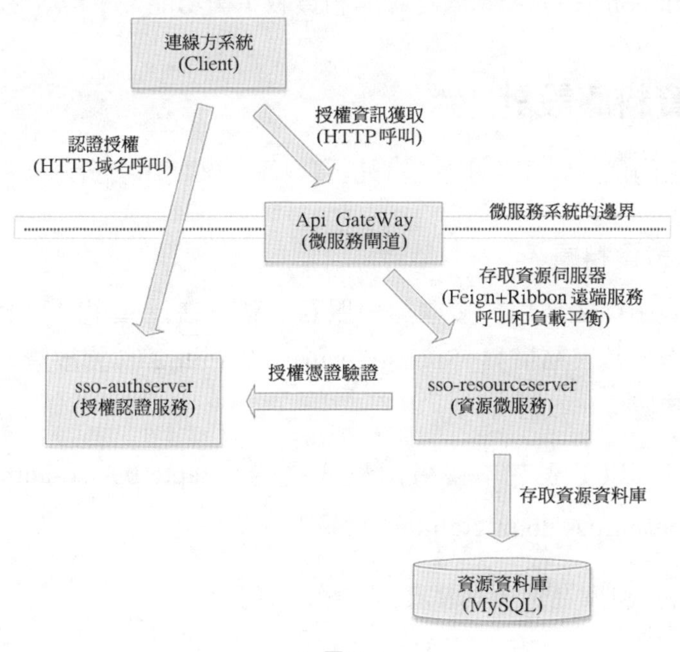

▲ 圖 3-2

根據 OAuth 2.0 授權認證流程，在圖 3-2 中將 SSO 授權認證系統拆分為：① 授權認證微服務（sso-authsever）；② 資源微服務（sso-resourceserver）。微服務之間的互動說明如下：

（1）Client 端系統在透過「授權認證微服務」完成授權認證動作，之後攜帶權杖呼叫資源微服務的介面以獲取使用者授權的資訊。

> 在這個過程中，資源微服務也會呼叫授權認證微服務，以驗證 Client 端系統攜帶權杖的合法性。

（2）出於微服務存取安全的考慮，Client 端系統在拿到授權權杖後，需要透過微服務閘道才能存取資源微服務。因此，需要在 Client 端系統與授權認證微服務系統的邊界架設微服務閘道。

（3）在服務閘道與資源微服務之間，透過 Spring Cloud 微服務通訊元件 "Feign + Ribbon" 完成遠端服務呼叫和負載平衡功能。

3.2.3 資料庫設計

本實例包括兩個資料庫：①授權認證資料庫；②使用者資源資料庫。

1. 授權認證資料庫

以下 6 個表結構主要用於授權認證服務，執行在授權認證時所需的資料庫存取操作。其表結構與 "Spring Security OAuth 2.0" 開放原始碼元件所提供的表結構是一致的。

程式碼：以下表在本書書附程式碼的 "chapter03-sso-authserver/src/main/ resources/db.migration/" 目錄下。

以 MySQL 資料庫為例，具體表結構設計如下。

（1）Client 設定資訊表。

Client 設定資訊表，用於儲存 Client 端系統的身份資訊。舉例來說，要連線 SSO 授權認證系統的 Client 端系統，則在申請連線後會在此表中生成一筆設定記錄。具體的 SQL 程式如下：

```
create table oauth_client_details
(
   client_id varchar(256) primary key comment '用於標識用戶端，類似於
```

```
appKey',
    resource_ids varchar(256) comment '用戶端能存取的資源 ID 集合，以逗點分隔，例如 order-resource,pay-resource',
    client_secret varchar(256) comment '用戶端存取金鑰類似於 appSecret，必須要有字首代表加密方式，例如：{bcrypt}10gY/Hauph1tqvVWiH4atxteSH8sRX03IDXRIQi03DVTFGzKfz8ZtGi',
    scope varchar(256) comment '用於指定用戶端的許可權範圍，如讀寫許可權、行動端或 Web 端等，例如：read,write/web,mobile',
    authorized_grant_types varchar(256) comment '可選值，如授權碼模式 :authorization_code；密碼模式 :password；刷新 token:refresh_token；隱式模式 :implicit；用戶端模式 :client_credentials，支援多種方式以逗點分隔，例如：password,refresh_token',
    web_server_redirect_uri varchar(256) comment '用戶端重新導向 URL，在 authorization_code 和 implicit 模式時需要該值進行驗證',
    authorities varchar(256) comment '可為空，指定使用者的許可權範圍，如果授權認證過程需要使用者登入，該欄位不生效，在 implicit 和 client_credentials 模式時需要；例如：ROLE_ADMIN,ROLE_USER',
    access_token_validity integer comment '可為空，設定 access_token 的有效時間（秒），預設為 12 小時，例如：3600',
    refresh_token_validity integer comment '可為空，設定 refresh_token 有效期（秒），預設 30 天，例如 7200',
    additional_information varchar(4096) comment '可為空，值必須是 JSON 格式，例如 {"key", "value"}',
    autoapprove varchar(256) comment '預設 false，適用於 authorization_code 模式，設定使用者是否自動 approval 操作，如果設定為 true，則跳過使用者確認授權動作頁面，直接跳到 redirect_uri'
);
```

（2）Client 授權資訊表。

Client 授權資訊表，用於儲存 Client 端系統的 Token。具體的 SQL 程式如下：

```
create table oauth_client_token
(
    token_id varchar(256) comment '從伺服器端獲取的 access_token 的值',
    token blob comment '這是一個二進位的欄位 ， 儲存的資料是 OAuth2AccessToken.java 物件序列化後生成的二進位資料',
```

```
    authentication_id varchar(256) primary key comment '該欄位具有唯一性，是根據當前的 username（如果有）、client_id 與 scope 透過 MD5 加密生成的（可參考 DefaultClientKeyGenerator.java 類別）',
    user_name varchar(256) comment '登入使用者帳號',
    client_id varchar(256) comment '用戶端 ID'
);
```

（3）預授權碼資訊表。

預授權碼資訊表，用於記錄授權認證服務頒發的預授權碼資訊。具體的 SQL 程式如下：

```
create table oauth_code
(
    code varchar(256) comment '儲存由服務端系統生成的 code 的值（未加密）',
    authentication blob comment '儲存將 AuthorizationRequestHolder.java 物件序列化後生成的二進位資料'
);
```

（4）授權 Token 資訊表。

授權 Token 資訊表，用於儲存授權認證服務頒發的正式 access_token 資訊。具體的 SQL 程式如下：

```
create table oauth_access_token
(
    token_id varchar(256) comment '該欄位的值是將 access_token 的值透過 MD5 加密後生成的',
    token blob comment '儲存將 OAuth2AccessToken.java 物件序列化後生成的二進位資料，是真實的 AccessToken 的資料值',
    authentication_id varchar(256) primary key comment '該欄位具有唯一性，是根據當前的 username（如果有）、client_id 與 scope 透過 MD5 加密生成的（可參考 DefaultClientKeyGenerator.java 類別）',
    user_name varchar(256) comment '登入時的使用者帳號，若用戶端沒有使用者帳號（如 grant_type="client_credentials"），則該值為 client_id',
    client_id varchar(256) comment '用戶端 ID',
    authentication blob comment '儲存將 OAuth2Authentication.java 物件序列化後生成的二進位資料',
    refresh_token varchar(256) comment '該欄位的值是將 refresh_token 的值透過 MD5 加密後生成的'
);
```

（5）授權 Token 刷新記錄表。

授權 Token 刷新記錄表，主要儲存在 access_token 過期後重新獲取的 access_token 記錄資訊。具體的 SQL 程式如下：

```
create table oauth_refresh_token
(
   token_id varchar(256) comment '該欄位的值是將 refresh_token 的值透過 MD5
加密後生成的',
   token blob comment '儲存將 OAuth2RefreshToken.java 物件序列化後生成的二
進位資料',
   authentication binary comment '儲存將 OAuth2Authentication.java 物件序
列化後生成的二進位資料'
);
```

（6）使用者授權歷史表。

使用者授權歷史表，用於記錄使用者（資源所有者）授權存取的操作日誌。具體的 SQL 程式如下：

```
create table oauth_approvals
(
   userId varchar(256) comment '授權使用者 ID',
   clientId varchar(256) comment '用戶端 ID',
   scope varchar(256) comment '授權存取',
   status varchar(10) comment '授權狀態，例如：APPROVED',
   expiresAt timestamp comment '授權故障時間',
   lastModifiedAt timestamp default current_timestamp comment '最後修改時
間'
);
```

2. 使用者資源資料庫

使用者資源資料庫用於儲存具體的使用者資訊，如使用者的帳戶名稱 / 密碼、姓名、暱稱等。

程式碼：該表在本書書附程式碼的 "chapter03-sso-resourceserver/src/main/ resources/db.migration" 目錄下。

該資料庫所儲存的使用者資訊主要被「資源服務」讀取。在本實例中，只設計了一張使用者基本資訊表，在實際場景中可根據業務需要進行擴充。

具體的 SQL 程式如下：

```
create table oauth_user_details
 (
   user_name varchar(200) not null comment '使用者 ID',
   password varchar(256) not null default '' comment '使用者密碼',
   salt varchar(256) not null default '' comment '生成使用者密碼的 MD5 金鑰',
   nick_name  varchar(128) not null default '' comment '使用者暱稱',
   mobile  varchar(11) not null default '' comment '使用者手機號碼',
   gender  int not null default 3 comment '性別。1-女；2-男；3-未知',
   authorities  varchar(256) not null default 'all' comment '使用者許可權，使用半形逗點分隔',
   non_expired  boolean default true comment '使用者帳號是否過期，boolean 值。1-表示 true；0-表示 false',
   non_locked  boolean default true comment '使用者帳號是否鎖定，boolean 值。1-表示 true；0-表示 false',
   credentials_non_expired  boolean default true comment '使用者密碼是否過期，boolean 值。1-表示 true；0-表示 false',
   enabled  boolean default true comment '帳號是否生效。1-表示生效；0-表示 false',
   create_time  timestamp not null default current_timestamp comment '使用者帳號建立時間',
   create_by  varchar(100) not null default 'system' comment '建立者',
   update_time  timestamp not null default current_timestamp comment '最後更新時間',
   update_by  varchar(100) not null default '' comment '最後更新人',
  primary key (user_name)
) engine=innodb default charset=utf8 comment '外部使用者詳細資訊表';
```

3.3 步驟 1：建構 Spring Cloud 授權認證微服務

按照 3.2.2 節中設計的系統結構，本節將建構 Spring Cloud「授權認證微服務」。

3.3.1 建立 Spring Cloud 微服務專案

接下來建立授權認證微服務所需要的 Spring Cloud 微服務專案。

1. 建立一個基本的 Maven 專案

利用 2.3.1 節介紹的方法建立一個 Maven 專案。建立後的專案程式結構如圖 3-3 所示。

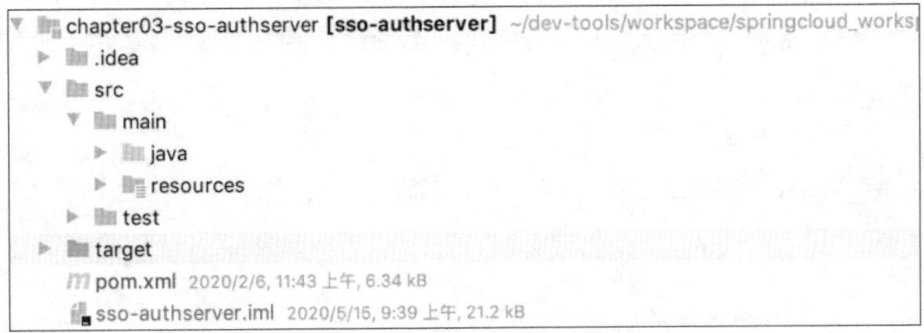

▲ 圖 3-3

2. 引入 Spring Cloud 依賴，將 Maven 專案改造為微服務專案

（1）引入 Spring Cloud 微服務的核心依賴。
這裡可以參考 2.5.2 節中的具體步驟。

（2）在專案程式的 resources 目錄下，新建一個基礎性設定檔（bootstrap.yml）。

其中的程式如下：

```
spring:
  application:
    name: sso-authserver
  profiles:
    active: debug
  cloud:
    consul:
      discovery:
        preferIpAddress: true
        instance-id: ${spring.application.name}:${spring.cloud.client.
ipAddress}:${spring.application.instance_id:${server.port}}:@project.
version@
        healthCheckPath: /actuator/health
server:
  port: 9090
```

（3）在 2.5.2 節提到過，Spring Boot 並不會預設載入 bootstrap.yml 這個檔案，所以需要在 pom.xml 中增加 Maven 資源的相關設定，具體參考 2.5.2 節內容。

（4）建立授權認證微服務的入口程式類別。

程式如下：

```
package com.wudimanong.authserver;
import org.springframework.boot.SpringApplication;
import org.springframework.boot.autoconfigure.SpringBootApplication;
import org.springframework.cloud.client.discovery.EnableDiscoveryClient;
@EnableDiscoveryClient
@SpringBootApplication
public class AuthServer {
    public static void main(String[] args) {
        SpringApplication.run(AuthServer.class, args);
    }
}
```

至此，Spring Cloud 授權認證微服務就基本建構出來了。

3.3.2 將 Spring Cloud 微服務注入服務註冊中心 Consul

參考 2.5.1 節、2.5.3 節的內容，將 "sso-authserver" 微服務注入服務註冊中心 Consul 中。然後執行所建構的 "sso-authserver" 微服務專案，可以看到該服務已經註冊到 Consul 中了，如圖 3-4 所示。

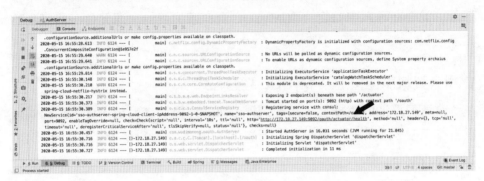

```
 .configurationSource.additionalUrls or make config.properties available on classpath.
2020-05-15 16:55:28.613  INFO 6124 --- [           main] c.netflix.config.DynamicPropertyFactory  : DynamicPropertyFactory is initialized with configuration sources: com.netflix.config
 .ConcurrentCompositeConfiguration@1e957e2f
2020-05-15 16:55:29.640  WARN 6124 --- [           main] c.n.c.sources.URLConfigurationSource     : No URLs will be polled as dynamic configuration sources.
2020-05-15 16:55:29.641  INFO 6124 --- [           main] c.n.c.sources.URLConfigurationSource     : To enable URLs as dynamic configuration sources, define System property archaius
 .configurationSource.additionalUrls or make config.properties available on classpath.
2020-05-15 16:55:29.814  INFO 6124 --- [           main] o.s.s.concurrent.ThreadPoolTaskExecutor  : Initializing ExecutorService 'applicationTaskExecutor'
2020-05-15 16:55:30.148  INFO 6124 --- [           main] o.s.s.c.ThreadPoolTaskScheduler          : Initializing ExecutorService 'catalogWatchTaskScheduler'
2020-05-15 16:55:30.210  WARN 6124 --- [           main] o.s.c.n.core.CoreAutoConfiguration       : This module is deprecated. It will be removed in the next major release. Please use
 spring-cloud-netflix-hystrix instead.
2020-05-15 16:55:30.217  INFO 6124 --- [           main] o.s.b.a.e.web.EndpointLinksResolver      : Exposing 2 endpoint(s) beneath base path '/actuator'
2020-05-15 16:55:30.373  INFO 6124 --- [           main] o.s.b.w.embedded.tomcat.TomcatWebServer  : Tomcat started on port(s): 9092 (http) with context path '/oauth'
2020-05-15 16:55:30.389  INFO 6124 --- [           main] o.s.c.c.s.ConsulServiceRegistry          : Registering service with consul:
 NewService{id='sso-authserver-spring-cloud-client-ipAddress-9092-1-0-SNAPSHOT', name='sso-authserver', tags=[secure=false, contextPath=/oauth], address='172.18.27.149', meta=null,
 port=9092, enableTagOverride=null, check=Check{script='null', interval='10s', ttl='null', http='http://172.18.27.149:9092/oauth/actuator/health', method='null', header={}, tcp='null',
 timeout='null', deregisterCriticalServiceAfter='null', tlsSkipVerify=null, status='null'}, checks=null}
2020-05-15 16:55:30.457  INFO 6124 --- [           main] com.wudimanong.oauth.AuthServer          : Started AuthServer in 16.031 seconds (JVM running for 21.845)
2020-05-15 16:55:30.716  INFO 6124 --- [)-172.18.27.149] o.a.c.c.C.[Tomcat].[localhost].[/oauth]  : Initializing Spring DispatcherServlet 'dispatcherServlet'
2020-05-15 16:55:30.716  INFO 6124 --- [)-172.18.27.149] o.s.web.servlet.DispatcherServlet        : Initializing Servlet 'dispatcherServlet'
2020-05-15 16:55:30.727  INFO 6124 --- [)-172.18.27.149] o.s.web.servlet.DispatcherServlet        : Completed initialization in 11 ms
```

▲ 圖 3-4

打開 Consul 主控台，"sso-authserver" 微服務被註冊到 Consul 中的效果如圖 3-5 所示。

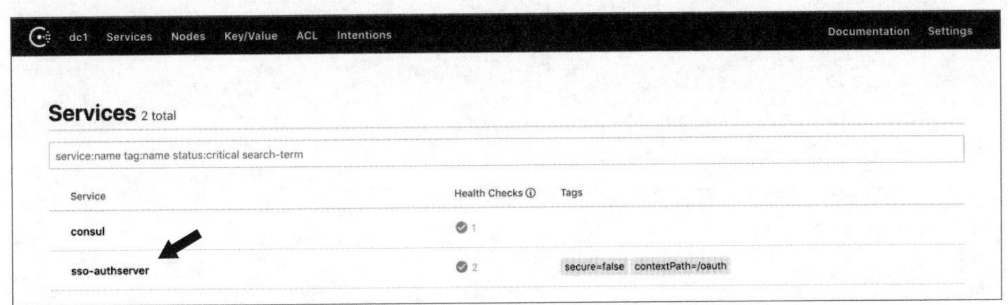

▲ 圖 3-5

至此，從技術層面完成了 Spring Cloud 微服務的架設。接下來將從業務功能層面完善授權認證微服務的其他邏輯。

3.3.3 整合 JDBC 資料來源，以存取 MySQL 資料庫

本節將透過 "Spring Security" 開放原始碼元件，實現以 OAuth 2.0 協定為基礎的授權認證微服務。在該服務中，實現了以資料庫為基礎的授權認證資訊儲存邏輯。

具體的資料庫表操作，已經封裝在該開放原始碼依賴（JAR 套件）中。下面只需要在專案中整合存取 MySQL 資料庫的資料來源元件，具體步驟如下。

1. 引入資料庫連接池及 MySQL 驅動程式

在資料庫連接池的選擇上，這裡選擇 Druid 連接池；而 JDBC 驅動程式，因為本章實例使用的是 MySQL 資料庫，所以引入的是 MySQL 的 JDBC 驅動程式。程式如下：

```
<!-- 引入 Druid 連接池的依賴 -->
<dependency>
    <groupId>com.alibaba</groupId>
    <artifactId>druid</artifactId>
    <version>1.0.28</version>
</dependency>
<!-- 引入 MySQL 的 JDBC 驅動程式 -->
<dependency>
    <groupId>mysql</groupId>
    <artifactId>mysql-connector-java</artifactId>
    <scope>runtime</scope>
</dependency>
<!-- 引入 Spring Boot 的資料來自動設定元件 -->
<dependency>
    <groupId>org.springframework.boot</groupId>
    <artifactId>spring-boot-starter-jdbc</artifactId>
</dependency>
```

2. 設定專案資料庫連接資訊

引入資料來源依賴後，在應用啟動時，Spring Boot 設定類別會自動初始

化資料來源，而在這個過程中需要讀取專案設定中的資料庫連接資訊，所以需要在專案 resources 目錄中建立一個用於設定資料庫連接資訊的設定檔——application.yml。其具體程式如下：

```
spring:
  datasource:
    #MySQL 連接資訊
    url: jdbc:mysql://127.0.0.1:3306/auth?zeroDateTimeBehavior=convertToN
ull&useUnicode=true&useUnicode=true&characterEncoding=utf-8
    username: root
    password: 123456
    type: com.alibaba.druid.pool.DruidDataSource
    driver-class-name: com.mysql.jdbc.Driver
    separator: //
```

> 上述設定過程相關的資料庫資訊，可以參考 1.3.3 節透過 Docker 部署本地 MySQL 的步驟——建立一個名為 auth 的資料庫，並執行 3.2.3 節中與授權認證資料庫相關的 SQL 指令稿。

3.3.4 建構 OAuth 2.0 授權認證微服務

OAuth 2.0 是一個標準的授權認證協定，業界有許多開放原始碼的實現元件。在 Spring Cloud 微服務系統中，提供了對 Spring Security OAuth 2.0 開放原始碼元件的快速整合方案。

本節將以 Spring Security OAuth 2.0 為基礎開放原始碼元件來實現 SSO 授權認證微服務。步驟如下。

1. 引入 Spring Security OAuth 2.0 的依賴

在 Spring Cloud 中已經提供了對 OAuth 2.0 開放原始碼元件的 Starter 整合依賴。所以，這裡只需要在程式專案 pom.xml 中引入以下依賴：

```
<!-- 引入 OAuth 2.0 的 Spring Cloud Starter 依賴 -->
<dependency>
```

```
    <groupId>org.springframework.cloud</groupId>
    <artifactId>spring-cloud-starter-oauth2</artifactId>
</dependency>
<dependency>
    <groupId>org.springframework.boot</groupId>
    <artifactId>spring-boot-starter-security</artifactId>
</dependency>
```

引入的依賴（JAR 套件）的版本編號，預設與 Spring Cloud 父依賴中 Spring Boot 的版本編號一致。

2. 建立授權認證微服務設定類別

在建構以 Spring Security OAuth 2.0 元件為基礎的授權認證微服務過程中，需要進行一些設定。具體步驟如下：

（1）建立 Spring 設定類別。

具體程式如下：

```
package com.wudimanong.authserver.config;
import java.util.concurrent.TimeUnit;
import javax.sql.DataSource;
...
import org.springframework.security.oauth2.provider.token.store.
KeyStoreKeyFactory;
@Configuration
@EnableAuthorizationServer
public class AuthServerConfiguration extends AuthorizationServerConfigure
rAdapter {
    /**
     * JDBC 資料來源的依賴
     */
    @Autowired
    private DataSource dataSource;
    /**
     * 授權認證管理介面
     */
    AuthenticationManager authenticationManager;
```

```
    /**
     * 構造方法
     */
    public AuthServerConfiguration(AuthenticationConfiguration
authenticationConfiguration) throws Exception {
        this.authenticationManager = authenticationConfiguration.
getAuthenticationManager();
    }
    /**
     * 透過 JDBC 操作資料庫，實現對用戶端資訊的管理
     */
    @Override
    public void configure(ClientDetailsServiceConfigurer clients) throws
Exception {
        clients.withClientDetails(new JdbcClientDetailsService(dataSource));
    }
    /**
     * 設定授權認證微服務相關的服務端點
     */
    @Override
    public void configure(AuthorizationServerEndpointsConfigurer
endpoints) {
        // 設定 TokenService 參數
        DefaultTokenServices tokenServices = new DefaultTokenServices();
        tokenServices.setTokenStore(getJdbcTokenStore());
        // 支援存取權杖的刷新
        tokenServices.setSupportRefreshToken(true);
        tokenServices.setReuseRefreshToken(false);
        // 設定 accessToken 的有效時間，這裡設定為 30 天
        tokenServices.setAccessTokenValiditySeconds((int) TimeUnit.DAYS.
toSeconds(30));
        // 設定 refreshToken 的有效時間，這裡設定為 15 天
        tokenServices.setRefreshTokenValiditySeconds((int) TimeUnit.DAYS.
toSeconds(15));
        tokenServices.setClientDetailsService (getJdbcClientDetailsService
());
        // 資料庫管理授權資訊
        endpoints.authenticationManager(this.authenticationManager). acce
ssTokenConverter(jwtAccessTokenConverter())
```

```
                .tokenStore(getJdbcTokenStore()).
tokenServices(tokenServices)
                .authorizationCodeServices(getJdbcAuthorizationCodeServices
()).approvalStore(getJdbcApprovalStore());
    }
    /**
     * 安全約束設定
     */
    @Override
    public void configure(AuthorizationServerSecurityConfigurer security)
{
        security.tokenKeyAccess("permitAll()").checkTokenAccess
("hasAuthority('ROLE_TRUSTED_CLIENT')")
                .allowFormAuthenticationForClients();
    }
    /**
     * 資料庫管理的 Token 實例
     */
    @Bean
    public JdbcTokenStore getJdbcTokenStore() {
        return new JdbcTokenStore(dataSource);
    }
    /**
     * 資料庫管理的用戶端資訊
     */
    @Bean
    public ClientDetailsService getJdbcClientDetailsService() {
        return new JdbcClientDetailsService(dataSource);
    }
    /**
     * 資料庫管理的授權碼資訊
     */
    @Bean
    public AuthorizationCodeServices getJdbcAuthorizationCodeServices() {
        return new JdbcAuthorizationCodeServices(dataSource);
    }
    /**
     * 資料庫管理的使用者授權確認記錄
     */
```

```
    @Bean
    public ApprovalStore getJdbcApprovalStore() {
        return new JdbcApprovalStore(dataSource);
    }
    /**
     * AccessToken 頒發管理（使用非對稱加密演算法來對 Token 進行簽名）
     */
    @Bean
    public JwtAccessTokenConverter jwtAccessTokenConverter() {
        final JwtAccessTokenConverter converter = new
JwtAccessTokenConverter();
        // 匯入證書
        KeyStoreKeyFactory keyStoreKeyFactory = new
KeyStoreKeyFactory(new ClassPathResource("keystore.jks"),
                "mypass".toCharArray());
        converter.setKeyPair(keyStoreKeyFactory.getKeyPair("mytest"));
        return converter;
    }
}
```

上述程式包括的設定較多。其中，透過 @EnableAuthorizationServer 註釋開啟授權認證微服務的相關功能；繼承 AuthorizationServerConfigurerAdapter 類別並重新定義 configure() 方法，則實現了授權認證資訊的資料庫儲存管理（包括用戶端管理、授權碼管理、存取 Token 權杖管理等）。

（2）建立用於生成存取權杖的加密證書。

在步驟（1）中，在生成存取權杖的過程中需要用到加密演算法。加密演算法包括的證書可透過以下命令建立：

```
$ keytool -genkeypair -alias mytest -keyalg RSA -keypass mypass -keystore
keystore.jks -storepass mypass
您的名字與姓氏是什麼？
  [Unknown]:  wudimanong
您的組織機構名稱是什麼？
  [Unknown]:  wudimanong
您的組織名稱是什麼？
  [Unknown]:  wudimanong
```

```
您所在的城市或區域名稱是什麼？
  [Unknown]:  beijing
您所在的省 / 市 / 自治區名稱是什麼？
  [Unknown]:  beijing
該機構的雙字母國家 / 地區編碼是什麼？
  [Unknown]:  CH
CN=wudimanong, OU=wudimanong, O=wudimanong, L=beijing, ST=beijing, C=CH 是否正確？
  [否]:  Y
Warning:
JKS 金鑰庫使用專用格式。建議使用 "keytool -importkeystore -srckeystore keystore.jks -destkeystore keystore.jks -deststoretype pkcs12" 遷移到業界標準格式 PKCS12。
```

（3）將生成的加密證書複製到專案資源目錄下，並設定 Maven 資源檔的載入。

將步驟（2）中生成的 ".jks" 加密證書檔案複製至專案目錄 "/src/main/resources" 下。要使該證書檔案能夠被 Maven 專案載入，還需要在 pom.xml 檔案的資源載入設定 <build>/<resources> 標籤下增加以下設定：

```
<resource>
    <directory>src/main/resources</directory>
    <filtering>false</filtering>
    <includes>
        <include>**/*.jks</include>
        <include>**/*.ftl</include>
        <include>/static/**</include>
    </includes>
    <excludes>
        <exclude>**/*.yml</exclude>
    </excludes>
</resource>
```

> 在上面設定 Maven 加密證書資源檔的載入時，也一併設定了載入 "/static/**" 目錄下的資源（該目錄在後面將被用於存放前端的靜態資源）。

3. 建立 Spring Security 的安全設定類別

授權認證微服務的相關介面是受安全認證保護的。但在實現授權認證微服務的具體邏輯中，有些服務卻是要被開放的，所以需要進行一些安全相關的設定。

(1) 建立 Spring 設定類別。

具體程式如下：

```
package com.wudimanong.authserver.config;
import com.wudimanong.authserver.config.provider.
UserNameAuthenticationProvider;
...
import org.springframework.security.crypto.bcrypt.BCryptPasswordEncoder;
@Configuration
public class WebSecurityConfig extends WebSecurityConfigurerAdapter {
    /**
     * 處理授權使用者資訊的 Service 類別
     */
    @Autowired
    UserDetailsService baseUserDetailService;
    /**
     * 安全路徑過濾
     */
    @Override
    public void configure(WebSecurity web) throws Exception {
        web.ignoring().antMatchers("/css/**", "/js/**", "/fonts/**", "/
icon/**", "/images/**", "/favicon.ico");
    }
    /**
     * 放開部分授權認證入口服務的存取限制
     */
    @Override
    protected void configure(HttpSecurity http) throws Exception {
        http.requestMatchers().antMatchers("/login", "/oauth/authorize",
"/oauth/check_token").and().authorizeRequests()
                .anyRequest().authenticated().and().formLogin().
loginPage("/login").failureUrl("/login-error")
```

```
                .permitAll();
        http.csrf().disable();
    }
    /**
     * 授權認證管理設定
     */
    @Override
    public void configure(AuthenticationManagerBuilder auth) {
        auth.authenticationProvider(daoAuthenticationProvider());
    }
    /**
     * 授權使用者資訊資料庫提供者的物件設定
     */
    @Bean
    public AbstractUserDetailsAuthenticationProvider
daoAuthenticationProvider() {
        UserNameAuthenticationProvider authProvider = new UserNameAuthent
icationProvider();
        // 設定 userDetailsService
        authProvider.setUserDetailsService(baseUserDetailService);
        // 禁止隱藏未被發現的異常
        authProvider.setHideUserNotFoundExceptions(false);
        // 使用 BCrypt 進行密碼的 Hash 運算
        authProvider.setPasswordEncoder(new BCryptPasswordEncoder(6));
        return authProvider;
    }
}
```

上面的設定類別的主要包括：①設定忽略靜態資源的安全路徑過濾；②設定自訂的使用者管理實例——baseUserDetailService，以實現對授權使用者資訊的管理。

（2）開發 baseUserDetailService 實例所對應的類別的程式。

具體程式如下：

```
package com.wudimanong.authserver.service;
import com.wudimanong.authserver.client.ResourceServerClient;
...
```

```
import org.springframework.stereotype.Service;
@Service
public class BaseUserDetailService implements UserDetailsService {
    /**
     * 將資源微服務的 FeignClient 介面注入本實例
     */
    @Autowired
    ResourceServerClient resourceServerClient;
    @Override
    public UserDetails loadUserByUsername(String username) throws
UsernameNotFoundException {
        CheckPassWordDTO checkPassWordDTO = CheckPassWordDTO.builder().
userName(username).build();
        ResponseResult<CheckPassWordBO> responseResult =
resourceServerClient.checkPassWord(checkPassWordDTO);
        CheckPassWordBO checkPassWordBO = responseResult.getData();
        List<GrantedAuthority> authorities = new ArrayList<>();
        // 傳回帶有使用者許可權資訊的 User
        User user = new User(checkPassWordBO.getUserName(),
                checkPassWordBO.getPassWord() + "," + checkPassWordBO.
getSalt(), true, true, true, true, authorities);
        return user;
    }
}
```

該類別實現了 Spring Security OAuth 2.0 元件中的 UserDetailsService 介面，並透過實現其 loadUserByUsername() 方法來載入需要授權認證的使用者資訊。

在 loadUserByUsername() 方法中，透過 Spring Cloud 微服務的通訊方式來獲取 OAuth 2.0 資源微服務中的使用者資訊。

（3）實現使用者帳號 / 密碼驗證的功能。

在步驟（2）的程式中，只是根據使用者登入名稱獲取了使用者的基本資訊。而具體的身份驗證邏輯，則是在安全設定類別 WebSecurityConfig 中用透過 @Bean 註釋所修飾的 daoAuthenticationProvider() 方法來設定的。

而 daoAuthenticationProvider() 方法中的 UserNameAuthenticationProvider 類別，則是繼承了 Spring Security OAuth 2.0 元件中的抽象類別 Abstract UserDetailsAuthenticationProvider（主要用於實現使用者帳號 / 密碼驗證的功能），其部分程式如下：

```
package com.wudimanong.authserver.config.provider;
import com.wudimanong.authserver.utils.Md5Utils;
...
import org.springframework.util.Assert;
/**
 * @描述：自訂實現使用者帳號 / 密碼驗證的功能類別
 */
@Data
public class UserNameAuthenticationProvider extends AbstractUserDetailsAu
thenticationProvider {
    private static final String USER_NOT_FOUND_PASSWORD =
"userNotFoundPassword";
    private PasswordEncoder passwordEncoder;
    private volatile String userNotFoundEncodedPassword;
    private UserDetailsService userDetailsService;
    private UserDetailsPasswordService userDetailsPasswordService;
    public UserNameAuthenticationProvider() {
        this.setPasswordEncoder (PasswordEncoderFactories.createDelegatin
gPasswordEncoder());
    }

    /**
     * 重新定義授權認證的檢查方法，實現透過使用者帳號和密碼進行登入驗證的功能
     */
    @Override
    protected void additionalAuthenticationChecks(UserDetails
userDetails,
            UsernamePasswordAuthenticationToken authentication) throws
AuthenticationException {
        if (authentication.getCredentials() == null) {
            this.logger.debug("Authentication failed: no credentials
provided");
            throw new BadCredentialsException(this.messages
```

```
                    .getMessage("AbstractUserDetailsAuthenticationProvid
er.badCredentials", "Bad credentials"));
        } else {
            // 獲取使用者輸入的密碼
            String presentedPassword = authentication.getCredentials().
toString();
            // 約定輸入密碼資訊，拆分加密值
            String[] strArray = userDetails.getPassword().split(",");
            String userPasswordEncodeValue = strArray[0];
            String presentedPasswordEncodeValue = Md5Utils.
md5Hex(presentedPassword + "&" + strArray[1], "UTF-8");
            if (!userPasswordEncodeValue.equals(presentedPasswordEncodeVa
lue)) {
                this.logger.debug("Authentication failed: password does
not match stored value");
                throw new BadCredentialsException(this.messages
                        .getMessage("AbstractUserDetailsAuthenticationPro
vider.badCredentials", "Bad credentials"));
            }
        }
    }
    ...
}
```

- **程式碼**：由於篇幅關係，這裡只列出了 UserNameAuthenticationProvider 類別的部分關鍵程式。其完整程式在本書書附程式碼的 "chapter03-sso-authserver/src/main/java/ com/wudimanong/authserver/config/provider/" 目錄下。

UserNameAuthenticationProvider 類別的主要邏輯，與 Spring Security OAuth 2.0 開放原始碼元件中預設提供的 DaoAuthenticationProvider 類別的主要邏輯基本一致。

但 UserNameAuthenticationProvider 類別重新定義了 additionalAuthenticationChecks() 方法，重新定義後的邏輯是：透過 MD5 的方式對輸入的密碼進行 Hash 運算，然後將運算結果與「透過 BaseUserDetailService 獲取的使

用者密碼的 Hash 值」進行比較，從而降低使用者密碼被洩露的風險。

（4）定義 MD5 工具類別的程式。

步驟（3）中有關的 MD5 工具類別的程式如下：

```
package com.wudimanong.authserver.utils;
import java.security.MessageDigest;
import java.util.UUID;
public class Md5Utils {
    private static final String hexDigits[] = {"0", "1", "2", "3", "4",
"5", "6", "7", "8", "9","a", "b", "c", "d", "e", "f"};
    /**
     * 獲取 MD5 雜湊值的方法
     */
    public static String md5Hex(String origin, String charsetname) {
        String resultString = null;
        try {
            resultString = new String(origin);
            MessageDigest md = MessageDigest.getInstance("MD5");
            if (charsetname == null || "".equals(charsetname)) {
                resultString = byteArrayToHexString(md.
digest(resultString.getBytes()));
            } else {
                resultString = byteArrayToHexString(md.
digest(resultString.getBytes(charsetname)));
            }
        } catch (Exception exception) {
        }
        return resultString;
    }
    private static String byteArrayToHexString(byte b[]) {
        StringBuffer resultSb = new StringBuffer();
        for (int i = 0; i < b.length; i++) {
            resultSb.append(byteToHexString(b[i]));
        }
        return resultSb.toString();
    }
    private static String byteToHexString(byte b) {
        int n = b;
```

```
        if (n < 0) {
            n += 256;
        }
        int d1 = n / 16;
        int d2 = n % 16;
        return hexDigits[d1] + hexDigits[d2];
    }
}
```

以上以 Spring Security OAuth 2.0 開放原始碼元件為基礎，完成了 OAuth 2.0 授權認證微服務的程式實現。在授權認證微服務呼叫資源微服務的程式中有關資源微服務的 FeignClient 介面，該介面的定義可以參考 3.3.5 節內容。

3.3.5 開發呼叫資源微服務的 FeignClient 程式

在建構授權認證微服務的過程中，對於授權使用者資訊的獲取，授權認證微服務是透過 Spring Cloud 微服務呼叫的方式從資源微服務獲取的（OAuth 2.0 資源微服務的建構將在 3.4 節介紹）。主要方式是：透過整合 "Feign + Ribbon" 元件實現微服務的遠端 HTTP 通訊，以及用戶端負載平衡。具體步驟如下。

1. 引入 Feign 的依賴

在專案 pom.xml 檔案中，引入 Feign 的依賴，程式如下：

```
<!—引入 Feign 的依賴 -->
<dependency>
    <groupId>org.springframework.cloud</groupId>
    <artifactId>spring-cloud-starter-openfeign</artifactId>
</dependency>
```

2. 撰寫 Feign 遠端通訊用戶端介面

（1）透過 @FeignClient 註釋定義微服務 sso-resourceserver 的遠端存取介面。程式如下：

```
package com.wudimanong.authserver.client;
import com.wudimanong.authserver.client.bo.CheckPassWordBO;
...
import org.springframework.web.bind.annotation.PostMapping;
@FeignClient(value = "sso-resourceserver", configuration
= ResourceServerConfiguration.class, fallbackFactory =
ResourceServerFallbackFactory.class)
public interface ResourceServerClient {
    /**
     * "登入密碼驗證"介面
     */
    @PostMapping("/auth/checkPassWord")
    public ResponseResult<CheckPassWordBO> checkPassWord(CheckPassWordDTO
checkPassWordDTO);
}
```

（2）定義 checkPassWord() 方法的請求參數物件。程式如下：

```
package com.wudimanong.authserver.client.dto;
import lombok.Builder;
import lombok.Data;
@Data
@Builder
public class CheckPassWordDTO {
    /**
     * 登入帳號
     */
    private String userName;
}
```

（3）定義 checkPassWord() 方法的傳回參數物件。程式如下：

```
package com.wudimanong.authserver.client.bo;
import lombok.Builder;
import lombok.Data;
@Data
@Builder
public class CheckPassWordBO {
    /**
     * 使用者帳號
```

```
     */
    private String userName;
    /**
     * 密碼
     */
    private String passWord;
    /**
     * 密碼加密金鑰
     */
    private String salt;
    /**
     * 使用者許可權
     */
    private String authorities;
}
```

(4) 為了傳回統一的封包格式，資源微服務透過定義 ResponseResult 類別對傳回的資料進行統一的包裝。程式如下：

```
package com.wudimanong.authserver.entity;
import com.fasterxml.jackson.annotation.JsonInclude;
...
import lombok.Data;
import lombok.NoArgsConstructor;
@NoArgsConstructor
@AllArgsConstructor
@Builder
@Data
@JsonPropertyOrder({"code", "message", "data"})
public class ResponseResult<T> implements Serializable {
    private static final long serialVersionUID = 1L;
    /**
     * 傳回的物件
     */
    @JsonInclude(JsonInclude.Include.NON_NULL)
    private T data;
    /**
     * 傳回的編碼
     */
```

```
    private Integer code;
    /**
     * 傳回的描述資訊
     */
    private String message;
    /**
     * 傳回成功回應碼
     *
     * @return 回應結果
     */
    public static ResponseResult<String> OK() {
        return packageObject("", GlobalCodeEnum.GL_SUCC_0000);
    }
    /**
     * 傳回回應資料
     */
    public static <T> ResponseResult<T> OK(T data) {
        return packageObject(data, GlobalCodeEnum.GL_SUCC_0000);
    }
    /**
     * 對傳回的資料進行包裝
     */
    public static <T> ResponseResult<T> packageObject(T data,
GlobalCodeEnum globalCodeEnum) {
        ResponseResult<T> responseResult = new ResponseResult<>();
        responseResult.setCode(globalCodeEnum.getCode());
        responseResult.setMessage(globalCodeEnum.getDesc());
        responseResult.setData(data);
        return responseResult;
    }
    /**
     * 在系統發生異常不可用時傳回
     */
    public static <T> ResponseResult<T> systemException() {
        return packageObject(null, GlobalCodeEnum.GL_FAIL_9999);
    }
    /**
     * 在發現可感知的系統異常時傳回
     */
```

```
    public static <T> ResponseResult<T> systemException(GlobalCodeEnum
globalCodeEnum) {
        return packageObject(null, globalCodeEnum);
    }
}
```

3. 開發微服務呼叫降級程式

由於網路、服務本身的原因，有時微服務呼叫會失敗。在這種情況下，在定義 FeignClient 遠端介面時可以指定服務降級程式。具體步驟如下：

（1）定義降級邏輯的程式。

```
package com.wudimanong.authserver.client;
import com.wudimanong.authserver.entity.ResponseResult;
import feign.hystrix.FallbackFactory;
import lombok.extern.slf4j.Slf4j;
@Slf4j
public class ResourceServerFallbackFactory implements FallbackFactory<Res
ourceServerClient> {
    @Override
    public ResourceServerClient create(Throwable cause) {
        return checkPassWordDTO -> {
            log.info("資源微服務呼叫降級邏輯處理 ...");
            log.error(cause.getMessage());
            return ResponseResult.systemException();
        };
    }
}
```

（2）定義實例化降級程式的設定類別。

對步驟（1）中降級邏輯類別的實例化，是在 "2." 小標題中撰寫 Feign 用戶端介面時，透過 @FeignClient 註釋中 configuration 屬性指定的設定類別來實現的。該設定類別的程式如下：

```
package com.wudimanong.authserver.client;
import org.springframework.context.annotation.Bean;
import org.springframework.context.annotation.Configuration;
@Configuration
```

```
public class ResourceServerConfiguration {
    @Bean
    ResourceServerFallbackFactory resourceServerFallbackFactory() {
        return new ResourceServerFallbackFactory();
    }
}
```

至此，完成了授權認證微服務呼叫資源微服務所需的遠端 FeignClient 介面的程式撰寫。

(3) 在執行類別上開啟對 FeignClient 的支援。

為了在微服務中使 FeignClient 通訊元件生效，需要在服務入口類別中透過 @EnableFeignClients 註釋進行開啟。程式如下：

```
package com.wudimanong.authserver;
import com.wudimanong.authserver.client.ResourceServerClient;
...
import org.springframework.web.bind.annotation.SessionAttributes;
@EnableDiscoveryClient
@SpringBootApplication
@SessionAttributes("authorizationRequest")
@EnableFeignClients(basePackageClasses = ResourceServerClient.class)
public class AuthServer {
    public static void main(String[] args) {
        SpringApplication.run(AuthServer.class, args);
    }
}
```

3.3.6 開發授權認證的自訂登入介面

在 Spring Security OAuth 2.0 元件中內嵌了簡單的使用者登入授權認證介面。但一般情況下，都會根據實際需要自訂登入介面系統。

1. 自訂登入介面效果

下面透過 Freemarker 範本引擎來實現一個自訂的登入介面。自訂的登入介面如圖 3-6 所示。

▲ 圖 3-6（編按：本圖例為簡體中文介面）

2. 使用 Freemarker 實現自訂登入介面

在 "1." 小標題中展示的自訂登入介面將在「授權認證微服務」中透過嵌入 Freemarker 範本來實現。步驟如下。

（1）在專案 pom.xml 檔案中，引入 Freemarker 的相關依賴。具體程式如下：

```
<!-- 引入 Freemarker 的相關依賴 -->
<dependency>
    <groupId>org.springframework.boot</groupId>
    <artifactId>spring-boot-starter-freemarker</artifactId>
</dependency>
<dependency>
    <groupId>org.webjars</groupId>
    <artifactId>Semantic-UI</artifactId>
    <version>2.2.10</version>
</dependency>
<dependency>
    <groupId>org.webjars</groupId>
    <artifactId>jquery</artifactId>
    <version>3.2.1</version>
</dependency>
```

（2）在專案目錄 "/src/resources/templates" 下定義 login.ftl 範本檔案。具體程式如下：

```
<!DOCTYPE html>
<html lang="en">
<head>
    <meta charset="UTF-8">
    <title>OAuth 2.0 統一授權認證中心 </title>
    <meta name="viewport" content="width=device-width, initial-scale=1,
maximum-scale=1, user-scalable=no">
    <link rel="stylesheet" type="text/css" href="${request.contextPath}/
css/login.css">
</head>
<body>
<div class="authcenter" id="J-authcenter">
    <!-- 頭部程式定義 -->
    <div class="authcenter-head">
        <div class="container fn-clear">
            <ul class="container-left">
                <li class="container-left-item container-left-first">
                    <a href="#" class="on" target="_blank">SSO 統一授權登
入中心 </a>
                </li>
            </ul>
            <ul class="container-right">
                <li class="container-right-item"><a href="https:// www.
baidu.com/" target="_blank" title=" 統一授權中心首頁 "> 統一授權中心首頁
</a></li>
            </ul>
        </div>
    </div>
    <!-- 登入程式——form 表單的定義 -->
    <div class="authcenter-body fn-clear">
        <div class="authcenter-body-login">
            <ul class="ui-nav" id="J-loginMethod-tabs">
                <li class="active" data-status="show_login"> 帳號登入 </li>
            </ul>
            <div class="login login-modern " id="J-login">
                <form name="loginForm" id="login" action="/login"
```

```
method="post" class="ui-form"
                      novalidate="novalidate"
                      data-widget-cid="widget-3" data-qrcode="false">
<input type="hidden" name="ua" id="UA_InputId" value="">
                    <fieldset>
                        <div class="ui-form-item" id="J-username">
                            <label id="J-label-user" class="ui-label">
                                <span class="ui-icon ui-icon-userDEF">
<i class="iconauth-men"></i></span>
                            </label>
                            <input type="text" id="J-input-user"
class="ui-input ui-input-normal" name="username"
                                   tabindex="1" value=""
autocomplete="off" maxlength="100" placeholder=" 帳號 ">
                            <div class="ui-form-explain"></div>
                        </div>
                        <div class="ui-form-item ui-form-item-20pd"
id="J-password">
                            <label id="J-label-editer" class="ui-label"
data-desc=" 登入密碼 ">
                                <span class="ui-icon ui-icon-securityON"
id="safeSignCheck"><i class="iconauth-lock"></i></span>
                            </label>
                            <span class="alieditContainer" id="password_
container">
                                <input type="password" tabindex="2"
id="password_rsainput" name="password"
                                       class="ui-input i-text" value=""
placeholder=" 密碼 "></span>
                            <p class="ui-form-other ui-form-other-fg">
                                <a class="textlink forgot"
href="javascript:void(0)" tabindex="5"></a>
                            </p>
                            <#if _csrf??>
                                <input type="hidden" name="${_csrf.
parameterName}" value="${_csrf.token}"/>
                            </#if>
                            <div class="ui-form-explain"></div>
                        </div>
```

```
                        <!-- 登入按鈕 -->
                        <div class="ui-form-item ui-form-item-30pd"
id="J-submit">
                            <input type="submit" value="登 錄" class="ui-
button" id="J-login-btn">
                            <p class="ui-form-other">
                                <a class="register"
href="javascript:void(0)" target="_blank">免費註冊</a>
                            </p>
                        </div>
                    </fieldset>
                </form>
            </div>
        </div>
    </div>
</div>
<!-- 頁面尾部的定義 -->
<div class="authcenter-foot" id="J-authcenter-foot">
    <div class="authcenter-foot-container">
        <p class="authcenter-foot-link">
            <a href="https://mp.weixin.qq.com/mp/profile_ext?action=
home&__biz=MzU3NDY4NzQwNQ==&scene=124#wechat_redirect">關於無敵碼農</a>
        </p>
        <div class="copyright">
            <a href="" target="_blank">Copyright©  微信公眾號
(無敵碼農)</a>
        </div>
    </div>
</div>
</body>
</html>
```

> 上面用到的樣式及圖片靜態資源在本書書附程式 "chapter03-sso-authserver/src/ main/resources/static/" 目錄下，實操時複製相應檔案即可。
>
> 此外，靜態資源檔的載入設定已經在 3.3.4 節中提前設定了。

3.4 步驟 2：建構 Spring Cloud 資源微服務

在 3.3 節中建構了 SSO 授權認證系統中的授權認證微服務。本節將建構該系統的另外一個重要組成部分──以 Spring Cloud 系統為基礎的資源微服務。

3.4.1 建立 Spring Cloud 微服務專案

與 3.3.1 節一樣，接下來建立資源微服務的 Spring Cloud 專案。

1. 建立一個基本的 Maven 專案

參考 2.3.1 節介紹的方法，建立後的專案程式結構如圖 3-7 所示。

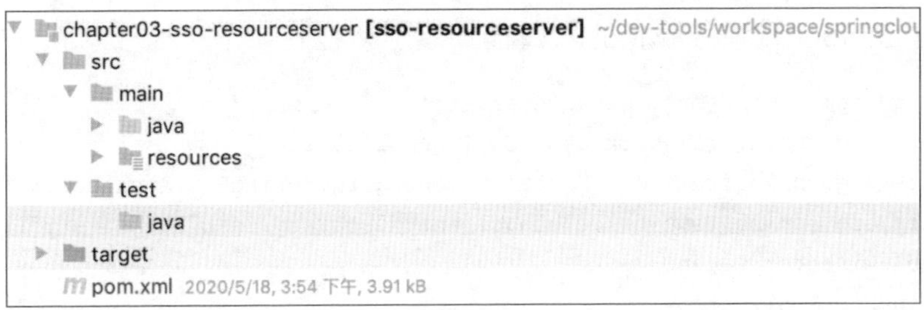

▲ 圖 3-7

2. 引入 Spring Cloud 依賴，將其改造為微服務專案

（1）引入 Spring Cloud 微服務的核心依賴。

參考 2.5.2 節中的具體方法。

（2）在專案程式的 resources 目錄下，建立基礎設定檔──bootstrap.yml。程式如下：

```
spring:
  application:
    name: sso-resourceserver
```

```
  profiles:
    active: debug
  cloud:
    consul:
      discovery:
        preferIpAddress: true
        instance-id: ${spring.application.name}:${spring.cloud.client.
ipAddress}:${spring.application.instance_id:${server.port}}:@project.
version@
        healthCheckPath: /actuator/health
server:
  port: 9091
  use-forward-headers: true
```

（3）因為 Spring Boot 不會預設載入 bootstrap.yml 這個檔案，所以還需要在 pom.xml 中增加 Maven 資源相關的設定，具體參考 2.5.2 節內容。

（4）建立 SSO 資源微服務的入口程式類別。程式如下：

```
package com.wudimanong.resourceserver;
import org.springframework.boot.SpringApplication;
import org.springframework.boot.autoconfigure.SpringBootApplication;
import org.springframework.cloud.client.discovery.EnableDiscoveryClient;
@EnableDiscoveryClient
@SpringBootApplication
public class ResourceServer {
    public static void main(String[] args) {
        SpringApplication.run(ResourceServer.class, args);
    }
}
```

3.4.2 將 Spring Cloud 微服務注入 Consul

將建構的資源微服務連線 Consul 的過程可以參考 3.3.2 節內容。

3.4.3 整合 MyBatis 框架，以存取 MySQL 資料庫

在資源微服務中，將以 MyBatis 為基礎存取 MySQL 資料庫。整合 MyBatis 的具體步驟如下。

1. 引入 MyBatis 框架的依賴，以及 MySQL 的驅動程式

具體步驟可以參考 2.3.3 節的內容。

2. 設定專案資料庫連接資訊，以及 MyBatis 的設定資訊

在專案中建立一個新的設定檔 application.yml，增加 MySQL 資料庫的連接資訊如下：

```
spring:
  datasource:
    # 防止亂碼增加字元集
    url: jdbc:mysql://127.0.0.1:3306/resource?zeroDateTimeBehavior= conve
rtToNull&useUnicode=true&useUnicode=true&characterEncoding=utf-8
    username: root
    password: 123456
    type: com.alibaba.druid.pool.DruidDataSource
    driver-class-name: com.mysql.jdbc.Driver
    separator: //
```

在設定檔中增加 MyBatis SQL 映射檔案的路徑，具體如下：

```
# 增加 MyBatis SQL 映射檔案的路徑
mybatis:
  mapper-locations: classpath:mybatis/*.xml
  configuration:
    map-underscore-to-camel-case: true
```

> 上述設定中相關的資料庫資訊，可以參考 1.3.3 節透過 Docker 部署本地 MySQL 的步驟——建立一個名為 resource 的資料庫，並執行 3.2.3 節中與使用者資源資料庫相關的 SQL 指令稿。

3.4.4 建構 OAuth 2.0 資源微服務

在 OAuth 2.0 協定中，資源服務主要提供「使用者受保護資訊查詢」介面。

以微信授權登入某個網站為例，在該網站透過微信的授權認證服務獲得使用者的授權後，授權認證服務會給該網站頒發一個權杖。之後，該網站就可以透過該權杖去查詢微信使用者的圖示、暱稱及手機號碼等受保護的使用者資訊了，而提供這些資訊查詢的服務就是資源服務。

本節關於資源微服務的實現，將以 Spring Security OAuth 2.0 開放原始碼元件為基礎來實現。

1. 引入 Spring Security OAuth 2.0 的依賴

在開發專案的 pom.xml 檔案中，引入建構資源微服務所需的依賴，具體程式如下：

```
<!—引入 Spring-Security OAuth 2.0 的依賴 -->
<dependency>
    <groupId>org.springframework.boot</groupId>
    <artifactId>spring-boot-starter-security</artifactId>
</dependency>
<dependency>
    <groupId>org.springframework.security.oauth.boot</groupId>
    <artifactId>spring-security-oauth2-autoconfigure</artifactId>
</dependency>
```

2. 建立 OAuth 2.0 資源微服務的設定類別

資源微服務在接到「使用者受保護資訊查詢」請求後，會對請求所攜帶的權杖（access_token）向授權認證微服務發起驗證請求。只有在授權認證微服務透過對權杖的合法性檢查後，資源微服務才會對該查詢請求進行回應。

(1) 建立資源微服務存取授權認證微服務的設定類別。具體程式如下：

```
package com.wudimanong.resourceserver.config;
import org.springframework.beans.factory.annotation.Value;
...
import org.springframework.security.oauth2.provider.token.
RemoteTokenServices;
@Configuration
@EnableResourceServer
public class ResourceServerConfiguration extends
ResourceServerConfigurerAdapter {
    /**
     * 授權認證微服務的 " 權杖驗證 " 介面的位址
     */
    @Value("${security.oauth2.checkTokenUrl}")
    private String checkTokenUrl;
    /**
     * 在授權認證微服務中為資源微服務設定的用戶端 ID
     */
    @Value("${security.oauth2.clientId}")
    private String clientId;
    /**
     * 在授權認證微服務中為資源微服務設定的用戶端金鑰
     */
    @Value("${security.oauth2.clientSecret}")
    private String clientSecret;
    @Override
    public void configure(ResourceServerSecurityConfigurer resources) {
        RemoteTokenServices tokenService = new RemoteTokenServices();
        tokenService.setCheckTokenEndpointUrl(checkTokenUrl);
        tokenService.setClientId(clientId);
        tokenService.setClientSecret(clientSecret);
        resources.tokenServices(tokenService);
    }
}
```

這個設定類別透過 @EnableResourceServer 註釋開啟了 OAuth 2.0 資源微服務的相關功能，並透過重新定義 configure() 方法實現了對授權認證微服務存取的設定。

（2）設定存取授權認證微服務的 URL、用戶端 ID 及金鑰資訊。

在專案設定檔 application.yml 中增加以下設定：

```
# 附帶程式微服務存取授權認證微服務的資訊
security:
  oauth2:
    checkTokenUrl: http://localhost:9092/oauth/check_token
    clientId: resourceClient
    clientSecret: 123456
```

在該設定中，checkTokenUrl 屬性設定了授權認證微服務中「權杖驗證」介面的位址；而 clientId 和 clientSecret 屬性則設定了資源微服務連線授權認證微服務需要的連線 ID 及金鑰資訊。

連線 ID 及金鑰資訊可以透過在授權認證微服務的資料庫（auth）中進行設定，具體 SQL 敘述如下：

```
# 為資源微服務設定的 Client 資訊
insert into `auth`.`oauth_client_details`(`client_id`, `resource_ids`,
`client_secret`, `scope`, `authorized_grant_types`, `web_server_redirect_
uri`, `authorities`, `access_token_validity`, `refresh_token_validity`,
`additional_information`, `autoapprove`) values ('resourceclient',
null, '{noop}123456', 'all,read,write', 'authorization_code,refresh_
token,password', 'http://www.baidu.com', 'role_trusted_client', 7200,
7200, null, 'true');
```

3. 建立 Spring Security 設定類別

為保證資源微服務中使用者資訊的安全，建立一個實現 Web 安全的設定類別，具體程式如下：

```
package com.wudimanong.resourceserver.config;
import org.springframework.security.config.annotation.web.builders.
HttpSecurity;
...
import org.springframework.security.config.annotation.web.configuration.
WebSecurityConfigurerAdapter;
```

```
@EnableWebSecurity
public class ResourceServerSecurityConfiguration extends
WebSecurityConfigurerAdapter {
    /**
     * 設定受保護資源的介面路徑
     *
     * @param http
     * @throws Exception
     */
    @Override
    protected void configure(HttpSecurity http) throws Exception {
        http.authorizeRequests().antMatchers("/user/**").authenticated();
        http.csrf().disable();
    }
    /**
     * 設定需要忽略安全控制的介面路徑
     *
     * @param web
     * @throws Exception
     */
    @Override
    public void configure(WebSecurity web) throws Exception {
        web.ignoring().antMatchers("/auth/**", "/actuator/health");
    }
}
```

在上述程式中，透過繼承 WebSecurityConfigurerAdapter 類別實現了 Web 安全設定。其中，設定的路徑説明如下。

- 路徑 "/user/**"：受保護的使用者資源，需要授權認證後才能存取。
- 路徑 "/auth/**"：專門為授權認證微服務提供的，用來獲取使用者身份資訊的介面。
- 路徑 "/actuator/health"：Spring Cloud 微服務用於進行健康性檢查的介面。

3.4.5 實現「使用者受保護資訊查詢」的業務邏輯

在 OAuth 2.0 中，資源服務會提供「使用者受保護資訊查詢」介面。但這並不表示所有受保護使用者資訊都儲存在資源服務中。

以微信授權登入某網站為例，在 Client 端系統透過獲取的存取權杖向騰訊 OAuth 2.0 資源服務獲取微信使用者資訊時，微信使用者的資訊並不一定會儲存在該資源服務中，但資源服務會保證它所提供的查詢介面可以透過存取其他內部服務（如微信使用者服務）獲得相關的資訊。

在本實例中，SSO 授權認證系統相關的使用者資訊都直接儲存在資源微服務中，並透過資源微服務對外提供「使用者受保護資訊查詢」介面。

本節將實現資源微服務對外提供的「使用者受保護資訊查詢」介面的業務邏輯。具體步驟如下。

1. 定義服務介面層（Controller 層）

Controller 層是服務的入口，它接收請求資料，將請求資料轉為 Java 物件，並對請求資料的合法性進行驗證，在完成業務邏輯的處理後傳回統一的回應資料。

（1）介面資料格式的約定。
關於介面的請求方式及封包協定，這裡採用實際專案中的普遍約定：對於無資料變更的查詢類別介面，採用「form 表單格式 + Get 請求方式」進行提交；對於存在資料變更的交易型介面，採用「JSON 格式 + Post 請求方式」進行提交；所有介面的傳回封包格式統一為 JSON 格式。

約定的介面會傳回封包格式的資料物件，程式如下：

```
package com.wudimanong.resourceserver.entity;
import com.fasterxml.jackson.annotation.JsonInclude;
...
import lombok.NoArgsConstructor;
@NoArgsConstructor
```

```
@AllArgsConstructor
@Builder
@Data
@JsonPropertyOrder({"code", "message", "data"})
public class ResponseResult<T> implements Serializable {
    private static final long serialVersionUID = 1L;
    /**
     * 傳回的業務資料物件
     */
    @JsonInclude(JsonInclude.Include.NON_NULL)
    private T data;
    /**
     * 傳回的回應編碼
     */
    private Integer code;
    /**
     * 傳回的回應資訊
     */
    private String message;
    /**
     * 傳回的成功回應碼
     *
     * @return 回應結果
     */
    public static ResponseResult<String> OK() {
        return packageObject("", GlobalCodeEnum.GL_SUCC_0000);
    }
    /**
     * 傳回的成功回應資料
     *
     * @param data 傳回的資料
     * @param <T>  傳回的資料類型
     * @return 回應結果
     */
    public static <T> ResponseResult<T> OK(T data) {
        return packageObject(data, GlobalCodeEnum.GL_SUCC_0000);
    }
    /**
     * 對傳回的訊息進行包裝的方法
```

```
     *
     * @param data           傳回的資料物件
     * @param globalCodeEnum 自訂的傳回碼列舉類型
     * @param <T>            傳回的資料類型
     * @return 回應結果
     */
    public static <T> ResponseResult<T> packageObject(T data,
GlobalCodeEnum globalCodeEnum) {
        ResponseResult<T> responseResult = new ResponseResult<>();
        responseResult.setCode(globalCodeEnum.getCode());
        responseResult.setMessage(globalCodeEnum.getDesc());
        responseResult.setData(data);
        return responseResult;
    }
    /**
     * 在系統發生異常不可用時傳回的資訊
     *
     * @param <T> 傳回的資料類型
     * @return 回應結果
     */
    public static <T> ResponseResult<T> systemException() {
        return packageObject(null, GlobalCodeEnum.GL_FAIL_9999);
    }
    /**
     * 在發生可感知的系統異常時傳回的資訊
     *
     * @param globalCodeEnum
     * @param <T>
     * @return
     */
    public static <T> ResponseResult<T> systemException(GlobalCodeEnum
globalCodeEnum) {
        return packageObject(null, globalCodeEnum);
    }
}
```

在上述程式中，定義了統一的傳回封包的包裝類別，並定義了處理成功和失敗邏輯的回應方法。後面在業務層（Service 層）定義的傳回資料物件都透過此類進行包裝。

在 ResponseResult 包裝類別中相關回應碼列舉類型的定義，程式如下：

```
package com.wudimanong.resourceserver.entity;
public enum GlobalCodeEnum {
    /**
     * 全域傳回碼的定義
     */
    GL_SUCC_0000(0, "成功"),
    GL_FAIL_9996(996, "不支持的HttpMethod"),
    GL_FAIL_9997(997, "HTTP錯誤"),
    GL_FAIL_9998(998, "參數錯誤"),
    GL_FAIL_9999(999, "系統異常"),
    /**
     * 業務邏輯異常碼的定義
     */
    BUSI_USER_NOT_EXIST(1001, "使用者資訊不存在");
    /**
     * 編碼
     */
    private Integer code;
    /**
     * 描述
     */
    private String desc;
    GlobalCodeEnum(Integer code, String desc) {
        this.code = code;
        this.desc = desc;
    }
    /**
     * 根據編碼獲取列舉類型的方法
     *
     * @param code 編碼
     * @return
     */
    public static GlobalCodeEnum getByCode(String code) {
        //判斷編碼是否為空
        if (code == null) {
            return null;
        }
```

```
        // 迴圈處理
        GlobalCodeEnum[] values = GlobalCodeEnum.values();
        for (GlobalCodeEnum value : values) {
            if (value.getCode().equals(code)) {
                return value;
            }
        }
        return null;
    }
    public Integer getCode() {
        return code;
    }
    public String getDesc() {
        return desc;
    }
}
```

(2)「登入密碼驗證」介面的定義。

在授權認證微服務中會提供統一的「使用者帳號 + 密碼」的登入介面。但由於使用者帳號資訊是儲存在資源微服務中的，所以，為了實現授權認證微服務中的密碼驗證功能，需要在資源微服務中定義一個「登入密碼驗證」介面。具體程式如下：

```
package com.wudimanong.resourceserver.controller;
import com.wudimanong.resourceserver.entity.ResponseResult;
...
import org.springframework.web.bind.annotation.RestController;
@RestController
@RequestMapping("/auth")
public class UserAuthController {
    /**
     * 業務層（Service 層）的依賴
     */
    @Autowired
    UserAuthService userAuthServiceImpl;
    /**
     * 定義 " 登入密碼驗證 " 介面
     *
```

```
     * @param checkPassWordDTO
     * @return
     */
    @PostMapping("/checkPassWord")
    public ResponseResult<CheckPassWordBO> checkPassWord(@RequestBody
@Validated CheckPassWordDTO checkPassWordDTO) {
        return ResponseResult.OK(userAuthServiceImpl. checkPassWord(check
PassWordDTO));
    }
}
```

定義該介面請求參數物件的程式如下：

```
package com.wudimanong.resourceserver.entity.dto;
import lombok.Data;
@Data
public class CheckPassWordDTO {
    /**
     * 登入帳號
     */
    private String userName;
}
```

定義該介面傳回參數物件的程式如下：

```
package com.wudimanong.resourceserver.entity.bo;
import lombok.Builder;
import lombok.Data;
@Data
@Builder
public class CheckPassWordBO {
    /**
     * 使用者帳號
     */
    private String userName;
    /**
     * 密碼
     */
    private String passWord;
    /**
```

```
     * 密碼加密金鑰
     */
    private String salt;
    /**
     * 使用者許可權
     */
    private String authorities;
}
```

在 UserAuthController 類別中相關的業務層（Service 層）的依賴介面，可以參見下方「2. 開發業務層（Service 層）程式」小標題中的內容。

（3）定義「使用者受保護資訊查詢」介面。

Client 端系統在完成授權認證後，會透過獲得的存取權杖來查詢受保護的使用者資訊（例如使用者暱稱、手機號碼、性別等資訊）。而 Client 端系統據此來完善自身的使用者註冊及登入階段的邏輯。

定義向 Client 端系統曝露的「使用者受保護資訊查詢」介面的程式如下：

```
package com.wudimanong.resourceserver.controller;
import com.wudimanong.resourceserver.entity.ResponseResult;
...
import org.springframework.web.bind.annotation.RestController;
@RestController
@RequestMapping("/user")
public class UserResourcesController {
    /**
     * 注入業務層（Service 層）的依賴
     */
    @Autowired
    UserResourcesService userResourcesServiceImpl;
    /**
     * 定義的 " 使用者受保護資訊查詢 " 介面
     *
     * @param getUserInfoDTO
     * @return
     */
    @GetMapping("/getUserInfo")
```

```
    public ResponseResult<GetUserInfoBO> getUserInfo(@Validated
GetUserInfoDTO getUserInfoDTO) {
        return ResponseResult.OK(userResourcesServiceImpl.
getUserInfo(getUserInfoDTO));
    }
}
```

定義該介面請求參數物件的程式如下：

```
package com.wudimanong.resourceserver.entity.dto;
import lombok.Data;
@Data
public class GetUserInfoDTO {
    /**
     * 登入帳號
     */
    private String userName;
}
```

定義該介面傳回參數物件的程式如下：

```
package com.wudimanong.resourceserver.entity.bo;
import lombok.Builder;
import lombok.Data;
@Data
@Builder
public class GetUserInfoBO {
    /**
     * 使用者暱稱
     */
    private String nickName;
    /**
     * 使用者手機號碼
     */
    private String mobileNo;
    /**
     * 使用者性別。1- 女；2- 男；3- 未知
     */
    private Integer gender;
    /**
```

```
     * 使用者描述
     */
    private String desc;
}
```

2. 開發業務層（Service 層）程式

在服務介面的 Controller 層中所依賴的業務層（Service 層）元件將在這裡實現。

在開發業務層（Service 層）程式時，除撰寫正常邏輯外，一般還需要處理異常邏輯：一旦資料或條件邏輯不滿足程式正常執行的要求，則中斷邏輯的處理，並透過 Controller 層向呼叫方傳回回應的業務異常資訊。

所以，業務層（Service 層）需要封裝業務異常，而 Controller 層則需要將業務異常轉為介面傳回資料。為了減少程式量，在實踐中可以透過 Spring 提供的全域異常處理機制來實現對業務異常的統一處理，步驟如下。

（1）通用的業務層（Service 層）業務異常基礎類別的定義：

```
package com.wudimanong.resourceserver.exception;
public class ServiceException extends RuntimeException {
    private final Integer code;
    public ServiceException(Integer code, String message) {
        super(message);
        this.code = code;
    }
    public ServiceException(Integer code, String message, Throwable e) {
        super(message, e);
        this.code = code;
    }
    public Integer getCode() {
        return code;
    }
}
```

這是一個繼承了執行時期異常的業務層（Service 層）異常基礎類別，業務層（Service 層）透過它來實現統一的業務異常處理。

（2）透過 @ControllerAdvice 註釋實現系統全域異常處理類別：

```
package com.wudimanong.resourceserver.exception;
import com.wudimanong.resourceserver.entity.GlobalCodeEnum;
...
import org.springframework.web.bind.annotation.ResponseBody;
@Slf4j
@ControllerAdvice
public class GlobalExceptionHandler {
    /**
     * 業務異常處理的方法
     */
    @ExceptionHandler(ServiceException.class)
    @ResponseBody
    public ResponseResult<?> processServiceException(
            HttpServletResponse response, ServiceException e) {
        response.setStatus(HttpStatus.OK.value());
        response.setContentType("application/json;charset=UTF-8");
        ResponseResult result = new ResponseResult();
        result.setCode(e.getCode());
        result.setMessage(e.getMessage());
        log.error(e.toString() + "_" + e.getMessage(), e);
        return result;
    }
    /**
     * 參數驗證錯誤異常的處理方法 1
     *
     * @param response
     * @param e
     * @return
     */
    @ExceptionHandler(MethodArgumentNotValidException.class)
    @ResponseBody
    public ResponseResult<?> processValidException(HttpServletResponse
 response, MethodArgumentNotValidException e) {
        response.setStatus(HttpStatus.INTERNAL_SERVER_ERROR.value());
```

```
        List<String> errorStringList = e.getBindingResult().getAllErrors()
                .stream().map(ObjectError::getDefaultMessage).
collect(Collectors.toList());
        String errorMessage = String.join("; ", errorStringList);
        response.setContentType("application/json;charset=UTF-8");
        log.error(e.toString() + "_" + e.getMessage(), e);
        return ResponseResult.systemException(GlobalCodeEnum.GL_FAIL_9998);
    }
    /**
     * 參數驗證錯誤異常的處理方法 2
     *
     * @param response
     * @param e
     * @return
     */
    @ExceptionHandler(BindException.class)
    @ResponseBody
    public ResponseResult<?> processValidException(HttpServletResponse
response, BindException e) {
        response.setStatus(HttpStatus.INTERNAL_SERVER_ERROR.value());
        List<String> errorStringList = e.getBindingResult().getAllErrors()
                .stream().map(ObjectError::getDefaultMessage).
collect(Collectors.toList());
        String errorMessage = String.join("; ", errorStringList);
        response.setContentType("application/json;charset=UTF-8");
        log.error(e.toString() + "_" + e.getMessage(), e);
        return ResponseResult.systemException(GlobalCodeEnum.GL_FAIL_9998);
    }
    /**
     * 參數驗證錯誤異常的處理方法 3
     *
     * @param response
     * @param e
     * @return
     */
    @ExceptionHandler(HttpRequestMethodNotSupportedException.class)
    @ResponseBody
    public ResponseResult<?> processValidException(HttpServletResponse
response,
```

```
        HttpRequestMethodNotSupportedException e) {
    response.setStatus(HttpStatus.INTERNAL_SERVER_ERROR.value());
    String[] supportedMethods = e.getSupportedMethods();
    String errorMessage = "此介面不支援" + e.getMethod();
    if (!ArrayUtils.isEmpty(supportedMethods)) {
        errorMessage += "（僅支持" + String.join(",", supportedMethods)
+ "）";
    }
    response.setContentType("application/json;charset=UTF-8");
    log.error(e.toString() + "_" + e.getMessage(), e);
    return ResponseResult.systemException(GlobalCodeEnum.GL_
FAIL_9996);
  }
  /**
   * 未知系統異常的處理方法
   */
  @ExceptionHandler(Exception.class)
  @ResponseBody
  public ResponseResult<?> processDefaultException(HttpServletResponse
response, Exception e) {
      response.setStatus(HttpStatus.INTERNAL_SERVER_ERROR.value());
      response.setContentType("application/json;charset=UTF-8");
      log.error(e.toString() + "_" + e.getMessage(), e);
      return ResponseResult.systemException();
  }
}
```

在全域異常處理類別中，定義了業務異常的統一處理方法。這樣業務層（Service 層）在處理業務錯誤時就可以直接拋出定義的業務異常類型，而無須進行額外的處理。

此外，在全域異常處理類別中，還定義了針對資料驗證、HTTP 請求方式，以及未知系統異常處理的方法，這樣 Controller 層、Service 層只需專注於處理正常的業務邏輯即可。

（3）實現「登入密碼驗證」介面的業務層（Service 層）邏輯。

定義業務層（Service 層）方法的程式如下：

```
package com.wudimanong.resourceserver.service;
import com.wudimanong.resourceserver.entity.bo.CheckPassWordBO;
import com.wudimanong.resourceserver.entity.dto.CheckPassWordDTO;
public interface UserAuthService {
    /**
     * 定義 " 登入密碼驗證 " 介面的業務層（Service 層）方法
     *
     * @param checkPassWordDTO
     * @return
     */
    CheckPassWordBO checkPassWord(CheckPassWordDTO checkPassWordDTO);
}
```

具體實現類別的程式如下：

```
package com.wudimanong.resourceserver.service.impl;
import com.wudimanong.resourceserver.dao.mapper.OauthUserDetailsDao;
...
import org.springframework.stereotype.Service;
@Service
public class UserAuthServiceImpl implements UserAuthService {
    /**
     * 持久層（Dao 層）的依賴
     */
    @Autowired
    OauthUserDetailsDao oauthUserDetailsDao;
    @Override
    public CheckPassWordBO checkPassWord(CheckPassWordDTO
checkPassWordDTO) {
        // 獲取使用者資訊
        OauthUserDetailsPO oauthUserDetailsPO = oauthUserDetailsDao.
getUserDetails(checkPassWordDTO.getUserName());
        if (oauthUserDetailsPO == null) {
            throw new ServiceException(GlobalCodeEnum.BUSI_USER_NOT_
EXIST.getCode(),
                    GlobalCodeEnum.BUSI_USER_NOT_EXIST.getDesc());
        }
        // 傳回密碼驗證資訊
        return CheckPassWordBO.builder().userName(oauthUserDetailsPO.
getUserName())
```

```
                .passWord(oauthUserDetailsPO.getPassword()).
salt(oauthUserDetailsPO.getSalt())
                .authorities(oauthUserDetailsPO.getAuthorities()).
build();
    }
}
```

該實現類別的主要邏輯是：透過 MyBatis 持久層（Dao 層）元件來查詢使用者帳號和密碼等資訊，並將這些資訊傳回。而持久層（Dao 層）的依賴可以參考持久層（Dao 層）程式的實現。

（4）開發「使用者受保護資訊查詢」介面的業務層（Service 層）程式。定義「使用者受保護資訊查詢」介面的業務層（Service 層）方法的程式如下：

```
package com.wudimanong.resourceserver.service;
import com.wudimanong.resourceserver.entity.bo.GetUserInfoBO;
import com.wudimanong.resourceserver.entity.dto.GetUserInfoDTO;
public interface UserResourcesService {
    /**
     * 定義 " 使用者受保護資訊查詢 " 介面的業務層（Service 層）方法
     *
     * @param getUserInfoDTO
     * @return
     */
    GetUserInfoBO getUserInfo(GetUserInfoDTO getUserInfoDTO);
}
```

具體實現類別的程式如下：

```
package com.wudimanong.resourceserver.service.impl;
import com.wudimanong.resourceserver.dao.mapper.OauthUserDetailsDao;
...
import org.springframework.stereotype.Service;
@Service
public class UserResourcesServiceImpl implements UserResourcesService {
    /**
     * 持久層（Dao 層）的依賴
     */
```

```
    @Autowired
    OauthUserDetailsDao oauthUserDetailsDao;
    @Override
    public GetUserInfoBO getUserInfo(GetUserInfoDTO getUserInfoDTO) {
        // 查詢使用者資訊
        OauthUserDetailsPO oauthUserDetailsPO = oauthUserDetailsDao.
getUserDetails(getUserInfoDTO.getUserName());
        if (oauthUserDetailsPO == null) {
            throw new ServiceException(GlobalCodeEnum.BUSI_USER_NOT_
EXIST.getCode(),
                    GlobalCodeEnum.BUSI_USER_NOT_EXIST.getDesc());
        }
        return GetUserInfoBO.builder().nickName (oauthUserDetailsPO.
getNickName())
               .mobileNo(oauthUserDetailsPO.getMobile()).
gender(oauthUserDetailsPO.getGender()).build();
    }
}
```

3. 開發 MyBatis 持久層（Dao 層）元件

在開發業務層（Service 層）程式過程中，需要用到以 MyBatis 持久層（Dao 層）為基礎的依賴。具體步驟如下：

（1）定義持久層（Dao 層）的介面。程式如下：

```
package com.wudimanong.resourceserver.dao.mapper;
import com.wudimanong.resourceserver.dao.model.OauthUserDetailsPO;
import org.apache.ibatis.annotations.Mapper;
@Mapper
public interface OauthUserDetailsDao {
    /**
     * 根據使用者帳號獲取使用者的詳情資訊
     *
     * @param userName
     * @return
     */
    OauthUserDetailsPO getUserDetails(String userName);
}
```

定義該持久層（Dao 層）介面相關的資料庫實體物件（OauthUserDetails PO）的程式如下：

```
package com.wudimanong.resourceserver.dao.model;
import java.sql.Timestamp;
import lombok.Data;
@Data
public class OauthUserDetailsPO {
    private String userName;
    private String password;
    private String salt;
    private String nickName;
    private String mobile;
    private Integer gender;
    private String authorities;
    private Boolean nonExpired;
    private Boolean nonLocked;
    private Boolean credentialsNonExpired;
    private Boolean enabled;
    private Timestamp createTime;
    private String createBy;
    private Timestamp updateTime;
    private String updateBy;
}
```

該實體物件映射的資料庫表為 "oauth_user_details"。

（2）定義持久層（Dao 層）介面的 MyBatis 映射 XML 檔案。

在步驟（1）中相關的資料庫操作，需要在 MyBatis 的 SQL 映射 XML 檔案中定義。在專案的 "/src/resources/mybatis" 目錄下建立名為 "OauthUserDetailsDao.xml" 的檔案，程式如下：

```
<?xml version="1.0" encoding="UTF-8" ?>
<!DOCTYPE mapper PUBLIC "-//mybatis.org//DTD Mapper 3.0//EN" "http://
mybatis.org/dtd/mybatis-3-mapper.dtd" >
<mapper namespace="com.wudimanong.resourceserver.dao.mapper.
OauthUserDetailsDao">
    <sql id="Base_Column_List">
```

```
        user_name, password, salt, nick_name,
mobile,gender,authorities,non_expired,non_locked,credentials_non_
expired,enabled,create_time,create_by,update_time,update_by
    </sql>
    <select id="getUserDetails" resultType="com.wudimanong.
resourceserver.dao.model.OauthUserDetailsPO">
        SELECT
        <include refid="Base_Column_List"/>
        FROM oauth_user_details
        WHERE user_name=#{userName}
    </select>
</mapper>
```

至此，完成了建構 Spring Cloud 資源微服務的全部程式。具體的微服務呼叫將在 3.6 節中示範。

3.5 步驟 3：架設以 Spring Cloud Gateway 為基礎的服務閘道

服務閘道處於 Spring Cloud 微服務系統的邊界，主要用於在內部微服務向外曝露服務時提供統一的安全認證及路由功能。

在本章實例中，資源微服務需要向外部的 Client 端系統提供「使用者受保護資訊查詢」服務，因此需要將資源微服務的內部介面直接曝露在 Spring Cloud 系統之外。為了保證 SSO 授權認證系統內部微服務的存取安全，本節將介紹 Spring Cloud 微服務中的另一個重要元件——Spring Cloud Gateway。

3.5.1 認識微服務閘道

一般來說，Spring Cloud 系統中的微服務會透過服務註冊中心發現彼此，從而實現微服務之間的信任呼叫。

但有時也需要將一些內部微服務的介面直接曝露在微服務系統之外，因此就需要實現一定的介面安全性──例如數位簽章、封包加解密等。這就表示，很多微服務都需要考慮介面的安全性，這不僅會造成重複開發，也會增加微服務系統實施的複雜性。因此通常的做法是──在微服務系統的邊界架設一個閘道服務。這樣，微服務就不再將內部服務地址直接曝露給外部，而是由服務閘道作為請求的入口。外部的請求先被發送到服務閘道，服務閘道在進行了統一的安全認證（如簽名驗證、解密、登入階段驗證等）後，再將請求路由到具體微服務的介面。

服務閘道在 Spring Cloud 微服務系統中的位置如圖 3-8 所示。

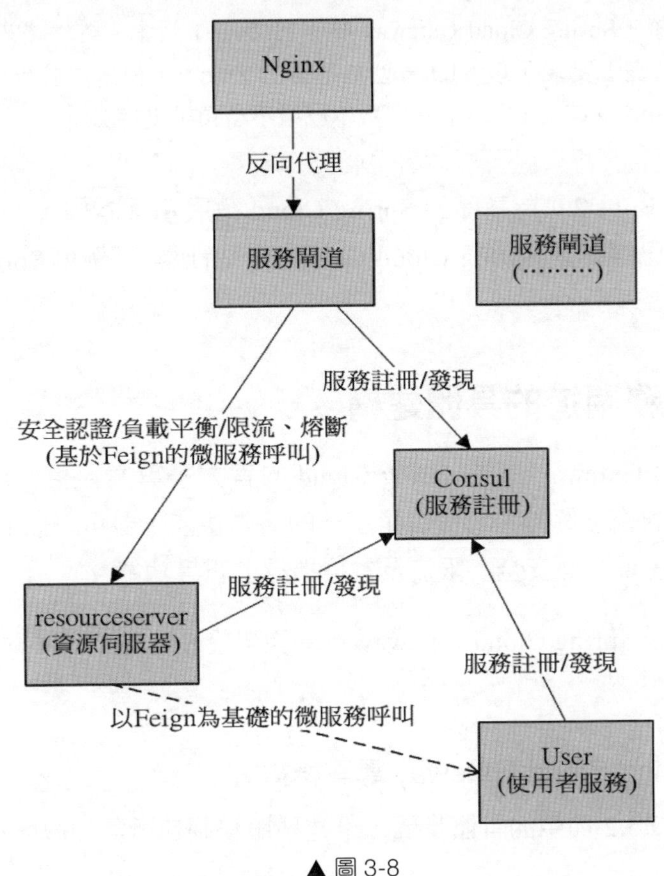

▲ 圖 3-8

3.5.2 了解常見的服務閘道元件

在 Spring Cloud 微服務的技術堆疊中，服務閘道的技術元件主要有 Netflix 開放原始碼的 Zuul，以及 Spring Cloud 官方開放原始碼的 Spring Cloud Gateway 這兩種。

在 Spring Boot 2.0 版本之前，Spring Cloud 預設支援的服務閘道元件是 Zuul，只不過彼時還是以 BIO 模型為基礎的 Zuul 1。Spring Cloud 在以 Spring Boot 2.0 為基礎的版本中推出了以 NIO 模型為基礎的服務閘道元件——Spring Cloud Gateway。

> 從性能上說，Spring Cloud Gateway 要優於 Zuul 1 版本。雖然後來 Zuul 在 1 版本的基礎上實現了以 NIO 模型為基礎的 Zuul 2，但是由於發佈時間太晚，所以 Spring Cloud 之後的官方版本已經不再預設支持 Zuul 了。

在以 Spring Boot 2.0 為基礎的 Spring Cloud 微服務版本中，主流的微服務閘道元件已經變成 Spring Cloud Gateway，所以本實例用 Spring Cloud Gateway 來實現。

3.5.3 服務閘道的具體建構

Spring Cloud Gateway 作為 Spring Cloud 的官方子專案，相較於 Zuul 而言具有一定的後發優勢。它提供了統一的路由功能，並可以以 Filter 過濾鏈為基礎來實現介面安全、限流及監控指標上報等功能。

接下來介紹以 Spring Cloud Gateway 為基礎架設 Spring Cloud 微服務閘道的具體步驟。

1. 建構 Spring Cloud Gateway 專案結構

參考 2.3.1、2.5.2 節中的具體步驟，來建構服務閘道所需的微服務專案。

2. 引入 Spring Cloud Gateway 的依賴

在 pom.xml 檔案中，引入 Spring Cloud Gateway 的依賴，程式如下：

```
<!--Spring Cloud Gateway 的依賴 -->
<dependency>
    <groupId>org.springframework.cloud</groupId>
    <artifactId>spring-cloud-starter-gateway</artifactId>
</dependency>
```

需要說明的是，Spring Cloud Gateway 使用 WebFlux 作為 Web 框架，因此並不需要引入 "spring-boot-starter-web" 元件。

3. 建立 Spring Cloud Gateway 專案的設定

在專案 resources 目錄中，建立一個基礎設定檔 bootstrap.yml。程式如下：

```
spring:
  application:
    name: gateway
  profiles:
    active: debug
  cloud:
    consul:
      host: 127.0.0.1
      port: 8500
      discovery:
        preferIpAddress: true
        instance-id: ${spring.application.name}:${spring.cloud.client.
ipAddress}:${spring.application.instance_id:${server.port}}:@project.
version@
        healthCheckPath: /actuator/health
server:
  port: 9090
```

4. 設定 Maven 資源檔的載入支援

可以參考 2.5.2 節中的具體步驟。

5. 撰寫服務閘道的入口程式類別

```
@EnableDiscoveryClient
@SpringBootApplication
public class GatewayApplication {
    public static void main(String[] args) {
        SpringApplication.run(GatewayApplication.class, args);
    }
}
```

在成功執行服務閘道的微服務專案後，打開 Consul 主控台，"gateway" 微服務被註冊到 Consul 中的效果如圖 3-9 所示。

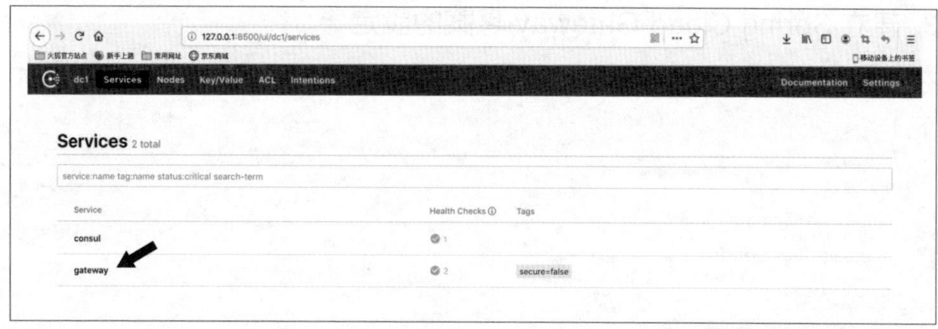

▲ 圖 3-9

3.5.4 增加安全認證機制

Spring Cloud 微服務閘道作為邊界系統，需要對外部請求進行統一的路由、安全控制、限流及 URL 過濾。這些功能在 Spring Cloud Gateway 中是透過路由規則設定和自訂篩檢程式來實現的。

在 Spring Cloud Gateway 中，提供了很多現成的路由比對規則和實現特定功能的篩檢程式。本節透過定義一個全域篩檢程式，來實現 URL 過濾及介面存取認證功能。

1. 設定微服務閘道的路由規則

在專案的 resources 目錄中建立設定檔 application.yml，並定義從微服務閘道到資源微服務的路由規則，程式如下：

```
spring:
  cloud:
    gateway:
      # 開啟服務閘道的註冊 / 發現機制
      discovery:
        locator:
          enabled: true
      # 路由設定（規則由 ID、目標 URL、一組 predicates 及一組 filters 組成）
      routes:
        - id: sso-resourceserver
          #lb 代表從註冊中心獲取服務，格式為 lb://$(註冊服務的名字)
          uri: lb://sso-resourceserver
          predicates:
            # 透過路徑進行比對
            - Path=/resources/**
          filters:
            - StripPrefix=1
```

在引入 spring-cloud-starter-gateway 服務閘道的依賴後，在預設情況下其是關閉的，需要在設定中將其打開。而路由規則的設定則是透過「述詞比對」來實現的。

Spring Cloud Gateway 對資源微服務的路由過程，是基於 Consul 服務發現，以用戶端負載平衡的方式實現的。

2. 建立實現微服務安全認證的全域篩檢程式

透過 "1." 小標題中設定的路由規則，實現了 Spring Cloud 微服務閘道與資源微服務之間的路由功能。而要實現服務閘道的其他擴充功能，則可以透過建立一組全域（或局部）的篩檢程式來實現。

以下定義了一個針對微服務介面安全認證的全域篩檢程式：

```
package com.wudimanong.gateway.filter;
import org.springframework.cloud.gateway.filter.GatewayFilterChain;
...
import reactor.core.publisher.Mono;
@Configuration
public class AuthSignatureGlobalFilter implements GlobalFilter, Ordered {
    @Override
    public Mono<Void> filter(ServerWebExchange exchange,
GatewayFilterChain chain) {
        String requestPath = exchange.getRequest().getPath().value();
        // 判斷介面的 URL 路徑，如果為內部服務介面，則攔截它
        if (requestPath.contains("internal")) {
            exchange.getResponse().setStatusCode(HttpStatus.UNAUTHORIZED);
            return exchange.getResponse().setComplete();
        }
        // 驗證 accessToken 的有效性（這裡只是簡單判斷編碼是否為空，可以根據實
際的業務場景進行擴充）
        String accessToken = exchange.getRequest().getHeaders().getFirst
("access_token");
        if (accessToken == null) {
            exchange.getResponse().setStatusCode(HttpStatus.UNAUTHORIZED);
            return exchange.getResponse().setComplete();
        }
        // 正常進行傳回
        return chain.filter(exchange);
    }
    @Override
    public int getOrder() {
        return -1;
    }
}
```

以上程式定義了一個 "Spring Cloud Gateway" 全域篩檢程式，實現了內部服務介面 URL 路徑過濾，以及介面存取權限認證功能。

> 如果定義多個全域篩檢程式，則可以透過 getOrder() 方法指定它們執行的優先順序，值越大優先順序越低。

3.6 步驟 4：示範 OAuth 2.0 授權認證流程

經過前面的步驟已經建構出了授權認證微服務、資源微服務，以及以 Spring Cloud Gateway 為基礎的微服務閘道。接下來從 Client 端系統實際連線的角度，來示範授權認證微服務系統的執行過程。

3.6.1 撰寫註冊 Client 端系統的 SQL 敘述

在實際場景中，可以開發一個管理系統來實現對 Client 端系統連線的管理。在本實例中可以先透過 SQL 敘述的方式設定用於測試的 Client 端系統的資訊：

```
# 設定用於測試的 Client 端系統的資訊
insert int0 `auth`.`oauth_client_details`(`client_id`, `resource_
ids`, `client_secret`, `scope`, `authorized_grant_types`, `web_server_
redirect_uri`, `authorities`, `access_token_validity`, `refresh_token_
validity`, `additional_information`, `autoapprove`) VALUES ('accessDemo',
NULL, '{noop}123456', 'all,read,write', 'authorization_code,refresh_
token,password', 'http://www.baidu.com', 'ROLE_TRUSTED_CLIENT', 7200,
7200, NULL, 'true');
```

該 SQL 敘述需要在授權認證微服務的資料庫（auth）中執行。另外，為了示範使用者授權認證登入過程，還需要在資源微服務的資料庫（resource）中設定一筆用於測試的使用者資訊，具體 SQL 敘述如下：

```
# 設定一筆用於測試的使用者資訊
insert into `resource`.`oauth_user_details`(`user_name`, `password`,
`salt`, `nick_name`, `mobile`, `gender`, `authorities`, `non_expired`,
`non_locked`, `credentials_non_expired`, `enabled`, `create_time`,
`create_by`, `update_time`, `update_by`) VALUES ('wudimanong', '7b952cb6
a19dad78e50cbff9dde121ef', 'e7909fd872764f0fa286a93c73441e71', '無敵碼農
', '18610380625', 3, 'all', 1, 1, 1, 1, '2020-05-21 05:59:07', 'system',
'2020-05-21 05:59:07', '');
```

3.6.2 示範使用者授權認證登入的過程

在設定完相關資訊後，透過 IDEA 啟動授權認證微服務、資源微服務，以及微服務閘道。如果執行正常，則服務註冊中心 Consul 的效果如圖 3-10 所示。

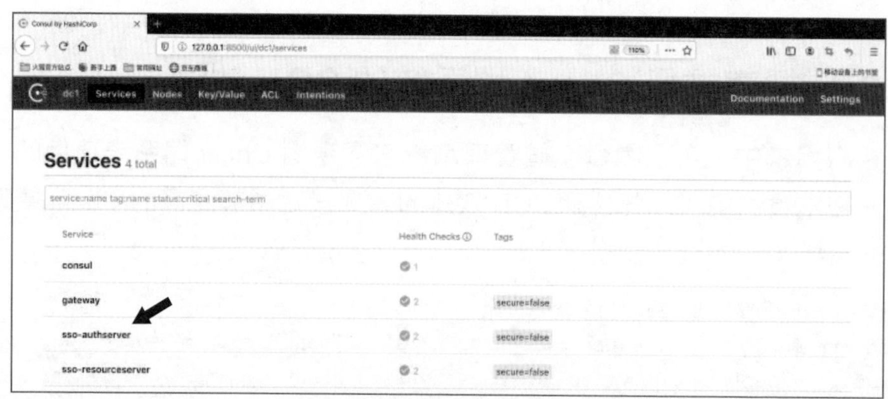

▲ 圖 3-10

將 Client 端系統連線 SSO 授權認證微服務的步驟如下。

1. 存取授權認證微服務，獲取預授權碼

在這個步驟中，Client 端系統透過瀏覽器跳躍的方式將授權登入的請求重新導向至授權認證微服務的 "/oauth/authorize" 介面。

授權認證微服務根據傳入的 Client 端系統資訊及授權驗證類型，將使用者介面重新導向至驗證使用者身份的介面（如登入介面）。請求 URL 及參數如下：

```
http://127.0.0.1:9092/oauth/authorize?response_type=code&client_
id=accessDemo&redirect_uri=http://www.baidu.com
```

參數 "response_type=code" 表示的是授權碼模式，client_id 是在 3.6.1 節中設定的 Client 端系統連線資訊，redirect_uri 是重新導向到 Client 端系統的位址（必須與在 3.6.1 節中設定的 Client 端系統重新導向位址一致）。

在瀏覽器輸入授權認證微服務的請求 URL 後，跳躍到的使用者登入介面如圖 3-11 所示。

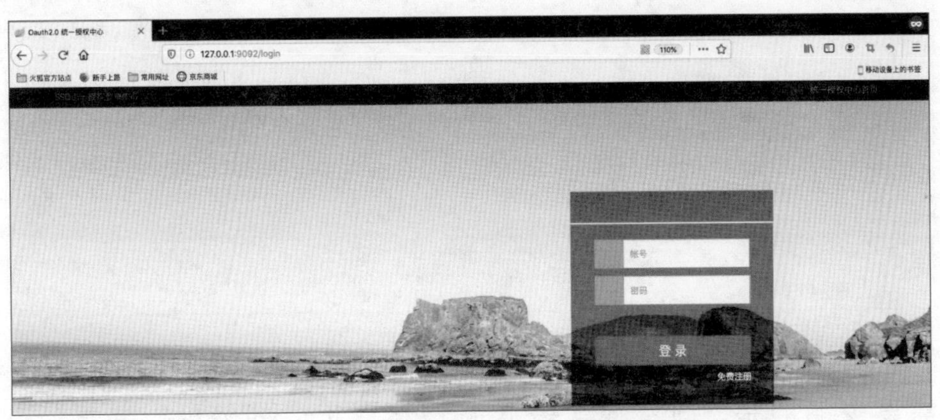

▲ 圖 3-11(編按：本圖例為簡體中文介面)

輸入在 3.6.1 節中透過 SQL 敘述設定的使用者帳號及密碼，授權認證微服務會在使用者帳號及密碼驗證透過後攜帶生成的預授權碼重新導向至 redirect_uri 所指的連結，如圖 3-12 所示。

▲ 圖 3-12(編按：本圖為簡體中文介面)

2. 透過預授權碼向授權認證微服務獲取存取權杖（access_token）

Client 端系統在獲得授權認證微服務傳回的預授權碼後，繼續存取授權認證微服務的 "/oauth/token" 介面，以換取正式的存取權杖（access_token）。透過 Postman 介面工具獲取的 access_token 如圖 3-13 所示。

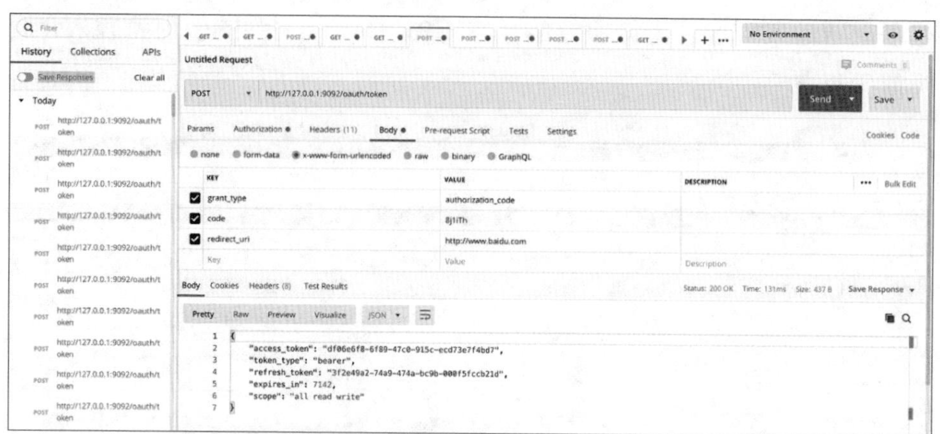

▲ 圖 3-13

需要說明的是，向授權認證微服務獲取正式的權杖，需要採取 "POST/x-www-form- urlencoded" 的請求方式。請求參數 "grant_type=authorization_code" 表示授權碼模式。

此外，在獲取存取權杖時，需要以 "Basic Auth" 的方式認證 Client 端系統的身份。在使用 Postman 進行請求時，可以透過設定 Authorization 資訊來實現，如圖 3-14 所示。

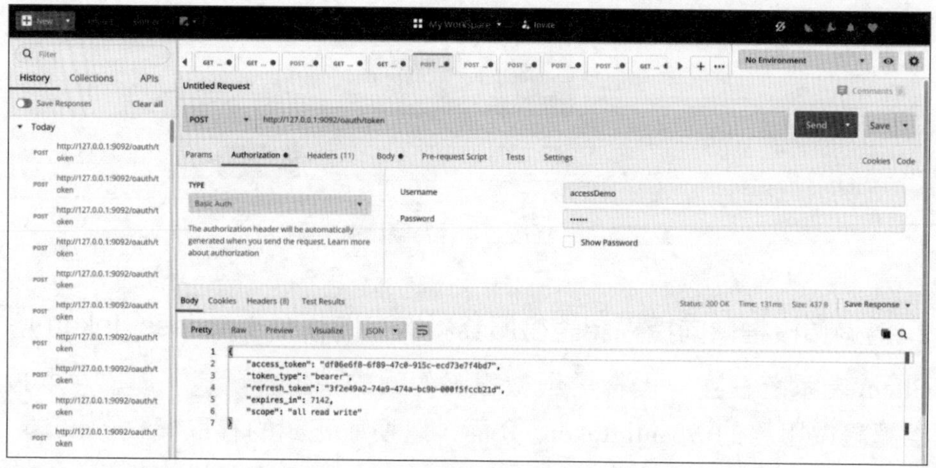

▲ 圖 3-14

在得到授權認證微服務頒發的正式存取權杖後，Client 端系統就可以透過該權杖存取受保護的使用者資訊了。

3.6.3 透過微服務閘道存取 OAuth 資源微服務

在獲取正式存取權杖後，Client 端系統在存取資源微服務時，需要透過微服務閘道的入口，以求在 Spring Cloud 微服務系統的邊界對外部請求進行統一的身份驗證及限流等操作。

透過呼叫 Spring Cloud Gateway 存取 OAuth 2.0 資源微服務的 URL 如下：

```
http://127.0.0.1:9090/resources/user/getUserInfo?access_token=df06e6f8-
6f89-47c0-915c-ecd73e7f4bd7&userName=wudimanong
```

其中，"/resources/" 是在 3.5.4 節中所設定的路由轉發規則，而 "/user/getUserInfo" 則是資源微服務所提供的「使用者受保護資訊查詢」介面。

存取資源微服務的效果如圖 3-15 所示。

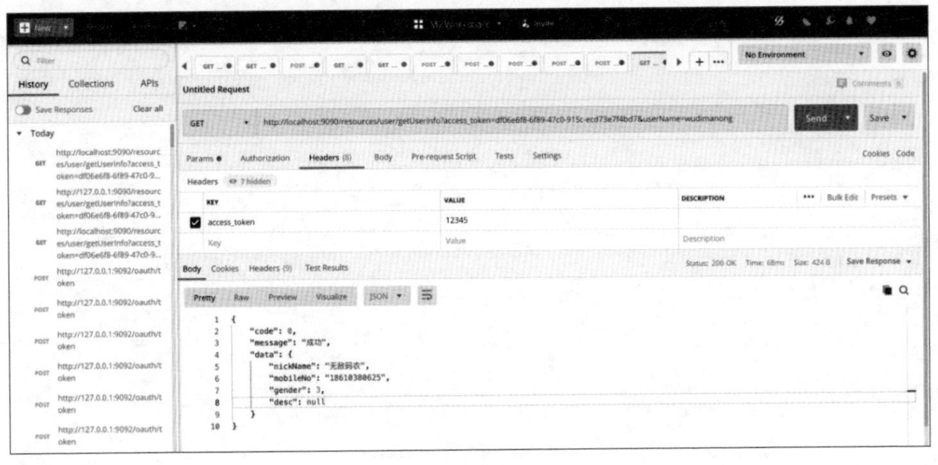

▲ 圖 3-15

3.7 本章小結

本章以 Spring Security OAuth 2.0 元件為基礎完成了一個 SSO 授權認證系統，介紹了以 OAuth 2.0 協定為基礎的授權認證系統的實現方式。

另外，還針對 Spring Cloud 微服務系統邊界的問題介紹了一個重要的概念——微服務閘道，並示範了以 Spring Cloud Gateway 為基礎建構微服務閘道的具體過程。

Chapter

04

【實例】車輛電子圍欄系統

用 "PostgreSQL + PostGis" 實現電子圍欄服務 並利用設定中心管理微服務的多環境設定資訊

近年來，以共享單車為代表的出行模式蓬勃發展，這在方便日常生活的同時，也帶來了很多負面影響，例如亂停亂放現象就嚴重影響了交通秩序。為了規範使用者使用共享單車的行為，越來越多的共享單車企業開始注重精細化營運，一個很重要的手段就是採用電子圍欄技術對使用者的停車行為進行約束，例如對違停行為進行罰款，以減少亂停亂放現象的發生。

本實例將以 Spring Cloud 微服務系統為基礎，利用地理資訊系統（GIS）的相關技術手段實現一個簡單的車輛電子圍欄系統，該系統就只有一個電子圍欄微服務 "efence"。

在本實例的實現過程中，將利用 Spring Cloud 微服務設定中心元件——Spring Cloud ConfigServer 來管理電子圍欄微服務的多環境設定資訊。

透過本章，讀者將學習到以下內容：

- 車輛電子圍欄系統的基本概念。
- PostgreSQL 資料庫的使用。
- PostGIS 空間資料庫的使用。
- Spring Cloud 微服務的建構方式。

- 使用 MyBatis-Plus 外掛程式簡化 MyBatis 的資料庫操作。
- 利用設定中心管理微服務的多環境設定資訊。

4.1 功能概述

從功能上看，車輛電子圍欄系統主要是透過定義車輛營運區域及停車點的地圖座標，來實現對車輛電子圍欄地理範圍的劃分。

一般來說，營運人員會根據平台的實際營運情況來定義「營運區域」，每個營運區域內的營運人員根據實際的街道情況來劃定「停車圍欄」，因此在實際環境中使用的車輛電子圍欄系統會提供完整的視覺化操作平台。

由於篇幅的關係，本章實例主要從「後端服務介面 + 資料庫操作」的角度來實現簡單的電子圍欄微服務。其核心功能有：①批次匯入圍欄資料；②單一圍欄資料的地圖展示；③違停行為判斷。

本章後面的內容將圍繞實現這幾個核心功能來説明。

4.2 系統設計

在設計電子圍欄微服務時，需要考慮對地理位置這樣的空間資料進行儲存和計算的能力。而對於空間資料的儲存和計算，在實踐中採用得比較廣泛的技術方案是：利用 "PostgreSQL + PostGIS" 來儲存地理位置資訊，利用 PostGIS 的空間資料處理能力對圍欄資料進行計算和判斷。

因此在資料庫設計中，將利用 PostGIS 來定義位置資訊的儲存欄位。

4.2.1 系統結構設計

在系統實現上將採用經典的 MVC 分層模式，電子圍欄微服務的結構如圖 4-1 所示。

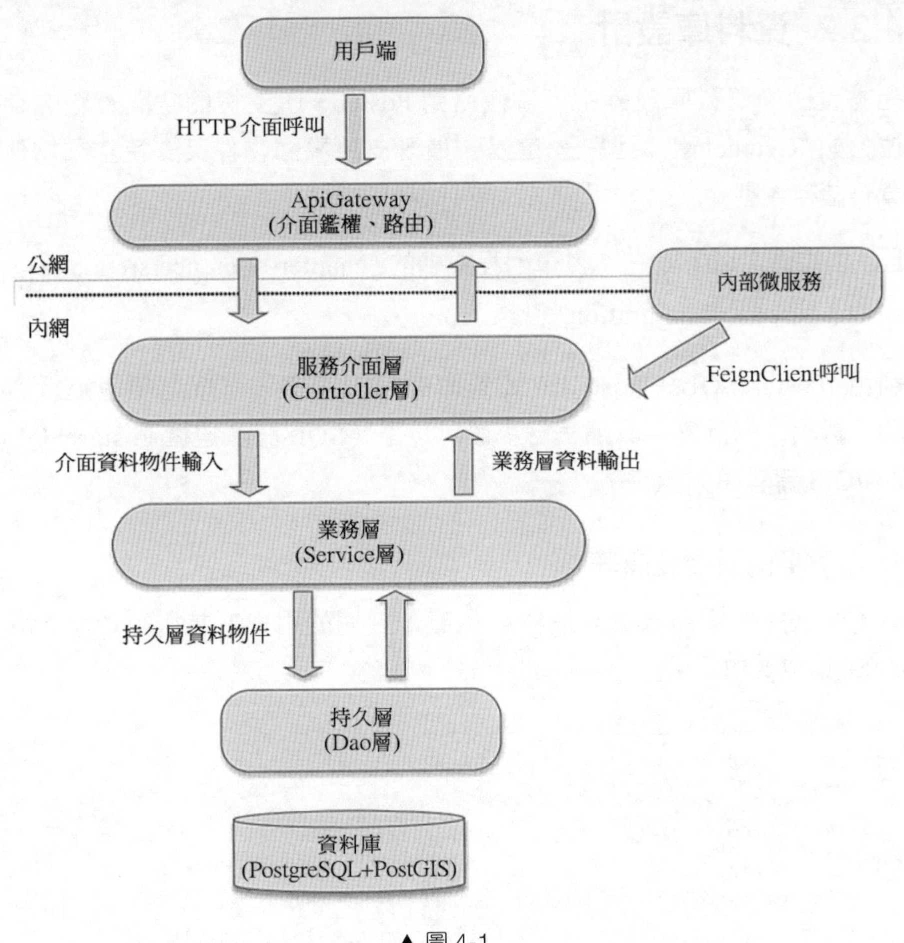

▲ 圖 4-1

系統結構主要分為 3 層：①服務介面層（Controller 層）；②業務層（Service 層）；③持久層（Dao 層）。其中，服務介面層（Controller 層）用於定義服務介面，業務層（Service 層）用於處理業務邏輯，持久層（Dao 層）用於封裝針對 PostgreSQL 資料庫的操作。

在微服務的呼叫上，內部微服務之間的呼叫採用 FeignClient 來實現，而外部服務對內部微服務的存取則透過 3.5 節介紹的微服務閘道來進行隔離。

4.2.2 資料庫設計

在本實例的資料庫設計中，會使用到 PostGIS 所支援的空間資料儲存欄位，如 "Geometry" 類型——這是一種既支持平面物件又支持空間物件的資料儲存類型。

程式碼：以下表在本書書附程式碼的 "chapter04-efence/src/main/resources/ db.migration" 目錄下。

利用 "PostgreSQL + PostGIS" 資料庫的相關函數，可以方便地進行與空間位置相關的計算。具體表結構設計以下（SQL 語法遵循 PostgreSQL 及 PostGIS 資料庫的約定）。

1. 電子圍欄圖層資訊表

電子圍欄圖層資訊表主要用於約定電子圍欄的用途、類型等資訊。具體的 SQL 程式如下：

```
-- 建立圖層 ID 自動增加序列
create sequence fence_geo_layer_id_seq;
-- 建立電子圍欄圖層資訊表
create table fence_geo_layer
(
    id integer not null default nextval('fence_geo_layer_id_seq'::regclass),
    code character varying(16) collate pg_catalog."default" not null
default ''::character varying,
    name character varying(32) collate pg_catalog."default" not null
default ''::character varying,
    explain character varying(100) collate pg_catalog."default" not null
default ''::character varying,
    check_city boolean not null default false,
    city_code character varying(16) collate pg_catalog."default",
    state smallint not null default 0,
    type smallint  not null default 0,
    create_time timestamp with time zone not null default now(),
    update_time timestamp with time zone not null default now(),
    create_user character varying(32) collate pg_catalog."default" not
```

```
null default ''::character varying,
    update_user character varying(32) collate pg_catalog."default" not
null default ''::character varying,
    constraint fence_geo_layer_pkey primary key (id)
)
with (
    oids = false
);
comment on table fence_geo_layer is '電子圍欄圖層資訊表';
comment on column fence_geo_layer.code is '圖層編碼';
comment on column fence_geo_layer.name is '圖層名稱';
comment on column fence_geo_layer.explain is '圖層說明';
comment on column fence_geo_layer.check_city is '是否檢查城市，配合 city_
code 欄位使用';
comment on column fence_geo_layer.city_code is '所屬城市編碼';
comment on column fence_geo_layer.state is '圖層狀態。0-有效（預設）；1-刪
除';
comment on column fence_geo_layer.type is '圖層類型。0-未知分類；1-干預；
2-排程；3-停車圍欄；4-營運範圍；5-技術定義';
comment on column fence_geo_layer.create_time is '建立時間';
comment on column fence_geo_layer.update_time is '修改時間';
comment on column fence_geo_layer.create_user is '建立使用者';
comment on column fence_geo_layer.update_user is '修改使用者';
```

2. 電子圍欄資訊表

電子圍欄資訊表主要用於儲存根據營運城市、區域和街道而劃定的電子圍欄座標資訊。具體的 SQL 程式如下：

```
-- 建立圍欄 ID 自動增加序列
create sequence fence_geo_id_seq;
-- 建立電子圍欄資訊表
create table fence_geo_info
(
    id bigint not null default nextval('fence_geo_id_seq'::regclass),
    name character varying(254) collate pg_catalog."default" not null,
    explain character varying(200) collate pg_catalog."default" default
''::character varying,
    city_code character varying(16) collate pg_catalog."default" not null
```

```
default ''::character varying,
    ad_code character varying(16) collate pg_catalog."default",
    layer_code character varying(16) collate pg_catalog."default" not null,
    region geometry(geometry,4326) not null,
    centre geometry(point,4326),
    area numeric(16,2),
    custom_info jsonb,
    batch_id bigint,
    from_id bigint,
    geo_json text collate pg_catalog."default",
    geo_hash character varying(16)[] collate pg_catalog."default",
    date_range tstzrange,
    time_bucket int4range[],
    state smallint,
    update_time timestamp with time zone,
    create_time timestamp with time zone,
    update_user character varying(32) collate pg_catalog."default"
default ''::character varying,
    create_user character varying(32) collate pg_catalog."default"
default ''::character varying,
    constraint fence_geo_pkey primary key (id)
)
with (
    oids = false
);
-- 增加欄位備註
comment on table fence_geo_info is '電子圍欄資訊表';
comment on column fence_geo_info.id is '圍欄 ID';
comment on column fence_geo_info.name is '圍欄名稱';
comment on column fence_geo_info.explain is '圍欄描述';
comment on column fence_geo_info.city_code is '所屬城市編碼';
comment on column fence_geo_info.ad_code is '歸屬分區編碼';
comment on column fence_geo_info.layer_code is '連結的圖層編碼;
comment on column fence_geo_info.region is '圍欄座標資訊';
comment on column fence_geo_info.centre is '圍欄中心點';
comment on column fence_geo_info.area is '圍欄面積(單位:m²)';
comment on column fence_geo_info.custom_info is '自訂欄位資料';
comment on column fence_geo_info.batch_id is '批次匯入批次標識';
comment on column fence_geo_info.from_id is '來源圍欄 ID';
```

```
comment on column fence_geo_info.geo_json is '容錯的圍欄 geojson 資訊';
comment on column fence_geo_info.geo_hash is '圍欄覆蓋的 geohash 列表';
comment on column fence_geo_info.date_range is '有效期(開始時間、結束時
間)';
comment on column fence_geo_info.time_bucket is '一天內的有效時間段(用分
鐘表示),例如:{[360,480],[600,840]}';
comment on column fence_geo_info.state is '圍欄狀態。0-生效;1-已刪除;2-
故障';
-- 增加表的索引資訊
create index idx_fence_geo_centre on fence_geo_info using gist(centre);
comment on index idx_fence_geo_centre is '圍欄中心點欄位索引';
create index idx_fence_geo_city_code on fence_geo_info using btree(city_
code collate pg_catalog."default");
comment on index idx_fence_geo_city_code is '圍欄城市編碼欄位索引';
create index idx_fence_geo_region on fence_geo_info using gist(region);
comment on index idx_fence_geo_region is '圍欄地理範圍欄位索引';
```

在電子圍欄資訊表的定義中，"region" 欄位使用 "geometry" 類型來定義圍欄的區域資訊，其中的數字 "4326" 表示使用的是大地座標系（經緯度）；而 "centre" 欄位則使用 "point" 類型來定義圍欄的中心點。

4.3 步驟 1：建構 Spring Cloud 微服務專案程式

參考 4.2 節系統設計的內容，本節將架設 "PostgreSQL + PostGIS" 資料庫環境，並建構 Spring Cloud 微服務程式專案，以及整合所需要的第三方依賴。

4.3.1 架設 "PostgreSQL + PostGIS" 資料庫環境

本實例使用 "PostgreSQL + PostGIS" 資料庫來儲存和計算電子圍欄的位置資訊。接下來將在本地 Docker 下架設 "PostgreSQL + PostGIS" 資料庫環境，步驟如下。

1. 獲取 "PostgreSQL + PostGIS" 的 Docker 映像檔

向 Docker 環境中拉取 "PostgreSQL 10.0 + PostGIS 2.4" 版本的 Docker 映像檔。命令如下：

```
docker pull kartoza/postgis:10.0-2.4
```

2. 安裝 "PostgreSQL + PostGIS" 資料庫

透過 Docker 命令執行 "1." 小標題中獲取的 Docker 映像檔，以安裝 "PostgreSQL + PostGIS" 資料庫。命令如下：

```
docker run --name postgres1 -e POSTGRES_USER=gis -e POSTGRES_
PASSWORD=123456 -p 54321:5432 -d kartoza/postgis:10.0-2.4
```

3. 驗證 "PostgreSQL + PostGIS" 的安裝結果

利用 "docker ps" 命令查看執行效果。可以看到，"PostgreSQL + PostGIS" 映像檔已經成功執行，如圖 4-2 所示。

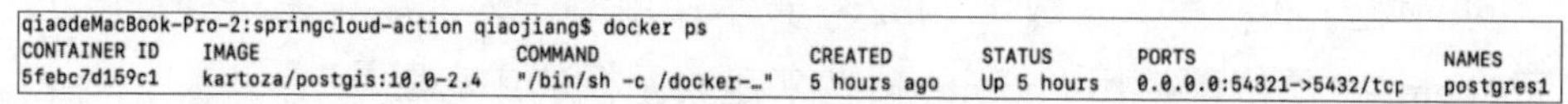

▲ 圖 4-2

利用 "Navicat" 資料庫用戶端工具連接執行的 "PostGreSQLl + PostGIS" 資料庫，如圖 4-3 所示。

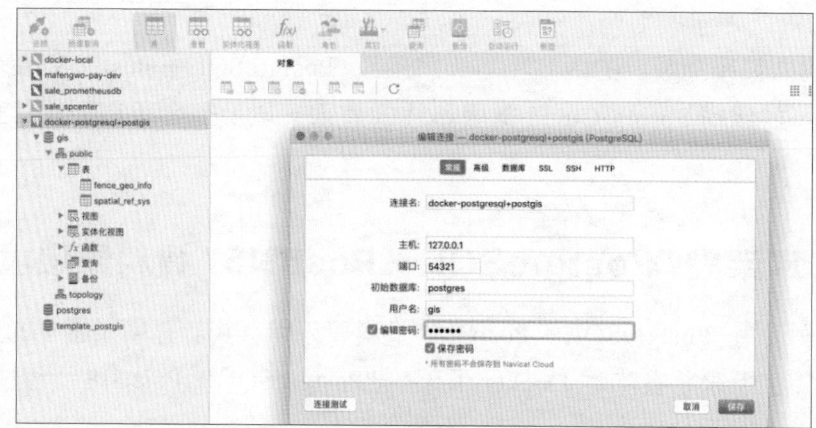

▲ 圖 4-3(編按：本圖例為簡體中文介面)

如果連接正常，則在 "PostgreSQL + PostGIS" 資料庫中建立了一個名為 "gis" 的資料庫。執行 4.2.2 節中所定義的建表敘述，即可完成電子圍欄微服務資料庫的初始化。

4.3.2 建立 Spring Cloud 微服務專案

接下來建立 Spring Cloud 微服務程式專案。

1. 建立一個基本的 Maven 專案

利用 2.3.1 節介紹的方法建立一個 Maven 專案，其結構如圖 4-4 所示。

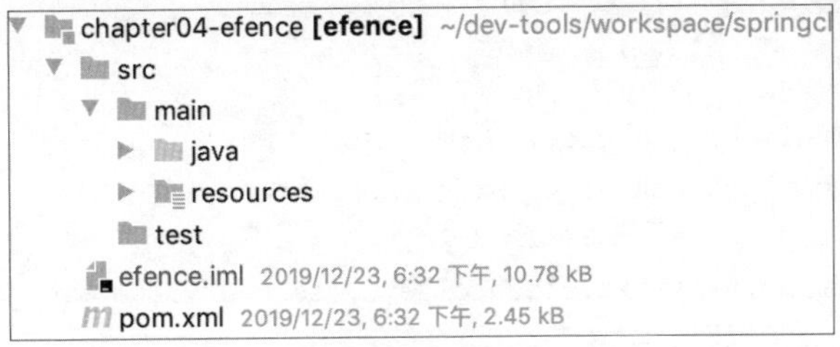

▲ 圖 4-4

2. 引入 Spring Cloud 依賴，將 Maven 專案改造為微服務專案

（1）引入 Spring Cloud 微服務的核心依賴。

這裡可以參考 2.5.2 節中的具體步驟。

（2）在專案程式的 resources 目錄下，新建一個基礎性設定檔——bootstrap.yml。

程式如下：

```
spring:
  application:
    name: efence
  profiles:
    active: debug
  cloud:
```

```
    consul:
      discovery:
        preferIpAddress: true
        instance-id: ${spring.application.name}:${spring.cloud.client.
ipAddress}:${spring.application.instance_id:${server.port}}:@project.
version@
        healthCheckPath: /actuator/health
server:
  port: 9090
```

（3）設定 Maven 資源檔的載入支援。

具體參考 2.5.2 節。

（4）建立微服務的入口程式類別。

程式如下：

```
package com.wudimanong.efence;
import org.mybatis.spring.annotation.MapperScan;
...
import org.springframework.cloud.client.discovery.EnableDiscoveryClient;
@EnableDiscoveryClient
@SpringBootApplication
public class FenceApplication {
    public static void main(String[] args) {
        SpringApplication.run(FenceApplication.class, args);
    }
}
```

至此，Spring Cloud 車輛電子圍欄微服務專案就建構出來了。

4.3.3 將 Spring Cloud 微服務注入 Consul

參考 2.5.1 節、2.5.3 節的內容，將 "efence" 微服務注入服務註冊中心 Consul 中。然後執行所建構的 "efence" 微服務專案，可以看到該服務已經註冊到 Consul 中了，如圖 4-5 所示。

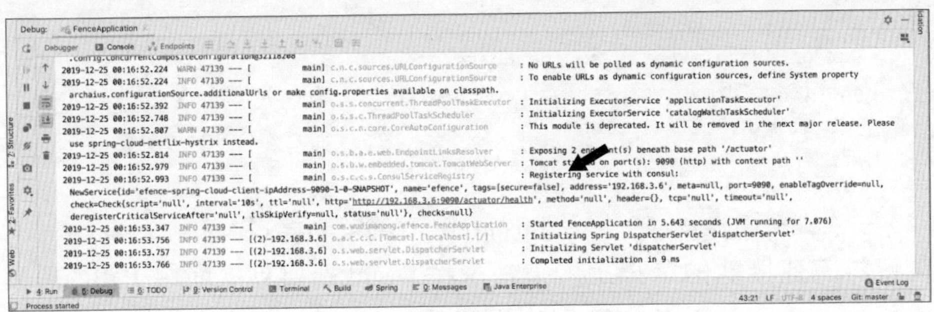

▲ 圖 4-5

打開 Consul 主控台，"efence" 微服務被註冊到 Consul 中的效果如圖 4-6 所示。

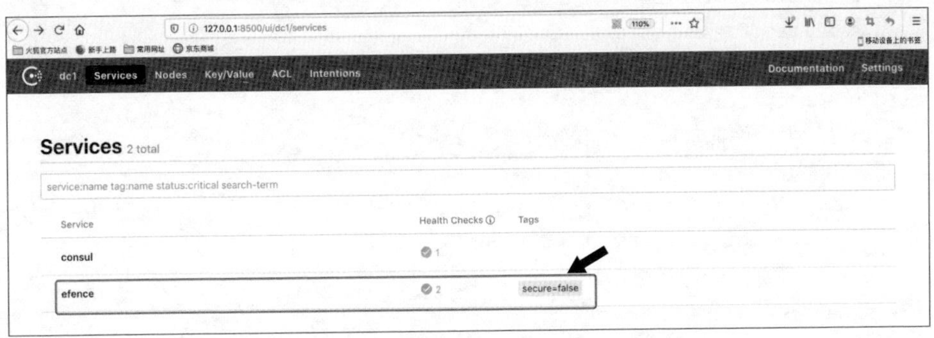

▲ 圖 4-6

接下來將從 "efence" 微服務的業務功能層面整合所需要的其他元件。

4.3.4 整合 MyBatis，以存取 PostgreSQL 資料庫

在車輛電子圍欄微服務中，將以 MyBatis 為基礎來存取 PostgreSQL 資料庫。整合 MyBatis 的具體步驟如下。

1. 引入 MyBatis 框架的依賴，以及 PostgreSQL 的驅動程式

（1）在專案的 pom.xml 檔案中，引入 MyBatis 框架的依賴：

```
<!-- 引入 MyBatis 的依賴 -->
```

```
<dependency>
    <groupId>org.mybatis.spring.boot</groupId>
    <artifactId>mybatis-spring-boot-starter</artifactId>
    <version>2.0.1</version>
</dependency>
```

（2）引入資料庫連接池，以及 PostgreSQL 的驅動程式。

在資料庫連接池的選擇上，這裡選擇 Druid 連接池；而在 JDBC 驅動程式的選擇上，因為本實例使用的是 PostgreSQL 資料庫，所以引入 PostgreSQL 的 JDBC 驅動程式。程式如下：

```
<!-- 引入 Druid 連接池的依賴 -->
<dependency>
    <groupId>com.alibaba</groupId>
    <artifactId>druid</artifactId>
    <version>1.0.28</version>
</dependency>
<!—引入 PostgreSQL 的 JDBC 驅動程式 -->
<dependency>
    <groupId>org.postgresql</groupId>
    <artifactId>postgresql</artifactId>
    <version>42.2.9</version>
</dependency>
```

2. 設定專案的 PostgreSQL 資料庫的連接資訊

在專案中建立一個新的設定檔——application.yml，用於設定與業務相關的設定資訊。在其中增加 PostgreSQL 資料庫的連接資訊，具體程式如下：

```
spring:
  datasource:
    url: jdbc:postgresql://127.0.0.1:54321/gis
    username: gis
    password: 123456
    type: com.alibaba.druid.pool.DruidDataSource
    driver-class-name: org.postgresql.Driver
    separator: //
```

至此，完成了在 Spring Cloud 微服務中整合 MyBatis。

4.3.5 透過 MyBatis-Plus 簡化 MyBatis 的操作

MyBatis 是 Java 開發領域目前普遍使用的資料庫操作框架，常說的「SSM 組合」中的 "M" 指的就是 MyBatis。MyBatis 受歡迎的原因是，它可以靈活地定義 SQL 來操作資料庫。

但在實際的開發過程中，對於一些簡單的單表操作，如果在使用 MyBatis 時也建立 XML 檔案來定義 SQL 映射，則不僅會增加開發工作量，也會造成程式容錯。所以，現在出現了一些像 MyBatis-Plus 這樣的 MyBatis 增強工具，用於簡化資料庫開發。

在本實例的開發過程中，會透過 MyBatis-Plus 來簡化資料庫開發、提高效率。

1. Spring Boot 整合 MyBatis-Plus 框架

在微服務專案的 pom.xml 檔案中，引入 MyBatis-Plus 的依賴。程式如下：

```
<!--MyBatis-Plus 的依賴 -->
<dependency>
    <groupId>com.baomidou</groupId>
    <artifactId>mybatis-plus-boot-starter</artifactId>
    <version>3.3.0</version>
</dependency>
```

> 如果引入了 MyBatis-Plus 的依賴，則會自動引入 MyBatis 的依賴。為避免版本衝突，可以在 pom.xml 中刪除前面引入的 MyBatis 依賴程式：
>
> ```
> <!-- 引入 MyBatis 的依賴 -->
> <dependency>
>     <groupId>org.mybatis.spring.boot</groupId>
>     <artifactId>mybatis-spring-boot-starter</artifactId>
>     <version>2.0.1</version>
> </dependency>
> ```

2. 設定 MyBatis-Plus 的相關資訊

在專案設定檔 application.yml 中，設定 MyBatis-Plus 的相關資訊。程式如下：

```
#MyBatis-Plus 的整合設定
mybatis-plus:
  # MyBatis XML 映射檔案的存放路徑
  mapper-locations: classpath:mybatis/*.xml
  # PO 實體類別掃描套件的路徑，在多個套件路徑之間用逗點分隔
  typeAliasesPackage: com.wudimanong.efence.dao.model
  global-config:
    db-config:
      # 主鍵類型
      id-type: auto
      # 欄位策略
      field-strategy: not_empty
      # 設定在將資料庫欄位映射為 Java 屬性時，是否自動進行 " 駝峰 " 和 " 底線 " 之
間的轉換
      column-underline: true
      # 邏輯刪除設定
      logic-delete-value: 0
      logic-not-delete-value: 1
      db-type: postgresql
    refresh: false
  configuration:
    # 開啟此設定後，會自動將 " 底線格式的表欄位 " 轉為 " 以駝峰命名的屬性名稱 "
    map-underscore-to-camel-case: true
    cache-enabled: false
    # 日誌設定
    log-impl: org.apache.ibatis.logging.stdout.StdOutImpl
```

在以上設定中，指定了 MyBatis XML 映射檔案的位置，以及資料庫實體物件的套件路徑。其他的設定則是 MyBatis-Plus 提供的一些額外功能：支援邏輯刪除，自動將「底線格式的表欄位」轉為「以駝峰命名的屬性名稱」等。

3. 驗證 MyBatis-Plus 的整合效果

啟動專案，整合 MyBatis-Plus 的效果如圖 4-7 所示。

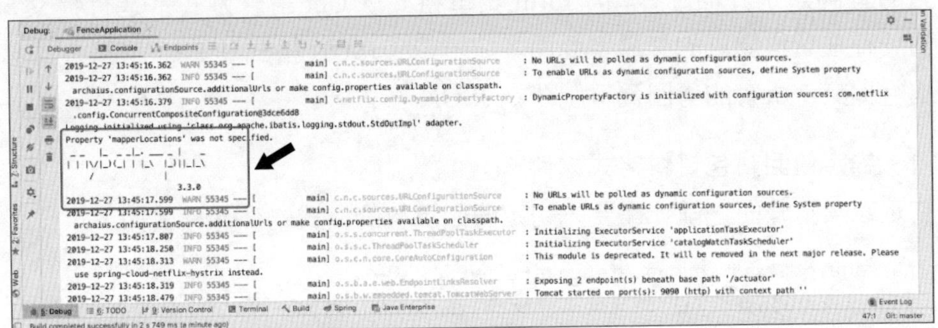

▲ 圖 4-7

> MyBatis-Plus 並沒有改變 MyBatis 框架的任何特性及功能，只是以 MyBatis 為基礎做了一些通用功能的抽象，從而簡化開發、提高效率。所以，在使用 MyBatis-Plus 時，還是可以透過 XML 映射檔案來處理一些複雜的資料庫操作邏輯。

接下來將實現車輛電子圍欄微服務的業務邏輯。

4.4 步驟 2：實現微服務的業務邏輯

參考 4.2 節的系統設計，以及 4.3 節架設的微服務，接下來實現電子圍欄微服務的業務邏輯。

4.4.1 定義服務介面層（Controller 層）

Controller 層是微服務針對外部呼叫的入口。它接收資料請求，將其轉為 Java 物件，並驗證資料的合法性，在完成邏輯處理後對傳回的資料進行統一的封裝處理。

1. 介面資料的格式約定

關於介面請求方式及協定，按照實際專案中的普遍約定：對於無資料變更的查詢類別介面，採用「form 表單格式 + Get 請求方式」進行提交；對於存在資料變更的交易型介面，統一以「JSON 格式 + Post 請求方式」進行提交；所有的傳回資料統一為 JSON 格式。

（1）約定傳回封包資料格式物件。

在定義業務介面之前，需要先約定傳回資料的格式物件。程式如下：

```
package com.wudimanong.efence.entity;
import com.fasterxml.jackson.annotation.JsonInclude;
...
import lombok.NoArgsConstructor;
@NoArgsConstructor
@AllArgsConstructor
@Builder
@Data
@JsonPropertyOrder({"code", "message", "data"})
public class ResponseResult<T> implements Serializable {
    private static final long serialVersionUID = 1L;
    /**
     * 傳回的資料物件
     */
    @JsonInclude(JsonInclude.Include.NON_NULL)
    private T data;
    /**
     * 傳回的編碼
     */
    private Integer code;
    /**
     * 傳回的描述資訊
     */
    private String message;
    /**
     * 傳回成功的回應碼
     * @return 回應結果
     */
```

```
    public static ResponseResult<String> OK() {
        return packageObject("", GlobalCodeEnum.GL_SUCC_0000);
    }
    /**
     * 傳回成功的回應資料
     * @param data 傳回的資料
     * @param <T>  傳回的資料類型
     * @return 回應結果
     */
    public static <T> ResponseResult<T> OK(T data) {
        return packageObject(data, GlobalCodeEnum.GL_SUCC_0000);
    }
    /**
     * 對傳回的訊息進行包裝
     * @param data           傳回的資料
     * @param globalCodeEnum 自訂的傳回碼列舉類型
     * @param <T>            傳回的資料類型
     * @return 回應結果
     */
    public static <T> ResponseResult<T> packageObject(T data,
GlobalCodeEnum globalCodeEnum) {
        ResponseResult<T> responseResult = new ResponseResult<>();
        responseResult.setCode(globalCodeEnum.getCode());
        responseResult.setMessage(globalCodeEnum.getDesc());
        responseResult.setData(data);
        return responseResult;
}
    /**
     * 在系統發生異常時的傳回
     * @param <T> 傳回的資料類型
     * @return 回應結果
     */
    public static <T> ResponseResult<T> systemException() {
        return packageObject(null, GlobalCodeEnum.GL_FAIL_9999);
}
    /**
     * 在系統發生可感知異常時的傳回
     * @param globalCodeEnum
     * @param <T>
```

```
     * @return
     */
    public static <T> ResponseResult<T> systemException(GlobalCodeEnum
globalCodeEnum) {
        return packageObject(null, globalCodeEnum);
    }
}
```

在上述程式中，定義了統一的回應資料包裝類別，並定義了處理成功及處理失敗的傳回方法。在後面定義業務介面層時，所有的介面傳回資料都會透過此類進行包裝，從而實現格式的統一。

（2）定義全域回應碼列舉類型。

在步驟（1）中包括定義全域回應碼的列舉類型，其程式如下：

```
package com.wudimanong.efence.entity;
public enum GlobalCodeEnum {
    /**
     * 定義全域傳回碼
     */
    GL_SUCC_0000(0, "成功"),
    GL_FAIL_9996(996, "不支持的 HttpMethod"),
    GL_FAIL_9997(997, "HTTP 錯誤"),
    GL_FAIL_9998(998, "參數錯誤"),
    GL_FAIL_9999(999, "系統異常");
    /**
     * 編碼
     */
    private Integer code;
    /**
     * 描述
     */
    private String desc;
    GlobalCodeEnum(Integer code, String desc) {
        this.code = code;
        this.desc = desc;
    }
    /**
     * 根據編碼獲取列舉類型
```

```
     *
     * @param code 編碼
     * @return
     */
    public static GlobalCodeEnum getByCode(String code) {
        // 判斷編碼是否為空
        if (code == null) {
            return null;
        }
        // 迴圈處理
        GlobalCodeEnum[] values = GlobalCodeEnum.values();
        for (GlobalCodeEnum value : values) {
            if (value.getCode().equals(code)) {
                return value;
            }
        }
        return null;
    }
    public Integer getCode() {
        return code;
    }
    public String getDesc() {
        return desc;
    }
}
```

此列舉類型為全域回應碼定義類型。它與 ResponseResult 全域回應資料包裝類別配合使用，可以實現介面回應碼的統一定義。

2. 定義「新增圖層」介面及「查詢圖層」介面

電子圍欄的圖層主要用於約定電子圍欄的類型，便於業務管理，滿足營運需求。在本實例中，只定義「新增圖層」及「查詢圖層」這兩個基本的介面。

(1) 定義「新增圖層」介面及「查詢圖層」介面的 Controller 層。程式如下：

```
package com.wudimanong.efence.controller;
import com.wudimanong.efence.entity.ResponseResult;
```

```
...
import org.springframework.web.bind.annotation.RestController;
@Slf4j
@RestController
@RequestMapping("/fence/layer")
public class FenceGeoLayerController {
    @Autowired
    FenceGeoLayerService fenceGeoLayerServiceImpl;
    /**
     * 定義 " 新增圖層 " 介面
     *
     * @param fenceGeoLayerSaveDTO
     * @return
     */
    @PostMapping("/save")
    public ResponseResult<FenceGeoLayerBO> save(@RequestBody @Validated
FenceGeoLayerSaveDTO fenceGeoLayerSaveDTO) {
        return ResponseResult.OK(fenceGeoLayerServiceImpl.
save(fenceGeoLayerSaveDTO));
    }
    /**
     * 定義 " 查詢圖層 " 介面
     *
     * @param code
     * @return
     */
    @GetMapping("/getSingle")
    public ResponseResult<FenceGeoLayerBO> getSingle(
            @RequestParam(value = "code") String code) {
        return ResponseResult.OK(fenceGeoLayerServiceImpl.
getSingle(code));
    }
}
```

在上述程式中，透過 Spring MVC 提供的註釋，定義了「新增圖層」介面（/save）及「查詢圖層」介面（/getSingle）這兩個介面。

- 在 "/save" 介面中，透過 @PostMapping 註釋定義了介面的 Post 請求方式，透過 @RequestBody 註釋約定了請求參數格式為 JSON。

- 在 "/getSingle" 介面中，透過 @GetMapping 註釋定義了介面的 Get 請求方式，其請求提交方式為「form 表單」提交，並透過 @RequestParam 註釋定義了介面的請求參數。

（2）定義「新增圖層」介面及「查詢圖層」介面的請求參數物件。

定義「新增圖層」介面（/save）的請求參數物件。程式如下：

```
package com.wudimanong.efence.entity.dto;
import com.wudimanong.efence.validator.EnumValue;
...
import lombok.Data;
@Data
public class FenceGeoLayerSaveDTO implements Serializable {
    /**
     * 圖層的編碼
     */
    @NotNull(message = "圖層編碼不能為空")
    private String code;
    /**
     * 圖層的名稱
     */
    @NotNull(message = "圖層編碼不能為空")
    private String name;
    /**
     * 電子圍欄圖層的分類。0-未知分類；1-干預；2-排程；3-停車圍欄；4-營運範
圍；5-技術
     */
    @EnumValue(intValues = {0, 1, 2, 3, 4, 5}, message = "圍欄類型輸入有
誤")
    private Integer businessType;
    /**
     * 歸屬城市編碼
     */
    @NotNull(message = "歸屬城市編碼不能為空")
    private Integer cityCode;
    /**
     * 地理範圍。0-全球；1-國內；2-海外
     */
```

```
    @EnumValue(intValues = {0, 1, 2}, message = "地理範圍輸入有誤")
    private Integer regionType;
    /**
     * 詳細說明
     */
    private String explain;
    /**
     * 資料負責人，格式為"名字 + 電子郵件"
     */
    private String owner;
}
```

在該物件中，針對具體的屬性值驗證，利用 Spring 框架的 Validation 機制提供的註釋（如 @NotNull）來對請求參數進行「是否必填」、「設定值範圍」等資料合法性驗證。

對 Spring 框架的 Validation 機制不支援的一些資料驗證方式，可以透過自訂註釋來實現。舉例來說，針對資料設定值範圍的驗證，可以透過自訂 @EnumValue 註釋來處理，程式如下：

```
package com.wudimanong.efence.validator;
import static java.lang.annotation.ElementType.ANNOTATION_TYPE;
...
import javax.validation.Payload;
@Target({METHOD, FIELD, ANNOTATION_TYPE, CONSTRUCTOR, PARAMETER})
@Retention(RUNTIME)
@Documented
@Constraint(validatedBy = {EnumValueValidator.class})
public @interface EnumValue {
    //預設的錯誤訊息
    String message() default "必須為指定值";
    String[] strValues() default {};
    int[] intValues() default {};
    Class<?>[] groups() default {};
    Class<? extends Payload>[] payload() default {};
    //在指定多個值時使用
    @Target({FIELD, METHOD, PARAMETER, ANNOTATION_TYPE})
    @Retention(RUNTIME)
```

```
    @Documented
    @interface List {
        EnumValue[] value();
    }
    class EnumValueValidator implements ConstraintValidator<EnumValue,
Object> {
        private String[] strValues;
        private int[] intValues;
        @Override
        public void initialize(EnumValue constraintAnnotation) {
            strValues = constraintAnnotation.strValues();
            intValues = constraintAnnotation.intValues();
        }
        @Override
        public boolean isValid(Object value, ConstraintValidatorContext
context) {
            if (value instanceof String) {
                for (String s : strValues) {
                    if (s.equals(value)) {
                        return true;
                    }
                }
            } else if (value instanceof Integer) {
                for (Integer s : intValues) {
                    if (s == value) {
                        return true;
                    }
                }
            }
            return false;
        }
    }
}
```

「查詢圖層」介面（/getSingle）的請求參數比較簡單，具體參考步驟（1）中介面參數的定義。

（3）定義「新增圖層」介面及「查詢圖層」介面的傳回參數物件。

「新增圖層」介面及「查詢圖層」介面的傳回參數格式是一樣的，這裡定義同一個資料物件。程式如下：

```
package com.wudimanong.efence.entity.bo;
import com.fasterxml.jackson.annotation.JsonFormat;
import java.sql.Timestamp;
import lombok.Data;
@Data
public class FenceGeoLayerBO {
    private Integer id;
    private String code;
    private String name;
    private String businessType;
    private String explain;
    private Integer regionalType;
    private String owner;
    /**
     * 格式化日期顯示
     */
    @JsonFormat(pattern = "yyyy-MM-dd HH:mm:ss", timezone = "GMT+8")
    private Timestamp createTime;
    @JsonFormat(pattern = "yyyy-MM-dd HH:mm:ss", timezone = "GMT+8")
    private Timestamp updateTime;
}
```

該介面傳回資料物件由 ResponseResult 進行統一的資料封包格式包裝。

3. 定義「批次匯入電子圍欄資料」介面

「批次匯入電子圍欄資料」介面是電子圍欄微服務的核心功能，它提供建立符合營運要求的電子圍欄資料，以及對電子圍欄資料進行持續管理和維護的功能。在實際應用中，營運人員可透過此介面批次匯入電子圍欄資料。

（1）定義「批次匯入電子圍欄資料」介面的 Controller 層。程式如下：

```
package com.wudimanong.efence.controller;
import com.wudimanong.efence.entity.ResponseResult;
```

```
...
import org.springframework.web.bind.annotation.RestController;
@Slf4j
@RestController
@RequestMapping("/fence")
public class FenceGeoController {
    @Autowired
    FenceGeoService fenceGeoServiceImpl;
    /**
     * 批次匯入電子圍欄資料
     *
     * @param batchImportGeoFenceDTO
     * @return
     */
    @PostMapping("/batchImportGeoFence")
    public ResponseResult<List<BatchImportGeoFenceBO>>
batchImportGeoFence(
            @RequestBody @Validated BatchImportGeoFenceDTO
batchImportGeoFenceDTO) {
        return ResponseResult.OK(fenceGeoServiceImpl.batchImportGeoFence(
batchImportGeoFenceDTO));
    }
}
```

(2) 定義「批次匯入電子圍欄資料」介面的請求參數物件。程式如下：

```
package com.wudimanong.efence.entity.dto;
import com.wudimanong.efence.entity.bo.GeoFenceBO;
...
import lombok.Data;
@Data
public class BatchImportGeoFenceDTO implements Serializable {
    /**
     * 城市編碼
     */
    private String cityCode;
    /**
     * 管理歸屬分區編碼
     */
```

```
    private String adCode;
    /**
     * 圖層編碼，連結圖層資訊
     */
    private String layerCode;
    /**
     * 要匯入的電子圍欄資料清單
     */
    @NotNull(message = "匯入圍欄資料不能為空")
    private List<GeoFenceBO> fences;
    /**
     * 批次匯入 ID
     */
    private Integer batchId;
}
```

在上面的請求參數物件中，具體的圍欄資訊為 GeoFenceBO 類別的 List 集合。GeoFenceBO 類別的程式如下：

```
package com.wudimanong.efence.entity.bo;
import java.io.Serializable;
import javax.validation.constraints.NotNull;
import lombok.Data;
@Data
public class GeoFenceBO implements Serializable {
    /**
     * 電子圍欄名稱
     */
    @NotNull(message = "電子圍欄名稱不能為空")
    private String name;
    /**
     * 電子圍欄描述
     */
    private String explain;
    /**
     * 城市編碼
     */
    @NotNull(message = "歸屬城市編碼不能為空")
    private String cityCode;
```

```
    /**
     * 管理歸屬區域編碼
     */
    private String adCode;
    /**
     * 歸屬圖層編碼
     */
    @NotNull(message = "所屬圖層編碼不能為空")
    private String layerCode;
    /**
     * 電子圍欄的空間資訊表示（儘量是完全合法的 GeoJson）
     */
    @NotNull(message = "圍欄位置資訊不能為空")
    private String regionGeoJson;
    /**
     * 自訂 JSON（自訂圍欄業務資訊）
     */
    private String customInfo;
    /**
     * 電子圍欄生效日期區間
     */
    private String dateRange;
    /**
     * 電子圍欄生效時間區間
     */
    private String timeBucket;
    /**
     * 狀態。0- 生效；1- 已刪除；2- 故障（優先順序低）
     */
    private Integer state;
}
```

（3）定義「批次匯入電子圍欄資料」介面的傳回參數物件。

「批次匯入電子圍欄資料」介面的傳回參數為 BatchImportGeoFenceBO 類別的 List 集合，主要用於記錄匯入失敗的圍欄列表。程式如下：

```
package com.wudimanong.efence.entity.bo;
import lombok.Data;
```

```
@Data
public class BatchImportGeoFenceBO {
    /**
     * 在匯入失敗時，標識的電子圍欄資料的索引位置
     */
    private Integer index;
    /**
     * 匯入失敗原因
     */
    private String message;
}
```

4. 定義「查詢電子圍欄資料」介面

「查詢電子圍欄資料」介面，主要提供根據電子圍欄 ID 查詢電子圍欄詳細資料的功能。

（1）定義「查詢電子圍欄資料」介面的 Controller 層。

在 "3." 小標題中建立的 FenceGeoController 類別中，增加「查詢電子圍欄資料」的介面。程式如下：

```
/**
 * 根據電子圍欄 ID 查詢電子圍欄資料
 *
 * @param fenceId
 * @return
 */
@GetMapping("/getGeofenceById")
public ResponseResult<GeoFenceBO> getGeofenceById(@RequestParam(value =
"fenceId") Integer fenceId) {
    return ResponseResult.OK(fenceGeoServiceImpl.
getGeofenceById(fenceId));
}
```

（2）定義「查詢電子圍欄資料」介面的請求參數物件。

「查詢電子圍欄資料」介面的請求參數物件比較簡單，具體參考步驟（1）中介面方法的參數物件定義。

（3）定義「查詢電子圍欄資料」介面的傳回參數物件。

「查詢電子圍欄資料」介面的傳回參數物件為前面 "3." 小標題中定義的 GeoFenceBO 類別。

5. 定義「判斷座標點是否在指定的電子圍欄中」介面

在電子圍欄微服務中，一個核心邏輯是：根據使用者停車時上報的位置座標點來判斷使用者是否將車輛停在指定的電子圍欄中，如果未按照要求停車，或將車輛停在了明確劃定的禁停區中，則需要對使用者違停行為進行一定的處罰。

「判斷座標點是否在指定的電子圍欄中」介面就提供了這樣的功能。

（1）定義「判斷座標點是否在指定的電子圍欄中」介面的 Controller 層。

在前面 "3." 小標題中建立的 FenceGeoController 類別中，增加「判斷座標點是否在指定的電子圍欄中」介面。程式如下：

```
/**
 * 判斷座標點是否在指定的電子圍欄中
 *
 * @return
 */
@GetMapping("/isContainPoint")
public ResponseResult<ContainPointBO> isContainPoint(ContainPointDTO
containPointDTO) {
    return ResponseResult.OK(fenceGeoServiceImpl.isContainPoint(containPo
intDTO));
}
```

（2）定義「判斷座標點是否在指定的電子圍欄中」介面的請求參數物件。程式如下：

```
package com.wudimanong.efence.entity.dto;
import java.io.Serializable;
import lombok.Data;
@Data
```

```
public class ContainPointDTO implements Serializable {
    /**
     * 經度
     */
    private Double lon;
    /**
     * 緯度
     */
    private Double lat;
    /**
     * 電子圍欄 ID
     */
    private Integer fenceId;
}
```

（3）定義「判斷座標點是否在指定的電子圍欄中」介面的傳回參數物件。程式如下：

```
package com.wudimanong.efence.entity.bo;
import java.io.Serializable;
import lombok.Builder;
import lombok.Data;
@Data
@Builder
public class ContainPointBO implements Serializable {
    private Boolean result;
}
```

4.4.2 開發業務層（Service 層）程式

業務層（Service 層）主要負責接收 Controller 層傳遞來的請求資料物件，完成正常及異常的業務邏輯處理邏輯。在業務邏輯的處理過程中，會包括操作資料庫及第三方元件（如 Redis 等）。

對於業務邏輯過於複雜的業務層（Service 層），可以對程式結構進行職責拆分，運用軟體設計原則及設計模式讓程式更易於擴充和維護。

1. 定義業務異常處理機制

在開發 Service 層程式時，除處理正常邏輯外，還需要處理異常邏輯：一旦資料或條件邏輯不滿足程式正常執行的要求，則中斷邏輯的處理，並透過 Controller 層向服務呼叫方傳回異常資訊。

在這種情況下，業務層（Service 層）需要封裝待傳回的業務異常資訊，而 Controller 層也需要將其轉為介面的傳回資料。為了減少業務層（Service 層）及 Controller 層的程式量，在實踐中可以透過 Spring 提供的全域異常處理機制對業務異常進行統一的處理。步驟如下。

（1）定義通用的業務層（Service 層）業務異常類。程式如下：

```
package com.wudimanong.efence.exception;
public class ServiceException extends RuntimeException {
    private final Integer code;
    public ServiceException(Integer code, String message) {
        super(message);
        this.code = code;
    }
    public ServiceException(Integer code, String message, Throwable e) {
        super(message, e);
        this.code = code;
    }
    public Integer getCode() {
        return code;
    }
}
```

該類別是一個繼承了執行時期異常的業務層（Service 層）異常基礎類別，其他的業務異常類可以透過繼承它來實現。

（2）透過 @ControllerAdvice 註釋定義系統全域異常處理類別。程式如下：

```
package com.wudimanong.efence.exception;
import com.wudimanong.efence.entity.GlobalCodeEnum;
...
```

```
import org.springframework.web.bind.annotation.ResponseBody;
@Slf4j
@ControllerAdvice
public class GlobalExceptionHandler {
    /**
     * 通用的業務異常處理方法
     */
    @ExceptionHandler(ServiceException.class)
    @ResponseBody
    public ResponseResult<?> processServiceException(
            HttpServletResponse response, ServiceException e) {
        response.setStatus(HttpStatus.OK.value());
        response.setContentType("application/json;charset=UTF-8");
        ResponseResult result = new ResponseResult();
        result.setCode(e.getCode());
        result.setMessage(e.getMessage());
        log.error(e.toString() + "_" + e.getMessage(), e);
        return result;
    }
    /**
     * 參數驗證異常的處理方法 1
     *
     * @param response
     * @param e
     * @return
     */
    @ExceptionHandler(MethodArgumentNotValidException.class)
    @ResponseBody
    public ResponseResult<?> processValidException(HttpServletResponse
response, MethodArgumentNotValidException e) {
        response.setStatus(HttpStatus.INTERNAL_SERVER_ERROR.value());
        List<String> errorStringList = e.getBindingResult().getAllErrors()
                .stream().map(ObjectError::getDefaultMessage).
collect(Collectors.toList());
        String errorMessage = String.join("; ", errorStringList);
        response.setContentType("application/json;charset=UTF-8");
        log.error(e.toString() + "_" + e.getMessage(), e);
        return ResponseResult.systemException(GlobalCodeEnum.GL_FAIL_9998);
    }
```

```
    /**
     * 參數驗證異常的處理方法 2
     *
     * @param response
     * @param e
     * @return
     */
    @ExceptionHandler(BindException.class)
    @ResponseBody
    public ResponseResult<?> processValidException(HttpServletResponse
response, BindException e) {
        response.setStatus(HttpStatus.INTERNAL_SERVER_ERROR.value());
        List<String> errorStringList = e.getBindingResult().getAllErrors()
                .stream().map(ObjectError::getDefaultMessage).
collect(Collectors.toList());
        String errorMessage = String.join("; ", errorStringList);
        response.setContentType("application/json;charset=UTF-8");
        log.error(e.toString() + "_" + e.getMessage(), e);
        return ResponseResult.systemException(GlobalCodeEnum.GL_FAIL_9998);
    }
    /**
     * 參數驗證異常的處理方法 3
     *
     * @param response
     * @param e
     * @return
     */
    @ExceptionHandler(HttpRequestMethodNotSupportedException.class)
    @ResponseBody
    public ResponseResult<?> processValidException(HttpServletResponse
response,
            HttpRequestMethodNotSupportedException e) {
        response.setStatus(HttpStatus.INTERNAL_SERVER_ERROR.value());
        String[] supportedMethods = e.getSupportedMethods();
        String errorMessage = "此介面不支援" + e.getMethod();
        if (!ArrayUtils.isEmpty(supportedMethods)) {
            errorMessage += "(僅支持" + String.join(",",
supportedMethods) + ")";
        }
```

```
            response.setContentType("application/json;charset=UTF-8");
            log.error(e.toString() + "_" + e.getMessage(), e);
            return ResponseResult.systemException(GlobalCodeEnum.GL_FAIL_9996);
        }
        /**
         * 未知系統異常的處理方法
         */
        @ExceptionHandler(Exception.class)
        @ResponseBody
        public ResponseResult<?> processDefaultException(HttpServletResponse
    response, Exception e) {
            response.setStatus(HttpStatus.INTERNAL_SERVER_ERROR.value());
            response.setContentType("application/json;charset=UTF-8");
            log.error(e.toString() + "_" + e.getMessage(), e);
            return ResponseResult.systemException();
        }
    }
```

在該全域異常處理類別中，定義了通用業務異常的處理方法。這樣，業務層（Service 層）在處理業務異常時，可以透過直接拋出業務層（Service 層）異常來實現 Controller 層呼叫異常的返回處理。業務層（Service 層）只需要在拋出業務異常時，設定對應的業務異常碼及異常資料即可；Controller 層也無須進行額外的 "try-catch" 操作，由系統全域異常類處理即可。

此外，在該全域異常處理類別中還定義了參數驗證及未知系統異常的處理方法。

（3）定義業務層（Service 層）業務異常碼的列舉類型。

在具體的業務層（Service 層）異常處理中，可以按照業務類型來定義業務異常碼及資訊。定義列舉類型的程式如下：

```
package com.wudimanong.efence.entity;
public enum BusinessCodeEnum {
    /**
     * 定義圖層相關的異常碼（例如以 1000 開頭，可根據業務擴充）
     */
```

```
BUSI_LAYER_FAIL_1000(1000, "圖層資訊已存在"),
/**
 * 定義電子圍欄操作相關的異常碼（例如以 2000 開頭，根據業務擴充）
 */
BUSI_FENCE_FAIL_1000(2000, "圍欄資訊已存在");
/**
 * 編碼
 */
private Integer code;
/**
 * 描述
 */
private String desc;
BusinessCodeEnum(Integer code, String desc) {
    this.code = code;
    this.desc = desc;
}
/**
 * 根據編碼獲取列舉類型
 *
 * @param code 編碼
 * @return
 */
public static BusinessCodeEnum getByCode(String code) {
    // 判斷編碼是否為空
    if (code == null) {
        return null;
    }
    // 迴圈處理
    BusinessCodeEnum[] values = BusinessCodeEnum.values();
    for (BusinessCodeEnum value : values) {
        if (value.getCode().equals(code)) {
            return value;
        }
    }
    return null;
}
public Integer getCode() {
    return code;
```

```
    }
    public String getDesc() {
        return desc;
    }
}
```

此列舉類型可根據具體業務情況進行擴充，例如將圖層相關的業務異常碼約定為 1000 ～ 1999，將電子圍欄操作相關的業務異常碼約定為 2000 ～ 2999。

2. 引入 MapStruct 實體映射工具

在系統分層結構中，在不同的分層之間需要進行大量的資料互動：在開發業務層（Service 層）程式的過程中，需要將「業務層（Service 層）的資料物件」轉為「持久層（Dao 層）的資料物件」，以及將「持久層（Dao 層）的資料物件」轉為「業務層（Service 層）輸出的資料物件」。為了簡化這部分程式邏輯，需要引入 MapStruct 實體映射工具。

（1）引入 MapStruct 的依賴。

在專案的 pom.xml 檔案中引入 MapStruct 的依賴，程式如下：

```
<!-- 引入 MapStruct 的依賴 -->
<dependency>
    <groupId>org.mapstruct</groupId>
    <artifactId>mapstruct-jdk8</artifactId>
    <version>1.3.1.Final</version>
</dependency>
<dependency>
    <groupId>org.mapstruct</groupId>
    <artifactId>mapstruct-processor</artifactId>
    <version>1.3.1.Final</version>
</dependency>
```

（2）設定 Maven 編譯外掛程式

此外，還需要在 pom.xml 檔案的 <build> 標籤中加入 Maven 編譯外掛程式，程式如下：

```
<!-- 提供給 MapStruct 使用的 Maven 編譯外掛程式 -->
<plugin>
    <groupId>org.apache.maven.plugins</groupId>
    <artifactId>maven-compiler-plugin</artifactId>
</plugin>
```

至此，完成了引入 MapStruct 實體映射工具的步驟。在接下來開發業務層（Service 層）的程式中將使用到該工具，以減少由於軟體分層而增加的複製資料的程式。

3. 開發「新增圖層」介面及「查詢圖層」介面的業務層（Service 層）程式

接下來開發「新增圖層」介面及「查詢圖層」介面的業務層（Service 層）程式。

（1）定義「新增圖層」介面及「查詢圖層」介面的業務層（Service 層）方法。程式如下：

```
package com.wudimanong.efence.service;
import com.wudimanong.efence.entity.bo.FenceGeoLayerBO;
import com.wudimanong.efence.entity.dto.FenceGeoLayerSaveDTO;
public interface FenceGeoLayerService {
    /**
     * 定義 " 新增圖層 " 介面的業務層（Service 層）方法
     *
     * @param fenceGeoLayerSaveDTO
     * @return
     */
    FenceGeoLayerBO save(FenceGeoLayerSaveDTO fenceGeoLayerSaveDTO);
    /**
     * 定義 " 查詢圖層 " 介面的業務層（Service 層）方法
     *
     * @param code
     * @return
     */
    FenceGeoLayerBO getSingle(String code);
}
```

（2）開發「新增圖層」介面及「查詢圖層」介面的業務層（Service 層）方法的程式。

「新增圖層」介面及「查詢圖層」介面的業務層（Service 層）方法的實現類別程式如下：

```
package com.wudimanong.efence.service.impl;
import com.wudimanong.efence.convert.FenceGeoLayerConvert;
...
import org.springframework.stereotype.Service;
@Slf4j
@Service
public class FenceGeoLayerServiceImpl implements FenceGeoLayerService {
    /**
     * 注入持久層（Dao 層）操作的依賴物件
     */
    @Autowired
    FenceGeoLayerDao fenceGeoLayerDao;
    /**
     * 實現 " 新增圖層 " 介面的業務層（Service 層）方法
     *
     * @param fenceGeoLayerSaveDTO
     * @return
     */
    @Override
    public FenceGeoLayerBO save(FenceGeoLayerSaveDTO fenceGeoLayerSaveDTO) {
        // 根據 code 判斷電子圍欄資訊是否重複
        Map map = new HashMap<>();
        map.put("code", fenceGeoLayerSaveDTO.getCode());
        List<FenceGeoLayerPO> layerPOList = fenceGeoLayerDao.
selectByMap(map);
        if (layerPOList != null && layerPOList.size() > 0) {
            throw new FenceGeoLayerServiceException (BusinessCodeEnum.
BUSI_LAYER_FAIL_1000.getCode(),
                    BusinessCodeEnum.BUSI_LAYER_FAIL_1000.getDesc(),
fenceGeoLayerSaveDTO);
        }
        // 將 " 業務層（Service 層）輸出的資料物件 " 轉為 " 持久層（Dao 層）資料
物件 "，這裡使用 MapStruct 減少資料轉換的程式量
```

```
        FenceGeoLayerPO fenceGeoLayerPO = FenceGeoLayerConvert.INSTANCE
                .convertFenceGeoLayerPO(fenceGeoLayerSaveDTO);
        fenceGeoLayerPO.setCreateTime(new Timestamp(System.
currentTimeMillis()));
        fenceGeoLayerPO.setUpdateTime(new Timestamp(System.
currentTimeMillis()));
        // 完成 MyBatis 及 MyBatis-Plus 支援的資料庫 Insert 操作
        fenceGeoLayerDao.insert(fenceGeoLayerPO);
        // 將 " 持久層（Dao 層）資料物件 " 轉為 " 業務層（Service 層）輸出的資料
物件 "
        FenceGeoLayerBO fenceGeoLayerBO = FenceGeoLayerConvert.INSTANCE
                .convertFenceGeoLayerBO(fenceGeoLayerPO);
        fenceGeoLayerBO.setRegionalType (fenceGeoLayerSaveDTO.
getRegionType());
        return fenceGeoLayerBO;
    }
    /**
     * 實現 " 查詢圖層 " 介面的業務層（Service 層）方法
     *
     * @param code
     * @return
     */
    @Override
    public FenceGeoLayerBO getSingle(String code) {
        Map map = new HashMap<>();
        map.put("code", code);
        List<FenceGeoLayerPO> layerPOList = fenceGeoLayerDao.
selectByMap(map);
        // 將資料庫物件轉為 " 業務層（Service 層）輸出的 BO 物件 "
        FenceGeoLayerBO fenceGeoLayerBO = FenceGeoLayerConvert.INSTANCE
                .convertFenceGeoLayerBO(layerPOList.get(0));
        return fenceGeoLayerBO;
    }
}
```

（3）撰寫 MapStruct 資料轉化類別。

在步驟（2）的程式中，分別實現了「新增圖層」介面及「查詢圖層」介面的業務層（Service 層）方法。在實現的具體邏輯中，資料物件的複製

使用了 "2." 小標題中引入的 MapStruct 工具。包括的程式片段如下：

```
// 將 " 業務層（Service 層）輸出的資料物件 " 轉為 " 持久層（Dao 層）資料物件 "，這裡使用 MapStruct 減少資料轉換的程式量
FenceGeoLayerPO fenceGeoLayerPO = FenceGeoLayerConvert.INSTANCE
        .convertFenceGeoLayerPO(fenceGeoLayerSaveDTO);
...

// 將資料庫物件轉為業務層（Service 層）輸出的 BO 物件
FenceGeoLayerBO fenceGeoLayerBO = FenceGeoLayerConvert.INSTANCE
        .convertFenceGeoLayerBO(fenceGeoLayerPO);
...
```

在上述程式片段中，包括的具體映射轉換類別的程式如下：

```
package com.wudimanong.efence.convert;
import com.wudimanong.efence.dao.model.FenceGeoLayerPO;
...
import org.mapstruct.factory.Mappers;
@org.mapstruct.Mapper
public interface FenceGeoLayerConvert {
    FenceGeoLayerConvert INSTANCE = Mappers.
getMapper(FenceGeoLayerConvert.class);
    /**
     * 從 " 新增圖層 " 介面的業務層（Service 層）輸出的資料物件到持久層（Dao 層）資料物件的轉換方法
     *
     * @param salesCouponChannelsDTO
     * @return
     */
    @Mappings({
            @Mapping(source = "businessType", target = "type"),
            @Mapping(source = "owner", target = "createUser")
    })
    FenceGeoLayerPO convertFenceGeoLayerPO(FenceGeoLayerSaveDTO
salesCouponChannelsDTO);
    /**
     * 從 " 新增圖層 " 介面的持久層（Dao 層）資料物件到業務層（Service 層）輸出的資料物件的轉換方法
```

```
     *
     * @param fenceGeoLayerPO
     * @return
     */
    @Mappings({
            @Mapping(source = "type", target = "businessType"),
            @Mapping(source = "createUser", target = "owner")
    })
    FenceGeoLayerBO convertFenceGeoLayerBO(FenceGeoLayerPO fenceGeoLayerPO);
}
```

在上述資料映射介面方法中，如果「來源物件」與「目標物件」的屬性名稱一致，則不需要透過 @Mapping 註釋進行額外的欄位映射，否則就需要透過 @Mapping 註釋進行欄位映射。

在業務層（Service 層）實現邏輯中，包括的資料庫操作元件將在 4.4.3 節中實現。

4. 開發「批次匯入電子圍欄資料」介面的業務層（Service 層）程式

接下來開發「批次匯入電子圍欄資料」介面的業務層（Service 層）程式。

（1）定義業務層（Service 層）介面類別 FenceGeoService。程式如下：

```
package com.wudimanong.efence.service;
import com.wudimanong.efence.entity.bo.BatchImportGeoFenceBO;
...
import java.util.List;
public interface FenceGeoService {
    /**
     * 定義 " 批次匯入電子圍欄資料 " 介面的業務層（Service 層）方法
     *
     * @param batchImportGeoFenceDTO
     * @return
     */
    List<BatchImportGeoFenceBO> batchImportGeoFence(BatchImportGeoFenceD
TO batchImportGeoFenceDTO);
}
```

（2）實現業務層（Service 層）介面類別的方法。程式如下：

```
package com.wudimanong.efence.service.impl;
import com.wudimanong.efence.convert.FenceGeoConvert;
...
import org.springframework.transaction.annotation.Transactional;
@Slf4j
@Service
public class FenceGeoServiceImpl implements FenceGeoService {
    /**
     * 注入持久層（Dao 層）元件
     */
    @Autowired
    FenceGeoDao fenceGeoDao;
    /**
     * 實現 " 批次匯入電子圍欄資料 " 介面的業務層（Service 層）方法
     *
     * @param batchImportGeoFenceDTO
     * @return
     */
    @Transactional(rollbackFor = Exception.class)
    @Override
    public List<BatchImportGeoFenceBO> batchImportGeoFence(BatchImportGeo
FenceDTO batchImportGeoFenceDTO) {
        // 對批次匯入的圍欄資料，進行資料驗證及過濾（將驗證方法單獨拆分）
        Map<String, List<GeoFenceBO>> validateFenceData = validateFenceDa
ta(batchImportGeoFenceDTO.getFences());
        // 獲取合法的電子圍欄資料請求清單
        List<GeoFenceBO> successFenceData = validateFenceData.
get("success");
        if (successFenceData != null && successFenceData.size() > 0) {
            // 透過 MapStruct，將 BO 資料物件轉為 PO 持久層（Dao 層）資料物件
            List<FenceGeoInfoPO> successFenceDataPO = convertSuccessFence
Data(batchImportGeoFenceDTO, successFenceData);
            // 向資料庫中批次匯入電子圍欄資料
            fenceGeoDao.batchInsert(successFenceDataPO);
        }
        // 將獲取資料請求清單中的非法的電子圍欄資料辨識出來
        List<GeoFenceBO> failedFenceData = validateFenceData.get("fail");
```

```
        // 將匯入非法的電子圍欄資料清單轉為輸出資料物件
        List<BatchImportGeoFenceBO> batchImportGeoFenceBOList = convertFa
ilFenceData(batchImportGeoFenceDTO,
                failedFenceData);
        return batchImportGeoFenceBOList;
    }
    /**
     * 電子圍欄資料的合法性驗證方法
     *
     * @param fenceBOList
     * @return
     */
    private Map<String, List<GeoFenceBO>> validateFenceData(List<GeoFence
BO> fenceBOList) {
        // 驗證結果資料
        Map<String, List<GeoFenceBO>> validateResult = new HashMap<>();
        // 合法資料
        List<GeoFenceBO> successGeoFenceBO = new ArrayList<>();
        // 非法資料
        List<GeoFenceBO> failGeoFenceBO = new ArrayList<>();
        for (GeoFenceBO geoFenceBO : fenceBOList) {
            // 根據實際的業務場景對資料進行過濾。這裡不進行具體實現，直接傳回
原始的輸入資料
        }
        validateResult.put("success", fenceBOList);
        return validateResult;
    }
    /**
     * 將合法的電子圍欄資料轉為 PostgreSQL 資料庫持久層（Dao 層）物件的方法
     *
     * @param successFenceBOList
     * @return
     */
    private List<FenceGeoInfoPO> convertSuccessFenceData(BatchImportGeoFe
nceDTO batchImportGeoFenceDTO,
            List<GeoFenceBO> successFenceBOList) {
        List<FenceGeoInfoPO> fenceGeoInfoPOList = new ArrayList<>();
        for (GeoFenceBO geoFenceBO : successFenceBOList) {
            FenceGeoInfoPO fenceGeoInfoPO = FenceGeoConvert.INSTANCE.
```

```
convertFenceGeoPO(geoFenceBO);
            // 在將 GeoJson 轉為 Polygon 資料類型後進行資料設定
            Polygon regionPolygon = GeoJsonUtil.convertPointArrayJsonToPo
lygon(geoFenceBO.getRegionGeoJson());
            fenceGeoInfoPO.setRegion(regionPolygon);
            // 透過 PostGis 提供的 ST_Centroid(*) 函數或 geoTools 工具套件提供
的方法來計算電子圍欄的中心點
            // 透過 PostGis 提供的 ST_Area(*) 函數或 geoTools 工具套件提供的方
法來計算電子圍欄的面積
            // 設定匯入批次 ID
            fenceGeoInfoPO.setBatchId(batchImportGeoFenceDTO.getBatchId());
            fenceGeoInfoPOList.add(fenceGeoInfoPO);
        }
        return fenceGeoInfoPOList;
    }
    /**
     * 將非法的電子圍欄資料轉為錯誤結果物件清單的方法
     *
     * @param batchImportGeoFenceDTO
     * @param failFenceBOList
     * @return
     */
    private List<BatchImportGeoFenceBO> convertFailFenceData(BatchImportG
eoFenceDTO batchImportGeoFenceDTO,
            List<GeoFenceBO> failFenceBOList) {
        List<BatchImportGeoFenceBO> list = new ArrayList<>();
        // 將非法的資料轉為介面輸出格式，這裡僅作示範不進行具體實現
        return list;
    }
}
```

上述程式實現了「批次匯入電子圍欄資料」介面的業務層（Service 層）方法，為了避免單一業務方法的程式量過大，對資料驗證、轉換等邏輯進行了單獨的方法拆分。

（3）撰寫以 MapStruct 為基礎的資料物件轉化類別。程式如下：

在步驟（2）中包括的資料物件轉換邏輯是透過定義 MapStruct 轉換介面

來實現的。程式如下：

```
package com.wudimanong.efence.convert;
import com.wudimanong.efence.dao.model.FenceGeoInfoPO;
...
import org.mapstruct.factory.Mappers;
@org.mapstruct.Mapper
public interface FenceGeoConvert {
    FenceGeoConvert INSTANCE = Mappers.getMapper(FenceGeoConvert.class);
    /**
     * 將 " 批次匯入電子圍欄資料 " 介面的 " 業務層（Service 層）輸出的資料物件 "
轉為 " 持久層（Dao 層）的資料物件 "
     * @param geoFenceBO
     * @return
     */
    @Mappings({})
    FenceGeoInfoPO convertFenceGeoPO(GeoFenceBO geoFenceBO);
    /**
     * 將 " 批次匯入電子圍欄資料 " 介面的 " 持久層（Dao 層）的資料物件 " 轉為 " 業
務層（Service 層）輸出的資料物件 "
     * @param fenceGeoInfoPO
     * @return
     */
    @Mappings({})
    GeoFenceBO convertFenceGeoBO(FenceGeoInfoPO fenceGeoInfoPO);
}
```

（4）撰寫 GeoJsonUtil 工具類別。

在步驟（2）的實現方法中，在將電子圍欄位置 GeoJson 資料轉為「持久層（Dao 層）資料物件」FenceGeoInfoPO 時，使用了 "Polygon" 資料類型，包括的 GeoJsonUtil 工具類別的程式如下：

```
package com.wudimanong.efence.utils;
import com.alibaba.fastjson.JSON;
...
import org.postgis.Polygon;
public class GeoJsonUtil {
    /**
```

```
     * 將 GeoJson 字串資料轉為 PostGis 的 Polygon 資料類型
     *
     * @param geoJson
     * @return
     */
    public static Polygon convertPointArrayJsonToPolygon(String geoJson)
{
        // 將 GeoJson 物件轉為 Map 物件
        Map<String, Object> mapJson = JSON.parseObject(geoJson, HashMap.
class);
        // 獲取 GeoJson 中的座標點列表資料
        String pointsJson = mapJson.get("coordinates").toString();
        List<List<List<BigDecimal>>> fencePoints = JSON.
parseObject(pointsJson, ArrayList.class);
        List<Point> pointList = new ArrayList<>();
        for (List<List<BigDecimal>> lists : fencePoints) {
            for (List<BigDecimal> pointValue : lists) {
                Double x = pointValue.get(0).doubleValue();
                Double y = pointValue.get(1).doubleValue();
                Point point = new Point(x, y);
                pointList.add(point);
            }
        }
        Point[] points = new Point[pointList.size()];
        pointList.toArray(points);
        LinearRing linearRing = new LinearRing(points);
        Polygon polygon = new Polygon(new LinearRing[]{linearRing});
        polygon.setSrid(4326);
        return polygon;
    }
    /**
     * 將 " 經緯度座標 " 轉為 PostgreSQL 的 Point 資料類型
     *
     * @param lng
     * @param lat
     * @return
     */
    public static String getPointByLngAndLat(double lng, double lat) {
        Point point = new Point(lng, lat);
```

```
        PGgeometry pGgeometry = new PGgeometry();
        pGgeometry.setGeometry(point);
        String wktPoint = pGgeometry.getValue();
        return wktPoint;
    }

    /**
     * int 陣列轉換
     *
     * @param arr
     * @return
     */
    public static int NumberOf1(int[] arr) {
        int len = arr.length;
        int res = -1;
        if (len > 1) {
            res = arr[0];
            for (int i = 1; i < len; i++) {
                res = res ^ arr[i];
                System.out.println("-->" + res);
            }
        }
        return res;
    }
}
```

上述程式使用了 PostGIS 資料庫驅動程式中的一些資料類型，將在 4.4.2 節持久層（Dao 層）的實現中進行具體介紹。

5. 開發「查詢電子圍欄資料」介面的業務層（Service 層）程式

接下來開發「查詢電子圍欄資料」介面的業務層（Service 層）程式，步驟如下。

（1）定義業務層（Service 層）方法。

在 "4." 小標題下步驟（1）中定義的業務層（Service 層）介面 FenceGeoService 類別中，增加「查詢電子圍欄資料」介面的業務層（Service 層）方法。程式如下：

```
/**
 * 定義 " 查詢電子圍欄資料 " 介面的業務層（Service 層）方法
 *
 * @param fenceId
 * @return
 */
GeoFenceBO getGeofenceById(Integer fenceId);
```

（2）實現業務層（Service 層）方法。

在 "4." 小標題下步驟（2）中定義的業務層（Service 層）實現 FenceGeo ServiceImpl 類別中，增加「查詢電子圍欄資料」介面的業務層（Service 層）方法的實現。程式如下：

```
/**
 * 實現 " 查詢電子圍欄資料 " 介面的業務層（Service 層）方法
 *
 * @param fenceId
 * @return
 */
@Override
public GeoFenceBO getGeofenceById(Integer fenceId) {
    FenceGeoInfoPO fenceGeoInfoPO = fenceGeoDao.selectById(fenceId);
    GeoFenceBO geoFenceBO = null;
    if (fenceGeoInfoPO != null) {
        geoFenceBO = FenceGeoConvert.INSTANCE.convertFenceGeoBO
(fenceGeoInfoPO);
        geoFenceBO.setRegionGeoJson (fenceGeoInfoPO.getRegion().
toString());
    }
    return geoFenceBO;
}
```

上述程式中包括的資料物件轉換方法，請參考 "4." 小標題下步驟（3）中的轉換程式。

6. 開發「判斷座標點是否在指定的電子圍欄中」介面的業務層（Service 層）程式

（1）定義業務層（Service 層）方法。

在 "4." 小標題下步驟（1）中定義的業務層（Service 層）介面 FenceGeo Service 類別中，增加「判斷座標點是否在指定的電子圍欄中」介面的業務層（Service 層）方法。程式如下：

```
/**
 * "判斷座標點是否在指定的電子圍欄中" 介面的業務層（Service 層）方法
 *
 * @param containPointDTO
 * @return
 */
ContainPointBO isContainPoint(ContainPointDTO containPointDTO);
```

（2）實現業務層（Service 層）方法。

在 "4." 小標題下步驟（2）中定義的業務層（Service 層）實現 FenceGeo ServiceImpl 類別中，增加「判斷座標點是否在指定的電子圍欄中」介面的業務層（Service 層）方法的實現，具體程式如下：

```
/**
 * "判斷座標點是否在指定的電子圍欄中" 介面的業務層（Service 層）方法
 *
 * @param containPointDTO
 * @return
 */
@Override
public ContainPointBO isContainPoint(ContainPointDTO containPointDTO) {
    String result = fenceGeoDao
            .isContainPoint(containPointDTO.getLon(), containPointDTO.
getLat(), containPointDTO.getFenceId());
    ContainPointBO containPointBO;
    if ("f".equals(result)) {
        containPointBO = ContainPointBO.builder().result(new
Boolean(false)).build();
    } else {
        containPointBO = ContainPointBO.builder().result(new
```

```
Boolean(true)).build();
    }
    return containPointBO;
}
```

在上述的方法實現中有關透過 "PostgreSQL + PostGIS" 資料庫操作進行空間位置判斷的邏輯，請參考 4.4.3 節的實現。

4.4.3 開發 MyBatis 持久層（Dao 層）元件

1. 增加 MyBatis 介面程式的套件掃描路徑

在本實例中，持久層（Dao 層）的實現是以 MyBatis 及 MyBatis-Plus 框架的功能為基礎的。在微服務入口類別中，增加 MyBatis 介面程式的套件掃描路徑，具體如下：

```
package com.wudimanong.efence;
import org.mybatis.spring.annotation.MapperScan;
import org.springframework.boot.SpringApplication;
import org.springframework.boot.autoconfigure.SpringBootApplication;
import org.springframework.cloud.client.discovery.EnableDiscoveryClient;
@EnableDiscoveryClient
@SpringBootApplication
@MapperScan("com.wudimanong.efence.dao.mapper")
public class FenceApplication {
    public static void main(String[] args) {
        SpringApplication.run(FenceApplication.class, args);
    }
}
```

在上述程式中，透過 @MapperScan 註釋設定了 MyBatis 持久層（Dao 層）介面程式的套件掃描路徑。

2. 實現「新增圖層」介面及「查詢圖層」介面的持久層（Dao 層）

「新增圖層」介面及「查詢圖層」介面相關的資料庫操作主要是針對電子圍欄圖層資訊表（fence_geo_layer）的。

(1) 定義電子圍欄圖層資訊表的資料庫實體類別。程式如下：

```
package com.wudimanong.efence.dao.model;
import com.baomidou.mybatisplus.annotation.KeySequence;
...
import lombok.Data;
@Data
@TableName("fence_geo_layer")
@KeySequence(value = "fence_geo_layer_id_seq")
public class FenceGeoLayerPO implements Serializable {
    private Integer id;
    private String code;
    private String name;
    private String explain;
    private String checkCity;
    private String cityCode;
    private Integer state;
    private Integer type;
    private Timestamp createTime;
    private Timestamp updateTime;
    private String createUser;
    private String updateUser;
}
```

由於要使用 MyBatis-Plus 工具來簡化 MyBatis 操作，所以在定義資料庫實體類別時需要透過 @TableName 註釋指定具體的表名。

此外，本實例使用的資料庫是 PostgreSQL，所以在 ID 主鍵生成策略上需要使用序列的方式（可以透過 @KeySequence 註釋指定具體的資料庫序列）。

(2) 建立 MyBatis-Plus 支持 PostgreSQL 主鍵生成器的設定類別。

在定義步驟（1）中的資料庫實體物件時，雖然透過 @KeySequence 註釋指定了序列，但還需要設定 MyBatis-Plus 對 PostgreSQL 主鍵生成器的支持。具體的設定類別程式如下：

```
package com.wudimanong.efence.config;
import com.baomidou.mybatisplus.extension.incrementer.
```

```
PostgreKeyGenerator;
import org.springframework.context.annotation.Bean;
import org.springframework.context.annotation.Configuration;
@Configuration
public class MybatisPlusConfiguration {
    /**
     * 設定 MyBatis-Plus 對 PostgreSQL 主鍵生成器的支持
     *
     * @return
     */
    @Bean
    public PostgreKeyGenerator createPostgreKeyGenerator() {
        return new com.baomidou.mybatisplus.extension.incrementer.
PostgreKeyGenerator();
    }
}
```

（3）定義「電子圍欄圖層資訊表」的持久層（Dao 層）元件。

定義「新增圖層」介面及「查詢圖層」介面的持久層（Dao 層）元件。程式如下：

```
package com.wudimanong.efence.dao.mapper;

import com.baomidou.mybatisplus.core.mapper.BaseMapper;
import com.wudimanong.efence.dao.model.FenceGeoLayerPO;
import org.springframework.stereotype.Repository;

@Repository
public interface FenceGeoLayerDao extends BaseMapper<FenceGeoLayerPO> {
}
```

在上述持久層（Dao）介面中，並沒有定義 MyBatis 的 XML 映射檔案，這是因為使用 MyBatis-Plus 對 MyBatis 的操作進行了簡化：透過繼承 BaseMapper 泛型介面就能實現對資料庫單表操作的封裝。

3. 設定 "MyBatis + MyBatis-Plus" 對 PostGIS 空間欄位類型的支援

在實現針對「電子圍欄資訊表」操作的持久層（Dao 層）元件之前，需要先引入 PostGIS 的驅動程式，以及設定 "MyBatis + MyBatis-Plus" 對 PostGIS 中特定空間資料類型映射的支援。步驟如下。

（1）引入 PostGIS 的驅動程式。

在本實例中，很多關於空間計算的功能使用了 PostGIS 資料庫，所以需要在專案的 pom.xml 檔案中引入 PostGIS 的驅動程式。程式如下：

```
<!--PostGIS 的驅動程式 -->
<dependency>
    <groupId>org.postgis</groupId>
    <artifactId>postgis-jdbc</artifactId>
    <version>1.3.3</version>
</dependency>
```

（2）設定 MyBatis 對 PostGIS 中特定空間資料類型映射的支援。

在電子圍欄資訊表中，圍欄範圍等資訊是透過 PostGIS 所支援的 Polygon、Point 等類型來儲存的。

而在本實例中，資料庫的操作是透過 MyBatis 框架來完成的，而預設情況下 MyBatis 不支援對 Polygon 及 Point 類型的 SQL 映射，所以需要引入額外的依賴支援。程式如下：

```
<!--MyBatis 無法辨識 PostGIS 的 Geometry 等資料類型的轉換 -->
<dependency>
    <groupId>com.eyougo</groupId>
    <artifactId>mybatis-typehandlers-postgis</artifactId>
    <version>1.0</version>
    <exclusions>
        <!-- 排除 MyBatis 衝突依賴 -->
        <exclusion>
            <groupId>org.mybatis</groupId>
            <artifactId>mybatis</artifactId>
        </exclusion>
    </exclusions>
</dependency>
```

（3）設定 MyBatis-Plus 對 PostGIS 中特定空間資料類型映射的支援。

引入步驟（2）中的依賴，實際上是引入了一些支援特定資料處理類型的 Handler。所以，在 MyBatis-Plus 中，需要設定這些處理 Handler 的套件路徑。在設定檔 application.yml 中加入以下設定：

```
#MyBatis-Plus 整合設定
mybatis-plus:
  ...
  #MyBatis-Plus 處理 PostGIS 資料類型映射的設定
  typeHandlersPackage: com.eyougo.mybatis.postgis.type
  ...
```

（4）引入支援 GIS 計算的 Java 依賴。

關於 GIS 計算，PostGIS 資料庫提供了很多可以直接使用的函數。但如果想在 Java 程式中直接進行 GIS 計算，則需要使用一些開放原始碼工具，需要引入以下依賴：

```
<!—引入 Java Geo 計算工具依賴，以實現在 Java 程式中進行 GIS 計算 -->
<dependency>
     <groupId>org.geotools</groupId>
     <artifactId>gt-geojson</artifactId>
     <version>9.3</version>
 </dependency>
<dependency>
    <groupId>com.github.davidmoten</groupId>
    <artifactId>geo</artifactId>
    <version>0.7.6</version>
</dependency>
<!-- 引入 JTS 套件，以支援拓撲服務中的常用演算法 -->
<dependency>
    <groupId>com.vividsolutions</groupId>
    <artifactId>jts</artifactId>
    <version>1.13</version>
</dependency>
<dependency>
    <groupId>com.vividsolutions</groupId>
    <artifactId>jts-io</artifactId>
    <version>1.14.0</version>
</dependency>
```

> 本實例程式中，空間計算的功能尚未完全實現，引入以上依賴僅僅在拋磚引玉，有這方面需要的讀者可自行擴展。

4. 開發「批次匯入電子圍欄資料」等介面的持久層（Dao 層）程式

「批次匯入電子圍欄資料」介面、「查詢電子圍欄資料」介面及「判斷座標點是否在指定的電子圍欄中」介面操作的都是電子圍欄資訊表（fence_geo_info）。

接下來開發操作電子圍欄資訊表的持久層（Dao 層）程式，步驟如下。

(1) 定義業務層（Service 層）所依賴的持久層（Dao 層）介面。程式如下：

```
package com.wudimanong.efence.dao.mapper;
import com.baomidou.mybatisplus.core.mapper.BaseMapper;
...
import org.springframework.stereotype.Repository;
@Repository
public interface FenceGeoDao extends BaseMapper<FenceGeoInfoPO> {
    /**
     * 批次入庫的方法
     *
     * @param fenceGeoInfoPOList
     * @return
     */
    int batchInsert(List<FenceGeoInfoPO> fenceGeoInfoPOList);
    /**
     * PostGIS 函數判斷座標點是否在指定的電子圍欄中的持久層（Dao 層）方法
     *
     * @param lon
     * @param lat
     * @param fenceId
     * @return
     */
    String isContainPoint(@Param("lon") Double lon, @Param("lat") Double
 lat, @Param("fenceId") Integer fenceId);
}
```

（2）撰寫 MyBatis 批次入庫 XML 映射檔案。

在步驟（1）的程式中，由於 MyBatis-Plus 封裝了很多基礎的資料庫單表操作，所以簡單的資料庫單表操作都不需要定義額外的 SQL 映射。

但是批次資料插入及利用 PostGIS 的函數進行空間計算的操作，是 MyBatis-Plus 無法完成的，所以還需要定義 MyBatis 映射檔案來實現。MyBatis 映射檔案（FenceGeoDao.xml）的程式如下：

```
<?xml version="1.0" encoding="UTF-8" ?>
<!DOCTYPE mapper PUBLIC "-//mybatis.org//DTD Mapper 3.0//EN" "http://
mybatis.org/dtd/mybatis-3-mapper.dtd" >
<mapper namespace="com.wudimanong.efence.dao.mapper.FenceGeoDao">
    <resultMap id="BaseResultMap" type="com.wudimanong.efence.dao.model.
FenceGeoInfoPO">
        <id column="id" property="id" jdbcType="INTEGER"/>
        <result column="name" property="name" jdbcType="VARCHAR"/>
        <result column="explain" property="explain" jdbcType="VARCHAR"/>
        <result column="city_code" property="cityCode"
jdbcType="VARCHAR"/>
        <result column="ad_code" property="adCode" jdbcType="VARCHAR"/>
        <result column="layer_code" property="layerCode"
jdbcType="VARCHAR"/>
        <result column="region" property="region" jdbcType="OTHER"/>
        <result column="centre" property="centre" jdbcType="OTHER"/>
        <result column="area" property="area" jdbcType="DOUBLE"/>
        <result column="custom_info" property="customInfo" jdbcType=
"VARCHAR"/>
        <result column="batch_id" property="batchId" jdbcType="INTEGER"/>
        <result column="from_id" property="fromId" jdbcType="INTEGER"/>
        <result column="geo_json" property="geoJson" jdbcType="VARCHAR"/>
        <result column="geo_hash" property="geoHash" jdbcType="OTHER"
                typeHandler="com.wudimanong.efence.config.
ArrayType2Handler"/>
        <result column="date_range" property="dateRange" jdbcType=
"VARCHAR"/>
        <result column="time_bucket" property="timeBucket" jdbcType=
"VARCHAR"/>
        <result column="state" property="state" jdbcType="INTEGER"/>
```

```
        <result column="update_time" property="updateTime" jdbcType=
"TIMESTAMP"/>
        <result column="create_time" property="createTime" jdbcType=
"TIMESTAMP"/>
        <result column="update_user" property="updateUser" jdbcType=
"VARCHAR"/>
        <result column="create_user" property="createUser" jdbcType=
"VARCHAR"/>
    </resultMap>
    <!-- 批次插入方法，陣列類型需要單獨指定自訂的 "typeHandler"-->
    <insert id="batchInsert">
        INSERT INTO
        fence_geo_info(name,explain,city_code,ad_code,layer_
code,region,centre,area,custom_info,batch_id,from_id,geo_json,geo_
hash,date_range,time_bucket,state,update_time,create_time,update_
user,create_user)
        VALUES
        <foreach collection="list" item="item" separator=",">
            (#{item.name},#{item.explain},#{item.cityCode},#{item.
adCode},#{item.layerCode},#{item.region},#{item.centre},#{item.
area},#{item.customInfo},#{item.batchId},#{item.fromId},#{item.
geoJson},#{item.geoHash,typeHandler=com.wudimanong.efence.config.
ArrayType2Handler},#{item.dateRange},#{item.timeBucket},#{item.
state},#{item.updateTime},#{item.createTime},#{item.updateUser},#{item.
createUser})
        </foreach>
    </insert>

    <!-- 利用 PostGIS 提供的函數來判斷座標點是否在指定的電子圍欄中 -->
    <select id="isContainPoint" resultType="java.lang.String">
        select ST_Within(ST_SetSRID(ST_MakePoint(#{lon},#{lat}), 4326),
region) from fence_geo_info where id=#{fenceId}
    </select>
</mapper>
```

(3) 撰寫針對自訂 "geo_hash" 類型欄位的 MyBatis 處理類別。

由於 PostgreSQL 資料庫支援陣列類型，所以在電子圍欄資訊表的設計中，"geo_hash" 類型欄位是直接透過字元陣列進行定義的。

但是，MyBatis 並不支援陣列類型的 SQL 映射，所以對步驟（2）中的陣列類型欄位進行映射，需要使用自訂的 "typeHandler"。程式如下：

```
package com.wudimanong.efence.config;
import java.sql.Array;
...
import org.apache.ibatis.type.TypeException;
@MappedJdbcTypes(JdbcType.ARRAY)
@MappedTypes(String[].class)
public class ArrayType2Handler extends BaseTypeHandler<Object[]> {
    private static final String TYPE_NAME_VARCHAR = "varchar";
    private static final String TYPE_NAME_INTEGER = "integer";
    private static final String TYPE_NAME_BOOLEAN = "boolean";
    private static final String TYPE_NAME_NUMERIC = "numeric";
    @Override
    public void setNonNullParameter(PreparedStatement ps, int i, Object[]
parameter, JdbcType jdbcType)
            throws SQLException {
        String typeName = null;
        if (parameter instanceof Integer[]) {
            typeName = TYPE_NAME_INTEGER;
        } else if (parameter instanceof String[]) {
            typeName = TYPE_NAME_VARCHAR;
        } else if (parameter instanceof Boolean[]) {
            typeName = TYPE_NAME_BOOLEAN;
        } else if (parameter instanceof Double[]) {
            typeName = TYPE_NAME_NUMERIC;
        }
        if (typeName == null) {
            throw new TypeException(
                    "ArrayType2Handler parameter typeName error, your
type is " + parameter.getClass().getName());
        }
        // 下面這 3 行是關鍵的程式，建立 Array，然後執行 ps.setArray(i, array)
        Connection conn = ps.getConnection();
        Array array = conn.createArrayOf(typeName, parameter);
        ps.setArray(i, array);
    }
    @Override
```

```
    public Object[] getNullableResult(ResultSet resultSet, String s)
throws SQLException {
        return getArray(resultSet.getArray(s));
    }
    @Override
    public Object[] getNullableResult(ResultSet resultSet, int i) throws
SQLException {
        return getArray(resultSet.getArray(i));
    }
    @Override
    public Object[] getNullableResult(CallableStatement
callableStatement, int i) throws SQLException {
        return getArray(callableStatement.getArray(i));
    }
    private Object[] getArray(Array array) {
        if (array == null) {
            return null;
        }
        try {
            return (Object[]) array.getArray();
        } catch (Exception e) {
        }
        return null;
    }
}
```

至此，完成了「電子圍欄微服務」全部業務邏輯的實現。

4.5 步驟 3：示範電子圍欄微服務的簡單操作

經過前面步驟的操作完成了一個以 Spring Cloud 微服務系統為基礎的電子圍欄微服務的雛形。在正常情況下，為了方便使用，一般會開發一個功能完整的操作介面以簡化電子圍欄微服務的操作。

在本實例中，由於篇幅的原因不太可能實現這樣的產品，接下來透過介面呼叫的方式，來簡單示範電子圍欄微服務的操作。

4.5.1 透過地圖工具，定義電子圍欄的 GeoJson 資訊

在實際營運操作中，可以透過一些地圖工具來劃定電子圍欄的座標範圍，並將這些資訊以 GeoJson 資料形式批次匯入系統。

透過線上地圖工具劃定一個電子圍欄的範圍。這裡透過線上地圖工具網站在「北京朝陽區望京」附近透過拖曳的方式定義了一個多邊形的電子圍欄，並將生成的 GeoJson 資訊（右邊的程式）複製出來，如圖 4-8 所示。

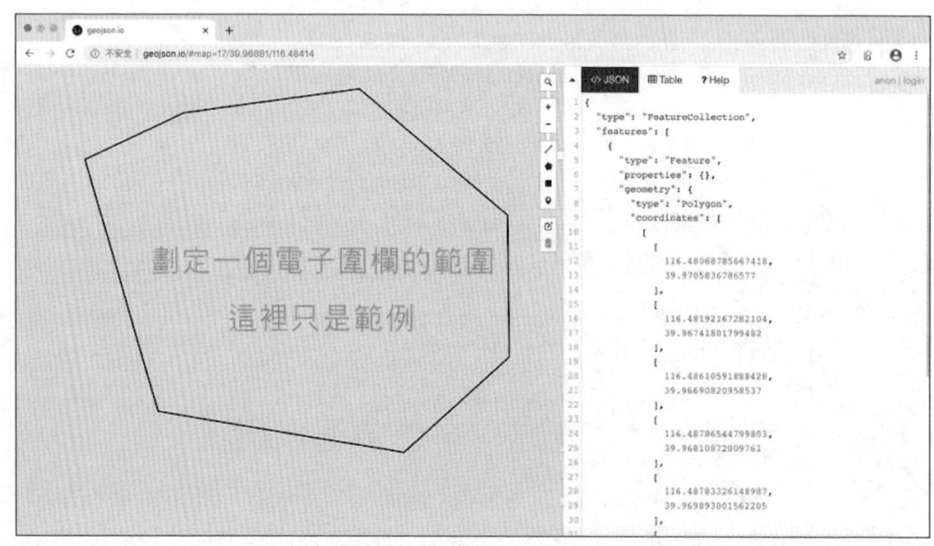

▲ 圖 4-8

4.5.2 示範電子圍欄微服務的簡單操作

接下來，透過 Postman 介面工具呼叫電子圍欄微服務的服務端介面，以示範簡單的功能操作。

1. 呼叫「新增圖層」介面，以建立電子圍欄圖層資料

呼叫「新增圖層」介面，將電子圍欄圖層資料寫入 PostgreSQL 資料庫。「新增圖層」介面的呼叫效果如圖 4-9 所示。

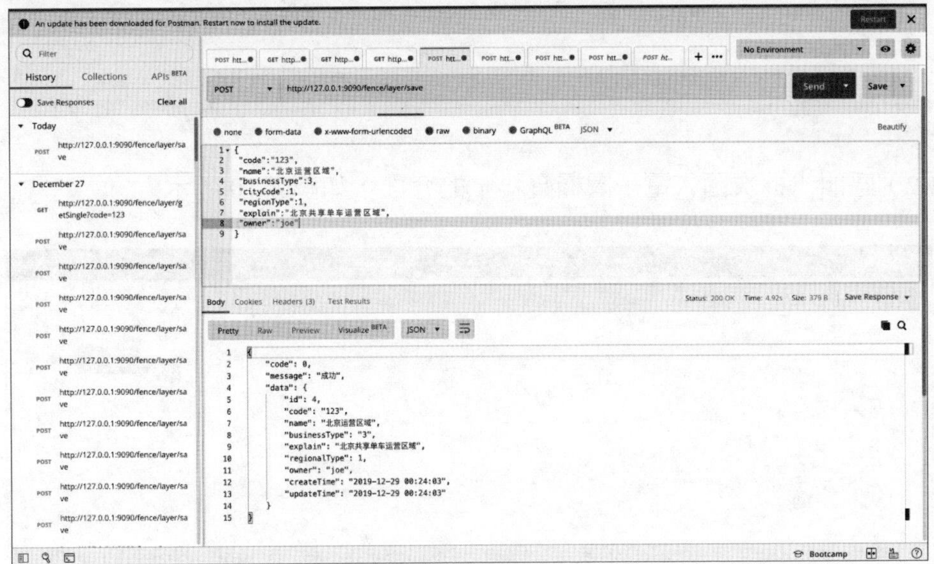

▲ 圖 4-9

2. 呼叫「批次匯入電子圍欄資料」介面

（1）準備「批次匯入電子圍欄資料」介面的請求參數。程式如下：

```
{
 "cityCode":"1",
 "adCode":"2",
 "layerCode":"123",
 "fences":[
     {
     "name":"beijing-caoyan-wangjing",
     "explain":" 望京片區營運範圍 ",
     "cityCode":"1",
     "adCode":"2",
     "layerCode":"123",
     "regionGeoJson" :"{\"type\": \"Polygon\", \"coordinates\": [[[116.
48068785667418,39.9705836786577],[116.48192167282104,39.96741801799482],
[116.48610591888428,39.96690820958537],[116.48786544799803,39.9681087200
9761],[116.48783326148987,39.969893001562205],[116.48535490036011,39.97
147168181156],[116.48236155509949,39.971167459808],[116.48068785667418,
39.9705836786577]]]}",
```

```
                "batchId":1002
            }
        ]
    }
```

（2）呼叫「批次匯入電子圍欄資料」的介面，如圖 4-10 所示。

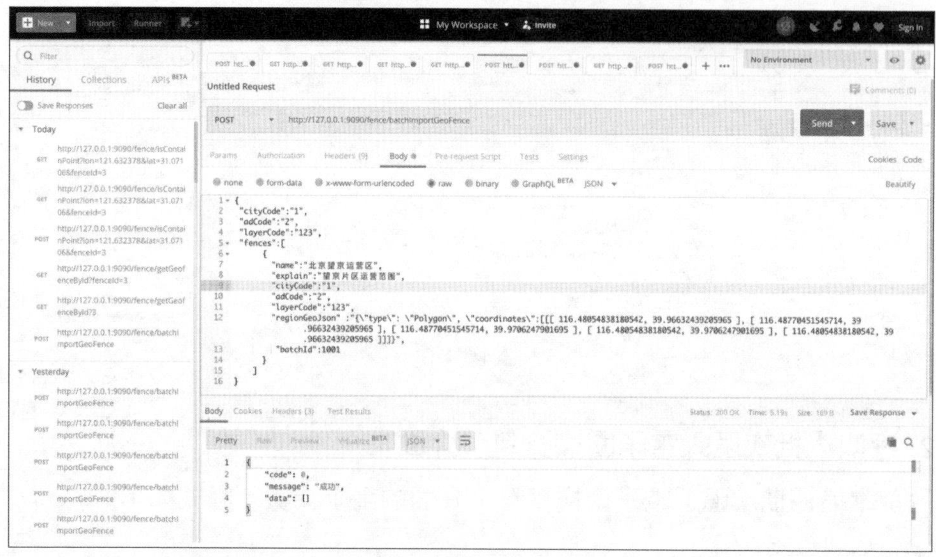

▲ 圖 4-10

（3）查看電子圍欄資料的入庫效果。

查詢資料庫表，會發現圍欄資訊已經被匯入 PostgreSQL 資料庫表的電子圍欄資訊表（fence_geo_info）中，如圖 4-11 所示。

▲ 圖 4-11

3. 呼叫「查詢電子圍欄資料」介面

如果連線了高德地圖的 API，則可以將查詢到的電子圍欄的範圍展示在地圖上。

這裡僅示範「查詢電子圍欄資料」介面功能，如圖 4-12 所示。

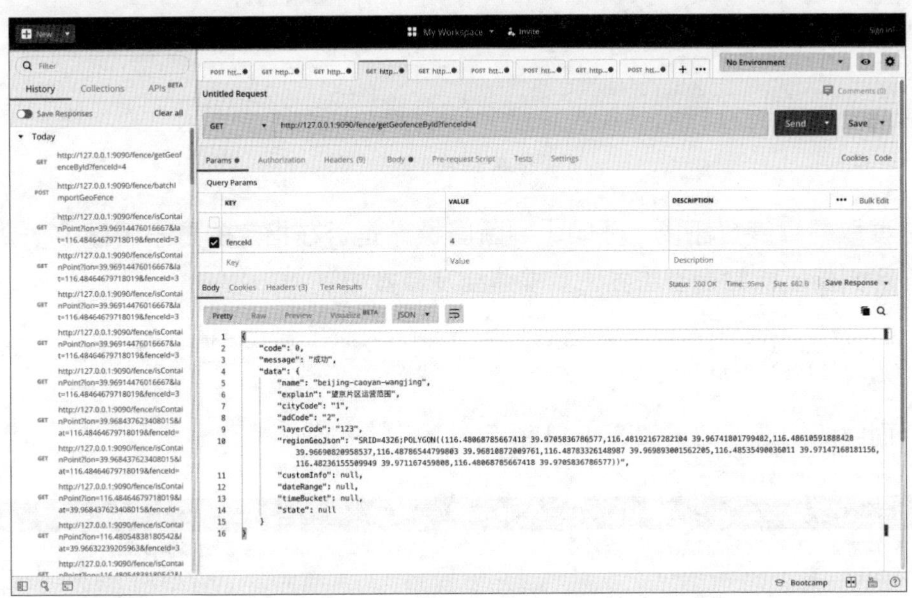

▲ 圖 4-12

正常情況下，在透過圍欄 ID 查詢到電子圍欄的具體 GeoJson 資訊後，可以透過地圖 API 來呈現電子圍欄的地圖範圍。

4. 呼叫「判斷座標點是否在指定的電子圍欄中」介面

在實際應用中，判斷停車點是否越界是一個很頻繁的操作。在本實例中，可以透過 PostGIS 空間資料庫提供的函數來進行計算。接下來以介面呼叫的方式進行驗證。

（1）判斷座標點是否在電子圍欄外。

透過線上地圖工具隨機拾取一個電子圍欄範圍外的座標點，如圖 4-13 所示。

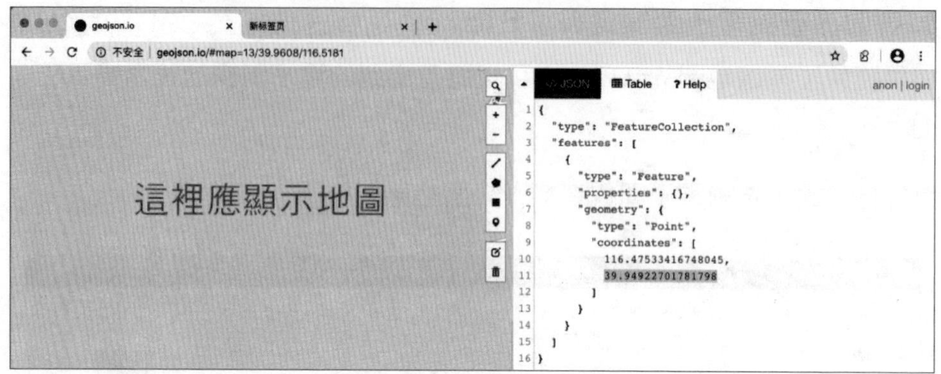

▲ 圖 4-13

在獲取經緯度資訊後，呼叫「判斷座標點是否在指定的電子圍欄中」介面，判斷座標點是否越界。請求連結及參數如下：

```
http://127.0.0.1:9090/fence/isContainPoint?lon=116.47533416748045&lat=39.94922701781798&fenceId=4
```

介面呼叫的傳回結果如圖 4-14 所示。

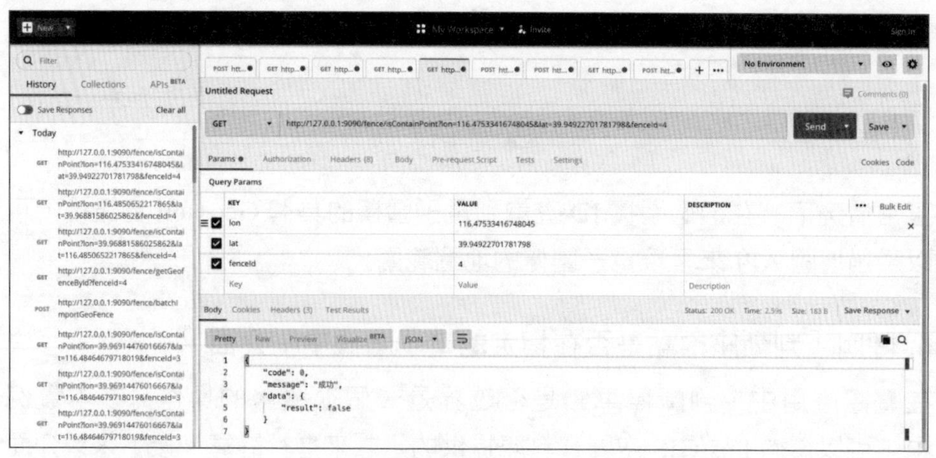

▲ 圖 4-14

介面的傳回值為 "false"，這表示該座標點處於指定電子圍欄外。

（2）判斷座標點是否在電子圍欄內。

隨機拾取一個在電子圍欄範圍內的座標點，如圖 4-15 所示。

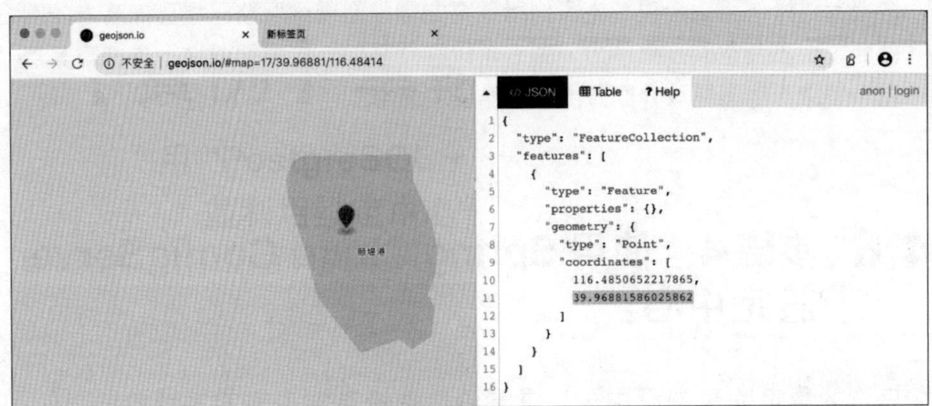

▲ 圖 4-15

在獲取經緯度資訊後，呼叫「判斷座標點是否在指定的電子圍欄中」介面，請求連結及參數如下：

```
http://127.0.0.1:9090/fence/isContainPoint?lon=116.4850652217865&lat=39.9
6881586025862&fenceId=4
```

介面呼叫的傳回結果如圖 4-16 所示。

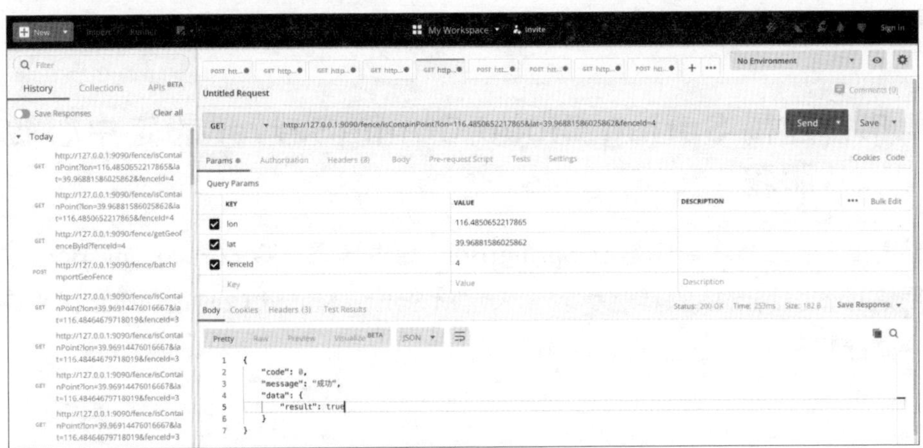

▲ 圖 4-16

介面呼叫的傳回值為 "true"，表示該座標點的確在電子圍欄內。

> 透過上述操作可以發現，本實例所撰寫的電子圍欄微服務已經具備基本的圍欄資料定義及空間運算能力。讀者可以在此基礎上根據需要進一步豐富其功能，並結合地圖開放介面做出更加酷炫的應用！

4.6 步驟 4：使用 Spring Cloud ConfigServer 設定中心

在日常的專案開發過程中，經常需要透過設定檔來設定系統參數：例如資料庫的連結位址、Redis 及訊息中介軟體（MQ）等的連結資訊。

在前面的內容中，這些設定資訊被配在 "resources" 本地目錄的 "*.yml" 或 "*.properties" 檔案中。但這樣的方式會造成設定資訊分散不好管理、多環境設定繁瑣，以及資料庫等敏感資訊透過程式洩漏等問題。

在 Spring Cloud 微服務中提供了解決這些問題的設定中心 ——Spring Cloud ConfigServer。接下來將介紹如何建構及使用設定中心，以實現微服務設定資訊的統一管理及多環境設定。

4.6.1 建構 Spring Cloud ConfigServer 設定中心微服務

參考 2.3.1、2.5.2 節中建立 Spring Boot 應用專案，以及對 Spring Boot 應用進行微服務改造的具體步驟，來建構 Spring Cloud ConfigServer 設定中心微服務。

1. 引入 Spring Cloud 微服務的核心依賴

這裡可以參考 2.5.2 節中建構 Spring Cloud 微服務的步驟。但除引入核心依賴外，還需要在 pom.xml 檔案中引入 Spring Cloud ConfigServer 的官方依賴套件——spring-cloud-config- server。具體如下：

```
<dependency>
    <groupId>org.springframework.cloud</groupId>
    <artifactId>spring-cloud-config-server</artifactId>
</dependency>
```

2. 建構設定中心微服務

（1）建立 ConfigServer 的本地設定檔——bootstrap.yml。程式如下：

```
server:
  port: 8888
spring:
  profiles:
    active: debug
```

這裡只是定義了服務通訊埠。

（2）在 application.yml 設定檔中增加微服務 "ConfigServer" 的其他核心設定資訊。程式如下：

```
spring:
  application:
    name: configserver
  cloud:
    config:
      server:
        # 關閉微服務健康性檢查
        health.enabled: false
        # 設定 GitHub 倉庫路徑（可以換成自己的 GitLab 倉庫位址）
        git:
          uri: https:// XXXXX/manongwudi/repos.git
          search-paths: 'common,{application}'
          # 啟動時複製儲存庫
```

```
        clone-on-start: true
  # 微服務發現的相關設定
  consul:
    discovery:
      prefer-ip-address: true
      tags: api
```

在以上設定中將 ConfigServer 與 Git 倉庫整合，透過 Git 倉庫來統一管理微服務的設定檔。在實踐中，還可以透過內部流程來約定 Git 設定倉庫的發佈及管理流程。

（3）開發設定中心服務主類別程式。程式如下：

```
package com.wudimanong.configserver;
import org.springframework.boot.SpringApplication;
import org.springframework.boot.autoconfigure.SpringBootApplication;
import org.springframework.cloud.config.server.EnableConfigServer;
@SpringBootApplication
@EnableConfigServer
public class ConfigServer {
    public static void main(String[] args) {
        SpringApplication.run(ConfigServer.class, args);
    }
}
```

透過 @EnableConfigServer 註釋開啟設定中心服務。

（4）啟動設定中心服務。執行效果如圖 4-17 所示。

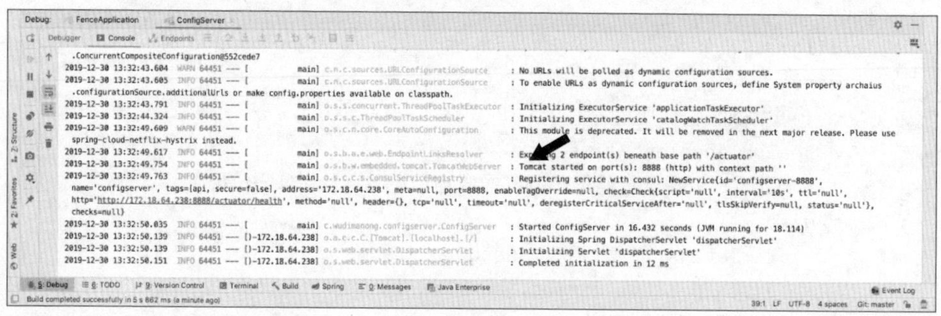

▲ 圖 4-17

（5）查看 Consul 註冊中心主控台，微服務 "ConfigServer" 的註冊效果如圖 4-18 所示。

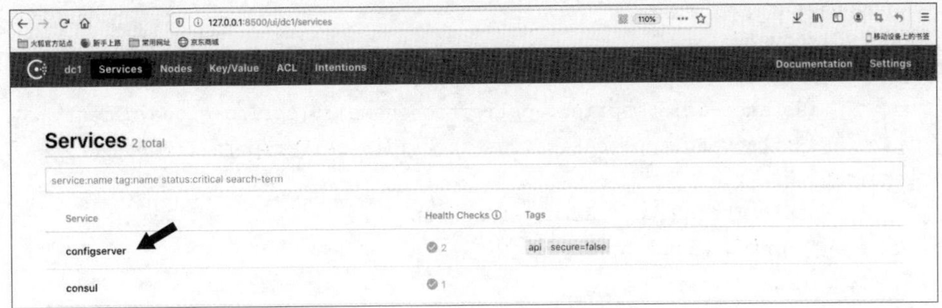

▲ 圖 4-18

4.6.2 將微服務連線 Config 設定中心

經過 4.6.1 節的操作，"ConfigServer" 作為一個獨立的設定中心服務，已經可以被其他微服務使用了。下面以本實例的 "efence" 微服務為例，介紹如何將 Spring Cloud 微服務連線 Spring Cloud ConfigServer 設定中心。

1. 引入依賴並設定

（1）在微服務專案的 pom.xml 檔案中引入 Spring Cloud Config 的依賴。程式如下：

```
<dependency>
     <groupId>org.springframework.cloud</groupId>
     <artifactId>spring-cloud-starter-config</artifactId>
 </dependency>
```

該依賴以 Spring Boot 為基礎的自動設定原理，可以實現「開箱即用」。

（2）在專案 bootstrap.yml 設定檔中，設定 Config 服務的連線資訊。程式如下：

```
spring:
  application:
    name: efence
```

```
  profiles:
    active: debug,dev
  cloud:
    consul:
      discovery:
        preferIpAddress: true
        instance-id: ${spring.application.name}:${spring.cloud.client.
ipAddress}:${spring.application.instance_id:${server.port}}:@project.
version@
        healthCheckPath: /actuator/health
    # 開啟 Spring Cloud Config 設定中心
    config:
      enabled: true
      uri: http://127.0.0.1:8888/
      label: master
server:
  port: 9090
```

在上述設定中，額外增加了 Config 相關的設定，並指定了設定中心服務的 URL。

2. 微服務從設定中心獲取設定資訊

如果將 "efence" 本地設定檔中的資料庫設定刪除，並將其資料庫連結資訊設定在 Git 倉庫的 "efence-dev.yml" 檔案中。啟動 "efence" 微服務，就會發現微服務透過設定中心獲取了相關設定，如圖 4-19 所示。

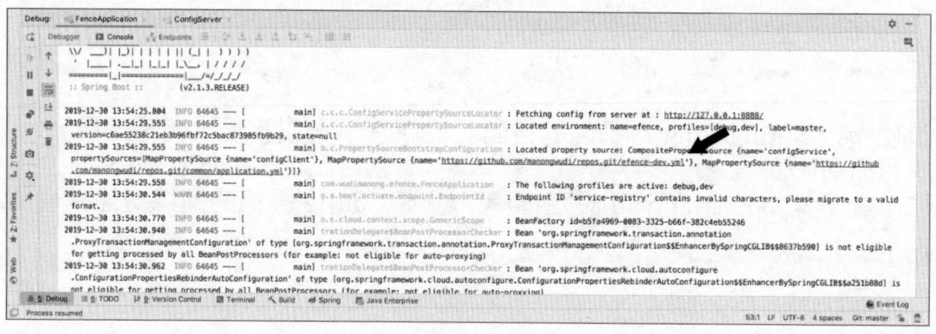

▲ 圖 4-19

4.6.3 利用設定中心管理微服務的多環境設定

使用設定中心，可以統一管理多專案、多環境的設定檔。這裡介紹一種比較通用的方式：

- 所有專案公用的設定（如 application.yml、application-*.yml 等通用設定）放在 common 資料夾中。
- 具體專案的個性設定檔（如 efence-*.yml），則需要單獨定義存放位置。

> 在 4.6.1 節設定中心服務的本地設定中可以透過 "search-paths: 'common,{application}'" 預留位置的方式來實現設定檔存放路徑的比對。

設定檔的具體儲存倉庫，在本實例中是透過 GitHub 公共倉庫實現的。其中，設定檔的組織結構如下：

```
\- repos
+- common
|  +- application.yml
|  +- application-dev.yml
|  +- application-test.yml
|  +- application-production.yml
+- efence-dev.yml
+- efence-test.yml
+- efence-production.yml
+- user-dev.yml
+- user-test.yml
...
```

在以上檔案結構中，如果 "efence" 微服務的啟動環境為 "dev"，則該微服務可以自動繼承 application.yml 及 application-dev.yml 檔案中的設定。

> 其他微服務的繼承關係依此類推。利用這樣的設定繼承關係，就可以將全域公共設定或某個環境的公共設定進行抽象，從而簡化設定項，以實現不同環境的設定管理。

存取 ConfigServer 的 URL，可以看到微服務獲取的設定資訊，如圖 4-20 所示。

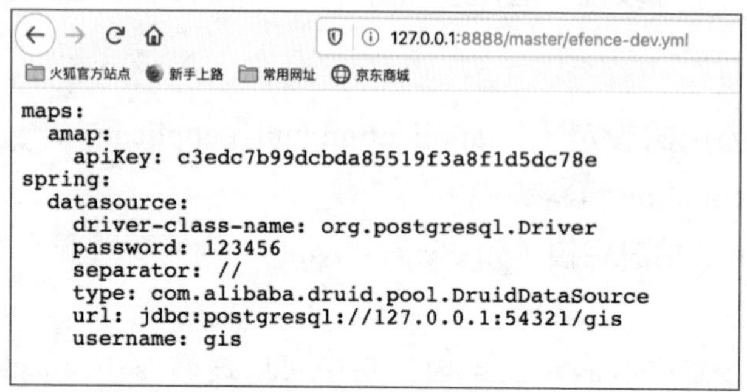

▲ 圖 4-20

> ConfigServer 存取設定資訊的 URL 規則為：{url}/{label}/{application}-{profiles}。

4.7 本章小結

本實例實現了一個以車輛電子圍欄微服務為基礎，介紹了空間資料庫群組合 "PostgreSQL + PostGIS" 及其在 Java 應用中的使用方式。

為了簡化程式設計，在實例中引入了 MyBatis-Plus 元件來簡化資料庫操作；引入了 MapStruct 來減少物件資料轉換的程式量。

在本章的最後，還重點介紹了設定中心元件 Spring Cloud ConfigServer。它是 Spring Cloud 微服務系統中比較重要的元件，它可以將微服務的設定資訊進行集中管理並支援多環境設定。

Chapter

05

【實例】電子錢包系統

用 "Feign + Ribbon + Hystrix + Vue.js + Docker" 實現微服務的「負載呼叫 + 熔斷降級 + 部署」

很多網際網路應用都有「電子錢包」的概念。舉例來說，使用共享單車時，可以先將錢充值到電子錢包中，然後每次騎行後從電子錢包中扣款。這就是一種典型的電子錢包使用場景。

本實例將實現一個以 Spring Cloud 微服務系統為基礎的電子錢包系統，該系統只有一個電子錢包微服務 "wallet"。

因為電子錢包微服務的充值流程包括對「支付系統」（參考第 6 章）的呼叫，所以，在本實例中還會介紹微服務系統下的服務發現、用戶端服務負載呼叫及服務熔斷降級等知識，這包括 Feign、Ribbon、Hystrix 等 Spring Cloud 核心技術元件的運用。

此外，本實例的最後還會介紹 Spring Cloud 微服務場景下單元測試使用案例的撰寫方法，以及以 Docker 為基礎的容器化部署方法。

透過本章，讀者將學習到以下內容：

- 電子錢包微服務的設計流程。
- 用 "Feign + Ribbon" 實現微服務之間的用戶端服務負載呼叫。
- 在 Spring Cloud 中整合 Hystrix 實現微服務的熔斷降級。
- 利用 MyBatis-Plus 外掛程式，簡化 MyBatis 資料庫操作。

- 以 Vue.js 框架為基礎實現電子錢包微服務的充值介面。
- 以 Docker 為基礎實現 Spring Cloud 微服務的容器化部署。

5.1 功能概述

電子錢包微服務是一種具備金融屬性的虛擬帳戶系統。在網際網路應用中，虛擬帳戶系統透過對接第三方支付公司或銀行系統的介面，實現資金從「個人銀行帳戶」到「網際網路應用平台銀行帳戶」，再到「電子錢包虛擬帳戶」的資金轉移過程。這便是電子錢包帳戶充值的基本邏輯。電子錢包微服務會記錄使用者充值的資金，以及電子錢包的詳細交易記錄。

5.2 系統設計

在良好的應用架構設計中，電子錢包微服務一般是比較獨立的餘額帳戶系統：只提供餘額帳戶開戶、餘額增加、餘額減少，以及與之相關的帳單明細記帳等基本功能。而具體的餘額充值、消費、退款等業務邏輯，則由獨立拆分的「交易系統」去完成（本書不說明）。

一般來說，「交易系統」與「支付系統」在完成電子錢包餘額變動的交易邏輯後，會呼叫電子錢包微服務的介面以實現電子錢包帳戶餘額的變動。

由於「交易系統」的複雜度非常高，且與業務強綁定，所以要實現完全統一的「交易系統」是一件比較困難的事。舉例來說，在旅遊業務中，購買機票、預訂酒店這兩個看似通用的場景，實際的交易流程卻是很不一樣的。

在設計電子錢包微服務的過程中也面臨與上述類似的問題：如果只做一個單純的「餘額帳戶」系統，則在該系統前一定要有一個「交易系統」，來幫它處理餘額充值、餘額消費這樣具有業務屬性的交易邏輯。

> 在實際的系統設計實踐中，是否需要將業務的交易邏輯拆分為獨立的交易系統，需要從實際情況來考慮。例如，電子錢包系統中相關的「餘額充值」、「餘額消費」、「餘額退款」等交易流程，可預見的變化不會很大，所以暫時不必進行拆分。

綜上所述，在本實例的實現過程中，會暫時將交易邏輯與帳戶邏輯耦合在同一個系統中，但在應用內程式的分層結構上會做對應的解耦。

5.2.1 系統流程設計

電子錢包微服務的前後端的互動流程如圖 5-1 所示。

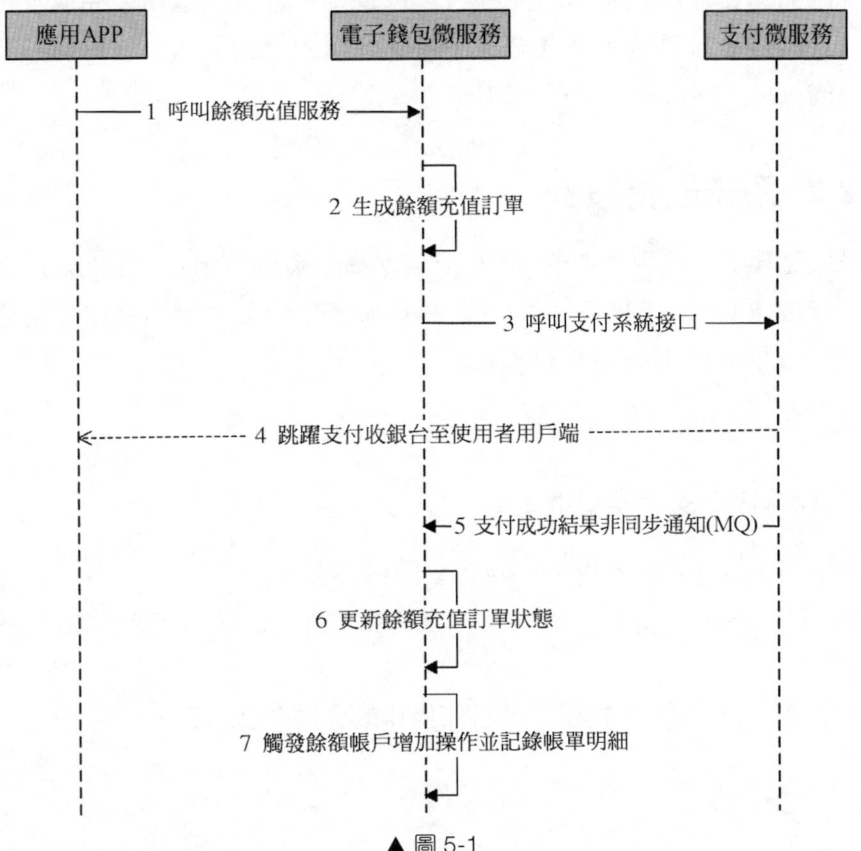

▲ 圖 5-1

流程說明如下：

（1）應用 App 呼叫餘額充值服務，電子錢包微服務先生成餘額充值訂單，然後呼叫「支付微服務」介面發起針對該筆充值交易的支付請求。

（2）之後的流程將脫離電子錢包微服務流程，由應用 App 與「支付微服務」直接互動完成支付行為。

（3）在使用者支付成功後，支付系統以訊息的方式將支付結果通知給電子錢包微服務。

（4）電子錢包微服務在收到支付系統的通知後，更新餘額充值訂單狀態，並操作帳戶增加餘額的邏輯。

（5）餘額消費及餘額退款等流程，可以直接透過帳戶邏輯來完成，無須與支付系統互動，但要確保「帳戶餘額的變動」與「帳單明細記錄的資料」在交易上保持一致。

5.2.2 系統結構設計

在系統實現上，採用經典的 MVC 分層結構：透過 "Feign + Ribbon" 實現對「支付微服務」的呼叫；對於針對微服務系統外的應用存取，則透過 3.5 節介紹過的服務閘道進行隔離。

電子錢包微服務的結構如圖 5-2 所示。

上述軟體結構主要分為以下 3 層。

- 服務介面層（Controller 層）：定義服務介面。
- 業務層（Service 層）：處理業務邏輯並透過 Dao 層完成資料庫相關操作。
- 持久層（Dao 層）：提供對資料庫操作的介面封裝。

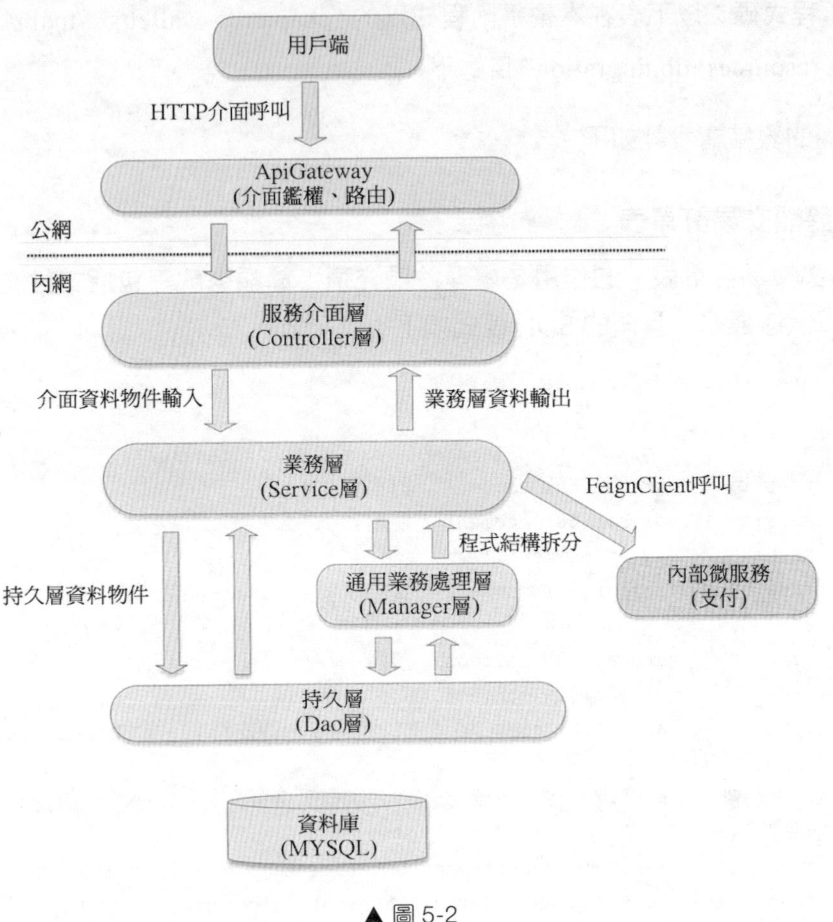

▲ 圖 5-2

> 在本實例中，在業務層（Service 層）與持久層（Dao 層）之間單獨拆分出了一個 Manager 層，這主要是用於拆分某些複雜的業務層邏輯，避免業務層程式過於臃腫。

5.2.3 資料庫設計

電子錢包微服務採用 MySQL 資料庫，在本實例的實現中主要包括「餘額交易訂單表」、「餘額帳戶資訊表」及「餘額帳戶帳單明細記錄表」。

程式碼：以下表在本書書附程式碼的 "chapter05-wallet/src/main/resources/ db.migration" 目錄下。

具體的表結構設計如下。

1. 餘額交易訂單表

「餘額交易訂單表」的作用是處理餘額充值、餘額退款等包括支付流程的訂單狀態邏輯。具體的 SQL 程式如下：

```
create table user_balance_order
(
  id          bigint not null primary key auto_increment,
  order_id    varchar(50) comment '訂單號 ID',
  user_id     varchar(60) comment '使用者 ID',
  amount      bigint comment '交易金額',
  trade_type  varchar(20) comment '交易類型。charge- 餘額充值；refund- 餘額
退款',
  currency    varchar(10) comment '幣種',
  trade_no    varchar(32) comment '支付通路序號',
  status      varchar(2) comment '支付狀態。0- 待支付；1- 支付中；2- 支付成
功；3- 支付失敗',
  is_renew    int default 0 comment '是否自動續費充值。0- 不自動續費；1- 自
動續費',
  trade_time  timestamp default current_timestamp comment '交易時間',
  update_time timestamp null default current_timestamp on update current_
timestamp comment '最後一次更新時間',
  create_time timestamp null default current_timestamp comment '建立時間'
);
alter table user_balance_order comment '餘額交易訂單表';
# 增加索引資訊
alter table user_balance_order add index unique_idx_order_id(order_id);
alter table user_balance_order add index idx_user_id(user_id);
alter table user_balance_order add index idx_trade_time(trade_time);
```

2. 餘額帳戶資訊表

餘額帳戶資訊表是電子錢包微服務的核心資料庫表，主要用於記錄使用

者電子錢包帳戶的基本資訊及餘額。具體的 SQL 程式如下：

```
create table user_balance
(
  id           bigint not null primary key auto_increment,
  user_id      varchar(60) comment '使用者 ID',
  acc_no       varchar(60) comment '餘額系統生成的帳戶唯一標識',
  acc_type     varchar(2) comment '餘額帳戶類型。0- 現金；1- 贈送金',
  currency     varchar(10) comment '帳戶幣種',
  balance      bigint comment '帳戶餘額，以分為單位',
  update_time timestamp NULL DEFAULT CURRENT_TIMESTAMP ON UPDATE CURRENT_
TIMESTAMP COMMENT '最後一次更新時間',
  create_time timestamp NULL DEFAULT CURRENT_TIMESTAMP COMMENT '建立時間');
alter table user_balance comment '餘額帳戶資訊表';
# 增加對應索引
alter table user_balance add index idx_ub_user_id(user_id);
alter table user_balance add index idx_ub_acc_no(acc_no);
```

3. 餘額帳戶帳單明細記錄表

「餘額帳戶帳單明細記錄表」用於記錄餘額帳戶的變動情況，是實現帳戶明細查詢和餘額對帳核算的重要依據。具體的 SQL 程式如下：

```
create table user_balance_flow
(
  id             bigint not null primary key auto_increment,
  user_id        varchar(60) comment '業務方使用者 ID',
  flow_no        varchar(64) comment '帳戶序號，與業務方發起的序號映射',
  acc_no         varchar(60) comment '帳戶唯一標識',
  busi_type      varchar(10) comment '餘額帳單明細業務類型。0- 訂單結費；1-
購買月卡',
  amount         bigint comment '變動金額，以分為單位，區分正負，如 +10、-
10',
  currency       varchar(10) comment '幣種',
  begin_balance bigint comment '變動前餘額',
  end_balance    bigint comment '變動後餘額',
  fund_direct    varchar(2) comment '借貸方向。00- 借方；01- 貸方',
  update_time timestamp null default current_timestamp on update current_
timestamp comment '最後一次更新時間',
```

```
  create_time timestamp null default current_timestamp comment '建立時間');
alter table user_balance_flow comment '餘額帳戶帳單明細記錄表';
#建立相關索引資訊
alter table user_balance_flow add index idx_ubf_user_id(user_id);
alter table user_balance_flow add index idx_ubf_acc_no(acc_no);
alter table user_balance_flow add index idx_ubf_flow_no(flow_no);
alter table user_balance_flow add index idx_ubf_create_time(create_time);
```

5.3 步驟 1：建構 Spring Cloud 微服務專案程式

接下來架設電子錢包微服務所需要的 Spring Cloud 微服務專案，並整合所需要的第三方元件。

5.3.1 建立 Spring Cloud 微服務專案

1. 建立一個基本的 Maven 專案

利用 2.3.1 節介紹的方法建立一個 Maven 專案，完成後的專案程式結構如圖 5-3 所示。

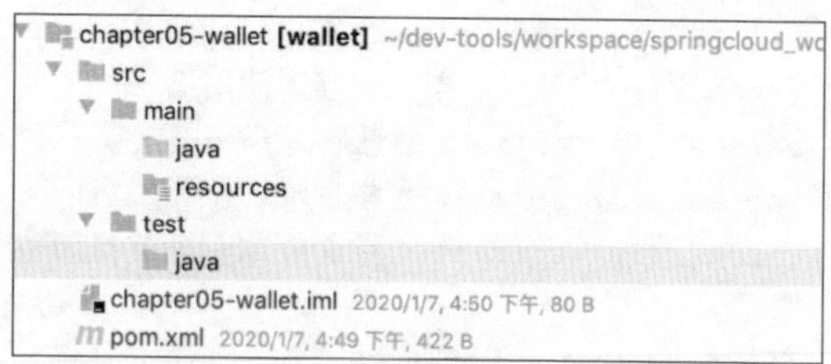

▲ 圖 5-3

2. 引入 Spring Cloud 依賴，將其改造為微服務專案

（1）引入 Spring Cloud 微服務的核心依賴。

這裡可以參考 2.5.2 節中的具體步驟。

（2）在專案程式的 resources 目錄下新建一個基礎性設定檔——bootstrap.yml。設定檔中的程式如下：

```
spring:
  application:
    name: wallet
  profiles:
    active: debug
  cloud:
    consul:
      discovery:
        preferIpAddress: true
        instance-id: ${spring.application.name}:${spring.cloud.client.
ipAddress}:${spring.application.instance_id:${server.port}}:@project.
version@
        healthCheckPath: /actuator/health
server:
  port: 9090
```

（3）在 2.5.2 節提到過，Spring Boot 並不會預設載入 bootstrap.yml 這個檔案，所以需要在 pom.xml 中增加 Maven 資源相關的設定，具體參考 2.5.2 節內容。

（4）建立 Wallet 電子錢包微服務的入口程式類別。程式如下：

```
package com.wudimanong.wallet;
import org.springframework.boot.SpringApplication;
import org.springframework.boot.autoconfigure.SpringBootApplication;
import org.springframework.cloud.client.discovery.EnableDiscoveryClient;
@EnableDiscoveryClient
@SpringBootApplication
public class WalletApplication {
    public static void main(String[] args) {
        SpringApplication.run(WalletApplication.class, args);
    }
}
```

至此，電子錢包微服務所需的 Spring Cloud 微服務專案就建構出來了。

5.3.2 將 Spring Cloud 微服務注入 Consul

參考 2.5.1 節、2.5.3 節的內容，將 "wallet" 微服務注入服務註冊中心 Consul 中。然後執行所建構的 "wallet" 微服務專案，可以看到該服務已經註冊到 Consul 中了，如圖 5-4 所示。

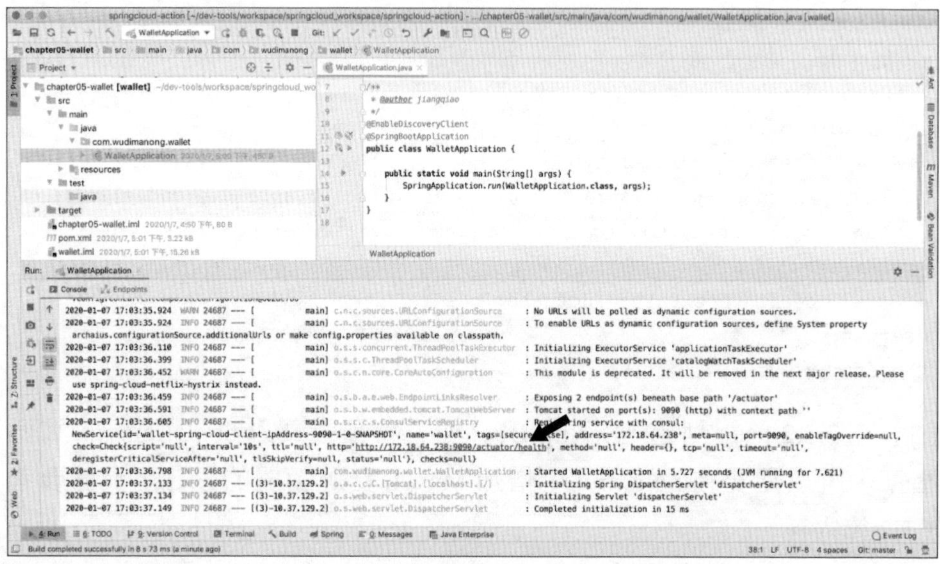

▲ 圖 5-4

打開 Consul 主控台，"wallet" 微服務被註冊到 Consul 中的效果如圖 5-5 所示。

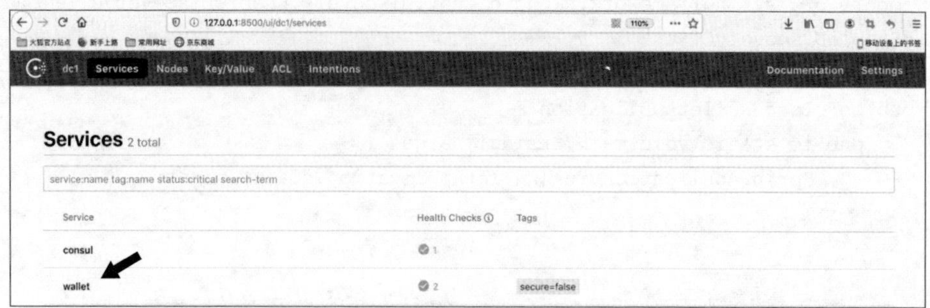

▲ 圖 5-5

至此，從技術層面完成了 Spring Cloud 微服務的架設過程。接下來繼續整合開發 "wallet" 電子錢包微服務所依賴的其他元件。

5.3.3 整合 MyBatis，以存取 MySQL 資料庫

在本實例中，使用 MyBatis 這個持久層（Dao 層）框架來操作資料庫。

1. 引入 MyBatis 框架依賴，以及 MySQL 資料庫驅動程式

具體步驟參考 2.3.3 節內容。

2. 設定專案資料庫連接資訊

在專案中建立一個新的設定檔 application.yml，在其中增加 MySQL 資料庫的連接資訊如下：

```
spring:
  datasource:
    url: jdbc:mysql://127.0.0.1:3306/wallet
    username: root
    password: 123456
    type: com.alibaba.druid.pool.DruidDataSource
    driver-class-name: com.mysql.jdbc.Driver
    separator: //
```

> 上述設定中相關的資料庫資訊，可以參考 1.3.3 節透過 Docker 部署本地 MySQL 的步驟——建立一個名為 "wallet" 的資料庫，並執行 5.2.3 節中所定義的 SQL 指令稿。

5.3.4 透過 MyBatis-Plus 簡化 MyBatis 的操作

1. Spring Boot 整合 MyBatis-Plus 框架

具體的整合和設定方法可參考 4.3.5 節內容。

2. 啟動專案，驗證 MyBatisPlus 整合效果

啟動 "wallet" 電子錢包微服務專案，成功整合 MyBatis-Plus 框架的執行效果如圖 5-6 所示。

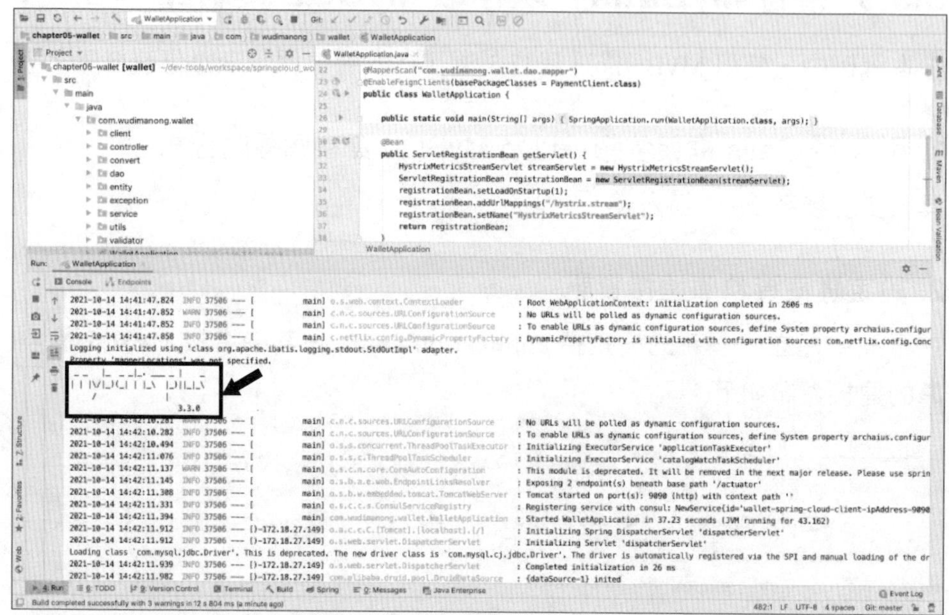

▲ 圖 5-6

接下來將實現電子錢包微服務的業務邏輯。

5.4 步驟 2：實現微服務的業務邏輯

接下來實現電子錢包微服務的業務邏輯。

5.4.1 定義服務介面層（Controller 層）

定義電子錢包微服務實例所包括的服務介面層（Controller 層）。

1. 約定介面資料格式

在定義 Controller 層介面之前，需要先約定介面的請求方式，以及統一的封包格式。具體的規範可以參考 4.1.1 節中 "1." 小標題的內容。其中相關的統一封包格式類別（ResponseResult）及全域回應碼列舉類型（GlobalCodeEnum），可以複製 4.1.1 節 "1." 小標題中的程式。

2. 定義「電子錢包開戶」介面及「電子錢包查詢」介面

「電子錢包開戶」介面及「電子錢包查詢」介面，主要用於管理電子錢包的基本資訊。

（1）定義「電子錢包開戶」介面及「電子錢包查詢」介面的 Controller 層。程式如下：

```
package com.wudimanong.wallet.controller;
import com.wudimanong.wallet.entity.ResponseResult;
...
import org.springframework.web.bind.annotation.RequestMapping;
import org.springframework.web.bind.annotation.RestController;
@Slf4j
@RestController
@RequestMapping("/account")
public class UserAccountController {
    /**
     * 注入電子錢包業務層（Service 層）介面
     */
    @Autowired
    UserAccountService userAccountServiceImpl;
    /**
     * "電子錢包開戶" 介面
     *
     * @param accountOpenDTO
     * @return
     */
    @PostMapping("/openAcc")
    public ResponseResult<AccountOpenBO> openAcc(
```

```
            @RequestBody @Validated AccountOpenDTO accountOpenDTO) {
        return ResponseResult.OK(userAccountServiceImpl.
openAcc(accountOpenDTO));
    }
    /**
     * "電子錢包查詢"介面
     *
     * @param accountQeuryDTO
     * @return
     */
    @GetMapping("/queryAcc")
    public ResponseResult<List<AccountBO>> queryAcc(@Validated
AccountQeuryDTO accountQeuryDTO) {
        return ResponseResult.OK(userAccountServiceImpl.
queryAcc(accountQeuryDTO));
    }
}
```

在上述程式中，透過 Spring MVC 提供的註釋，定義了「電子錢包開戶」介面（/openAcc）及「電子錢包查詢」介面（/queryAcc）。

- 「電子錢包開戶」介面，透過 @PostMapping 註釋定義了介面的 Post 請求方式，透過 @RequestBody 註釋約定了請求參數格式為 JSON。
- 「電子錢包查詢」介面，透過 @GetMapping 註釋定義了介面的 Get 請求方式，並約定了以 "form" 表單格式提交請求參數。

在上述介面定義中，對於介面參數的合法性，使用了 Spring 框架提供的 @Validated 註釋對 DTO 物件中的屬性值進行驗證。

（2）定義「電子錢包開戶」介面及「電子錢包查詢」介面的請求參數物件。定義「電子錢包開戶」介面（/openAcc）的請求參數物件。程式如下：

```
package com.wudimanong.wallet.entity.dto;
import com.wudimanong.wallet.validator.EnumValue;
...
import lombok.Data;
@Data
```

```
public class AccountOpenDTO implements Serializable {
    /**
     * 使用者 ID
     */
    @NotNull(message = "使用者 ID 不能為空")
    private Long userId;
    /**
     * 帳戶類型。0- 現金帳戶；1- 贈送金帳戶
     */
    @EnumValue(intValues = {0, 1}, message = "帳戶類型輸入有誤")
    private Integer accType;
    /**
     * 帳戶幣種（僅支持人民幣、美金兩種帳戶）
     */
    @EnumValue(strValues = {"CNY", "USD"})
    private String currency;
}
```

定義「電子錢包查詢」介面（/queryAcc）的請求參數物件。程式如下：

```
package com.wudimanong.wallet.entity.dto;
import javax.validation.constraints.NotNull;
import lombok.Data;
@Data
public class AccountQeuryDTO {
    /**
     * 使用者 ID
     */
    @NotNull(message = "使用者 ID 不能為空")
    private Long userId;
    /**
     * 帳戶類型。0- 現金帳戶；1- 贈送金帳戶
     */
    private Integer accType;
    /**
     * 帳戶幣種（僅支持人民幣、美金兩種帳戶）
     */
    private String currency;
}
```

在上述 DTO 物件中，相關的自訂參數驗證註釋 @EnumValue 的定義可以參考 4.4.1 節 "2." 小標題中的定義。

（3）定義「電子錢包開戶」介面及「電子錢包查詢」介面的傳回參數物件。定義「電子錢包開戶」介面（/openAcc）的傳回參數物件。程式如下：

```
package com.wudimanong.wallet.entity.bo;
import lombok.Data;
@Data
public class AccountOpenBO {
    /**
     * 使用者 ID
     */
    private Long userId;
    /**
     * 錢包系統生成唯一帳戶編號
     */
    private String accNo;
    /**
     * 帳戶類型
     */
    private String accType;
    /**
     * 幣種
     */
    private String currency;
}
```

在上述程式中，定義了電子錢包開戶成功後傳回的資訊（包括生成的帳戶編號等）。

定義「電子錢包查詢」介面（/queryAcc）的傳回參數物件。程式如下：

```
package com.wudimanong.wallet.entity.bo;
import com.fasterxml.jackson.annotation.JsonFormat;
...
import lombok.Data;
@Data
```

```
public class AccountBO implements Serializable {
    /**
     * 主鍵 ID
     */
    private Integer id;
    /**
     * 使用者編號
     */
    private Long userId;
    /**
     * 帳戶編碼
     */
    private String accNo;
    /**
     * 帳戶類型
     */
    private String accType;
    /**
     * 幣種
     */
    private String currency;
    /**
     * 帳戶餘額
     */
    private Integer balance;
    /**
     * 格式化日期顯示
     */
    @JsonFormat(pattern = "yyyy-MM-dd HH:mm:ss", timezone = "GMT+8")
    private Timestamp createTime;
    /**
     * 格式化日期顯示
     */
    @JsonFormat(pattern = "yyyy-MM-dd HH:mm:ss", timezone = "GMT+8")
    private Timestamp updateTime;
}
```

「電子錢包開戶」介面及「電子錢包查詢」介面的傳回參數物件，由 ResponseResult 統一資料封包格式進行包裝。其中，「電子錢包查詢」介面的傳回參數設計，考慮到後續同一個使用者可能存在不同類型帳戶，所以將其傳回參數定義為 "List<AccountBO>" 集合的形式。

3. 定義「電子錢包充值」介面

接下來定義「電子錢包充值」介面。該介面的主要功能是：接收前端發起的錢包充值請求，並建立錢包充值訂單，之後呼叫第 6 章的支付介面啟動使用者進行付款。

（1）定義「電子錢包充值」介面的 Controller 層。程式如下：

```
package com.wudimanong.wallet.controller;
import com.wudimanong.wallet.entity.ResponseResult;
...
import org.springframework.web.bind.annotation.RestController;
@Slf4j
@RestController
@RequestMapping("/account")
public class UserAccountTradeController {
    /**
     * 注入業務層（Service 層）依賴介面
     */
    @Autowired
    UserAccountTradeService userAccountTradeServiceImpl;
    /**
     * "電子錢包充值 " 介面
     *
     * @param accountChargeDTO
     * @return
     */
    @PostMapping("/chargeOrder")
    public ResponseResult<AccountChargeBO> chargeOrder(@RequestBody
@Validated AccountChargeDTO accountChargeDTO) {
        return ResponseResult.OK(userAccountTradeServiceImpl.chargeOrder
(accountChargeDTO));
    }
}
```

(2) 定義「電子錢包充值」介面的請求參數物件。程式如下：

```
package com.wudimanong.wallet.entity.dto;
import com.wudimanong.wallet.validator.EnumValue;
import java.io.Serializable;
import javax.validation.constraints.NotNull;
import lombok.Data;
@Data
public class AccountChargeDTO implements Serializable {
    /**
     * 使用者 ID
     */
    @NotNull(message = "使用者 ID 不能為空")
    private Long userId;
    /**
     * 充值金額，以"分"為單位
     */
    private Integer amount;
    /**
     * 充值幣種（僅支持人民幣）
     */
    @EnumValue(strValues = {"CNY"})
    private String currency;
    /**
     * 支付類型。0- 微信支付；1- 支付寶支付
     */
    @EnumValue(intValues = {0, 1})
    private Integer paymentType;
    /**
     * 是否自動續費
     */
    @EnumValue(intValues = {0, 1})
    private Integer isRenew;
}
```

(3) 定義「電子錢包充值」介面的傳回參數物件。程式如下：

```
package com.wudimanong.wallet.entity.bo;
import java.io.Serializable;
```

```
import lombok.Data;
@Data
public class AccountChargeBO implements Serializable {
    /**
     * 使用者 ID
     */
    private Long userId;
    /**
     * 充值金額，以 " 分 " 為單位
     */
    private Integer amount;
    /**
     * 充值幣種
     */
    private String currency;
    /**
     * 充值業務訂單號（由錢包系統生成）
     */
    private String orderId;
    /**
     * 支付系統唯一序號（在呼叫支付系統後生成）
     */
    private String tradeNo;
    /**
     * 前端喚起支付收銀台所需的額外資訊
     */
    private String extraInfo;
}
```

4. 定義「電子錢包充值支付回呼」介面

使用者在發起錢包充值並完成支付後，使用者電子錢包的餘額並不會立刻增加，電子錢包微服務還需要等待支付系統的支付成功結果通知。

在接收到支付成功結果通知後，電子錢包微服務會先更新錢包充值訂單的支付狀態，然後以交易一致性的方式同步更新電子錢包的餘額。

（1）定義「電子錢包充值支付回呼」介面的 Controller 層。

在 "3." 小標題中建立的 UserAccountTradeController 類別中，增加「電子錢包充值支付回呼」介面。程式如下：

```
/**
 * "電子錢包充值支付回呼"介面
 *
 * @param payNotifyDTO
 * @return
 */
@PostMapping("/payNotify")
public ResponseResult<PayNotifyBO> receivePayNotify(@RequestBody
@Validated PayNotifyDTO payNotifyDTO) {
    return ResponseResult.OK(userAccountTradeServiceImpl. receivePayNotif
y(payNotifyDTO));
}
```

（2）定義「電子錢包充值支付回呼」介面的請求參數物件。程式如下：

```
package com.wudimanong.wallet.entity.dto;
import com.wudimanong.wallet.validator.EnumValue;
import java.io.Serializable;
import javax.validation.constraints.NotNull;
import lombok.Data;
@Data
public class PayNotifyDTO implements Serializable {
    /**
     * 商戶支付訂單號
     */
    @NotNull(message = "訂單號不能為空")
    private String orderId;
    /**
     * 支付訂單金額
     */
    private Integer amount;
    /**
     * 支付幣種
     */
    private String currency;
    /**
```

```
     * 支付訂單狀態。0- 待支付；1- 支付中；2- 支付成功；3- 支付失敗
     */
    @EnumValue(intValues = {2, 3}, message = " 只接收支付狀態為成功 / 失敗的
通知 ")
    private Integer payStatus;
}
```

（3）定義「電子錢包充值支付回呼」介面的傳回參數物件。程式如下：

```
package com.wudimanong.wallet.entity.bo;
import lombok.Builder;
import lombok.Data;
@Data
@Builder
public class PayNotifyBO {
    /**
     * 接收處理狀態。success- 成功；fail- 失敗
     */
    private String result;
}
```

該傳回參數只有一個 "result" 屬性：success 表示處理成功，fail 表示處理失敗。如果處理失敗，則支付系統（參考第 6 章）會對支付結果進行一定頻率的重複回呼。

5.4.2 開發業務層（Service 層）的程式

接下來開發電子錢包微服務業務層（Service 層）的程式。

1. 定義業務異常處理機制

關於業務層（Service 層）的業務異常處理機制，可以參考 4.4.2 節中 "1." 小標題中的內容。需要專門定義的業務層（Service 層）異常碼的列舉類型，程式如下：

```
package com.wudimanong.wallet.entity;
public enum BusinessCodeEnum {
```

```
/**
 * 電子錢包資訊管理傳回碼的定義（以 1000 開頭，根據業務擴充）
 */
BUSI_ACCOUNT_FAIL_1000(1000, "該使用者已開通該類型電子帳戶"),
/**
 * 電子錢包交易相關傳回碼的定義（以 2000 開頭，根據業務擴充）
 */
BUSI_CHARGE_FAIL_2000(2000, "充值失敗");
/**
 * 編碼
 */
private Integer code;
/**
 * 描述
 */
private String desc;
BusinessCodeEnum(Integer code, String desc) {
    this.code = code;
    this.desc = desc;
}
/**
 * 根據編碼獲取列舉類型
 *
 * @param code 編碼
 * @return
 */
public static BusinessCodeEnum getByCode(String code) {
    // 判斷編碼是否為空
    if (code == null) {
        return null;
    }
    // 迴圈處理
    BusinessCodeEnum[] values = BusinessCodeEnum.values();
    for (BusinessCodeEnum value : values) {
        if (value.getCode().equals(code)) {
            return value;
        }
    }
    return null;
```

```
    }
    public Integer getCode() {
        return code;
    }
    public String getDesc() {
        return desc;
    }
}
```

可在具體的業務層（Service 層）邏輯處理中，根據業務擴充列舉類型。舉例來說，將電子錢包資訊管理相關的業務異常碼值的範圍約定為 1000 ～ 1999，將電子錢包充值交易操作相關的業務異常碼約定為 2000 ～ 2999 等。

2. 引入 MapStruct 實體映射工具

具體參考 4.4.2 節中 "2." 小標題中的內容。

3. 開發「電子錢包開戶」介面及「電子錢包查詢」介面的業務層（Service 層）程式

接下來開發「電子錢包開戶」介面及「電子錢包查詢」介面的業務層（Service 層）程式。

(1) 定義「電子錢包開戶」介面及「電子錢包查詢」介面的業務層（Service 層）方法。程式如下：

```
package com.wudimanong.wallet.service;
import com.wudimanong.wallet.entity.bo.AccountBO;
import com.wudimanong.wallet.entity.bo.AccountOpenBO;
import com.wudimanong.wallet.entity.dto.AccountOpenDTO;
import com.wudimanong.wallet.entity.dto.AccountQeuryDTO;
import java.util.List;
public interface UserAccountService {
    /**
     * 定義 " 電子錢包開戶 " 介面的業務層（Service 層）方法
     *
```

```
     * @param accountOpenDTO
     * @return
     */
    AccountOpenBO openAcc(AccountOpenDTO accountOpenDTO);
    /**
     * 定義"電子錢包查詢"介面的業務層(Service 層)方法
     *
     * @param accountQeuryDTO
     * @return
     */
    List<AccountBO> queryAcc(AccountQeuryDTO accountQeuryDTO);
}
```

(2) 開發「電子錢包開戶」介面及「電子錢包查詢」介面的業務層(Service 層)實現類別的程式。

「電子錢包開戶」介面及「電子錢包查詢」介面的業務層(Service 層)實現類別的程式如下:

```
package com.wudimanong.wallet.service.impl;
import com.wudimanong.wallet.convert.UserBalanceConvert;
...
import org.springframework.stereotype.Service;
@Service
public class UserAccountServiceImpl implements UserAccountService {
    /**
     * 注入持久層(Dao 層)介面依賴
     */
    @Autowired
    UserBalanceDao userBalanceDao;
    @Override
    public AccountOpenBO openAcc(AccountOpenDTO accountOpenDTO) {
        // 判斷在同一個使用者 ID 下是否存在同一種類型的帳戶
        Map paramMap = new HashMap<>();
        paramMap.put("user_id", accountOpenDTO.getUserId());
        paramMap.put("acc_type", accountOpenDTO.getAccType());
        List<UserBalancePO> userBalancePOList = userBalanceDao.
selectByMap(paramMap);
```

```
        if (userBalancePOList != null && userBalancePOList.size() > 0) {
            throw new ServiceException (BusinessCodeEnum.BUSI_ACCOUNT_
FAIL_1000.getCode(),
                    BusinessCodeEnum.BUSI_ACCOUNT_FAIL_1000.getDesc());
        }
        // 將 " 業務層輸出的資料物件 " 轉為 " 持久層（Dao 層）資料物件 "
        UserBalancePO userBalancePO = UserBalanceConvert.INSTANCE.convert
UserBalancePO(accountOpenDTO);
        // 生成電子錢包帳戶編號
        String accountNo = getAccountNo();
        userBalancePO.setAccNo(accountNo);
        // 設定電子錢包帳戶的初始餘額
        userBalancePO.setBalance(0);
        // 設定時間值
        userBalancePO.setCreateTime(new Timestamp(System.
currentTimeMillis()));
        userBalancePO.setUpdateTime(new Timestamp(System.
currentTimeMillis()));
        // 透過持久層（Dao 層）元件將電子錢包帳戶資訊寫入資料庫
        userBalanceDao.insert(userBalancePO);
        // 封裝傳回的 " 業務層（Service 層）輸出的資料物件 "
        AccountOpenBO accountOpenBO = UserBalanceConvert.INSTANCE.convert
AccountOpenBO(userBalancePO);
        return accountOpenBO;
    }
    @Override
    public List<AccountBO> queryAcc(AccountQeuryDTO accountQeuryDTO) {
        // 組合電子錢包帳戶查詢準則
        Map paramMap = new HashMap<>();
        paramMap.put("user_id", accountQeuryDTO.getUserId());
        if (accountQeuryDTO.getAccType() != null) {
            paramMap.put("acc_type", accountQeuryDTO.getAccType());
        }
        if (accountQeuryDTO.getCurrency() != null && !"".
equals(accountQeuryDTO.getCurrency())) {
            paramMap.put("currency", accountQeuryDTO.getCurrency());
        }
        List<AccountBO> accountBOList = new ArrayList<>();
        List<UserBalancePO> userBalancePOList = userBalanceDao.
```

```
selectByMap(paramMap);
        if (userBalancePOList != null && userBalancePOList.size() > 0) {
            // 完成電子錢包帳戶 " 持久層（Dao 層）資料物件 " 到 " 業務層
（Service 層）輸出的資料物件 " 的轉換
            accountBOList = UserBalanceConvert.INSTANCE.convertAccountBO(
userBalancePOList);
        }
        return accountBOList;
    }
    /**
     * 生成電子錢包帳戶編號
     */
    private String getAccountNo() {
        // 雪花演算法 ID 生成器
        SnowFlakeIdGenerator idGenerator = new
SnowFlakeIdGenerator(IDutils.getWorkId(), 1);
        // 以 " 日期 YYYYMMDD + 隨機 ID" 規則生成電子錢包帳戶編號
        return DateUtils.getStringByFormat(new Date(), DateUtils.sf1) +
idGenerator.nextId();
    }
}
```

（3）撰寫 MapStruct 資料轉化類別。

在步驟（2）的實現邏輯中，有關資料複製使用了 "1." 小標題中引入的 MapStruct 工具。相關的程式片段如下：

```
// 在電子錢包開戶邏輯中使用 MapStruct 工具進行資料物件轉換的程式片段
// 將 " 業務層（Service 層）輸出的資料物件 " 轉為 " 持久層（Dao 層）資料物件 "
UserBalancePO userBalancePO = UserBalanceConvert.INSTANCE.convertUserBala
ncePO(accountOpenDTO);
...
// 封裝傳回的 " 業務層（Service 層）輸出資料物件 "
AccountOpenBO accountOpenBO = UserBalanceConvert.INSTANCE.convertAccountO
penBO(userBalancePO);
...
// 在電子錢包查詢邏輯中使用 MapStruct 工具進行資料物件轉換的程式片段
// 完成電子錢包帳戶 " 持久層（Dao 層）資料物件 " 到 " 業務層（Service 層）輸出的資
料物件 " 的轉換
```

```
accountBOList = UserBalanceConvert.INSTANCE.convertAccountBO(userBalanceP
OList);
...
```

在上述程式片段中，具體映射轉換類別的程式如下：

```
package com.wudimanong.wallet.convert;
import com.wudimanong.wallet.dao.model.UserBalancePO;
...
import org.mapstruct.factory.Mappers;
@org.mapstruct.Mapper
public interface UserBalanceConvert {
    UserBalanceConvert INSTANCE = Mappers.getMapper(UserBalanceConvert.
class);
    /**
     * 將電子錢包開戶邏輯的 " 業務層 (Service 層 ) 輸出資料物件 " 轉換成 " 持久層
（Dao 層）資料物件 "
     *
     * @param accountOpenDTO
     * @return
     */
    @Mappings({})
    UserBalancePO convertUserBalancePO(AccountOpenDTO accountOpenDTO);
    /**
     * 將電子錢包開戶邏輯的 " 持久層（Dao 層）資料物件 " 轉為 " 業務層（Service
層）輸出資料物件 "
     *
     * @param userBalancePO
     * @return
     */
    @Mappings({})
    AccountOpenBO convertAccountOpenBO(UserBalancePO userBalancePO);
    /**
     * 將電子錢包查詢邏輯的 " 持久層（Dao 層）資料物件 " 轉為 " 業務層（Service
層）輸出資料物件 "
     *
     * @param userBalancePOList
     * @return
     */
```

```
    @Mappings({})
    List<AccountBO> convertAccountBO(List<UserBalancePO>
userBalancePOList);
}
```

（4）撰寫「雪花演算法」ID 生成器。

在上述業務層（Service 層）的具體邏輯中，電子錢包開戶還包括電子錢包帳戶編號的生成。在本實例中，電子錢包帳戶編號的生成規則為「日期 YYYYMMDD + 隨機生成 ID」，為了確保隨機 ID 生成的冪等性，使用了「雪花演算法」。

實現「雪花演算法」的工具類別的程式如下：

```
package com.wudimanong.wallet.utils;
public class SnowFlakeIdGenerator {
    // 初始時間戳記
    private static final long INITIAL_TIME_STAMP = 1546272000000L;
    // 機器 ID 所佔的位數
    private static final long WORKER_ID_BITS = 10L;
    // 資料標識 ID 所佔的位元數
    private static final long DATACENTER_ID_BITS = 5L;
    // 支持的最大機器 ID，結果是 31（這個移位演算法可以很快計算出幾位二進位數
字所能表示的最大十進位數字）
    private static final long MAX_WORKER_ID = ~(-1L << WORKER_ID_BITS);
    // 支援的最巨量資料標識 ID，結果是 31
    private static final long MAX_DATACENTER_ID = ~(-1L << DATACENTER_ID_
BITS);
    // 序列在 ID 中佔的位數
    private final long SEQUENCE_BITS = 12L;
    // 機器 ID 的偏移量（12）
    private final long WORKERID_OFFSET = SEQUENCE_BITS;
    // 資料中心 ID 的偏移量（12+5）
    private final long DATACENTERID_OFFSET = SEQUENCE_BITS + SEQUENCE_
BITS;
    // 時間截的偏移量 (5+5+12)
    private final long TIMESTAMP_OFFSET = SEQUENCE_BITS + WORKER_ID_BITS
+ DATACENTER_ID_BITS;
    // 生成序列的隱藏，這裡為 4095（0b111111111111=0xfff=4095）
```

```
    private final long SEQUENCE_MASK = ~(-1L << SEQUENCE_BITS);
    // 工作節點 ID（0 ～ 31）
    private long workerId;
    // 資料中心 ID（0 ～ 31）
    private long datacenterId;
    // 毫秒內序列（0 ～ 4095）
    private long sequence = 0L;
    // 上一次生成 ID 的時間截
    private long lastTimestamp = -1L;
    /**
     * 建構函數
     *
     * @param workerId 工作 ID（0 ～ 31）
     * @param datacenterId 資料中心 ID（0 ～ 31）
     */
    public SnowFlakeIdGenerator(long workerId, long datacenterId) {
        if (workerId > MAX_WORKER_ID || workerId < 0) {
            throw new IllegalArgumentException(String.format("WorkerID 不
能大於 %d 或小於 0", MAX_WORKER_ID));
        }
        if (datacenterId > MAX_DATACENTER_ID || datacenterId < 0) {
            throw new IllegalArgumentException(String.
format("DataCenterID 不能大於 %d 或小於 0", MAX_DATACENTER_ID));
        }
        this.workerId = workerId;
        this.datacenterId = datacenterId;
    }
    /**
     * 獲得下一個 ID（用同步鎖保證執行緒安全）
     *
     * @return SnowflakeId
     */
    public synchronized long nextId() {
        long timestamp = System.currentTimeMillis();
        // 如果當前時間小於上一次 ID 生成的時間戳記，則說明系統時鐘存在問題，
應拋出異常
        if (timestamp < lastTimestamp) {
            throw new RuntimeException("Clock moved backwards.  Refusing
to generate id for %d milliseconds ! ");
```

```
        }
        // 如果是同一時間生成的，則以 ms 為單位進行序列計算
        if (lastTimestamp == timestamp) {
            sequence = (sequence + 1) & SEQUENCE_MASK;
            // 如果 sequence 等於 0，則說明毫秒內序列已經增長到最大值
            if (sequence == 0) {
                // 阻塞到下一個毫秒，獲得新的時間戳記
                timestamp = tilNextMillis(lastTimestamp);
            }
        } else {// 時間戳記改變，毫秒內序列重置
            sequence = 0L;
        }
        // 上一次生成 ID 的時間截
        lastTimestamp = timestamp;
        // 透過移位或運算，將結果拼到一起組成 64 位元的 ID
        return ((timestamp - INITIAL_TIME_STAMP) << TIMESTAMP_OFFSET) |
(datacenterId << DATACENTERID_OFFSET) | (
                workerId << WORKERID_OFFSET) | sequence;
    }
    /**
     * 阻塞到下一個毫秒，直到獲得新的時間戳記
     *
     * @param lastTimestamp 上一次生成 ID 的時間截
     * @return 當前時間戳記
     */
    protected long tilNextMillis(long lastTimestamp) {
        long timestamp = System.currentTimeMillis();
        while (timestamp <= lastTimestamp) {
            timestamp = System.currentTimeMillis();
        }
        return timestamp;
    }
}
```

(5) 撰寫日期工具類別。

接下來，建立用於在電子錢包帳戶生成編號過程中處理日期字串的工具類別。程式如下：

```
package com.wudimanong.wallet.utils;
import java.text.SimpleDateFormat;
import java.util.Date;
import lombok.extern.slf4j.Slf4j;
/**
 * 日期時間工具類別
 */
@Slf4j
public class DateUtils {
    //執行緒區域變數
    public static final ThreadLocal<SimpleDateFormat> sf1 = new
ThreadLocal<SimpleDateFormat>() {
        @Override
        public SimpleDateFormat initialValue() {
            return new SimpleDateFormat("yyyyMMdd");
        }
    };
    public static final ThreadLocal<SimpleDateFormat> sf2 = new
ThreadLocal<SimpleDateFormat>() {
        @Override
        public SimpleDateFormat initialValue() {
            return new SimpleDateFormat("yyyy-MM-dd");
        }
    };
    public static final ThreadLocal<SimpleDateFormat> sf3 = new
ThreadLocal<SimpleDateFormat>() {
        @Override
        public SimpleDateFormat initialValue() {
            return new SimpleDateFormat("yyyyMMddHHmmss");
        }
    };
    /**
     * 時間格式化方法
     *
     * @param date
     * @param fromat
     * @return
     */
    public static String getStringByFormat(Date date,
```

```
ThreadLocal<SimpleDateFormat> fromat) {
        return fromat.get().format(date);
    }
}
```

（6）撰寫獲取 WorkID 的工具類別。

在使用「雪花演算法」ID 生成器時，需要傳遞 WorkID。這裡建立一個獲取 WorkID 的簡單工具類別，程式如下：

```
package com.wudimanong.wallet.utils;
import java.net.InetAddress;
import lombok.extern.slf4j.Slf4j;
@Slf4j
public class IDutils {
    /**
     * WorkID的獲取方式為：根據機器 IP 位址獲取工作處理程序 ID。如果線上機器的 IP 位址的二進位表示的最後 10 位不重複，則建議使用此種方式。例如機器的 IP 位址為 "192.168.1.108"，二進位表示為 "11000000 10101000"，截取最後 10 位 "01 01101100"，轉為十進位數字為 364，則設定 workerID 為 364
     */
    public static int getWorkId() {// 性能待最佳化
        int workId = 1;
        try {
            // 獲取機器 IP 位址的二進位表示
            InetAddress address = InetAddress.getLocalHost();
            String sIP = address.getHostAddress();
            sIP = sIP.replaceAll("\t", "").trim();
            String[] arr = sIP.split("\\.");
            String rs = "";
            for (String str : arr) {
                String s = Integer.toBinaryString(Integer.parseInt(str));
                if (s.length() < 8) {
                    int diff = 8 - s.length();
                    for (int i = 0; i < diff; i++) {
                        s = "0" + s;
                    }
                }
                rs += s;
```

```
                }
                if (!"".equals(rs)) {
                    // 截取 IP 位址二進位表示的後 10 位
                    String last10 = rs.substring(rs.length() - 10,
rs.length());
                    workId = Integer.parseInt(last10, 2);
                }
            } catch (Exception e) {
                e.printStackTrace();
                log.error(e.getMessage(), e);
            }
            return workId;
        }
    }
```

以上程式實現了「電子錢包開戶」介面及「電子錢包查詢」介面的業務層（Service 層）邏輯，所依賴的持久層（Dao 層）操作元件可以參考 5.4.3 節的內容。

4. 開發「電子錢包充值」介面的業務層（Service 層）程式

接下來開發「電子錢包充值」介面的業務層（Service 層）程式。

（1）定義業務層（Service 層）介面類別 UserAccountTradeService。程式如下：

```
package com.wudimanong.wallet.service;
import com.wudimanong.wallet.entity.bo.AccountChargeBO;
import com.wudimanong.wallet.entity.dto.AccountChargeDTO;
public interface UserAccountTradeService {
    /**
     * 定義 " 電子錢包充值 " 介面的業務層（Service 層）方法
     *
     * @param accountChargeDTO
     * @return
     */
    AccountChargeBO chargeOrder(AccountChargeDTO accountChargeDTO);
}
```

（2）實現業務層（Service 層）介面類別的方法。程式如下：

```
package com.wudimanong.wallet.service.impl;
import com.wudimanong.wallet.client.PaymentClient;
...
import org.springframework.stereotype.Service;
@Service
public class UserAccountTradeServiceImpl implements
UserAccountTradeService {
    @Autowired
    PaymentClient paymentClient;
    /**
     * 注入 Dao 層介面依賴
     */
    @Autowired
    UserBalanceOrderDao userBalanceOrderDao;
    @Override
    public AccountChargeBO chargeOrder(AccountChargeDTO accountChargeDTO)
{
        // 生成電子錢包充值訂單資訊
        UserBalanceOrderPO userBalanceOrderPO = createChargeOrder(account
ChargeDTO);
        try {
            userBalanceOrderDao.insert(userBalanceOrderPO);
        } catch (Exception e) {
            // 拋出 Dao 層異常
            throw new DAOException(BusinessCodeEnum.BUSI_CHARGE_
FAIL_2000.getCode(),
                    BusinessCodeEnum.BUSI_CHARGE_FAIL_2000.getDesc(), e);
        }
        // 呼叫支付系統介面
        // 建構支付請求參數
        UnifiedPayDTO unifiedPayDTO = buildUnifiedPayDTO(accountChargeDTO,
userBalanceOrderPO);
        ResponseResult<UnifiedPayBO> responseResult = paymentClient.
unifiedPay(unifiedPayDTO);
        if (!responseResult.getCode().equals(GlobalCodeEnum.GL_SUCC_0000.
getCode())) {
            // 支付失敗的業務異常傳回
```

```
            throw new ServiceException(responseResult.getCode(),
responseResult.getMessage());
        }
        //獲取支付傳回資料
        UnifiedPayBO unifiedPayBO = responseResult.getData();
        //封裝傳回的電子錢包充值訂單資訊
        AccountChargeBO accountChargeBO = UserBalanceOrderConvert.INSTANCE
                .convertUserBalanceOrderBO(unifiedPayBO);
        accountChargeBO.setUserId(accountChargeDTO.getUserId());
        return accountChargeBO;
    }
    /**
     * 生成電子錢包充值訂單資訊的私有方法
     *
     * @param accountChargeDTO
     * @return
     */
    private UserBalanceOrderPO createChargeOrder(AccountChargeDTO
accountChargeDTO) {
        UserBalanceOrderPO userBalanceOrderPO = UserBalanceOrderConvert.
INSTANCE
                .convertUserBalanceOrderPO(accountChargeDTO);
        //生成電子錢包充值訂單序號
        String orderId = getOrderId();
        userBalanceOrderPO.setOrderId(orderId);
        //設定交易類型為 " 充值 "
        userBalanceOrderPO.setTradeType(TradeType.CHARGE.getCode());
        //設定支付狀態為 " 待支付 "
        userBalanceOrderPO.setStatus("0");
        //設定交易時間
        userBalanceOrderPO.setTradeTime(new Timestamp (System.
currentTimeMillis()));
        //設定訂單建立時間
        userBalanceOrderPO.setCreateTime(new Timestamp (System.
currentTimeMillis()));
        //設定訂單初始更新時間
        userBalanceOrderPO.setUpdateTime(new Timestamp (System.
currentTimeMillis()));
        return userBalanceOrderPO;
```

```
    }
    /**
     * 以特定的規則生成電子錢包充值訂單序號的私有方法
     *
     * @return
     */
    private String getOrderId() {
        //"雪花演算法 "ID 生成器
        SnowFlakeIdGenerator idGenerator = new
SnowFlakeIdGenerator(IDutils.getWorkId(), 1);
        // 以 " 日期 yyyyMMddHHmmss + 隨機生存 ID" 規則生成充值訂單號
        return DateUtils.getStringByFormat(new Date(), DateUtils.sf3) +
idGenerator.nextId();
    }
    /**
     * 建構支付系統請求參數物件的私有方法
     *
     * @param userBalanceOrderPO
     * @return
     */
    private UnifiedPayDTO buildUnifiedPayDTO(AccountChargeDTO
accountChargeDTO, UserBalanceOrderPO userBalanceOrderPO) {
        UnifiedPayDTO unifiedPayDTO = new UnifiedPayDTO();
        // 支付系統為連線方分配的應用 ID
        unifiedPayDTO.setAppId("10001");
        // 支付業務訂單號
        unifiedPayDTO.setOrderId(userBalanceOrderPO.getOrderId());
        // 充值交易類型——餘額充值
        unifiedPayDTO.setTradeType("topup");
        // 支付通路
        unifiedPayDTO.setChannel(accountChargeDTO.getPaymentType());
        // 具體的支付通路方式，可根據連線的支付產品設定
        unifiedPayDTO.setPayType("ALI_PAY_H5");
        // 支付金額
        unifiedPayDTO.setAmount(accountChargeDTO.getAmount());
        // 支付幣種
        unifiedPayDTO.setCurrency(accountChargeDTO.getCurrency());
        // 商戶使用者標識
        unifiedPayDTO.setUserId(String.valueOf (accountChargeDTO.
```

```
getUserId()));
        // 商品標題，在實際情況下根據所購買的商品來定義相關內容
        unifiedPayDTO.setSubject("xiaomi 10 pro");
        // 商品詳情
        unifiedPayDTO.setBody("xiaomi 10 pro testing");
        // 支付回呼通知位址，可根據實際情況填充
        unifiedPayDTO.setNotifyUrl("http://www.baidu.com");
        // 支付結果同步傳回 URL，一般為使用者前端頁面，可根據實際情況填充
        unifiedPayDTO.setReturnUrl("http://www.baidu.com");
        return unifiedPayDTO;
    }
}
```

以上程式為「電子錢包充值」介面的業務層（Service 層）的完整程式。具體的邏輯為：

首先，完成餘額充值業務訂單的生成及持久化。

然後，透過 Feign 用戶端程式（參見 5.5 節內容）實現對支付系統的呼叫。

最後，判斷支付微系統呼叫結果——如果成功傳回，則透過 MapStruct 元件轉換傳回參數物件；如果失敗，則透過業務層（Service 層）異常處理機制向系統上層拋出支付處理錯誤異常。

5. 開發「電子錢包充值支付回呼」介面的業務層（Service 層）程式

接下來開發「電子錢包充值支付回呼」介面的業務層（Service 層）程式。

（1）定義業務層（Service 層）方法。

在 "4." 小標題下步驟（1）中定義的業務層（Service 層）實現 UserAccountTradeService 類別中，增加「電子錢包充值支付回呼」介面的業務層（Service 層）方法。程式如下：

```
/**
 * 定義 " 電子錢包充值支付回呼 " 介面的業務層（Service 層）方法
 *
 * @param payNotifyDTO
```

```
 * @return
 */
PayNotifyBO receivePayNotify(PayNotifyDTO payNotifyDTO);
```

（2）實現業務層（Service 層）方法。

在 "4." 小標題下步驟（2）中定義的業務層（Service 層）實現 UserAccountTradeServiceImpl 類別中，增加「電子錢包充值支付回呼」介面業務層（Service 層）方法的實現。程式如下：

```
/**
 * 電子錢包餘額服務層介面依賴
 */
@Autowired
UserBalanceService userBalanceServiceImpl;
/**
 * "電子錢包充值支付回呼" 介面的業務層（Service 層）方法的實現
 *
 * @param payNotifyDTO
 * @return
 */
@Override
public PayNotifyBO receivePayNotify(PayNotifyDTO payNotifyDTO) {
    // 判斷電子錢包充值訂單支付狀態是否為成功
    Map parmMap = new HashMap<>();
    parmMap.put("order_id", payNotifyDTO.getOrderId());
    List<UserBalanceOrderPO> userBalanceOrderPOList =
userBalanceOrderDao.selectByMap(parmMap);
    // 如果電子錢包充值訂單不存在，則傳回失敗結果
    if (userBalanceOrderPOList == null && userBalanceOrderPOList.size()
<= 0) {
        return PayNotifyBO.builder().result("fail").build();
    }
    UserBalanceOrderPO userBalanceOrderPO = userBalanceOrderPOList.get(0);
    // 判斷電子錢包充值訂單的支付狀態，如果已經為成功狀態，則說明已處理，傳回
成功結果
    if ("2".equals(userBalanceOrderPO.getStatus())) {
        return PayNotifyBO.builder().result("success").build();
    }
```

```
    // 更新電子錢包充值訂單支付狀態為成功
    userBalanceOrderPO.setStatus(String.valueOf(payNotifyDTO.
getPayStatus()));
    // 設定訂單更新時間
    userBalanceOrderPO.setUpdateTime(new Timestamp(System.
currentTimeMillis()));
    // 更新狀態
    userBalanceOrderDao.updateById(userBalanceOrderPO);
    // 如果是支付成功回呼通知，則完成電子錢包帳戶餘額的增加
    if (payNotifyDTO.getPayStatus() == 2) {
        AddBalanceBO addBalanceBO = AddBalanceBO.builder().
userId(userBalanceOrderPO.getUserId())
                .amount(userBalanceOrderPO.getAmount()).
busiType("charge").accType("0")
                .currency(userBalanceOrderPO.getCurrency()).build();
        // 呼叫電子錢包餘額業務層（Service 層）方法增加餘額
        userBalanceServiceImpl.addBalance(addBalanceBO);
    }
    return PayNotifyBO.builder().result("success").build();
}
```

該實現方法主要完成對電子錢包充值訂單的狀態更新，如果是支付成功回呼通知，則完成電子錢包帳戶餘額的增加，以及錢包帳戶變動明細的記錄。

（3）定義「電子錢包餘額服務層」的業務層（Service 層）方法。

從業務邏輯解耦的角度，將步驟（2）中所依賴的 UserBalanceService 介面（電子錢包餘額服務層）進行單獨的業務層（Service 層）拆分。

定義「電子錢包餘額服務層」的業務層（Service 層）方法，程式如下：

```
package com.wudimanong.wallet.service;
import com.wudimanong.wallet.entity.bo.AddBalanceBO;
public interface UserBalanceService {
    /**
     * 定義餘額增加邏輯的業務層（Service 層）方法
     *
     * @param addBalanceBO
```

```
     * @return
     */
    boolean addBalance(AddBalanceBO addBalanceBO);
}
```

在業務介面中定義了電子錢包餘額增加的方法，該方法的引用參數 AddBalanceBO 類別的程式如下：

```
package com.wudimanong.wallet.entity.bo;
import lombok.Builder;
import lombok.Data;
@Data
@Builder
public class AddBalanceBO {
    /**
     * 使用者 ID
     */
    private String userId;
    /**
     * 增加金額
     */
    private Integer amount;
    /**
     * 業務類型
     */
    private String busiType;
    /**
     * 帳戶類型
     */
    private String accType;
    /**
     * 幣種
     */
    private String currency;
}
```

(4) 開發「電子錢包餘額服務層」的業務層（Service 層）實現類別的程式。

開發「電子錢包餘額服務層」業務介面實現類別 UserBalanceServiceImpl 的程式。程式如下：

```
package com.wudimanong.wallet.service.impl;
import com.wudimanong.wallet.dao.mapper.UserBalanceDao;
...
import org.springframework.stereotype.Service;
import org.springframework.transaction.annotation.Transactional;
@Slf4j
@Service
public class UserBalanceServiceImpl implements UserBalanceService {
    @Autowired
    UserBalanceDao userBalanceDao;
    @Autowired
    UserBalanceFlowDao userBalanceFlowDao;
    @Transactional(rollbackFor = Exception.class)
    @Override
    public boolean addBalance(AddBalanceBO addBalanceBO) {
        // 查詢電子錢包帳戶餘額
        Map param = new HashMap<>();
        param.put("user_id", addBalanceBO.getUserId());
        param.put("acc_type", addBalanceBO.getAccType());
        List<UserBalancePO> userBalancePOList = userBalanceDao.
selectByMap(param);
        UserBalancePO userBalancePO = userBalancePOList.get(0);
        userBalancePO.setBalance(userBalancePO.getBalance() +
addBalanceBO.getAmount());
        userBalancePO.setUpdateTime(new Timestamp (System.
currentTimeMillis()));
        userBalanceDao.updateById(userBalancePO);
        // 生成電子錢包帳戶變動明細記錄
        UserBalanceFlowPO userBalanceFlowPO = createUserBalanceFlow
(addBalanceBO, userBalancePO);
        // 持久層（Dao 層）入庫處理
        userBalanceFlowDao.insert(userBalanceFlowPO);
        return true;
    }
    /**
     * 生成電子錢包帳戶變動明細記錄
```

```
     *
     * @param addBalanceBO
     * @param userBalancePO
     * @return
     */
    private UserBalanceFlowPO createUserBalanceFlow(AddBalanceBO
addBalanceBO, UserBalancePO userBalancePO) {
        UserBalanceFlowPO userBalanceFlowPO = new UserBalanceFlowPO();
        userBalanceFlowPO.setUserId(addBalanceBO.getUserId());
        //設定帳戶變動序號
        userBalanceFlowPO.setFlowNo(getFlowId());
        //記錄帳戶編號
        userBalanceFlowPO.setAccNo(userBalancePO.getAccNo());
        //記錄業務類型
        userBalanceFlowPO.setBusiType(addBalanceBO.getBusiType());
        //記錄變動金額
        userBalanceFlowPO.setAmount(addBalanceBO.getAmount());
        //幣種
        userBalanceFlowPO.setCurrency(userBalancePO.getCurrency());
        //記錄帳戶變動前的金額
        userBalanceFlowPO.setBeginBalance(userBalancePO.getBalance() -
addBalanceBO.getAmount());
        //記錄帳戶變動後的金額
        userBalanceFlowPO.setEndBalance(userBalancePO.getBalance());
        //借貸方向,借方帳戶
        userBalanceFlowPO.setFundDirect("00");
        //設定建立時間
        userBalanceFlowPO.setCreateTime(new Timestamp (System.
currentTimeMillis()));
        //設定更新時間
        userBalanceFlowPO.setUpdateTime(new Timestamp (System.
currentTimeMillis()));
        return userBalanceFlowPO;
    }
    /**
     * 以特定的規則生成電子錢包帳戶變動序號的私有方法
     * @return
     */
    private String getFlowId() {
```

```
        //"雪花演算法"ID生成器
        SnowFlakeIdGenerator idGenerator = new
SnowFlakeIdGenerator(IDutils.getWorkId(), 1);
        //以"日期yyyyMMddHHmmss + 隨機生成ID器"規則生成電子錢包餘額變動
序號
        return DateUtils.getStringByFormat(new Date(), DateUtils.sf3) +
idGenerator.nextId();
    }
}
```

以上實現了電子錢包帳戶餘額增加的邏輯。其中，透過 @Transactional 交易註釋實現了餘額增加與帳戶變動明細記錄資料庫操作的交易一致性。

5.4.3 開發 MyBatis 持久層（Dao 層）元件

持久層（Dao 層）的實現，以 MyBatis 及 MyBatis-Plus 組合提供的功能為基礎。需要先在程式主類別中增加 MyBatis 介面程式的套件掃描路徑，程式如下：

```
package com.wudimanong.wallet;
import org.mybatis.spring.annotation.MapperScan;
...
import org.springframework.cloud.client.discovery.EnableDiscoveryClient;
@EnableDiscoveryClient
@SpringBootApplication
@MapperScan("com.wudimanong.wallet.dao.mapper")
public class WalletApplication {
    public static void main(String[] args) {
        SpringApplication.run(WalletApplication.class, args);
    }
}
```

在上述程式中，透過 @MapperScan 註釋定義 MyBatis 持久層（Dao 層）元件程式的套件路徑。

1. 實現「電子錢包開戶」介面及「電子錢包查詢」介面的持久層（Dao 層）

「電子錢包開戶」介面及「電子錢包查詢」介面相關的資料庫操作，主要以（user_balance）「餘額帳戶資訊表」為準。

（1）定義「餘額帳戶資訊表」的資料庫實體類別。程式如下：

```
package com.wudimanong.wallet.dao.model;
import com.baomidou.mybatisplus.annotation.TableName;
import java.sql.Timestamp;
import lombok.Data;
@Data
@TableName("user_balance")
public class UserBalancePO {
    /**
     * 主鍵 ID
     */
    private Integer id;
    /**
     * 使用者編號
     */
    private Long userId;
    /**
     * 帳戶編號
     */
    private String accNo;
    /**
     * 帳戶類型
     */
    private String accType;
    /**
     * 幣種
     */
    private String currency;
    /**
     * 帳戶餘額
     */
```

```
    private Integer balance;
    /**
     * 建立時間
     */
    private Timestamp createTime;
    /**
     * 更新時間
     */
    private Timestamp updateTime;
}
```

由於要使用 MyBatis-Plus 工具來簡化 MyBatis 的操作，所以，在資料庫實體類別的定義中需要透過 @TableName 註釋來指定具體的表名。

（2）定義「餘額帳戶資訊表」的持久層（Dao 層）介面。

定義「電子錢包開戶」介面及「電子錢包查詢」介面的業務層（Service 層）所依賴的持久層（Dao 層）介面。程式如下：

```
package com.wudimanong.wallet.dao.mapper;
import com.baomidou.mybatisplus.core.mapper.BaseMapper;
import com.wudimanong.wallet.dao.model.UserBalancePO;
import org.springframework.stereotype.Repository;
@Repository
public interface UserBalanceDao extends BaseMapper<UserBalancePO> {
}
```

至此，「電子錢包開戶」介面及「電子錢包查詢」介面所相關的 Controller、Service 及 Dao 層的程式就撰寫完成了。

2. 開發「電子錢包充值」介面的持久層（Dao 層）程式

電子錢包充值持久層（Dao 層）主要包括對「餘額交易訂單表」（user_balance_order）的操作。

（1）定義「餘額交易訂單表」的資料庫實體類別。程式如下：

```
package com.wudimanong.wallet.dao.model;
import com.baomidou.mybatisplus.annotation.TableName;
```

```
import java.sql.Timestamp;
import lombok.Data;
@Data
@TableName("user_balance_order")
public class UserBalanceOrderPO {
    /**
     * 主鍵 ID
     */
    private Integer id;
    /**
     * 充值訂單 ID
     */
    private String orderId;
    /**
     * 使用者 ID
     */
    private String userId;
    /**
     * 充值訂單金額
     */
    private Integer amount;
    /**
     * 訂單交易類型。charge- 餘額充值；refund- 餘額退款
     */
    private String tradeType;
    /**
     * 幣種
     */
    private String currency;
    /**
     * 支付序號
     */
    private String tradeNo;
    /**
     * 支付狀態。0- 待支付；1- 支付中；2- 支付成功；3- 支付失敗
     */
    private String status;
    /**
     * 是否自動續費充值。0- 不自動續費；1- 自動續費
```

```
     */
    private Integer isRenew;
    /**
     * 交易發生時間
     */
    private Timestamp tradeTime;
    /**
     * 建立時間
     */
    private Timestamp createTime;
    /**
     * 更新時間
     */
    private Timestamp updateTime;
}
```

（2）定義「餘額交易訂單表」的持久層（Dao 層）介面。

程式如下：

```
package com.wudimanong.wallet.dao.mapper;
import com.baomidou.mybatisplus.core.mapper.BaseMapper;
import com.wudimanong.wallet.dao.model.UserBalanceOrderPO;
import org.springframework.stereotype.Repository;
@Repository
public interface UserBalanceOrderDao extends
BaseMapper<UserBalanceOrderPO> {
}
```

3. 開發「電子錢包充值支付回呼」介面的持久層（Dao 層）程式

「電子錢包充值支付回呼」介面的持久層（Dao 層）實現，包括「餘額交易訂單表」（user_balance_order）、「餘額帳戶資訊表」（user_balance）和「餘額帳戶帳單明細記錄表」（user_balance_flow）的操作。

「餘額交易訂單表」及「餘額帳戶資訊表」的持久層（Dao 層）介面，已經在 "1." 小標題及 "2." 小標題中實現了，因此這裡只需要實現「餘額帳戶帳單明細記錄表」（user_balance_flow）的持久層（Dao 層）。

(1) 定義「餘額帳戶帳單明細記錄表」的資料庫實體類別。程式如下：

```
package com.wudimanong.wallet.dao.model;
import com.baomidou.mybatisplus.annotation.TableName;
import java.sql.Timestamp;
import lombok.Data;
@Data
@TableName("user_balance_flow")
public class UserBalanceFlowPO {
    /**
     * 主鍵 ID
     */
    private Integer id;
    /**
     * 使用者 ID
     */
    private String userId;
    /**
     * 帳戶變動序號
     */
    private String flowNo;
    /**
     * 帳戶編號
     */
    private String accNo;
    /**
     * 業務類型
     */
    private String busiType;
    /**
     * 變動金額
     */
    private Integer amount;
    /**
     * 幣種
     */
    private String currency;
    /**
     * 變動前的金額
```

```
     */
    private Integer beginBalance;
    /**
     * 變動後的金額
     */
    private Integer endBalance;
    /**
     * 借貸方向
     */
    private String fundDirect;
    /**
     * 更新時間
     */
    private Timestamp updateTime;
    /**
     * 建立時間
     */
    private Timestamp createTime;
}
```

（2）定義「餘額帳戶帳單明細記錄表」的持久層（Dao 層）介面。

```
package com.wudimanong.wallet.dao.mapper;
import com.baomidou.mybatisplus.core.mapper.BaseMapper;
import com.wudimanong.wallet.dao.model.UserBalanceFlowPO;
import org.springframework.stereotype.Repository;
@Repository
public interface UserBalanceFlowDao extends BaseMapper<UserBalanceFlowPO> {
}
```

至此，完成了電子錢包微服務業務層（Service 層）功能的開發。

5.5 步驟 3：整合 "Feign + Ribbon + Hystrix" 實現微服務的「遠端通訊 + 負載呼叫 + 熔斷降級」

在微服務技術系統中，除要實現服務註冊、服務發現外，還要實現微服務之間的遠端通訊、負載平衡及熔斷降級等功能，並為此提供可靠的技術解決方案。

本節的內容將示範 Spring Cloud 微服務中實現遠端通訊、負載平衡及熔斷降級功能。

示範的內容為：在「電子錢包微服務」與「支付微服務」（參考第 6 章）之間透過 "Feign + Ribbon + Hystrix" 實現電子錢包充值支付功能。

5.5.1 整合微服務通訊元件 "Feign + Ribbon"

在 Spring Cloud 微服務技術中，服務之間最常用的通訊方式是以 Feign 為基礎的 HTTP 呼叫方式。Feign 元件的底層透過整合 Ribbon 用戶端負載平衡元件，來實現對目標微服務實例的負載平衡呼叫。

在專案程式的 pom.xml 檔案中，引入 Feign 依賴，程式如下：

```
<!-- 引入 Feign 依賴 -->
<dependency>
    <groupId>org.springframework.cloud</groupId>
    <artifactId>spring-cloud-starter-openfeign</artifactId>
</dependency>
```

引入此依賴後，也會自動引入 Ribbon 依賴。

5.5.2 開發呼叫「支付微服務」的 FeignClient 用戶端程式

接下來開發呼叫「支付微服務」的 FeignClient 用戶端呼叫程式。

1. 開發「支付微服務」用戶端程式

接下來以 @FeignClient 註釋為基礎開發呼叫「支付微服務」的用戶端程式。

（1）定義「統一支付」介面的 FeignClient 介面。

具體的服務方法及參數，與「支付微服務」所定義的介面一致。具體程式如下：

```
package com.wudimanong.wallet.client;
import com.wudimanong.wallet.client.bo.UnifiedPayBO;
...
import org.springframework.web.bind.annotation.RequestBody;
@FeignClient(value = "payment")
public interface PaymentClient {
    /**
     * "統一支付"介面
     *
     * @param unifiedPayDTO
     * @return
     */
    @PostMapping("/pay/unifiedPay")
    public ResponseResult<UnifiedPayBO> unifiedPay(@RequestBody
@Validated UnifiedPayDTO unifiedPayDTO);
}
```

上述介面透過 @FeignClient 註釋定義了呼叫「支付微服務」的 FeignClient 用戶端程式，註釋中 "value" 屬性的設定值為「支付微服務」在註冊中心 Consul 中的服務名稱。

在「電子錢包微服務」呼叫「支付微服務」的過程中，「電子錢包微服務」的 Feign 用戶端會透過 Ribbon 元件從註冊中心獲取「支付微服務」的實例位址清單，以此實現用戶端負載呼叫。

（2）定義「統一支付」介面的請求參數物件。

「統一支付」介面的請求參數物件，與在「支付微服務」中定義的「統一支付」介面的請求參數物件完全一致（參考第 6 章內容）。具體程式如下：

```
package com.wudimanong.wallet.client.dto;
import com.wudimanong.wallet.validator.EnumValue;
...
import lombok.Data;
@Data
public class UnifiedPayDTO implements Serializable {
    /**
     * 連線方應用 ID
     */
    @NotNull(message = "應用 ID 不能為空")
    private String appId;
    /**
     * 連線方支付訂單 ID，必須在連線方系統唯一（如電子錢包微服務）
     */
    @NotNull(message = "支付訂單 ID 不能為空")
    private String orderId;
    /**
     * 交易類型。用於標識具體的業務類型，如 topup 表示錢包充值等，可以根據具體
業務定義
     */
    @EnumValue(strValues = {"topup"})
    private String tradeType;
    /**
     * 支付通路。0- 微信支付，1- 支付寶支付
     */
    @EnumValue(intValues = {0, 1})
    private Integer channel;
    /**
     * 支付產品定義，用於區分具體的通路支付產品，具體可根據實際情況定義
     */
    private String payType;
    /**
     * 支付金額，以 "分" 為單位，數值必須大於 0
     */
    private Integer amount;
    /**
```

```
     * 支付幣種，預設為 CNY
     */
    @EnumValue(strValues = {"CNY"})
    private String currency;
    /**
     * 商戶系統唯一標識使用者身份的 ID
     */
    @NotNull(message = "使用者 ID 不能為空")
    private String userId;
    /**
     * 商品標題，一般支付通路對此會有要求
     */
    @NotNull(message = "商品標題不能為空")
    private String subject;
    /**
     * 商品描述資訊
     */
    private String body;
    /**
     * 支付擴充資訊
     */
    private Object extraInfo;
    /**
     * 用於發送"非同步支付結果通知"的服務端位址
     */
    @NotNull(message = "支付通知位址不能為空")
    private String notifyUrl;
    /**
     * 同步支付結果的跳躍位址（支付成功後同步跳躍回商戶介面的 URL）
     */
    private String returnUrl;
}
```

(3) 定義「統一支付」介面的傳回參數物件。程式如下：

```
package com.wudimanong.wallet.client.bo;
import java.io.Serializable;
import lombok.Builder;
import lombok.Data;
```

```
@Data
@Builder
public class UnifiedPayBO implements Serializable {
    /**
     * 商戶支付訂單號
     */
    private String orderId;
    /**
     * 由第三方支付通路生成的預支付訂單號
     */
    private String tradeNo;
    /**
     * 支付訂單的金額
     */
    private Integer amount;
    /**
     * 支付幣種
     */
    private String currency;
    /**
     * 支付通路的編碼
     */
    private String channel;
    /**
     * 特殊支付場景所需要傳遞的額外支付資訊
     */
    private String extraInfo;
    /**
     * 支付訂單狀態。0- 待支付；1- 支付中；2- 支付成功；3- 支付失敗
     */
    private Integer payStatus;
}
```

2. 設定微服務用戶端 FeignClient 的支援

在 "1." 小標題中完成了「支付微服務」用戶端程式撰寫。如果要讓 FeignClient 用戶端的類別生效，還需要在「電子錢包微服務」的入口類別中進行註釋設定，程式如下：

```
package com.wudimanong.wallet;
import com.wudimanong.wallet.client.PaymentClient;
...
import org.springframework.cloud.openfeign.EnableFeignClients;
@EnableDiscoveryClient
@SpringBootApplication
@MapperScan("com.wudimanong.wallet.dao.mapper")
@EnableFeignClients(basePackageClasses = PaymentClient.class)
public class WalletApplication {
    public static void main(String[] args) {
        SpringApplication.run(WalletApplication.class, args);
    }
}
```

可以看到，在微服務入口程式類別中，透過 @EnableFeignClients 註釋開啟了 FeignClient 功能，並指定了需要實例化的 PaymentClient 介面類別。

如果此時將「電子錢包微服務」與「支付微服務」同時註冊到服務註冊中心 Consul 中，則可以實現「電子錢包微服務」對「支付微服務」的遠端呼叫。

5.5.3 微服務熔斷降級的概念

在微服務架構中，隨著服務呼叫鏈路變長，為了防止出現串聯「雪崩」，常用「熔斷降級」作為服務保護的重要機制，它們是確保微服務架構穩定執行的關鍵手段。

> 在高平行流量情況下，如果鏈路中的某個服務出現不可用的情況，則可能會導致整個鏈路的網路呼叫出現大量的延遲時間。在瞬間流量「洪峰」的衝擊下，這些增加的延遲時間很可能導致鏈路中所有微服務的可用執行緒資源被耗盡，從而造成服務「雪崩」。

所以，無論是「服務呼叫方」，還是「服務提供方」，都要從保證服務可用性的角度，提供對應的超載保護機制。「熔斷降級」分為「熔斷」和「降級」兩層含義。

1. 熔斷的概念

對「服務呼叫方」來說，需要將所依賴服務的呼叫設定為可接受的逾時，一旦發現依賴服務在一定的時間內出現多次呼叫逾時或失敗，則及時對該依賴服務進行「熔斷」，即在一定的時間內，對需要呼叫該依賴服務的請求進行 fallback 處理，待依賴服務恢復後，再恢復將對其的請求呼叫。

2. 降級的概念

對「服務提供方」來說，則要對微服務本身進行「限流保護」，即根據服務的整體負載能力設計對應的降級策略。舉例來說，對一定時間內的流量進行限制——假設 1s 內服務最多只能處理 10 個請求，那麼 1s 內的第 11 個請求就會被拒絕。

3. 實現熔斷降級功能的技術元件

要實現微服務熔斷降級，需要一定的技術元件來支援。在 Spring Cloud 微服務中，最著名的熔斷降級元件是 Netflix 公司開放原始碼的 Hystrix 元件。

此外，阿里巴巴開放原始碼的 Sentinel 元件最近也比較流行，但它與 Hystrix 本質上都是以用戶端為基礎的熔斷降級元件，對微服務本身有侵入。

於是又出現了以 Istio 為代表的 Service Mesh（服務網格）微服務架構。關於 Service Mesh 微服務架構的內容超出了本書討論的範圍，感興趣的朋友可以查閱相關資料，這裡只介紹 Hystrix 的使用方式。

5.5.4 整合 Hystrix 實現微服務的熔斷降級

接下來整合 Hystrix，以實現「電子錢包微服務」對「支付微服務」呼叫的熔斷降級。

1. 整合 Hystrix 的依賴

（1）在開發專案的 pom.xml 檔案中，引入 Hystrix 的依賴。程式如下：

```
<!-- 引入 Hystrix 的依賴 -->
<dependency>
    <groupId>org.springframework.cloud</groupId>
    <artifactId>spring-cloud-starter-netflix-hystrix</artifactId>
</dependency>
```

在引入 Hystrix 的 starter 依賴後，就可以實現對 Hystrix 元件的「開箱即用」了。

（2）在微服務的入口程式類別中，透過 @EnableCircuitBreaker 註釋啟用 Hystrix 斷路器功能。程式如下：

```
package com.wudimanong.wallet;
import com.wudimanong.wallet.client.PaymentClient;
...
import org.springframework.cloud.client.discovery.EnableDiscoveryClient;
import org.springframework.cloud.openfeign.EnableFeignClients;
@EnableCircuitBreaker
@EnableDiscoveryClient
@SpringBootApplication
@MapperScan("com.wudimanong.wallet.dao.mapper")
@EnableFeignClients(basePackageClasses = PaymentClient.class)
public class WalletApplication {
    public static void main(String[] args) {
        SpringApplication.run(WalletApplication.class, args);
    }
}
```

（3）在專案的 bootstrap.yml 設定檔中設定 Feign 對 Hystrix 的支援。程式如下：

```
# 設定 Feign 對 Hystrix 的支援
feign:
  hystrix:
    enabled: true
```

開啟 Hystrix 斷路器後並不會立刻生效。Spring Cloud 微服務是透過 Feign 來通訊的，而預設情況下 Feign 是禁用 Hystrix 的，所以，需要在 Feign 中開啟對 Hystrix 的支持，這樣 FeignClient 用戶端在微服務之間進行呼叫時，才能在感知服務呼叫異常的情況下將錯誤指標資訊回饋給 Hystrix。Hystrix 才能根據相關指標來開啟 / 關閉斷路器，從而實現對依賴服務呼叫的熔斷降級。

2. 開發 FeignClient 微服務熔斷降級程式

(1) 在 FeignClient 微服務呼叫程式中指定熔斷處理邏輯。

在 5.5.2 節中，透過 @FeignClient 註釋定義了呼叫「支付微服務」的程式，並透過其 value 屬性值指定了目標微服務的名稱。除此之外，還可以透過 fallback、fallbackFactory 屬性值來指定對依賴服務的熔斷處理邏輯，程式如下：

```
package com.wudimanong.wallet.client;
import com.wudimanong.wallet.client.bo.UnifiedPayBO;
...
import org.springframework.web.bind.annotation.RequestBody;
@FeignClient(value = "payment", configuration = PaymentConfiguration.
class, fallbackFactory = PaymentClientFallbackFactory.class)
public interface PaymentClient {
    /**
     * 定義呼叫支付微服務 " 統一支付 " 介面的用戶端
     *
     * @param unifiedPayDTO
     * @return
     */
    @PostMapping("/pay/unifiedPay")
    public ResponseResult<UnifiedPayBO> unifiedPay(@RequestBody
@Validated UnifiedPayDTO unifiedPayDTO);
}
```

可以看到，在上述 FeignClient 介面中透過 fallbackFactory 屬性值指定了對依賴服務的「熔斷」邏輯處理類別。

（2）開發 fallbackFactory 屬性的熔斷處理程式。

這裡說明一下，相比較於 fallback 屬性，fallbackFactory 屬性指定的熔斷處理邏輯可以更進一步地捕捉異常資訊。所以，這裡使用 fallbackFactory 屬性來指定「支付微服務」的熔斷處理類別。程式如下：

```
package com.wudimanong.wallet.client;
import com.wudimanong.wallet.client.bo.UnifiedPayBO;
...
import lombok.extern.slf4j.Slf4j;
@Slf4j
public class PaymentClientFallbackFactory implements
FallbackFactory<PaymentClient> {
    @Override
    public PaymentClient create(Throwable cause) {
        return new PaymentClient() {
            @Override
            public ResponseResult<UnifiedPayBO> unifiedPay(UnifiedPayDTO
unifiedPayDTO) {
                log.info(" 支付服務呼叫降級邏輯處理 ...");
                log.error(cause.getMessage());
                return ResponseResult.serviceException(BusinessCodeEnum.
BUSI_PAY_FAIL_2001.getCode(),
                        BusinessCodeEnum.BUSI_PAY_FAIL_2001.getDesc());
            }
        };
    }
}
```

該 fallbackFactory 類別透過實現 PaymentClient 介面，定義了對應遠端服務介面的熔斷程式。

（3）增加對依賴服務熔斷降級處理的介面回應資訊封裝。

為了專門處理對依賴服務熔斷降級的異常回應，在 5.4.1 節 "1." 小標題中

「統一封包格式類別 ResponseResult」中增加以下方法：

```
/**
 * 對依賴服務熔斷降級結果回應資訊的封裝
 *
 * @param code
 * @param message
 * @param <T>
 * @return
 */
public static <T> ResponseResult<T> serviceException(Integer code, String
message) {
    ResponseResult<T> responseResult = new ResponseResult<>();
    responseResult.setCode(code);
    responseResult.setMessage(message);
    return responseResult;
}
```

此外，在業務異常碼列舉類型 BusinessCodeEnum 中增加一個提示「支付服務熔斷故障」的提示碼，程式片段如下：

```
BUSI_PAY_FAIL_2001(2001, "支付系統故障，請稍後重試");
```

（4）增加對「熔斷降級」處理類別的實例化設定。

在 @FeignClient 註釋中還有一個 configuration 屬性，它用來實現對 fallbackFactory 屬性所指定的熔斷降級處理邏輯類別的實例化設定，程式如下：

```
package com.wudimanong.wallet.client;
import org.springframework.context.annotation.Bean;
import org.springframework.context.annotation.Configuration;
@Configuration
public class PaymentConfiguration {
    @Bean
    PaymentClientFallbackFactory paymentClientFallbackFactory() {
        return new PaymentClientFallbackFactory();
    }
}
```

至此，完成了「電子錢包微服務」整合 Hystrix 元件實現微服務熔斷降級的功能。5.5.5 節的內容將透過測試「電子錢包微服務」對「支付微服務」的呼叫，來示範微服務熔斷降級的效果。

5.5.5 測試 Hystrix 熔斷降級的生效情況

為了驗證 Hystrix 熔斷降級的生效情況，接下來模擬「支付微服務」（具體實現參考第 6 章）的呼叫場景。

1. 整合 HystrixDashboard 的依賴

（1）Hystrix 提供了簡單的觀測介面，在 pom.xml 檔案中引入 Hystrix Dashboard 的依賴。程式如下：

```
<!--引入 HystrixDashboard 的依賴 -->
<dependency>
    <groupId>org.springframework.cloud</groupId>
<artifactId>spring-cloud-starter-hystrix-dashboard</artifactId>
<version>1.4.7.RELEASE</version>
</dependency>
```

（2）在微服務應用入口類別中加上 @EnableHystrixDashboard 註釋，以啟用 HystrixDashboard。程式如下：

```
@EnableHystrixDashboard
@EnableCircuitBreaker
@EnableDiscoveryClient
@SpringBootApplication
@MapperScan("com.wudimanong.wallet.dao.mapper")
@EnableFeignClients(basePackageClasses = PaymentClient.class)
public class WalletApplication {
    public static void main(String[] args) {
        SpringApplication.run(WalletApplication.class, args);
    }
}
```

（3）設定 Spring Boot 2.0 中 Hystrix 的指標存取路徑。

由於本實例採用的是 Spring Boot 2.0 以上的版本，該版本預設的 Hystrix 路徑不是 "/hystrix.stream"。為了正常存取 Hystrix 的指標，還需要在 WalletApplication 入口類別中增加以下程式：

```
@Bean
public ServletRegistrationBean getServlet() {
    HystrixMetricsStreamServlet streamServlet = new
HystrixMetricsStreamServlet();
    ServletRegistrationBean registrationBean = new ServletRegistrationBea
n(streamServlet);
    registrationBean.setLoadOnStartup(1);
    registrationBean.addUrlMappings("/hystrix.stream");
    registrationBean.setName("HystrixMetricsStreamServlet");
    return registrationBean;
}
```

2. 測試 Hystrix 的熔斷降級的生效情況

(1) 查看 Hystrix 的 Dashborad 介面。

啟動「電子錢包微服務」，輸入 "http://{ 位址 }:{ 通訊埠 }/hystrix" 就可以看到 Hystrix 的 Dashboard 介面。

(2) 查看具體的熔斷器執行指標資訊。

如果要看到熔斷器的具體執行指標，則需要在步驟 (1) 所示範的介面輸入框中輸入具體的監控位址 "http://{ 位址 }:{ 通訊埠 }/hystrix.stream"，之後點擊 "Monitor Stream" 按鈕，如圖 5-7 所示。效果如圖 5-8 所示。

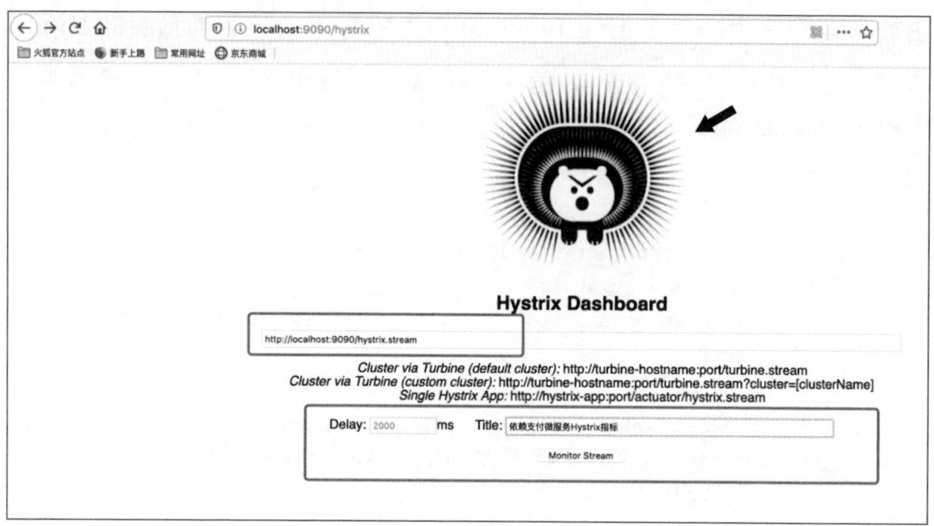

▲ 圖 5-7（編按：本圖例為簡體中文介面）

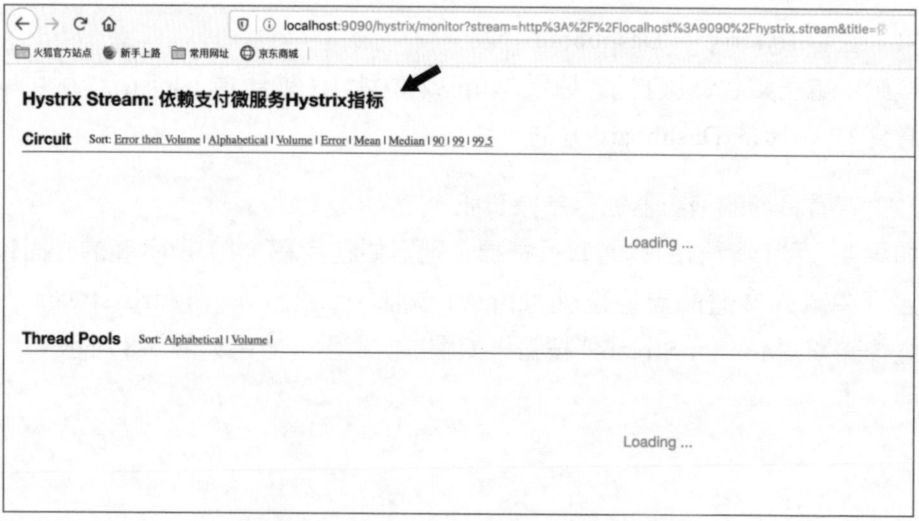

▲ 圖 5-8（編按：本圖例為簡體中文介面）

（3）查看熔斷器自動打開的效果。

可以看到，此時該介面還沒有任何指標。如果多次觸發對「支付微服務」的呼叫，則可以看到如圖 5-9 所示的情況。

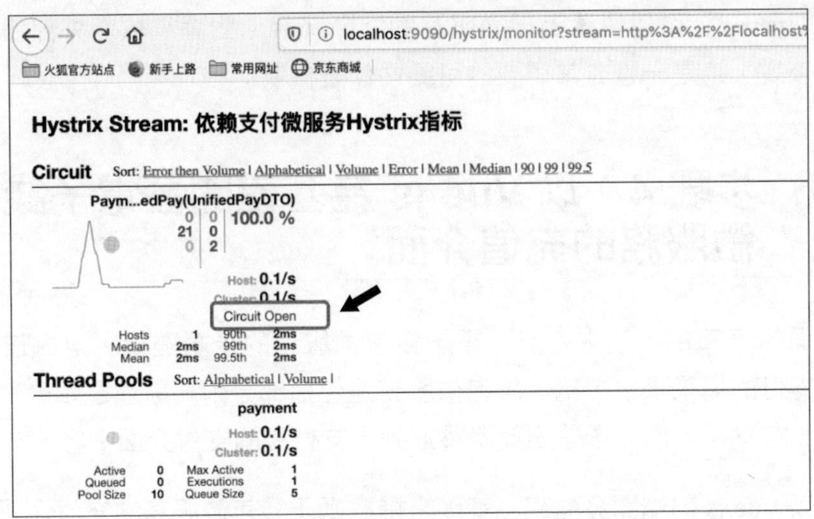

▲ 圖 5-9（編按：本圖例為簡體中文介面）

在上述操作中，透過 PostmaN 個次呼叫「電子錢包充值」介面，由於此時其依賴的「支付微服務」還不能正常存取，所以，Hystrix 會在收集到異常指標後打開熔斷器。之後，針對「電子錢包充值」介面的請求將直接進入熔斷邏輯，而不再對「支付微服務」發起網路呼叫。

（4）查看熔斷器自動關閉的效果。

假設「支付微服務」能被正常存取，Hystrix 在經過一定的嘗試性存取後發現依賴服務已經恢復，則會自動關閉熔斷器，效果如圖 5-10 所示。

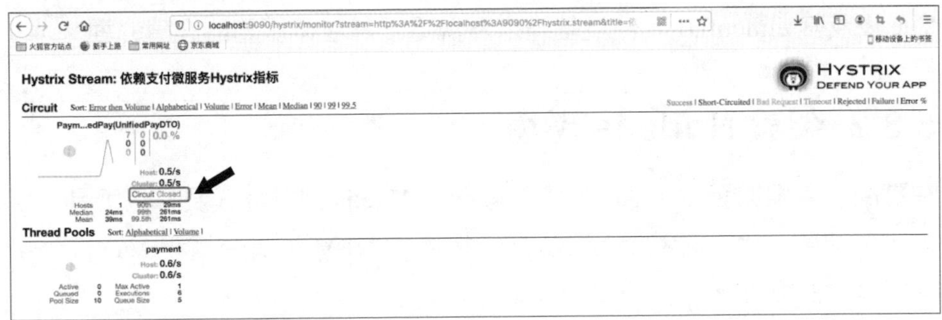

▲ 圖 5-10（編按：本圖例為簡體中文介面）

透過 Hystrix，可以快速實現微服務的熔斷降級。對嚴重依賴外部服務的系統來說，這是一種非常重要的可靠性保證機制。

5.6 步驟 4：以 Vue.js 為基礎開發電子錢包微服務的充值介面

在前面的章節中，基本完成了電子錢包微服務的後端邏輯。但對包括使用者支付的場景來說，電子錢包微服務還包括部分前端處理邏輯——舉例來說，在支付時需要透過瀏覽器跳躍到「支付寶的支付介面」等。

本節以 Vue.js 前端開發框架為基礎來撰寫電子錢包微服務的充值介面。

5.6.1 認識 Vue.js

Vue.js 是目前流行的前端開發框架，與之類似的前端框架還有 React、Angular 等。

> Vue.js 目前生態繁榮，有很多以 Vue.js 為基礎的行動端、PC 端開放原始碼元件函數庫可以使用，如 elementUI、Vant 等。

關於 Vue.js 的更多細節，可以參考更專業的書籍或資料。本節主要以 Vue.js 及其 elmentUI 元件為基礎來實現電子錢包微服務的充值介面。

5.6.2 架設 Node.js 環境

在實際的專案開發中，Vue.js 會依賴一些 Vue.js 外掛程式及打包工具。目前，前端開發者一般會透過 Node.js 提供的 NPM 工具來實現 Vue.js 外掛程式套件的管理。

1. 安裝 Node.js

下載對應作業系統環境的 Node.js 安裝版本，並安裝。

在安裝完成後，可以透過命令查看 Node.js 及 NPM 的版本資訊。命令如下：

```
$ node -v
v12.14.1
$ npm -v
6.13.4
```

如上述命令執行正常，則說明 Node.js 環境安裝成功。

5.6.3 建立電子錢包微服務的 Vue.js 前端專案

1. 設定電子錢包微服務的 Vue.js 前端專案

（1）透過 Vue.js 提供的鷹架初始化一個標準的 Vue.js 專案。命令如下：

```
$ vue init webpack chapter05-wallet-ui
```

（2）填寫專案的基本資訊。程式如下：

```
? Project name chapter05-wallet-ui
? Project description A Vue.js project
? Author wudimanong <wudimanong@wudimanong.com>
? Vue build standalone
? Install vue-router? Yes
? Use ESLint to lint your code? Yes
? Pick an ESLint preset Standard
? Set up unit tests Yes
? Pick a test runner jest
? Setup e2e tests with Nightwatch? Yes
? Should we run `npm install` for you after the project has been created?
(recommended) npm
   vue-cli · Generated "chapter05-wallet-ui".
# Installing project dependencies ...
# ========================
...
```

```
# Project initialization finished!
# ========================
To get started:
  cd chapter05-wallet-ui
  npm run dev
Documentation can be found at https://vuejs-templates.github.io/webpack
```

（3）透過 VsCode 工具打開 Vue.js 的專案結構，具體説明如下：

```
|--build        最終發佈的程式的存放位置
|--config       設定路徑、通訊埠編號等資訊，剛開始學習時選擇預設設定
|--node_modules npm    載入的專案依賴模組
|--src 這裡是開發的主要目錄，基本上要做的事情都在這裡，其中包含幾個目錄及檔案
    |--assets        放置一些圖片，如 logo 等
    |--components    其中放置的是元件檔案
    |--App.vue       專案入口檔案
    |--main.js       專案的核心檔案
    |--router        "存取路徑"與"在 components 中定義的元件"的路由映射關係
|--static        靜態資源目錄，如圖片、字型等
|--test          初始測試目錄，可刪除
    |--index.html    首頁入口檔案，可以增加一些 meta 資訊或統計之類的程式
|--package.json      專案設定檔
|--dist              編譯打包後前端資源的輸出目錄
```

（4）進入專案根目錄編譯、執行服務。命令如下：

```
$ cnpm install
✔ Installed 58 packages
✔ Linked 0 latest versions
✔ Run 0 scripts
✔ All packages installed (used 34ms(network 31ms), speed 0B/s, json
0(0B), tarball 0B)
```

（5）執行 Vue.js 專案。命令如下：

```
$ npm run dev
> wallet@1.0.0 dev /Users/qiaojiang/dev-tools/workspace/workspace_vue/
wallet
> webpack-dev-server --inline --progress --config build/webpack.dev.conf.
js
```

```
13% building modules 27/29 modules 2 active ...pace/workspace_vue/wallet/
src/App.vue{ parser: "babylon" } is deprecated; we now treat it as {
parser: "babel" }.
 95% emitting
 DONE  Compiled successfully in 5165ms                                16:49:17
 I  Your application is running here: http://localhost:8080
```

如果出現如圖 5-11 所示介面，則說明 Vue.js 專案初始化成功，可以進行前端介面的開發了。

▲ 圖 5-11

2. 安裝 ElementUI 元件

繼續安裝 ElementUI 元件，步驟如下。

(1) 進入 Vue.js 專案根目錄，安裝 ElementUI 元件。命令如下：

```
$ cnpm i element-ui -S
```

(2) 執行成功後，在專案的 package.json 檔案中就會出現 ElementUI 元件的依賴。例如：

```
"dependencies": {
    "axios": "^0.19.2",
    "element-ui": "^2.13.0",
    "vue": "^2.5.2",
    "vue-router": "^3.0.1"
  },
```

（3）以完整引入的方式在 Vue.js 專案的 "src/main.js" 檔案中增加 ElementUI。內容如下：

```
import Vue from 'vue'
import App from './App'
import router from './router'
// 引入 ElementUI 框架
import ElementUI from 'element-ui'
// 引入 ElementUI 框架的樣式檔案
import 'element-ui/lib/theme-chalk/index.css'
// 引入 Axios
// eslint-disable-next-line no-unused-vars
import axios from 'axios'
// Vue.js 使用 ElementUI
Vue.use(ElementUI)
Vue.config.productionTip = false
/* eslint-disable no-new */
new Vue({
  el: '#app',
  router,
  components: { App },
  template: '<App/>'
})
```

在上述程式中也引入了 Axios，這是因為 Vue.js 本身並不支持 Ajax 資料存取，所以要借助 Axios 來完成。其安裝命令如下：

```
$ cnpm install axios -save
```

5.6.4 撰寫電子錢包微服務的前端功能

1. 撰寫電子錢包微服務的餘額展示介面

接下來以 Vue.js 為基礎撰寫電子錢包微服務的餘額展示介面，用於顯示電子錢包餘額，並提供「充值」按鈕，效果如圖 5-12 所示。

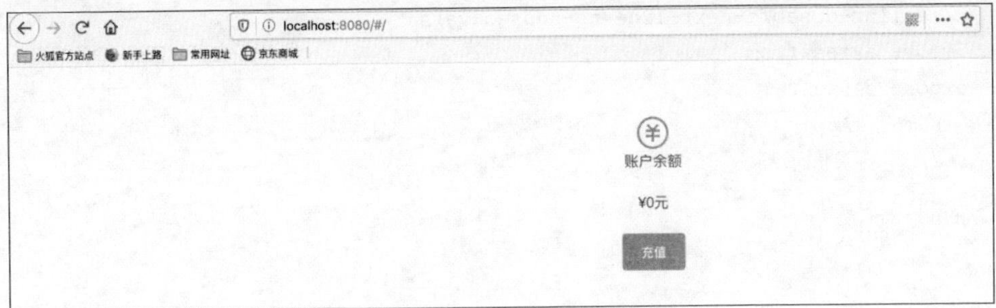

▲ 圖 5-12（編按：本圖例為簡體中文介面）

以上介面以「Vue.js + ElementUI 元件」為基礎實現，透過存取「電子錢包微服務」的「電子錢包查詢」介面來顯示餘額。具體撰寫步驟如下。

（1）在 Vue.js 專案的 "src/components/" 目錄下，建立一個名為 "QueryAcc.vue" 的檔案。程式如下：

```
<template>
  <div id="queryAcc">
    <!-- 由於 Element-UI 官方支援的 ICON 圖示比較少，所以我們自訂了一個貨幣圖示 -->
    <i class="el-icon-cny"/><br/>
    <div>
      <span> 帳戶餘額 </span>
    </div><br/>
    <!-- 呼叫後端 " 餘額查詢 " 介面進行資料繪製 -->
    <div>
      {{balance}}
    </div>
    <!-- 使用 Element-UI 元件增加 " 充值 " 按鈕 -->
    <br/>
    <el-row>
        <el-button type="info" @click="toCharge"> 充值 </el-button>
    </el-row>
    <router-view/>
  </div>
</template>
<script>
// 引入 axios
```

```
// eslint-disable-next-line no-unused-vars
import axios from 'axios'
export default {
  name: 'App',
  // 定義頁面資料
  data () {
    return {
      balance: ''
    }
  },
  // 在 Vue.js 的 created 生命週期中實現向後端微服務查詢餘額的功能
  created () {
    this.getBalance()
  },
  methods: {
    // 獲取使用者餘額的方法
    getBalance: function () {
      // 呼叫 " 電子錢包查詢 " 介面查詢餘額資訊。這裡的 userId 是在開戶時所設定
的，在真實環境中是透過階段動態獲取的
      axios.get('/api/account/queryAcc?userId=10001&accType=0').
then(response => {
        // 透過介面傳回的資料為顯示變數設定值
        this.balance = '¥' + response.data.data[0].balance / 100 + '元'
        console.log(response.data)
      }, response => {
        console.log('error')
      })
    },
    // 透過點擊 " 充值 " 按鈕跳躍到錢包充值介面
    toCharge: function () {
      // 路由打開充值介面，這裡以 " 重新打開新視窗 " 的方式進行頁面跳躍
      let routeData = this.$router.resolve({ path: '/charge', query: {
userId: 10001 } })
      window.open(routeData.href, '_blank')
    }
  }
}
</script>
<style>
```

```
#queryAcc {
  font-family: 'Avenir', Helvetica, Arial, sans-serif;
  -webkit-font-smoothing: antialiased;
  -moz-osx-font-smoothing: grayscale;
  text-align: center;
  color: #2c3e50;
  margin-top: 60px;
}
.el-icon-cny{
    background: url(../../src/assets/cny.png) center no-repeat;
    background-size: cover;
}
.el-icon-cny:before{
    content: "替";
    font-size: 35px;
    visibility: hidden;
}
</style>
```

上述程式為 Vue.js 介面範本程式，其中，引入了 ElementUI 元件作為視圖元件，並撰寫了相關的 JavaScript 函數來完成對後端介面的存取及按鈕事件的回應，還定義了一個 ElementUI 元件來顯示 "¥" 圖示。

（2）修改 "config/index.js" 檔案，設定跨域配置 proxyTable。

在步驟（1）的程式中，在查詢電子錢包餘額的 JS 方法中，並沒有指定具體的服務端位址，程式如下：

```
axios.get('/api/account/queryAcc?userId=10001&accType=0'))
```

這是因為，對服務端位址的管理，統一在 Vue.js 專案的 config/index.js 檔案中進行了設定。設定程式片段如下：

```
...
module.exports = {
  dev: {
    // 存取路徑
    assetsSubDirectory: 'static',
    assetsPublicPath: '/',
```

```
    // 修改 config/index.js 檔案，設定跨域配置 proxyTable
    proxyTable: {
      '/api': {
        target: 'http://localhost:9090/',
        changeOrigin: true,
        pathRewrite: {
          '^/api': '/'
        }
      }
    },
...
```

在上述設定中，透過「路徑代理比對」將以「/api 路徑」開頭的請求都比對到 target 目標位址。

（3）修改 "router/index.js" 路由設定。

為了讓 Vue.js 範本元件能夠被正常存取，還需要進行路由映射設定，程式如下：

```
import Vue from 'vue'
import Router from 'vue-router'
import HelloWorld from '@/components/HelloWorld'
import Charge from '@/components/Charge'
import QueryAcc from '@/components/QueryAcc'
Vue.use(Router)
export default new Router({
  routes: [
    {
      path: '/',
      name: 'QueryAcc',
      component: QueryAcc
    },
    {
      path: '/charge',
      name: 'Charge',
      component: Charge
    }, {
      path: '/hello',
```

```
        name: 'HelloWorld',
        component: HelloWorld
      }]
  })
```

可以看到，專案的根存取路徑指向了 QueryAcc 元件。這樣，直接存取 Vue.js 專案的根 URL，即可看到如圖 5-12 所示的介面。

2. 撰寫「電子錢包充值」介面

在電子錢包餘額介面中有一個「充值」按鈕，點擊該按鈕即可進入「充值金額」及「支付方式」選擇介面，如圖 5-13 所示。

▲ 圖 5-13(編按：本圖例為簡體中文介面)

與「電子錢包餘額」展示介面一樣，該介面也是透過 Vue.js 範本撰寫的。步驟如下。

在 "src/components" 目錄建立 Charge.vue 檔案。

> 該程式檔案在本書設定資源的 "chapter05-wallet-ui/src/components" 目錄下。

上述程式檔案提供了「充值金額」、「支付方式的選擇」和「資料驗證邏輯」，並透過連線電子錢包微服務「電子錢包充值」介面來完成充值支付請求，並根據介面傳回支付參數進行前端邏輯處理。

在本實例中，支付方式採用的是「支付寶網頁支付」，因此，在電子錢包微服務的「電子錢包充值」介面傳回支付寶的 form 表單資料後，瀏覽器會從使用者介面跳躍至支付寶支付介面。

5.6.5 測試「電子錢包充值」前後端互動流程

透過前面的步驟，完成了一個前後端分離的電子錢包微服務。接下來測試整體效果。

1. 建立電子錢包帳戶

在正常的流程中，在使用者註冊時要呼叫「電子錢包開戶」介面。透過 Postman 工具呼叫「電子錢包開戶」介面的效果如圖 5-14 所示。

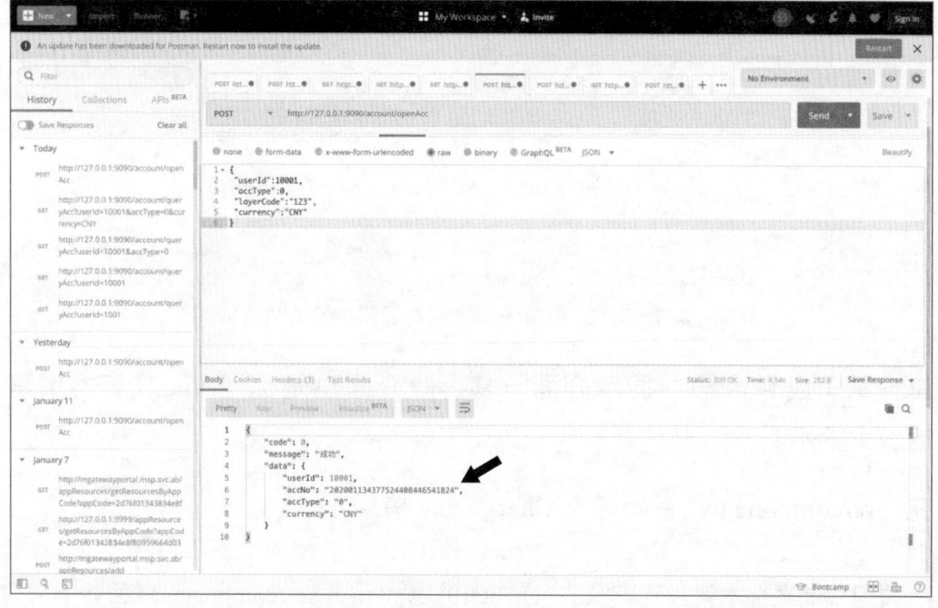

▲ 圖 5-14

2. 點擊「充值支付」按鈕完成使用者支付

在 5.6.4 節的介面中選擇「支付寶支付方式」發起支付請求，此時會呼叫電子錢包微服務的「電子錢包充值」介面，並完成電子錢包充值訂單的建立。

之後，會向「支付微服務」（參考第 6 章的實現）發起支付呼叫。如果呼叫正常，則支付系統會傳回支付寶的「form 表單封裝參數」。

最終使用者瀏覽器會跳躍到支付寶介面，如圖 5-15 所示。

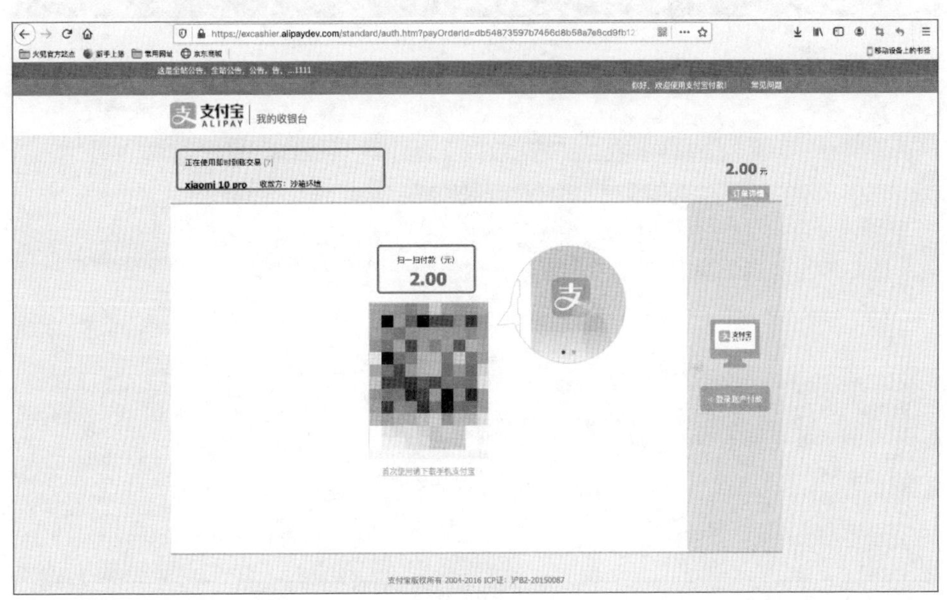

圖 5-15(編按：本圖例為簡體中文介面)

此時使用者透過支付寶用戶端掃碼或使用支付寶帳號密碼，即可完成付款動作。

3. 模擬「電子錢包充值支付回呼」

在 "2." 小標題中支付步驟操作正常的情況下，在使用者完成支付後，「支付寶系統」會向「支付微服務」發送支付結果通知回呼，「支付微服務」

在處理完自身邏輯後會向「電子錢包微服務」的「電子錢包充值支付回呼」介面發起支付結果回呼。

但是，上述流程的執行需要將「電子錢包微服務」及「支付微服務」進行完整的部署，並且「支付微服務」還需要具有可供外網存取的回呼域名，模擬起來比較困難。這裡假設使用者已經完成支付，透過模擬呼叫「電子錢包微服務」的「電子錢包充值支付回呼」介面來完成充值，如圖 5-16 所示。

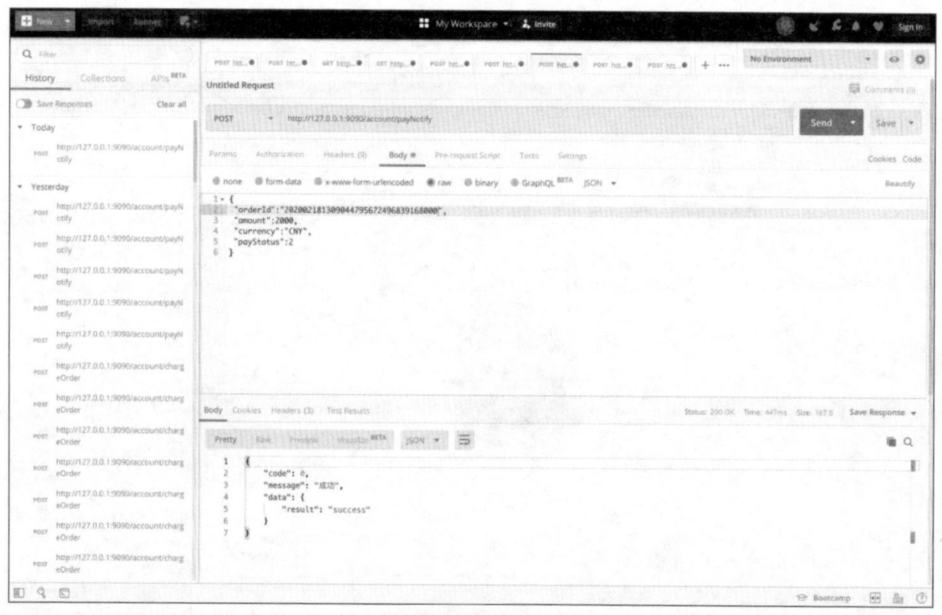

▲ 圖 5-16

在呼叫成功後，電子錢包微服務會完成電子錢包餘額的增加，以及帳戶帳單明細記錄的保存。此時，查看到的電子錢包餘額介面如圖 5-17 所示。

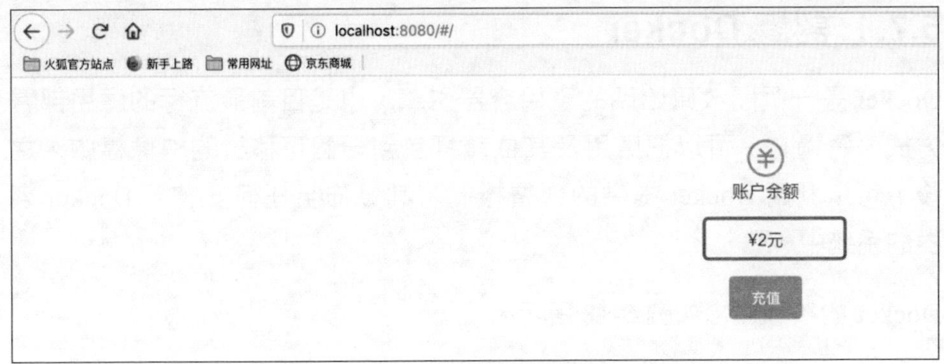

▲ 圖 5-17(編按：本圖例為簡體中文介面)

5.7 步驟 5：用 Docker 部署 Spring Cloud 微服務

隨著服務數量及規模越來越大，如果微服務的部署及執行維護仍然採用傳統方式，則會大大增加執行維護成本。因此，微服務系統下的執行維護一定是 Devops（開發執行維護）模式：透過建構自動化執行維護發佈平台，來打通產品、開發、測試及執行維護的協作流程，從而從整體上提高研發效率。

隨著以 Docker 為代表的容器化技術的普及，現在大部分公司的 Devops 實踐都會採用容器（如 Docker、K8s）的方式來發佈微服務，並透過容器的彈性伸縮能力來實現快速擴充和縮容，從而更快地回應業務、更進一步地利用資源。

目前，Devops 最流行的部署方案是以 K8s 為基礎的叢集方案。但是，K8s 本身對 Docker 容器技術也存在一定的依賴。所以，在接觸 K8s 技術之前，先了解下以 Docker 為基礎是如何實現 Spring Cloud 微服務的容器化部署的。

5.7.1 認識 Docker

Docker 是一個開放原始碼的應用容器引擎，也是目前最流行的應用部署方式。透過它，可以把應用及其依賴打包到一個可移植的映像檔中，之後，可以利用 Docker 提供的部署機制將其發佈至任何安裝了 Docker 容器的系統中。

Docker 的核心概念如圖 5-18 所示。

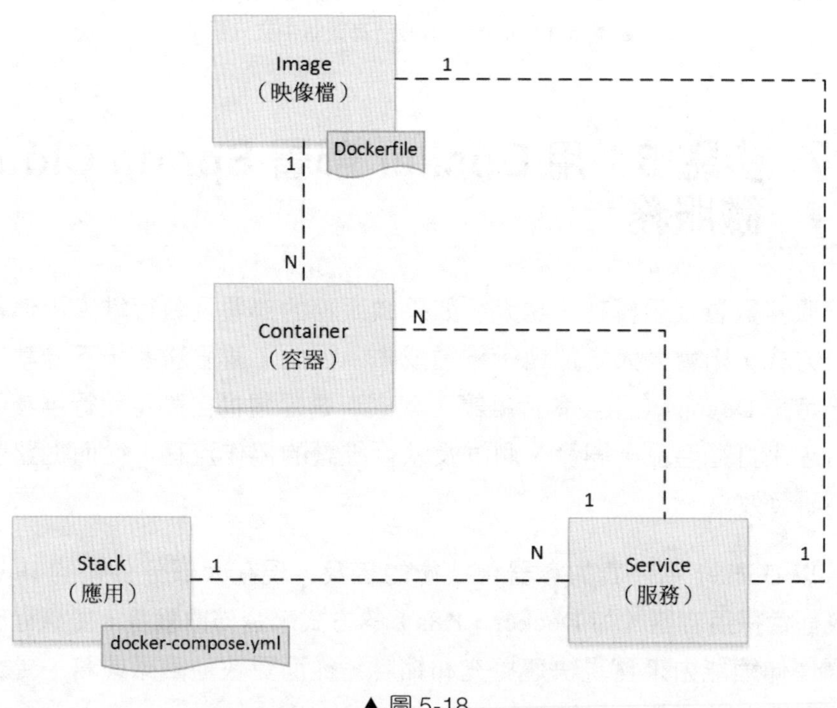

▲ 圖 5-18

- Image（映像檔）：一個可執行檔，包含應用程式、依賴函數庫、執行環境（如 JRE 等）、環境變數及設定等資訊。透過映像檔可以啟動一個應用。映像檔的建構過程透過 Dockefile 檔案描述。
- Container（容器）：使用 Image 啟動的處理程序實例。它與映像檔之間為「一對多」的關係，一個映像檔可以啟動多個容器實例。

- Service（服務）：一組提供對外服務的 Container，這些 Container 使用同一個 Image 映像檔，它與映像檔為「一對一」的關係，與容器為「一對多」的關係。Service 由 docker-compose.yml 檔案定義。
- Stack（應用）：一組 Service，相互協作對外提供服務，可以將其看作是一個完整的應用。在一些複雜的場景中，會將其拆分為多個 Stack（具體在 docker-compose.yml 檔案中設定）。

5.7.2 利用 Dockerfile 檔案建構微服務映像檔

1. 建立 Dockerfile 檔案

要讓 Spring Cloud 微服務執行在 Docker 容器中，則需要先建構 Docker 映像檔。建構過程需要使用 Dockerfile 檔案來描述。

在專案 "src/main/docker" 目錄下，建立 Dockerfile 檔案，程式如下：

```
FROM java:8
VOLUME /tmp
RUN mkdir /app
ADD wallet-1.0-SNAPSHOT.jar /app/wallet.jar
ADD runboot.sh /app/
RUN bash -c 'touch /app/wallet.jar'
WORKDIR /app
RUN chmod a+x runboot.sh
EXPOSE 9090
CMD /app/runboot.sh
```

在上述 Dockerfile 檔案中，定義了執行的 JDK 環境為 JDK 1.8、容器執行的目錄為 "/app"，並增加了所需的依賴（JAR 套件）等資訊，最後定義了執行命令的 "/app/runboot.sh" 指令稿。

"runboot.sh" 指令稿的程式如下：

```
sleep 10
java -Djava.security.egd=file:/dev/./urandom -jar  /app/wallet.jar
```

至此，描述電子錢包微服務 Docker 映像檔的 Dockerfile 檔案就定義好了。

2. 在專案 pom.xml 檔案中增加 Maven 外掛程式依賴

為了在 Maven 專案中執行 Docker 映像檔建構命令，還需要在專案 pom.xml 檔案增加 Docker Maven 外掛程式依賴，程式如下：

```
<!--Docker Maven 外掛程式依賴 -->
<plugin>
    <groupId>com.spotify</groupId>
    <artifactId>docker-maven-plugin</artifactId>
    <configuration>
        <imageName>${project.name}:${project.version}</imageName>
        <dockerDirectory>${project.basedir}/src/main/docker</
dockerDirectory>
        <skipDockerBuild>false</skipDockerBuild>
        <resources>
            <resource>
                <directory>${project.build.directory}</directory>
                <include>${project.build.finalName}.jar</include>
            </resource>
        </resources>
    </configuration>
</plugin>
```

3. 建構微服務的 Docker 映像檔

（1）透過 Maven 命令建構微服務的 Docker 映像檔。命令如下：

```
mvn clean package docker:build
```

執行效果如圖 5-19 所示。

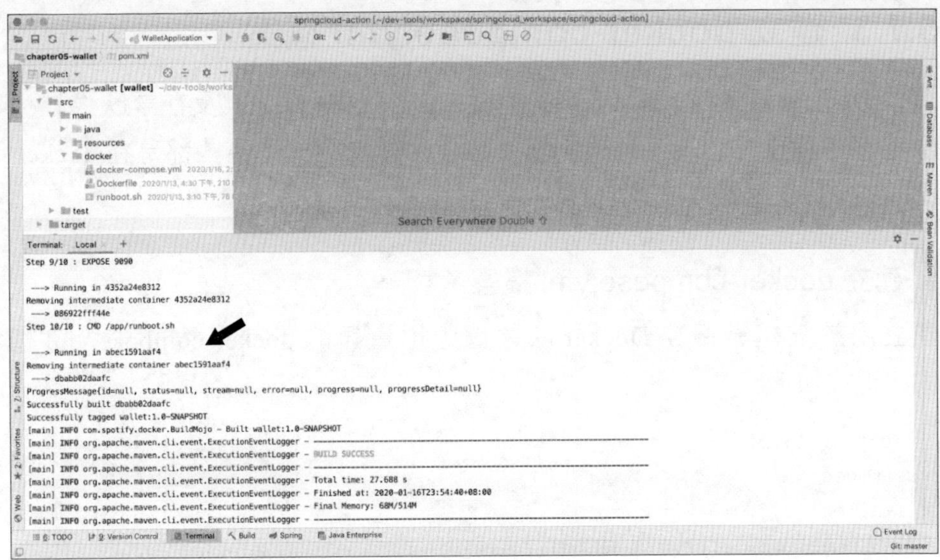

▲ 圖 5-19

（2）透過 Docker 命令查看建構的映像檔資訊。命令如下：

```
docker images
```

可以看到建構的 Docker 映像檔資訊如圖 5-20 所示。

```
qiaodeMacBook-Pro-2:aos qiaojiang$ docker images
REPOSITORY          TAG                 IMAGE ID            CREATED             SIZE
wallet              1.0-SNAPSHOT        dbabb02daafc        3 minutes ago       740MB
<none>              <none>              d0967ea6eb09        8 hours ago         740MB
<none>              <none>              95f0f28a2c4c        9 hours ago         740MB
<none>              <none>              d7cdaef39750        9 hours ago         740MB
<none>              <none>              f36aacf9652a        10 hours ago        740MB
<none>              <none>              6aae08bafaad        10 hours ago        740MB
<none>              <none>              9151304caac7        10 hours ago        740MB
<none>              <none>              3c1133a9e85f        10 hours ago        740MB
<none>              <none>              61634ff26d58        11 hours ago        740MB
<none>              <none>              e5c4463aee90        14 hours ago        740MB
<none>              <none>              8759f7d1f759        14 hours ago        740MB
<none>              <none>              49b5d0c6241c        14 hours ago        740MB
<none>              <none>              07f425427226        14 hours ago        740MB
<none>              <none>              68ad3db8c00e        14 hours ago        740MB
<none>              <none>              847ce3fa98ab        3 days ago          740MB
<none>              <none>              4ed674905f13        3 days ago          740MB
<none>              <none>              d4ba0f44044b        3 days ago          740MB
<none>              <none>              d507f2f90d96        3 days ago          740MB
<none>              <none>              35870d81dba3        3 days ago          740MB
<none>              <none>              059d1530da78        3 days ago          740MB
<none>              <none>              ed00f1324ce9        3 days ago          740MB
<none>              <none>              e51c7ad8b255        3 days ago          740MB
<none>              <none>              35bb0a0f6939        3 days ago          740MB
<none>              <none>              5b8ce6910f1e        3 days ago          740MB
<none>              <none>              03fd236a064b        3 days ago          740MB
<none>              <none>              5b16a55d56b4        3 days ago          740MB
<none>              <none>              8af479d85ead        3 days ago          740MB
```

▲ 圖 5-20

5.7.3 建立 docker-compose.yml 檔案

有了 Docker 映像檔，如何將映像檔作為容器啟動，以及在該映像檔中啟動哪些服務、它的資源限制及網路使用什麼方式，這些都是在 docker-compose.yml 檔案中定義的。

1. 建立 docker-compose.yml 檔案

建立用於描述微服務 Docker 映像檔應用資訊的 docker-compose.yml 檔案。程式如下：

```
version: '3.2'
services:
  wallet:
    image: wallet:1.0-SNAPSHOT
    hostname: wallet
    environment:
      - SPRING_PROFILES_ACTIVE=${SPRING_PROFILES_ACTIVE:-debug}
    ports:
      - "9090:9090"
    networks:
      - mynet
networks:
  mynet:
    external: true
```

在上述 docker-compose.yml 檔案中，定義了一個 "wallet" 服務，並針對該服務描述了其所使用的 Docker 映像檔、環境變數參數、容器通訊埠映射及網路等資訊。

> 在 services 屬性下，可以定義具體的服務。Service（服務）與 stack（應用，如 wallet）的關係在 docker-compose.yml 檔案中可以定義為「一對多」的關係。由於本例中沒有定義多個 statck，所以這裡並沒有使用 service 來進行設定。

2. 設定 Docker 網路

在本實例中，電子錢包微服務所依賴的資料庫、Consul 等服務，需要透過 Docker 通訊埠映射的方式才能與電子錢包微服務連接。

> 如果沒有設置特殊的網路，則 Docker 中的應用是無法直接與容器外的主機進行通訊的。

這裡 Docker 容器網路要與宿主機採用 Bridge 方式連接。透過自訂網路 "mynet"，並在 "mynet" 中設定與宿主機處於同一個網段（具體 IP 位址段根據自己實際的實驗環境而定）。在 Docker 中建立網路的命令如下：

```
docker network create -o parent=en0 --driver=bridge --subnet=
172.18.64.2/24 --ip-range=172.18.64.239/24 --gateway=172.18.64.1 mynet
```

> Spring Cloud 微服務在容器中執行時期，預設會讀取 application.yml 中的資料庫等設定資訊。在使用 Docker 之前，這些設定都是透過 127.0.0.1 這樣的本地網路 IP 位址來進行存取的，但在容器中這是無法連通的，需要新建一個 application-test.yml 的設定檔，程式如下：
>
> ```
> # 資料庫宿主機的位址
> spring:
>   datasource:
>     url: jdbc:mysql://host.docker.internal:3306/wallet
>     username: root
>     password: 123456
>   # 註冊中心的位址
>   cloud:
>     consul:
>       host: host.docker.internal
>       port: 8500
> ```
>
> 在以上程式中，重新定義了資料庫的連接資訊，以及 Consul 註冊中心的位址。這裡為了簡化，使用 host.docker.internel 來表示宿主機的 IP 位址。

3. 讓微服務程式讀取到 application-test.yml 檔案

如何才能讓在 Docker 容器中執行的 Spring Cloud 微服務程式讀取到 application-test.yml 檔案呢？

可以透過 docker-compose.yml 檔案中的系統環境變數來進行比對，設定系統環境變數 "spring.profiles.active=test"，命令如下：

```
export SPRING_PROFILES_ACTIVE=test
```

該系統環境變數與 docker-compose.yml 檔案中的 environment 屬性值比對，這樣在啟動容器時，就能知道 "spring.profiles.active" 的環境被設定為 "test" 了。

5.7.4 透過 Docker 容器化部署微服務

1. 啟動微服務 Docker 映像檔

（1）切換到專案的 "src/main/docker" 目錄下，啟動微服務的 Docker 映像檔。命令如下：

```
$ docker-compose up -d
Recreating docker_wallet_1 ... done
```

如果沒有錯誤，則表示成功啟動了微服務映像檔。

（2）查看啟動的微服務容器。命令如下：

```
docker ps
```

微服務容器映像檔的執行效果如圖 5-21 所示。

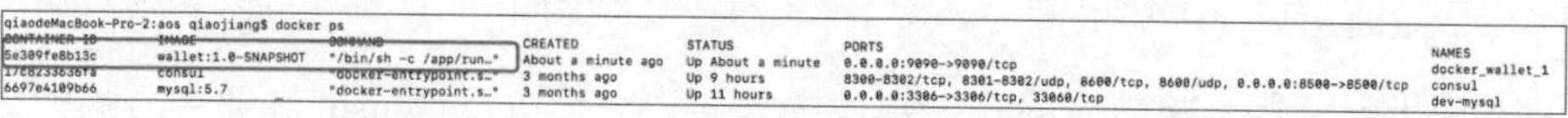

```
qiaodeMacBook-Pro-2:aos qiaojiang$ docker ps
CONTAINER ID   IMAGE                 COMMAND                  CREATED              STATUS               PORTS                                                                      NAMES
5e309fe8b13c   wallet:1.0-SNAPSHOT   "/bin/sh -c /app/run…"   About a minute ago   Up About a minute    0.0.0.0:9090->9090/tcp                                                     docker_wallet_1
17c8233636fa   consul                "docker-entrypoint.s…"   3 months ago         Up 9 hours           8300-8302/tcp, 8301-8302/udp, 8600/tcp, 8600/udp, 0.0.0.0:8500->8500/tcp   consul
6697e4109b66   mysql:5.7             "docker-entrypoint.s…"   3 months ago         Up 11 hours          0.0.0.0:3306->3306/tcp, 33060/tcp                                          dev-mysql
```

▲ 圖 5-21

2. 查看微服務容器資訊

（1）透過容器 ID 查看微服務容器的開機記錄。命令如下：

```
docker logs -f 5e309fe8b13c
```

容器開機記錄如圖 5-22 所示。

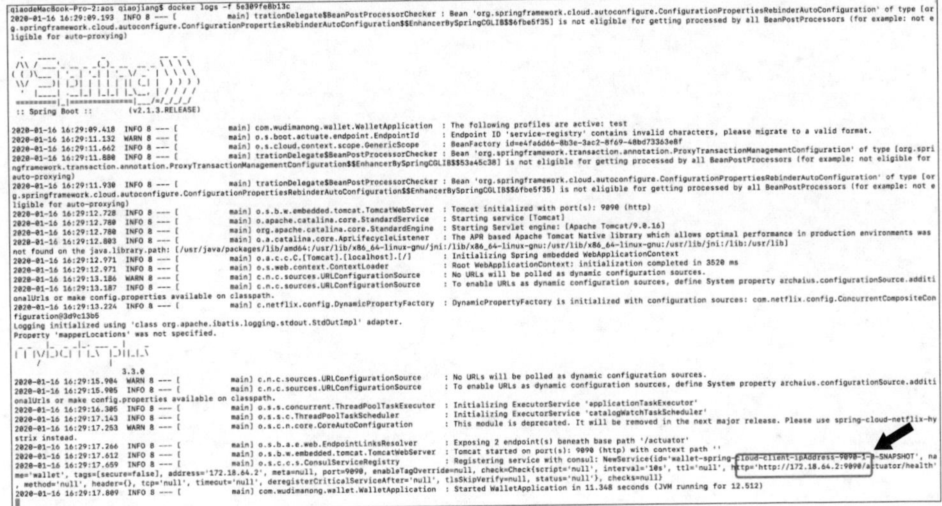

▲ 圖 5-22

透過上述操作可以看到，電子錢包微服務在 Docker 容器中已經成功啟動了。

（2）如果要查看 Docker 容器的更多資訊，則需要進入容器終端。命令如下：

```
docker exec -it 5e309fe8b13c /bin/bash
```

之後就可以在容器內部進行一些操作，如測試網路等。在網路通暢的情況下，也可以直接透過存取容器「IP 位址 + 通訊埠編號」來進行微服務存取測試。

5.8 本章小結

本實例的綜合性較強，部分邏輯的示範包括「支付微服務」的內容，在學習時可以同步參考第 6 章的內容。

Chapter

06

【實例】支付系統

用「Redis 分散式鎖 + Mockito」實現微服務場景下的「支付邏輯 + 程式測試」

第 5 章介紹了電子錢包系統如何透過連線支付系統來完成充值操作。在現實生活中類似的場景還有很多，諸如電子商務 App 線上購物、共享單車騎行付費、線上點外賣等，這些功能都離不開支付系統的支撐。不同發展程度的公司對於支付系統的需求也是不同的。

- 對初創公司來說，由於其產品比較簡單，相關的支付方式也不多，在這種情況下支付系統可能會與業務系統耦合在一起。
- 對有一定規模的公司來說，如果其產品形態多樣，對支付通路、資金流管理有更多要求，則需要將支付系統從業務系統中拆分出來作為獨立的系統，以使支付系統可以提供平台化的能力。

本實例將利用 Spring Cloud 來建構相對獨立的支付系統，並實現多管道、多租戶等平台能力，該系統只有一個支付微服務 "payment"。在支付微服務中，訂單防重也是一個比較重要的問題，所以本實例也會示範以 Redis 為基礎的分散式鎖機制。本章還會介紹 Spring Cloud 微服務場景下的單元測試程式的撰寫方法，這對於實際程式設計工作而言是非常有用的。

透過本章，讀者將學習到以下內容：

- Spring Cloud 微服務的建構及元件應用。
- 支付微服務的通用系統設計方法及執行流程。
- 支付寶通路 PC 端 / 行動端支付方式的連線。
- 以 Redis 為基礎的分散式鎖機制的實現。
- Spring Cloud 微服務單元測試程式的撰寫。

6.1 功能概述

支付微服務，是一種透過連接第三方支付通路與業務連線方，以實現收付款業務的中間系統。它可以透過簡化的連線方式，幫助業務連線方避免多種支付方式連線帶來的系統複雜度；也可以透過支援多租戶，來滿足連線方對不同支付通路的支付需求。

舉個例子：某公司有外賣和酒店兩種業務。外賣業務要求支持支付寶和微信兩種支付方式，但酒店業務除需要支援這兩種支付方式外，還需要支援銀行卡支付方式。這兩種業務雖然屬於同一集團公司，但是卻是屬於不同法律主體的子公司。所以從財務上，需要將這兩種業務申請的支付寶、微信連線商戶號分開，避免資金流混亂。

因此，支付微服務，不僅需要具備基本的多支付通路連線能力，還需要具備多商戶連線、多維度通路路由功能，並透過參數化設定設計來實現通路連線程式的重複使用。

舉例來說，上述兩種業務都需要連線支付寶、微信通路，但是由於支付通路商戶資訊不一致，所以支付所需要的通路參數也不一樣。透過通路參數路由設定設計，可以使支付通路連線程式被重複使用，從而支援多個連線方。

6.2 系統設計

支付微服務的拆分粒度，可以根據系統的複雜程度和公司的規模來設計。

舉例來說，有些公司需要的支付通路非常多樣，除需要支援支付寶、微信外，還需要支援多種銀行卡支付；除支援收款功能外，還需要支援付款、退款功能。對於這些情況，就需要將支付微服務拆分為多個子系統（例如付款服務、路由服務等），從而更進一步地滿足支付資金安全及通路管理的需要。

> 如果支付方式比較單一（如只有支付寶或微信），業務連線方也並沒有那麼多，則不進行過度的拆分設計反而會使系統執行得更好。

在本實例中，支付微服務不會被拆分為多個子服務，但是會在編碼的過程中採用模組化設計，從而更進一步地滿足未來系統擴充的需求。

6.2.1 支付流程設計

從系統流程設計上看，支付微服務的前後端互動流程如圖 6-1 所示。

具體説明如下。

（1）業務系統（指外賣、電子商務等連線支付場景的系統）在完成自身業務訂單邏輯後，會啟動使用者進入支付收銀台介面。一般情況下，支付收銀台可以由支付微服務統一提供，也可以由各業務系統應用端自行訂製，具體方案根據實際需要來確定。

（2）在使用者選擇完支付方式後，收銀台系統會將支付請求發送到支付微服務。

（3）支付微服務在完成支付訂單邏輯後，會對支付通路請求參數進行封裝，並根據具體的支付方式和形態完成第三方支付請求。

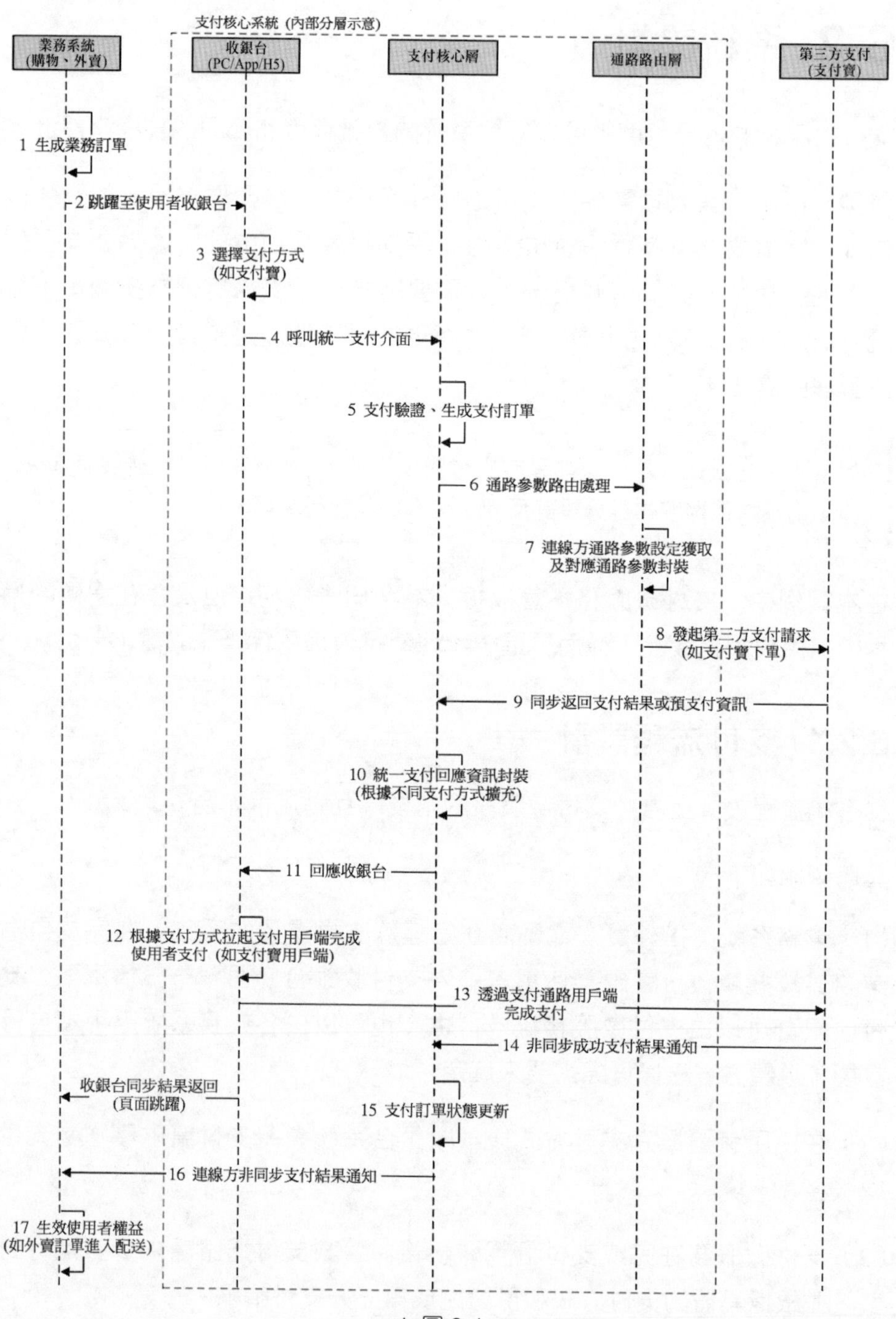
支付核心系統 (內部分層示意)
業務系統
(購物、外賣)
收銀台
(PC/App/H5)
支付核心層
通路路由層
第三方支付
(支付寶)
1 生成業務訂單
2 跳躍至使用者收銀台
3 選擇支付方式
(如支付寶)
4 呼叫統一支付介面
5 支付驗證、生成支付訂單
6 通路參數路由處理
7 連線方通路參數設定獲取
及對應通路參數封裝
8 發起第三方支付請求
(如支付寶下單)
9 同步返回支付結果或預支付資訊
10 統一支付回應資訊封裝
(根據不同支付方式擴充)
11 回應收銀台
12 根據支付方式拉起支付用戶端完成
使用者支付 (如支付寶用戶端)
13 透過支付通路用戶端
完成支付
14 非同步成功支付結果通知
收銀台同步結果返回
(頁面跳躍)
15 支付訂單狀態更新
16 連線方非同步支付結果通知
17 生效使用者權益
(如外賣訂單進入配送)

▲ 圖 6-1

> 在某些支付場景下，支付微服務並不能直接請求第三方支付，例如，需要前端瀏覽器跳躍的電腦網頁支付方式。在這種情況下，支付微服務會根據通路支付要求完成請求參數的封裝，並透過介面回應至收銀台系統，由收銀台系統完成使用者瀏覽器跳躍至第三方支付介面的邏輯。

(4) 對於需要拉起使用者支付用戶端的支付方式（如支付寶 / 微信 App 支付等），支付微服務需要先進行「預支付」操作。

(5) 在「預支付」操作完成後，支付微服務將通路傳回的預支付訂單資訊傳回給支付收銀台。之後，支付收銀台根據支付場景拉起對應的支付用戶端（如支付寶 App），從而完成用戶端支付。

(6) 在使用者完成支付後，第三方支付通路將支付結果通知給支付微服務，支付微服務在完成訂單狀態邏輯更新後會同步將支付結果通知到具體的業務系統，從而完成整個支付流程的閉環。

> 在使用者完成支付動作後，由於整個支付過程包括多個系統的前後端互動，所以，實際上支付結果是不能同步被支付系統感知的。因此在現有支付流程中，所有的支付結果都會以非同步通知為準。而為了確保支付結果通知的可靠性，支付系統會對支付結果的通知方式進行一定的重複機制設計，以確保支付通知最大限度被成功接收。

上述邏輯基本涵蓋了目前「電腦端」及「行動端」支付方式的後端邏輯。由於包括前後端的協作，所以，在介面參數設計上需要考慮一定的擴充性。

> 如果還包括銀行卡之類的支付方式，則需要考慮資訊安全、銀行卡類型辨識、銀行卡多管道路由等邏輯。但目前在網際網路應用中直接使用銀行卡支付的場景比較少，所以這裡就不再討論了。

6.2.2 系統結構設計

在系統實現上採用經典 MVC 分層模式，支付微服務的結構如圖 6-2 所示。

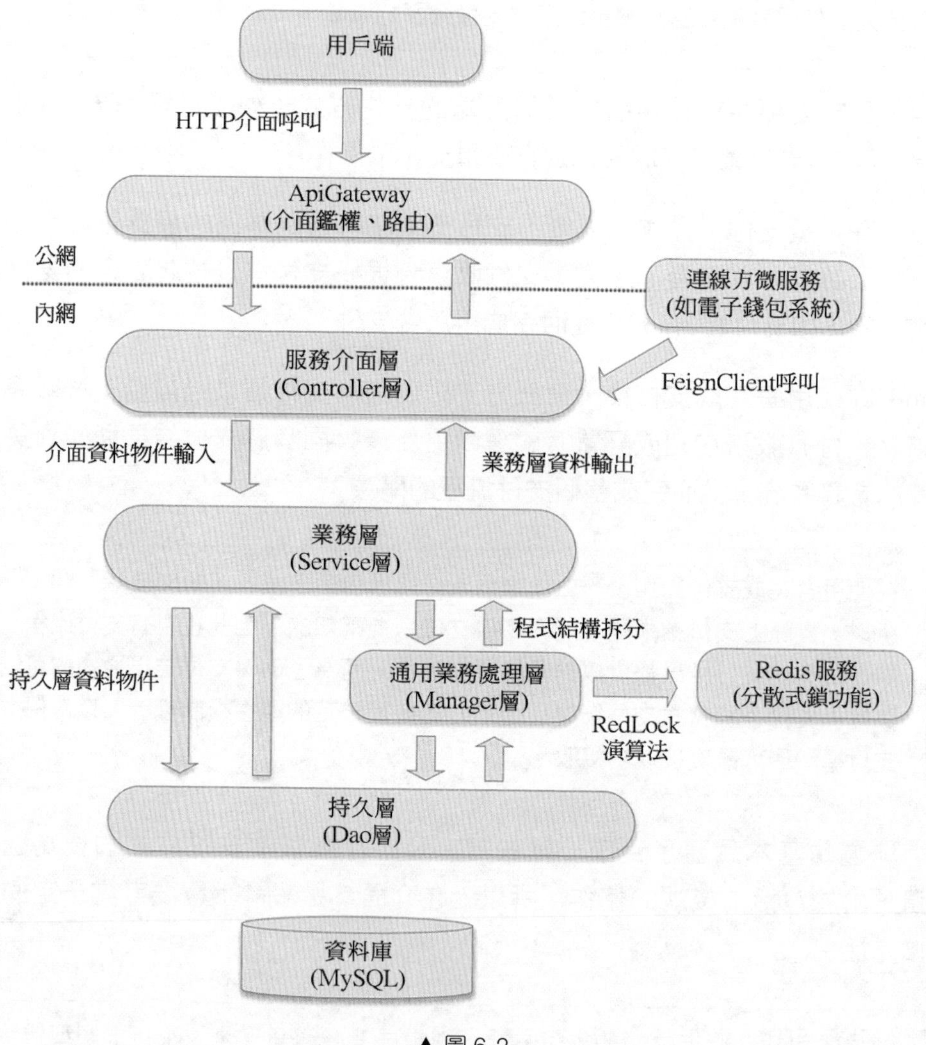

▲ 圖 6-2

在上述系統結構中，主要分為 3 層：服務介面層（Controller 層）、業務層（Service 層）及持久層（Dao 層）。

- 服務介面層（Controller 層）：用於定義服務介面。
- 業務層（Service 層）：用於處理業務邏輯並透過 Dao 層完成資料庫相關操作。
- 持久層（Dao 層）：用於封裝對 MySQL 資料庫操作的介面。

> 在本實例中，在業務層與持久層之間單獨拆分出了一個 Manager 層，主要是用於業務層邏輯程式的模組化拆分，避免業務層程式過於臃腫。

關於 Manager 層的拆分，在本實例中，主要表現在使用工廠模式對多個支付通路的對接程式進行解耦上。

6.2.3 資料庫設計

根據系統的複雜程度及實際需要，在設計支付微服務資料庫模型時，需要設計很多表。其中，比較核心的表有：①支付訂單資訊表；②支付通知資訊表；③支付通路路由設定表；④通路參數資訊表。

程式碼：以下表在本書書附程式碼的 "chapter06-payment/src/main/resources/ db.migration" 目錄下。

具體的表結構設計如下。

1. 支付訂單資訊表

支付訂單資訊表是支付微服務中最重要的資料表，是使用者支付的憑據，也是後續進行資金清算及資料統計的關鍵資料。具體的 SQL 程式如下：

```
create table pay_order (
 id bigint not null primary key auto_increment,
 order_id varchar (50) comment '業務方訂單號（業務方系統唯一）',
 trade_type varchar (30) comment '業務交易類型，例如 topup 表示錢包充值',
 amount bigint comment '交易金額，以分為單位',
```

```
 currency varchar (10) comment '幣種',
 status varchar (2) comment '支付狀態。0- 待支付；1- 支付中；2- 支付成功；3-
支付失敗',
 channel varchar (10) comment '支付通路編碼。0- 微信支付，1- 支付寶支付',
 pay_type varchar (30) comment '通路支付方式。ali_pay_pc- 支付寶電腦網頁支
付；ali_pay_app- 支付寶行動應用程式支付',
 pay_id varchar (50) comment '支付平台自己生成的唯一訂單序號，用於與第三方
通路互動',
 trade_no varchar (32) comment '支付通路序號',
 user_id varchar (60) comment '業務方使用者 ID',
 create_time timestamp null default current_timestamp comment '支付建立時
間',
 update_time timestamp null default current_timestamp on update current_
timestamp comment '最後一次更新時間',
 remark varchar(128)  comment '訂單備註資訊'
);
alter table pay_order comment '支付訂單資訊表';
# 增加索引資訊
alter table pay_order add index unique_idx_pay_id ( pay_id );
alter table pay_order add index idx_order_id ( order_id );
alter table pay_order add index idx_create_time ( create_time );
```

2. 支付通知資訊表

支付通知資訊表，主要記錄支付通路支付結果通知封包資訊，以便後續出現訂單爭議時反查系統的互動過程。

此外，該表還會承擔「支付微服務」向「連線方業務系統」同步支付狀態時的輔助邏輯：例如設定向業務方通知的次數、最近通知時間等，實現在向業務方通知失敗的情況下重複通知的邏輯（如通知 5 次，持續通知 24 小時等邏輯）。具體的 SQL 程式如下：

```
create table pay_notify (
 id bigint not null primary key auto_increment,
 pay_id varchar (50) comment '支付平台訂單序號',
 channel varchar (10) comment '支付通路編碼。0- 微信支付，1- 支付寶支付',
 status varchar (2) comment '支付通知狀態。1- 支付中；2- 支付成功；3- 支付失
敗',
```

```
 fullinfo text comment '通路通知原始封包資訊',
 order_id varchar (50) comment '業務方訂單序號',
 verify varchar (2) comment '封包簽名驗證結果。0- 驗證成功；1- 簽名驗證失敗',
 merchant_id varchar (30) comment '支付通路商戶號，用於精準辨識通路參數',
 receive_status varchar (2) comment '接收處理狀態。1- 已接收；2- 已處理；3-
已同步至業務方',
 notify_count int comment '業務方通知次數',
 notify_time timestamp comment '業務方最近通知時間',
 update_time timestamp null default current_timestamp on update current_
timestamp comment '最後一次更新時間',
 create_time timestamp null default current_timestamp comment '交易建立時
間'
);
alter table pay_order comment '支付通知資訊表，記錄支付通路通知封包及業務方
通知狀態資訊';
#增加索引資訊
alter table pay_notify add index unique_idx_pay_id ( pay_id );
alter table pay_notify add index idx_order_id ( order_id );
```

3. 支付通路路由設定表

支付通路路由設定表，主要用於設定「業務連線方」使用多個支付通路時的路由資訊。這樣，同一個「業務連線方」可以根據應用標識及業務類型，相對靈活地選擇合適的支付通路。具體的 SQL 程式如下：

```
create table pay_channel_route_config (
 id bigint not null primary key auto_increment,
 app_id varchar (50) comment '業務連線方應用標識',
 trade_type varchar (10) comment '業務連線方業務類型',
 channel varchar (10) comment '支付通路編碼。0- 微信支付，1- 支付寶支付',
 pay_type varchar (30) comment '通路具體支付方式',
 partner varchar (50) comment '具體支付通路連線唯一帳號標識',
 status varchar(2) NOT NULL DEFAULT '0' COMMENT '狀態。 0- 可用，1- 不可用
',
 update_time timestamp null default current_timestamp on update current_
timestamp comment '最後一次更新時間',
```

```
 create_time timestamp null default current_timestamp comment '建立時間'
);
alter table pay_channel_route_config comment '支付通路路由設定表';
#增加索引資訊
alter table pay_channel_route_config add index idx_app_id (app_id);
```

4. 通路參數資訊表

通路參數資訊表主要用於在支付路由成功後獲取具體的支付通路連線帳號，以及所對應的系統參數資訊（例如介面金鑰，證書類型等）。

透過對通路參數的設定化設計，使得同一份通路連線程式可以靈活地支援該通路下多個支付通路商戶的連線，從而使得支付微服務具備一定的 SASS 能力。具體的 SQL 程式如下：

```
create table pay_channel_param (
 id bigint not null primary key auto_increment,
 partner varchar (50) comment '具體支付通路連線唯一帳號標識',
 sign_type varchar(10) NOT NULL COMMENT '簽名加密方式，如：RSA、MD5、3DES',
 key_type varchar(30) COMMENT '證書類型。如：publickey-公開金鑰；
privatekey-私密金鑰，若簽名加密方式為對稱加密，則約定為私密金鑰類型',
 key_context text COMMENT '證書文字內容',
 expire_time timestamp NOT NULL DEFAULT CURRENT_TIMESTAMP COMMENT '證書到
期時間',
 status varchar(2) NOT NULL DEFAULT '0' COMMENT '狀態。0-可用；1-不可用',
 update_time timestamp null default current_timestamp on update current_
timestamp comment '最後一次更新時間',
 create_time timestamp null default current_timestamp comment '建立時間',
 remark varchar(128) COMMENT '證書用途描述'
);
alter table pay_channel_param comment '通路參數資訊表，儲存支付通路金鑰、加
密方式等資訊';
#增加索引資訊
alter table pay_channel_param add index idx_partner(partner);
```

6.3 步驟 1：建構 Spring Cloud 微服務專案程式

接下來架設支付微服務所需要的 Spring Cloud 微服務專案，並整合所需要的其他第三方元件。

6.3.1 建立 Spring Cloud 微服務專案

1. 建立一個基本的 Maven 專案

利用 2.3.1 節介紹的方法建立一個 Maven 專案，完成後的專案程式結構如圖 6-3 所示。

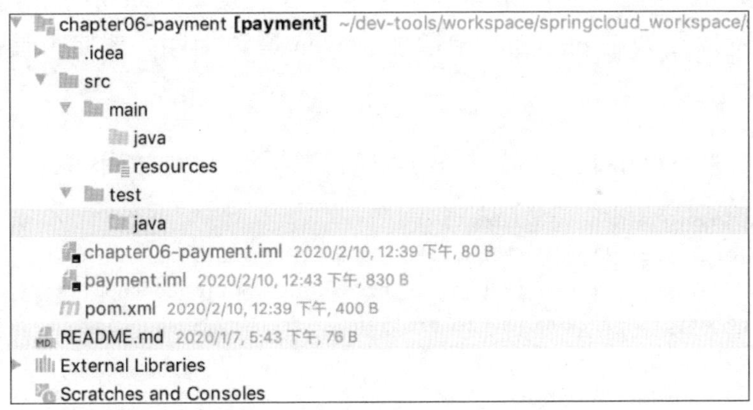

▲ 圖 6-3

2. 引入 Spring Cloud 依賴，將其改造為微服務專案

（1）引入 Spring Cloud 微服務的核心依賴。

這裡可以參考 2.5.2 節中的具體步驟。

（2）在專案程式的 resources 目錄新建一個基礎性設定檔 ——bootstrap.yml。設定檔中的程式如下：

```
spring:
  application:
    name: payment
  profiles:
    active: debug
  cloud:
    consul:
      discovery:
        preferIpAddress: true
        instance-id: ${spring.application.name}:${spring.cloud.client.
ipAddress}:${spring.application.instance_id:${server.port}}:@project.
version@
        healthCheckPath: /actuator/health
server:
  port: 9091
```

（3）在 2.5.2 節提到過，Spring Boot 並不會預設載入 bootstrap.yml 這個檔案，所以需要在 pom.xml 中增加 Maven 資源相關的設定，具體參考 2.5.2 節內容。

（4）建立 "Payment" 支付微服務的入口程式類別。程式如下：

```
package com.wudimanong.payment;
import org.springframework.boot.SpringApplication;
import org.springframework.boot.autoconfigure.SpringBootApplication;
import org.springframework.cloud.client.discovery.EnableDiscoveryClient;
@EnableDiscoveryClient
@SpringBootApplication
public class PaymentApplication {
    public static void main(String[] args) {
        SpringApplication.run(PaymentApplication.class, args);
    }
}
```

至此，支付微服務所需的 Spring Cloud 微服務專案就建構出來了。

6.3.2 將 Spring Cloud 微服務注入 Consul

參考 2.5.1 節、2.5.3 節的內容，將 "payment" 微服務注入服務註冊中心 Consul 中。然後執行所建構的 "payment" 微服務專案，可以看到該服務已經註冊到 Consul 中了，如圖 6-4 所示。

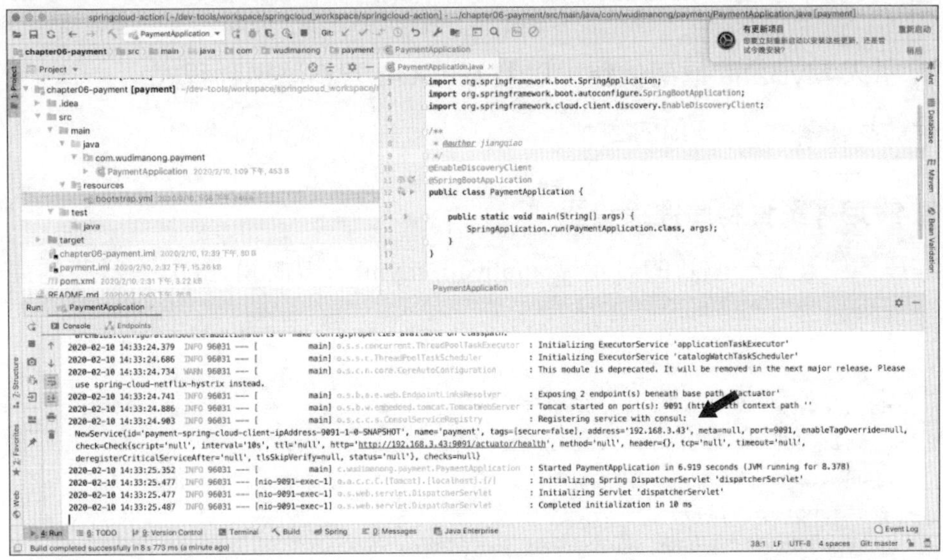

▲ 圖 6-4

打開 Consul 主控台，"payment" 微服務被註冊到 Consul 中的效果如圖 6-5 所示。

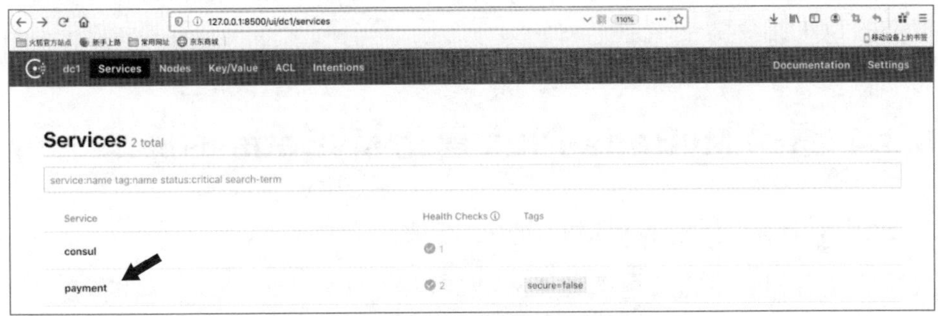

▲ 圖 6-5（編按：本圖例為簡體中文介面）

至此，就從技術層面完成了 Spring Cloud 微服務的架設過程。接下來繼續整合開發 "payment" 支付微服務所依賴的其他元件。

6.3.3 整合 MyBatis，以存取 MySQL 資料庫

在本實例中，使用 MyBatis 這個持久層框架來操作資料庫。

1. 引入 MyBatis 框架依賴，以及 MySQL 資料庫驅動程式

具體步驟參考 2.3.3 節內容。

2. 設定專案資料庫連接資訊

在專案中建立一個新的設定檔 application.yml，增加 MySQL 資料庫的連接資訊如下：

```
spring:
  datasource:
    url: jdbc:mysql://127.0.0.1:3306/payment
    username: root
    password: 123456
    type: com.alibaba.druid.pool.DruidDataSource
    driver-class-name: com.mysql.jdbc.Driver
    separator: //
```

> 上述設定中相關的資料庫資訊，可以參考 1.3.3 節透過 Docker 部署本地 MySQL 的步驟——建立一個名為 payment 的資料庫，並執行 6.2.3 節中所定義的 SQL 指令稿。

6.3.4 透過 MyBatis-Plus 簡化 MyBatis 的操作

1. Spring Boot 整合 MyBatis-Plus 框架

具體的整合和設定方法可參考 4.3.5 節內容。

2. 啟動專案，驗證 MyBatis-Plus 整合效果

啟動 "payment" 支付微服務專案，成功整合 MyBatis-Plus 框架的執行效果如圖 6-6 所示。

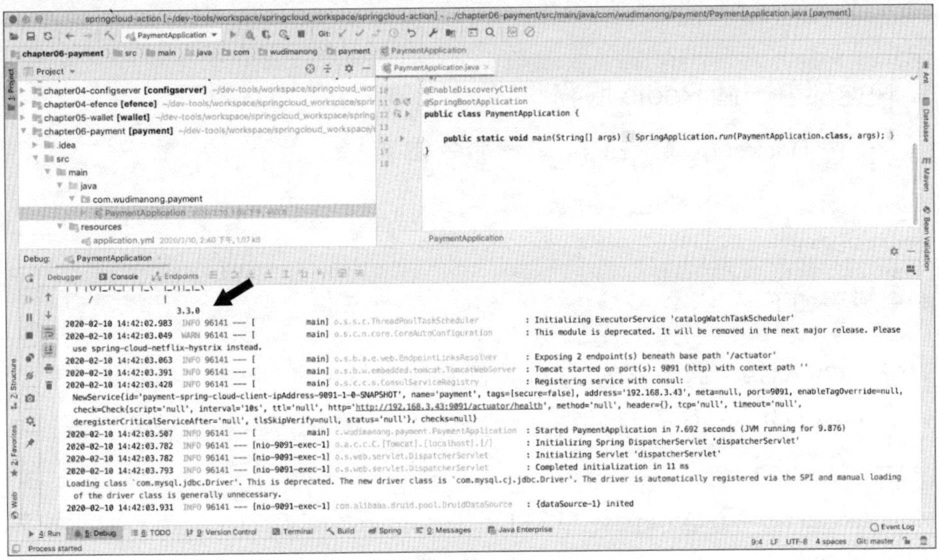

▲ 圖 6-6

6.4 步驟 2：實現以 Redis 為基礎的分散式鎖

Redis 是一款性能優異的 Key-Value 儲存系統。目前絕大多數網際網路公司的應用都在使用它來提升服務的性能。除此之外，還有很多場景會使用 Redis 作為分散式鎖來實現併發控制相關的邏輯，舉例來說，本實例中的支付訂單防重，就需要實用分散式鎖功能——除依賴資料庫判斷外，還需要考慮高併發情況下的資料冪等問題。

本節將使用 Redis 來實現高性能的分散式鎖，並在具體的支付訂單防重邏輯中使用它。

6.4.1 設定 Redis 服務

在生產環境中，Redis 一般會以叢集的方式對外提供可靠的服務。不過這裡為了方便測試開發，只是以 Docker 容器為基礎快速部署一個 Redis 服務。

1. 快速部署一個 Redis 服務

（1）使用 Docker 安裝 Redis。具體命令如下：

```
docker run -p 6379:6379 -v $PWD/data:/data  -d redis:3.2 redis-server
--requirepass "123456"  --appendonly yes
```

命令説明如下。

- -p 6379:6379：將容器的 6379 通訊埠映射到主機的 6379 通訊埠。
- -v $PWD/data:/data：將主機目前的目錄下的 data 目錄掛載到容器的 "/data" 目錄。
- redis-server --requirepass "123456" --appendonly yes：在容器執行 "redis-server" 命令，打開 Redis 持久化設定並設定存取密碼為 "123456"。

（2）透過 "docker ps" 命令查看到 Redis 服務的 Docker 容器資訊，如圖 6-7 所示。

```
qiaodeMacBook-Pro-2:~ qiaojiang$ docker ps
CONTAINER ID   IMAGE       COMMAND                  CREATED          STATUS         PORTS                                                                        NAMES
c67f81447eca   redis:3.2   "docker-entrypoint.s…"   7 seconds ago    Up 4 seconds   0.0.0.0:6379->6379/tcp                                                       pensive_yonath
17c8233636fa   consul      "docker-entrypoint.s…"   4 months ago     Up 11 days     8300-8302/tcp, 8301-8302/udp, 8600/tcp, 8600/udp, 0.0.0.0:8500->8500/tcp   consul
6697e4109b66   mysql:5.7   "docker-entrypoint.s…"   5 months ago     Up 11 days     0.0.0.0:3306->3306/tcp, 33060/tcp                                            dev-mysql
```

▲ 圖 6-7

2. 存取 Docker 容器中的 Redis 服務

接下來，透過 Redis 用戶端工具來存取 Docker 容器中的 Redis 服務。這裡下載 Redis 官方的用戶端工具，步驟如下。

（1）透過 Redis 官方下載連結下載 Redis 安裝套件。

下載一個官方的 Redis 發佈版本，但不使用它的服務功能，只將其作為用戶端測試使用。

（2）下載後將其解壓縮至指定目錄，然後使用 "make" 命令進行編譯。

（3）編譯成功後切換至 "/src" 目錄下，透過 "redis-cli" 命令連結 Docker 容器中的 Redis 服務。具體命令如下：

```
./redis-cli -h 127.0.0.1 -p 6379 -a 123456
```

（4）連接上後為了測試 Redis 服務的可用性，可以透過 "set/get" 命令進行設定值和設定值。命令如下：

```
127.0.0.1:6379> set a 123
OK
127.0.0.1:6379> get a
"123"
```

在上述命令中，透過 "set" 命令設定屬性 "a" 的值，並透過 "get" 命令獲取屬性 "a" 的值。這說明以 Docker 為基礎執行的 Redis 服務是可用的，能夠滿足開發的需求。

6.4.2 整合 Redis 用戶端存取元件

接下來在 Spring Cloud 微服務中，透過整合 Redis 依賴來實現應用對 Redis 服務的存取和操作。

與在 Spring Boot 應用中整合 MyBatis 框架一樣，Spring Boot 針對 Redis 服務的整合也提供了現成的 Starter 依賴，只需引入即可，程式如下：

```
<dependency>
    <groupId>org.springframework.boot</groupId>
    <artifactId>spring-boot-starter-data-redis</artifactId>
</dependency>
```

引入該依賴後，Spring Boot 應用就具備了存取和操作 Redis 的能力。

> 而 spring-boot-starter-data-redis 依賴的基本原理也是利用了 Spring Boot 框架提供的自動設定能力，具體細節大家可以閱讀該依賴的原始程式。

在 Spring Boot 的應用設定檔中，設定對 Redis 服務的連接資訊，設定如下：

```
spring:
  datasource:
    url: jdbc:mysql://127.0.0.1:3306/payment
    username: root
    password: 123456
    type: com.alibaba.druid.pool.DruidDataSource
    driver-class-name: com.mysql.jdbc.Driver
    separator: //
  #Redis 服務的位址
  redis:
    host: 127.0.0.1
    port: 6379
    password: 123456
```

完成後，Spring Boot 應用就可以透過 RedisTemplate 方便地操作和使用 Redis 服務了，具體的使用方法將在「支付微服務」的業務邏輯開發中示範。

6.4.3 了解 Redis 分散式鎖的原理

Redis 服務本身並不提供分散式鎖功能，但是作為全域 Key-Value 儲存系統，用戶端可以利用 Redis 提供的基本功能，並透過一定的演算法設計來實現分散式鎖功能。

網上有不少網誌文章及程式庫描述了如何使用 Redis 來實現分散式鎖，但是許多實現相對比較簡單，安全性也比較低。

在 Redis 的官方文件中，推薦了一種叫作 "RedLock" 的演算法可以實現以

Redis 叢集為基礎的分散式鎖功能。該演算法已經有多種語言版本的 Redis 用戶端實現函數庫。其中，Java 領域最為知名的是 Redisson 函數庫，它不僅實現了分散式鎖，還實現了一套複雜的 Redis 分散式資料結構。

目前，在 Spring Boot 2.x 以上版本中使用 Redis 時，Redis 用戶端函數庫已經預設使用了 lettuce 函數庫（一種比 Redisson Jedis 執行緒更安全、更羽量級的 Java Redis 用戶端函數庫）。

在實踐中往往會選擇以 RedLock 演算法為基礎自行實現分散式鎖。本實例中將以 RedLock 演算法為基礎來實現 Redis 分散式鎖。

先來看看 RedLock 演算法的執行原理，如圖 6-8 所示。

RedLock 演算法是一種 Redis 叢集環境下的分散式鎖解決方案，可以有效地防止單節點故障問題。執行原理說明如下：

（1）RedLock 用戶端獲取系統的當前時間，以毫秒（ms）為單位。

（2）RedLock 用戶端使用相同的鍵（Key）名和隨機值，依次向 Redis 叢集中的每個節點發起獲取鎖的請求。

> 在向每個 Redis 節點獲取鎖的過程中，用戶端會以比鎖過期時間小得多的時間來設定逾時機制，例如，鎖的整個逾時時間為 10s，叢集有 5 個節點，那麼每個節點獲取鎖的逾時時間可能會被限制在 5ms ～ 50ms 之間。這是為了防止在某個節點不可用的情況下，用戶端等待時間過長從而造成阻塞。

（3）在收到 Redis 叢集各節點獲取鎖結果的回饋後，RedLock 用戶端會對鎖的獲取情況進行判斷：如果獲取各節點鎖的總時間小於鎖的逾時設定，並且成功獲取鎖的節點數目大於 "*N*/2+1" 個（例如 5 個節點至少要有 3 個節點成功獲取鎖），則 RedLock 用戶端認為成功獲取分散式鎖；否則認為分散式鎖獲取失敗，並依次釋放各個節點已獲取的鎖資訊。

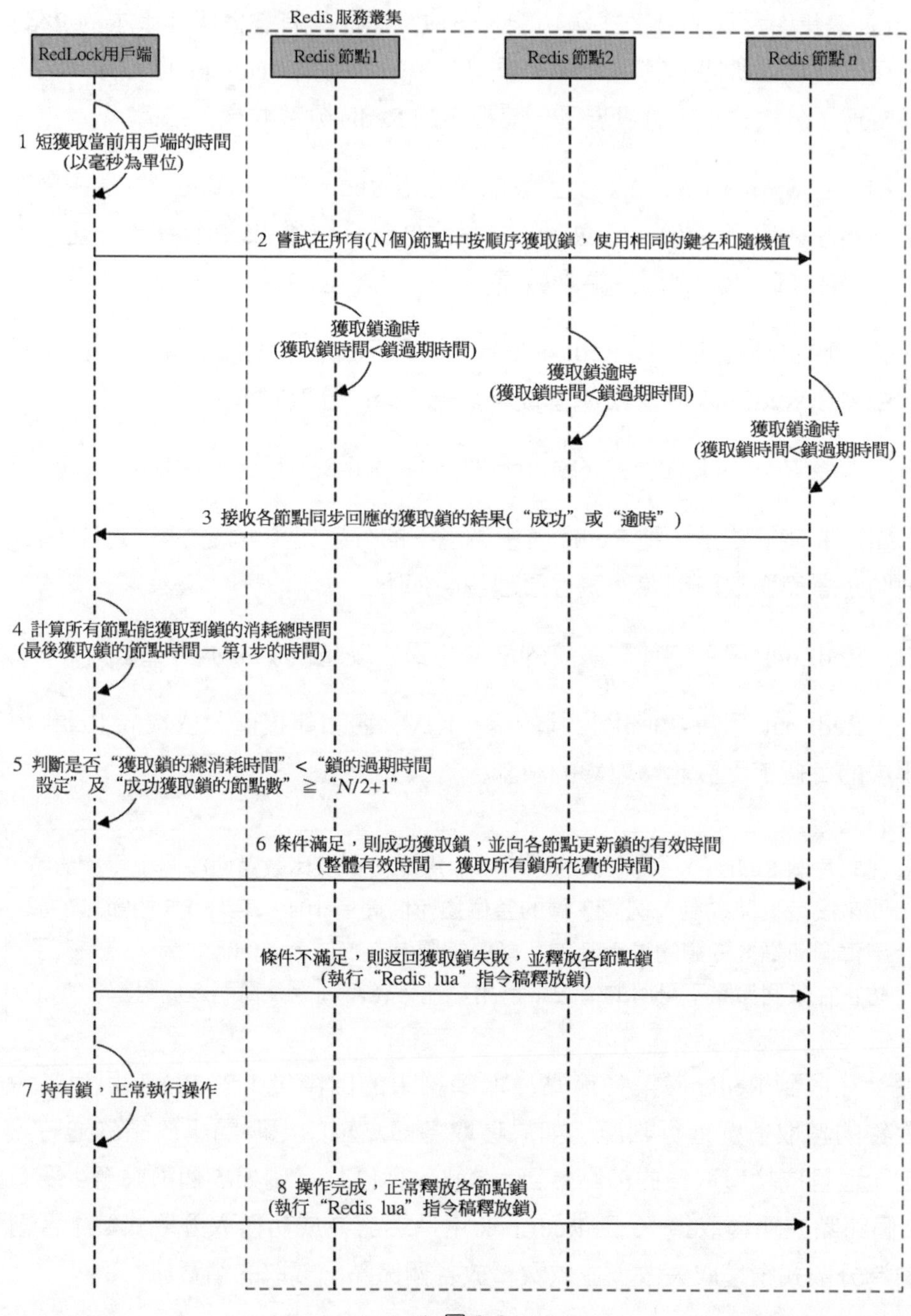
Redis 服務叢集
RedLock用戶端
Redis 節點1
Redis 節點2
Redis 節點 n
1 短獲取當前用戶端的時間
(以毫秒為單位)
2 嘗試在所有(N個)節點中按順序獲取鎖，使用相同的鍵名和隨機值
獲取鎖逾時
(獲取鎖時間<鎖過期時間)
獲取鎖逾時
(獲取鎖時間<鎖過期時間)
獲取鎖逾時
(獲取鎖時間<鎖過期時間)
3 接收各節點同步回應的獲取鎖的結果(“成功”或“逾時”)
4 計算所有節點能獲取到鎖的消耗總時間
(最後獲取鎖的節點時間－第1步的時間)
5 判斷是否“獲取鎖的總消耗時間”<“鎖的過期時間
設定”及“成功獲取鎖的節點數”≧“N/2+1”
6 條件滿足，則成功獲取鎖，並向各節點更新鎖的有效時間
(整體有效時間 － 獲取所有鎖所花費的時間)
條件不滿足，則返回獲取鎖失敗，並釋放各節點鎖
(執行“Redis lua”指令稿釋放鎖)
7 持有鎖，正常執行操作
8 操作完成，正常釋放各節點鎖
(執行“Redis lua”指令稿釋放鎖)

▲ 圖 6-8

（4）在成功獲取分散式鎖後，就可以安全地執行需要鎖保護的操作，並在完成後依次釋放各節點所持有的鎖資訊。

實現 RedLock 演算法的 Redis 用戶端，基本上可以保證分散式鎖在有效性及安全性方面的幾個基本要求。

- 互斥：任何時刻只能有一個用戶端獲取鎖。
- 無鎖死：即使鎖定資源的服務發生崩潰或分區，仍然能釋放鎖。
- 容錯性：只要多數 Redis 節點（一半以上）在使用，用戶端就可以獲取和釋放鎖。

6.4.4 實現 Redis 分散式鎖的用戶端程式

透過 6.4.3 節的學習，我們對實現 Redis 分散式鎖的基本演算法有了一定的了解。在實踐中，可以依據 RedLock 演算法自行實現分散式鎖的用戶端。

在 Spring Boot 專案中，也可以直接使用 Spring 框架所提供的以 RedLock 演算法為基礎的分散式鎖的實現函數庫。

1. 整合 Spring Integration 依賴

本實例所使用的 RedLock 用戶端為 Spring Integration 依賴中的實現。整合步驟如下。

（1）在專案的 pom.xml 檔案中，引入 Spring Integration 依賴。程式如下：

```
<!-- spring integration -->
<dependency>
    <groupId>org.springframework.boot</groupId>
    <artifactId>spring-boot-starter-integration</artifactId>
</dependency>
<!-- Spring Integration 與 Redis 結合，實現 Redis 分散式鎖 -->
<dependency>
```

```
    <groupId>org.springframework.integration</groupId>
    <artifactId>spring-integration-redis</artifactId>
</dependency>
```

> 目前 Spring 所提供的分散式鎖相關的程式被遷移到 "Spring Integration" 子專案中了，所以這裡引入其相關依賴。

（2）撰寫 RedLock 分散式鎖的設定類別。程式如下：

```
package com.wudimanong.payment.config;
import org.springframework.context.annotation.Bean;
import org.springframework.context.annotation.Configuration;
import org.springframework.data.redis.connection.RedisConnectionFactory;
import org.springframework.integration.redis.util.RedisLockRegistry;
@Configuration
public class RedisLockConfiguration {
    @Bean
    public RedisLockRegistry redisLockRegistry(RedisConnectionFactory
redisConnectionFactory) {
        return new RedisLockRegistry(redisConnectionFactory, "payment");
    }
}
```

> 在以上設定中，程式載入的前提是，微服務專案已經整合並設定了對 Redis 服務的存取及連接資訊（參考 6.4 節）。

2. 分散式鎖的使用方式

在業務中使用分散式鎖，程式片段如下：

```
/**
 * 引入 Redis 分散式鎖的依賴
 */
@Autowired
private RedisLockRegistry redisLockRegistry;
@Override
```

```
public UnifiedPayBO unifiedPay(UnifiedPayDTO unifiedPayDTO) {
    ...
    //建立 Redis 分散式鎖
    Lock lock = redisLockRegistry.obtain(redisLockPrefix + unifiedPayDTO.
getOrderId());
    try {
        //嘗試獲取鎖
        boolean isLock = lock.tryLock(1, TimeUnit.SECONDS);
        if (isLock) {
            //執行業務邏輯
            ...
        }
    } catch (InterruptedException e) {
        e.printStackTrace();
    } finally {
        //釋放分散式鎖
        lock.unlock();
    }
    ...
}
```

在上方程式中，透過注入 RedisLockRegistry 實例物件，實現了分散式鎖的相關操作——用 obtain() 方法建立鎖、用 tryLock() 方法獲取鎖、用 unlock() 方法釋放鎖。關於 Redis 分散式鎖的使用細節將在 6.5 節中示範。

6.5 步驟 3：實現微服務的業務邏輯

經過前面的步驟，完成了系統結構及資料庫的設計，建構了開發「支付微服務」所需的專案程式，並整合了實現 Redis 的分散式鎖的依賴。接下來將實現「支付微服務」的業務邏輯。

6.5.1 定義服務介面層（Controller 層）

接下來定義「支付微服務」所相關的 Controller 層服務介面。

1. 約定介面資料格式

在定義正式服務介面的 Controller 層之前，需要先約定介面的請求方式，以及統一的封包格式。具體的規範可以參考 4.1.1 節中 "1." 小標題中的內容。

其中相關的統一封包格式類別（ResponseResult）及全域回應碼列舉類型（GlobalCodeEnum），可以複製 4.1.1 節中 "1." 小標題中的程式。

2. 定義「統一支付」介面

「統一支付」介面是「支付微服務」的核心介面，該介面用於接收和處理不同支付類型的支付請求——根據不同的支付通路及方式，實現對應的支付流程及參數轉換。

> 不同的支付通路及方式，對支付流程及請求參數有不同的要求。但是，支付系統需要透過統一的支付連線，來降低不同支付通路連線的複雜度。這也是目前很多網際網路公司建構獨立支付系統的重要原因。

（1）定義「統一支付」介面的 Controller 層。程式如下：

```
package com.wudimanong.payment.controller;
import com.wudimanong.payment.entity.ResponseResult;
...
import org.springframework.web.bind.annotation.RequestMapping;
import org.springframework.web.bind.annotation.RestController;
@Slf4j
@RestController
@RequestMapping("/pay")
public class PayController {
    /**
     * 業務層（Service 層）依賴介面
     */
    @Autowired
PayService payServiceImpl;
```

```
    /**
     * 定義 " 統一支付 " 介面
     */
    @PostMapping("/unifiedPay")
    public ResponseResult<UnifiedPayBO> unifiedPay(@RequestBody
@Validated UnifiedPayDTO unifiedPayDTO) {
        return ResponseResult.OK(payServiceImpl.unifiedPay(unifiedPayDTO));
    }
}
```

在上述程式中，透過 @PostMapping 註釋定義了「統一支付」介面（/unifiedPay）。該介面的請求方式為 "Post"，請求參數為 JSON 格式（透過 @RequestBody 註釋約定）。

（2）定義「統一支付」介面的請求參數物件。程式如下：

```
package com.wudimanong.payment.entity.dto;
import com.wudimanong.payment.validator.EnumValue;
import java.io.Serializable;
import javax.validation.constraints.NotNull;
import lombok.Data;
@Data
public class UnifiedPayDTO implements Serializable {
    /**
     * 連線方應用 ID
     */
    @NotNull(message = " 應用 ID 不能為空 ")
    private String appId;
    /**
     * 連線方支付訂單 ID，必須在連線方系統唯一（如電子錢包系統）
     */
    @NotNull(message = " 支付訂單 ID 不能為空 ")
    private String orderId;
    /**
     * 交易類型。用於標識具體的業務類型，如 topup 表示錢包充值等。
     */
    @EnumValue(strValues = {"topup"})
    private String tradeType;
```

```
/**
 * 支付通路。0- 微信支付，1- 支付寶支付
 */
@EnumValue(intValues = {0, 1})
private Integer channel;
/**
 * 支付產品定義。用於區分具體的通路支付產品，可根據實際情況定義
 */
private String payType;
/**
 * 支付金額，以 " 分 " 為單位，數值必須大於 0
 */
private Integer amount;
/**
 * 支付幣種，預設為 CNY
 */
@EnumValue(strValues = {"CNY"})
private String currency;
/**
 * 連線方系統唯一標識使用者身份的 ID
 */
@NotNull(message = " 使用者 ID 不能為空 ")
private String userId;
/**
 * 商品標題，支付所購買的商品標題
 */
@NotNull(message = " 商品標題不能為空 ")
private String subject;
/**
 * 商品描述資訊
 */
private String body;
/**
 * 支付擴充資訊，例如針對某些支付通路的特殊請求參數的補充
 */
private Object extraInfo;
/**
 * 非同步支付結果通知位址
 */
```

```
    @NotNull(message = "支付通知位址不能為空")
    private String notifyUrl;
    /**
     * 同步支付結果跳躍位址（支付成功後同步跳躍回連線方系統介面的 URL）
     */
    private String returnUrl;
}
```

上述程式定義了「統一支付」介面的請求參數類別，屬性涵蓋了大部分支付場景所需的請求資訊（如支付金額、幣種、支付通路及其方式等）。

此外，該參數物件中相關的自訂參數驗證註釋 @EnumValue 的定義可以參考 4.4.1 節中 "2." 小標題中的具體說明。

（3）定義「統一支付」介面的傳回參數物件。程式如下：

```
package com.wudimanong.payment.entity.bo;
import java.io.Serializable;
import lombok.AllArgsConstructor;
import lombok.Builder;
import lombok.Data;
import lombok.NoArgsConstructor;
@Data
@Builder
@NoArgsConstructor
@AllArgsConstructor
public class UnifiedPayBO implements Serializable {
    /**
     * 商戶支付訂單號
     */
    private String orderId;
    /**
     * 第三方支付通路生成的預支付訂單號
     */
    private String tradeNo;
    /**
     * 支付訂單金額
     */
```

```
    private Integer amount;
    /**
     * 支付幣種
     */
    private String currency;
    /**
     * 支付通路編碼
     */
    private String channel;
    /**
     * 特殊支付場景所需要傳遞的額外支付資訊
     */
    private String extraInfo;
    /**
     * 支付訂單狀態。0- 待支付；1- 支付中；2- 支付成功；3- 支付失敗
     */
    private Integer payStatus;
}
```

3. 定義「通路支付結果通知」介面

在支付流程中，使用者支付結果一般以後端服務的通知為準。所以，「支付微服務」除需要定義「統一支付」介面處理支付請求外，還需要根據第三方支付通路介面的約定，開發接收支付通路支付結果通知的介面，並以此完成支付訂單狀態的更新，以及向連線方業務系統同步使用者支付結果。

不同支付通路的支付結果通知介面各不相同，需要根據具體情況而定。這裡以「支付寶非同步支付結果通知」介面為例。

在使用者使用支付寶完成支付後，支付寶會根據支付 API 中連線方傳入的 "notify_url" 欄位，以 POST 請求的方式，將支付結果通知到連線方系統（例如本實例的「支付微服務」)。

（1）定義「支付寶非同步支付結果通知」介面的 Controller 層。程式如下：

```
package com.wudimanong.payment.controller;
import com.wudimanong.payment.entity.dto.AliPayReceiveDTO;
import com.wudimanong.payment.service.PayNotifyService;
...
import org.springframework.web.bind.annotation.RequestMapping;
import org.springframework.web.bind.annotation.RestController;
@Slf4j
@RestController
@RequestMapping("/notify")
public class PayNotifyController {
    @Autowired
    PayNotifyService payNotifyServiceImpl;
    /**
     * 定義 " 支付寶非同步支付結果通知 " 介面
     */
    @PostMapping("/aliPayReceive")
    public String aliPayReceive(AliPayReceiveDTO aliPayReceiveDTO) {
        return payNotifyServiceImpl.aliPayReceive(aliPayReceiveDTO);
    }
}
```

上述介面需要根據「支付寶非同步支付結果通知」介面的文件規範進行定義。

（2）定義「支付寶非同步支付結果通知」介面的請求參數物件。程式如下：

```
package com.wudimanong.payment.entity.dto;
import lombok.Data;
@Data
public class AliPayReceiveDTO {
    /**
     * 通知時間（格式為 "yyyy-MM-dd HH:mm:ss"）
     */
    private String notify_time;
    /**
     * 通知類型，例如：trade_status_sync
     */
    private String notify_type;
```

```
/**
 * 通知驗證 ID
 */
private String notify_id;
/**
 * 格式編碼，如 UTF-8
 */
private String charset;
/**
 * 介面版本，固定為 1.0
 */
private String version;
/**
 * 簽名類型，目前為 RSA2
 */
private String sign_type;
/**
 * 簽名資訊
 */
private String sign;
/**
 * 授權方的 app_id（本介面暫不開放第三方應用授權，所以 auth_app_id=app_id）
 */
private String auth_app_id;
/**
 * 支付寶交易號
 */
private String trade_no;
/**
 * 開發者的 app_id( 支付寶分配給開發者的應用 ID)
 */
private String app_id;
/**
 * 商戶訂單號
 */
private String out_trade_no;
/**
 * 商戶業務 ID，主要是在退款通知中傳回復款申請的序號
 */
```

```
private String out_biz_no;
/**
 * 買家支付寶使用者號
 */
private String buyer_id;
/**
 * 賣家支付寶使用者號
 */
private String seller_id;
/**
 * 交易狀態，TRADE_SUCCESS 表示交易成功
 */
private String trade_status;
/**
 * 訂單金額
 */
private Double total_amount;
/**
 * 實收金額
 */
private Double receipt_amount;
/**
 * 開票金額
 */
private Double invoice_amount;
/**
 * 使用者在交易中支付的金額，單位為 " 元 "，精確到小數點後 2 位
 */
private Double buyer_pay_amount;
/**
 * 使用集分寶支付的金額，單位為 " 元 "，精確到小數點後 2 位
 */
private Double point_amount;
/**
 * 在退款通知中傳回的總退款金額，單位為 " 元 "，精確到小數點後 2 位
 */
private Double refund_fee;
/**
 * 訂單標題
```

```
     */
    private String subject;
    /**
     * 商品描述
     */
    private String body;
    /**
     * 交易建立時間，格式為 "yyyy-MM-dd HH:mm:ss"
     */
    private String gmt_create;
    /**
     * 交易付款時間，格式為 "yyyy-MM-dd HH:mm:ss"
     */
    private String gmt_payment;
    /**
     * 交易退款時間，格式為 "yyyy-MM-dd HH:mm:ss"
     */
    private String gmt_refund;
    /**
     * 交易結束時間，格式為 "yyyy-MM-dd HH:mm:ss"
     */
    private String gmt_close;
    /**
     * 支付成功的各個通路金額資訊，格式為 [{}]
     */
    private String fund_bill_list;
    /**
     * 優惠券資訊，格式為 [{}]
     */
    private String voucher_detail_list;
    /**
     * 公共回傳參數，如果請求時傳遞了該參數，則在返給商戶時會在非同步通知時原
樣傳回該參數
     */
    private String passback_params;
}
```

上述請求參數物件，完全以「支付寶非同步支付結果通知」介面的定義為準。在實際開發中，遵循具體的支付通路規範即可。

6.5.2 開發業務層（Service 層）程式

接下來開發「支付微服務」業務層（Service 層）程式。

1. 定義業務異常處理機制

關於業務層（Service 層）的業務異常處理機制，可以參考 4.4.2 節中 "1." 小標題中的內容。

定義的業務層（Service 層）異常碼的列舉類型，具體程式如下：

```
package com.wudimanong.payment.entity;
public enum BusinessCodeEnum {
    /**
     * "支付微服務"內部錯誤邏輯傳回碼定義（以 1000 開頭，根據業務擴充）
     */
    BUSI_PAY_FAIL_1000(1000, "支付已成功，請勿重複支付"),
    BUSI_PAY_FAIL_1001(1001, "支付請求處理中，請稍後重試"),
    /**
     * 支付通路錯誤碼封裝（以 2000 開頭，根據業務擴充）
     */
    BUSI_CHANNEL_FAIL_2000(2000, "支付寶封包組裝錯誤");
    /**
     * 編碼
     */
    private Integer code;
    /**
     * 描述
     */
    private String desc;
    BusinessCodeEnum(Integer code, String desc) {
        this.code = code;
        this.desc = desc;
    }
    /**
     * 根據編碼獲取列舉類型
     */
    public static BusinessCodeEnum getByCode(String code) {
```

```
        // 判斷是否為空
        if (code == null) {
            return null;
        }
        // 迴圈處理
        BusinessCodeEnum[] values = BusinessCodeEnum.values();
        for (BusinessCodeEnum value : values) {
            if (value.getCode().equals(code)) {
                return value;
            }
        }
        return null;
    }
    public Integer getCode() {
        return code;
    }
    public String getDesc() {
        return desc;
    }
}
```

此列舉類型可根據具體的業務層（Service 層）邏輯進行擴充，舉例來說，將「支付微服務」內部的業務異常碼的設定值範圍約定為 1000 ～ 1999，而將與具體支付通路相關的業務異常碼約定為 2000 ～ 2999。

2. 引入 MapStruct 實體映射工具

具體參考 4.4.2 節中 "2." 小標題中的內容。

3. 開發「統一支付」介面的業務層（Service 層）程式

接下來開發「統一支付」介面的業務層（Service 層）程式。

（1）定義業務層（Service 層）介面類別 PayService。程式如下：

```
package com.wudimanong.payment.service;
import com.wudimanong.payment.entity.bo.UnifiedPayBO;
import com.wudimanong.payment.entity.dto.UnifiedPayDTO;
```

```
public interface PayService {
    /**
     * 定義 " 統一支付 " 介面的業務層（Service 層）方法
     *
     * @param unifiedPayDTO
     * @return
     */
    UnifiedPayBO unifiedPay(UnifiedPayDTO unifiedPayDTO);
}
```

（2）實現業務層（Service 層）介面類別的方法。程式如下：

```
package com.wudimanong.payment.service.impl;
import com.wudimanong.payment.convert.UnifiedPayConvert;
...
import org.springframework.integration.redis.util.RedisLockRegistry;
import org.springframework.stereotype.Service;
@Slf4j
@Service
public class PayServiceImpl implements PayService {
    /**
     * 定義分佈鎖 Redis 鎖的字首
     */
    public final String redisLockPrefix = "pay-order&";
    /**
     * 引入 Redis 分散式鎖的依賴
     */
    @Autowired
    private RedisLockRegistry redisLockRegistry;
    /**
     * 支付訂單持久層（Dao 層）介面的依賴
     */
    @Autowired
    PayOrderDao payOrderDao;
    /**
     * 支付通路處理工廠類別的依賴
     */
    @Autowired
    PayChannelServiceFactory payChannelServiceFactory;
```

```
    @Override
    public UnifiedPayBO unifiedPay(UnifiedPayDTO unifiedPayDTO) {
        // 傳回資料物件
        UnifiedPayBO unifiedPayBO = null;
        // 建立 Redis 分散式鎖
        // 支付防併發安全邏輯——透過 " 字首 + 連線方業務訂單號 " 獲取 Redis 分
散式鎖（同一筆訂單，同一時刻只允許一個執行緒）
        Lock lock = redisLockRegistry.obtain(redisLockPrefix +
unifiedPayDTO.getOrderId());
        // 持有鎖，等待時間為 1s
        boolean isLock = false;
        try {
            isLock = lock.tryLock(1, TimeUnit.SECONDS);
        } catch (InterruptedException e) {
            e.printStackTrace();
        }
        if (isLock) {
            // 資料庫等級訂單狀態防重判斷
            boolean isRepeatPayOrder = isSuccessPayOrder(unifiedPayDTO);
            if (isRepeatPayOrder) {
                throw new ServiceException(BusinessCodeEnum.BUSI_PAY_
FAIL_1000.getCode(),
                        BusinessCodeEnum.BUSI_PAY_FAIL_1000.getDesc());
            }
            // 支付訂單入庫
            String payId = this.payOrderSave(unifiedPayDTO);
            // 獲取具體的支付通路服務類別的實例
            PayChannelService payChannelService = payChannelServiceFactory
                    .createPayChannelService(unifiedPayDTO.getChannel());
            // 呼叫通路支付方法設定支付平台訂單序號
            unifiedPayDTO.setOrderId(payId);
            unifiedPayBO = payChannelService.pay(unifiedPayDTO);
            // 釋放分散式鎖
            lock.unlock();
        } else {
            // 如果持有鎖逾時，則說明請求正在被處理，提示使用者稍後重試
            throw new ServiceException(BusinessCodeEnum.BUSI_PAY_
FAIL_1001.getCode(),
                    BusinessCodeEnum.BUSI_PAY_FAIL_1001.getDesc());
```

```
        }
        return unifiedPayBO;
    }
    /**
     * 從資料庫等級判斷是否為成功支付訂單的私有方法
     *
     * @param unifiedPayDTO
     * @return
     */
    private boolean isSuccessPayOrder(UnifiedPayDTO unifiedPayDTO) {
        Map<String, Object> parm = new HashMap<>();
        parm.put("order_id", unifiedPayDTO.getOrderId());
        List<PayOrderPO> payOrderPOList = payOrderDao.selectByMap(parm);
        if (payOrderPOList != null && payOrderPOList.size() > 0) {
            //判斷在支付訂單中是否存在支付狀態為 " 成功 " 的訂單，若存在，則不
處理新的支付請求
            List<PayOrderPO> successPayOrderList = payOrderPOList.stream()
                    .filter(o -> "2".equals(o.getStatus())).
collect(Collectors.toList());
            if (successPayOrderList != null && successPayOrderList.size()
> 0) {
                return true;
            }
        }
        return false;
    }
    /**
     * 支付訂單入庫方法
     *
     * @param unifiedPayDTO
     * @return
     */
    private String payOrderSave(UnifiedPayDTO unifiedPayDTO) {
        //用 MapStruct 工具進行實體物件類型轉換
        PayOrderPO payOrderPO = UnifiedPayConvert.INSTANCE.convertPayOrde
rPO(unifiedPayDTO);
        //設定支付狀態為 " 待支付 "
        payOrderPO.setStatus("0");
        //生成支付平台序號
```

```
        String payId = createPayId();
        payOrderPO.setPayId(payId);
        //訂單建立時間
        payOrderPO.setCreateTime(new Timestamp(System.currentTimeMillis()));
        //訂單更新時間
        payOrderPO.setUpdateTime(new Timestamp(System.currentTimeMillis()));
        //訂單入庫操作
        payOrderDao.insert(payOrderPO);
        return payOrderPO.getPayId();
    }
    /**
     * 生成支付平台訂單號
     *
     * @return
     */
    private String createPayId() {
        //獲取 10000 ~ 99999 的隨機數
        Integer random = new Random().nextInt(99999) % (99999 - 10000 +
1) + 10000;
        //時間戳記 + 隨機數
        String payId = DateUtils.getStringByFormat(new Date(), DateUtils.
sf3) + String.valueOf(random);
        return payId;
    }
}
```

上述實現類別的程式包含了完整的支付處理邏輯。主要邏輯為：

① 使用 Redis 分散式鎖來防止使用者產生併發的支付請求。

② 透過資料庫查詢來判斷支付訂單的處理狀態，避免重複支付（為了減少主方法邏輯的程式量，這部分邏輯被單獨拆分至 isSuccessPayOrder() 私有方法中）。

③ 在發送第三方支付請求前，「支付微服務」會生成支付訂單明細。這部分程式被拆分至 payOrderSave() 私有方法中。

（3）撰寫 MapStruct 資料轉化類別。

在步驟（2）中的 payOrderSave() 方法中，生成「持久層（Dao 層）資料物件」使用 MapStruct 工具來減少程式量，相關的程式片段如下：

```
// 使用 MapStruct 工具進行物理資料物件轉換
PayOrderPO payOrderPO = UnifiedPayConvert.INSTANCE.convertPayOrderPO(unif
iedPayDTO);
...
```

在上述程式片段中，具體映射轉換類別的程式如下：

```
package com.wudimanong.payment.convert;
import com.wudimanong.payment.dao.model.PayOrderPO;
...
import org.mapstruct.factory.Mappers;
@org.mapstruct.Mapper
public interface UnifiedPayConvert {
    UnifiedPayConvert INSTANCE = Mappers.getMapper(UnifiedPayConvert.
class);
    /**
     * 生成支付訂單 " 業務層（Service 層）輸出資料物件 " 的轉換方法
     *
     * @param unifiedPayDTO
     * @return
     */
    @Mappings({
            @Mapping(target = "extraInfo", ignore = true)
    })
    UnifiedPayBO convertUnifiedPayBO(UnifiedPayDTO unifiedPayDTO);
    /**
     * " 支付請求參數物件 " 到 " 支付訂單持久層（Dao 層）實體類別物件 " 的轉換方法
     *
     * @param unifiedPayDTO
     * @return
     */
    @Mappings({})
    PayOrderPO convertPayOrderPO(UnifiedPayDTO unifiedPayDTO);
}
```

（4）撰寫生成支付訂單號所需要的日期工具類別。

在步驟（2）的邏輯中還需要生成「支付微服務」訂單流水。這是在私有方法 createPayId() 中透過「日期時間戳記 + 隨機數」來實現的，其中會依賴一個 DateUtils 日期工具類別，具體程式如下：

```
package com.wudimanong.payment.utils;
import java.text.SimpleDateFormat;
import java.util.Date;
import lombok.extern.slf4j.Slf4j;
@Slf4j
public class DateUtils {
    //執行緒區域變數
    public static final ThreadLocal<SimpleDateFormat> sf1 = new
ThreadLocal<SimpleDateFormat>() {
        @Override
        public SimpleDateFormat initialValue() {
            return new SimpleDateFormat("yyyyMMdd");
        }
    };
    public static final ThreadLocal<SimpleDateFormat> sf2 = new
ThreadLocal<SimpleDateFormat>() {
        @Override
        public SimpleDateFormat initialValue() {
            return new SimpleDateFormat("yyyy-MM-dd");
        }
    };
    public static final ThreadLocal<SimpleDateFormat> sf3 = new
ThreadLocal<SimpleDateFormat>() {
        @Override
        public SimpleDateFormat initialValue() {
            return new SimpleDateFormat("yyyyMMddHHmmss");
        }
    };
    /**
     * 時間格式化方法
     *
     * @param date
     * @param fromat
```

```
     * @return
     */
    public static String getStringByFormat(Date date,
ThreadLocal<SimpleDateFormat> fromat) {
        return fromat.get().format(date);
    }
}
```

(5) 撰寫支付通路參數處理工廠類別。

在完成支付訂單入庫操作後，需要進行具體的支付通路請求的處理。考慮到「支付微服務」連線多個支付通路的場景，所以這裡透過定義一個工廠類別來實現具體通路處理程式的尋找，即業務實現類別程式所依賴的 PayChannelServiceFactory 類別，程式如下：

```
package com.wudimanong.payment.service;
import lombok.extern.slf4j.Slf4j;
import org.springframework.beans.factory.annotation.Autowired;
import org.springframework.stereotype.Service;
@Slf4j
@Service
public class PayChannelServiceFactory {
    @Autowired
    private PayChannelService aliPayServiceImpl;
    /**
     * 根據通路程式獲取具體的通路業務層（Service 層）處理類別
     *
     * @param channelName
     * @return
     */
    public PayChannelService createPayChannelService(int channelName) {
        switch (channelName) {
            case 1:
                return aliPayServiceImpl;
            default:
                return null;
        }
    }
}
```

本實例只連線支付寶通路，所以上面的工廠類別程式只實現了支付寶通路處理類別的實例化，其他通路可依次擴充。

> 支付寶通路連線將在 6.6 節示範。本實現類別中包括資料庫持久層（Dao 層）操作的程式依賴將在 6.5.3 節中示範。

4. 開發「通路支付結果通知」介面的業務層（Service 層）程式

業務層（Service 層）主要用來處理通路支付結果——包括記錄支付通知封包、處理支付訂單狀態，以及向連線方系統（如電子錢包系統）同步支付結果。

接下來，以支付寶支付結果通知為例，開發「通路支付結果通知」介面的業務層（Service 層）程式。

（1）定義業務層（Service 層）介面類別 PayNotifyService。程式如下：

```
package com.wudimanong.payment.service;
import com.wudimanong.payment.entity.dto.AliPayReceiveDTO;
public interface PayNotifyService {
    /**
     * 定義 " 支付寶支付結果通知回呼 " 介面
     *
     * @param aliPayReceiveDTO
     * @return
     */
    String aliPayReceive(AliPayReceiveDTO aliPayReceiveDTO);
}
```

（2）實現業務層（Service 層）介面類別的方法。程式如下：

```
package com.wudimanong.payment.service.impl;
import com.alibaba.fastjson.JSON;
...
import org.springframework.stereotype.Service;
@Slf4j
```

```
@Service
public class PayNotifyServiceImpl implements PayNotifyService {
    /**
     * 通路參數設定資訊持久層（Dao 層）的依賴
     */
    @Autowired
    PayChannelParamDao payChannelParamDao;
    /**
     * 支付訂單明細持久層（Dao 層）的依賴
     */
    @Autowired
    PayOrderDao payOrderDao;
    /**
     * 通路支付通知日誌持久層（Dao 層）的依賴
     */
    @Autowired
    PayNotifyDao payNotifyDao;
    @Override
    public String aliPayReceive(AliPayReceiveDTO aliPayReceiveDTO) {
        // 對封包進行簽名驗證
        boolean verifyResult = aliPayReceiveMsgVerify(aliPayReceiveDTO);
        // 如果簽名驗證失敗，則直接傳回錯誤訊息
        if (!verifyResult) {
            return "sign verify fail";
        }
        // 查詢支付訂單明細資訊
        Map<String, Object> paramMap = new HashMap<>();
        paramMap.put("pay_id", aliPayReceiveDTO.getOut_trade_no());
        List<PayOrderPO> payOrderPOList = payOrderDao.selectByMap(paramMap);
        if (payOrderPOList == null || payOrderPOList.size() <= 0) {
            return "order not exist";
        }
        // 如果簽名驗證成功，則保存支付結果通知封包資訊
        PayOrderPO payOrderPO = payOrderPOList.get(0);
        // 透過 MapStruct 工具進行資料物件轉換
        PayNotifyPO payNotifyPO = PayNotifyConvert.INSTANCE.
convertPayNotifyPO(payOrderPO);
        payNotifyPO.setMerchantId(aliPayReceiveDTO.getApp_id());
        // 設定狀態為已處理
```

```
        payNotifyPO.setReceiveStatus("2");
        // 將支付通知封包轉為 JSON 格式進行儲存
        payNotifyPO.setFullinfo(JSON.toJSONString(aliPayReceiveDTO));
        payNotifyDao.insert(payNotifyPO);
        // 更新支付訂單狀態（這裡放到一個交易中，也可以非同步解耦處理）
        payOrderPO.setUpdateTime(new Timestamp(System.currentTimeMillis()));
        payOrderPO.setStatus("2");
        payOrderPO.setTradeNo(aliPayReceiveDTO.getTrade_no());
        payOrderDao.updateById(payOrderPO);
        // 向連線方同步支付結果（邏輯暫不實現）
        return "success";
    }
    /**
     * 支付寶支付通知封包簽名驗證方法
     *
     * @param aliPayReceiveDTO
     * @return
     */
    private boolean aliPayReceiveMsgVerify(AliPayReceiveDTO
aliPayReceiveDTO) {
        // 查詢支付寶支付 RSA 公開金鑰資訊
        QueryWrapper<PayChannelParamPO> queryWrapper = new
QueryWrapper<>();
        queryWrapper.and(wq -> wq.eq("partner", aliPayReceiveDTO.getApp_
id()))
                .and(wq -> wq.eq("status", "0")).and(wq -> wq.eq("key_
type", "publickey"));
        PayChannelParamPO payChannelParamPO = payChannelParamDao.
selectOne(queryWrapper);
        // 如果支付參數資訊不存在，則直接傳回失敗
        if (payChannelParamPO == null) {
            return false;
        }
        // 將支付參數物件轉為 Map
        Map<String, String> paramMap = JSON.parseObject(JSON.toJSONString
(aliPayReceiveDTO), Map.class);
        // 呼叫支付寶支付 SDK 驗證簽名
        boolean signVerified = false;
        try {
```

```
            signVerified = AlipaySignature
                    .rsaCheckV1(paramMap, payChannelParamPO.
getKeyContext(), "UTF-8", payChannelParamPO.getSignType());
        } catch (AlipayApiException e) {
            e.printStackTrace();
        }
        // 由於模擬時需要支付寶私密金鑰簽名，所以這裡為了便於測試預設傳回簽名
驗證成功
        return true;
    }
}
```

上述實現類別程式的主要邏輯為：

① 對支付通知封包進行簽名驗證，在簽名驗證方法aliPayReceiveMsgVerify()中使用了支付寶支付 SDK 所提供的相關方法（參考第 6.6 節內容）。

② 在簽名驗證的過程中，需要使用支付寶支付通路的公開金鑰資訊（公開金鑰資訊的生成將在 6.6 節介紹），該公開金鑰資訊透過「通路參數資訊表」進行存取。

③ 在簽名驗證通過後，會將支付通知封包記錄至支付通知資訊表，並完成支付訂單狀態處理等業務邏輯。

④ 透過連線方在支付時傳遞的 "notify_url" 通知位址，向連線方系統同步支付結果。

（3）撰寫 MapStruct 資料轉化類別。

在步驟（2）的程式中使用 MapStruct 工具來轉換生成 PayNotifyPO 資料物件。轉換類別的程式如下：

```
package com.wudimanong.payment.convert;
import com.wudimanong.payment.dao.model.PayNotifyPO;
...
import org.mapstruct.factory.Mappers;
@org.mapstruct.Mapper
public interface PayNotifyConvert {
    PayNotifyConvert INSTANCE = Mappers.getMapper(PayNotifyConvert.
```

```
class);
    /**
     * 支付結果通知封包日誌資訊的轉換方法
     *
     * @param payOrderPO
     * @return
     */
    @Mappings({})
    PayNotifyPO convertPayNotifyPO(PayOrderPO payOrderPO);
}
```

> 如果支付系統向連線方系統（如電子錢包系統）同步支付結果，則可以直接採用 HTTP 發送，但是需要考慮連線方接收失敗的重複發送問題。如果是內部系統互動，則可以考慮透過可靠訊息來實現。

6.5.3 開發 MyBatis 持久層（Dao 層）元件

持久層（Dao 層）的實現，以 MyBatis 及 MyBatis-Plus 組合提供的功能為基礎。需要先在程式主類別中增加 MyBatis 介面程式的套件掃描路徑，程式如下：

```
package com.wudimanong.payment;
import org.mybatis.spring.annotation.MapperScan;
...
import org.springframework.cloud.client.discovery.EnableDiscoveryClient;
@EnableDiscoveryClient
@SpringBootApplication
@MapperScan("com.wudimanong.payment.dao.mapper")
public class PaymentApplication {
    public static void main(String[] args) {
        SpringApplication.run(PaymentApplication.class, args);
    }
}
```

在上述程式中，透過 @MapperScan 註釋定義 MyBatis 持久層（Dao 層）元件程式的套件路徑。

1. 實現「統一支付」介面的持久層（Dao 層）

「統一支付」介面的持久層（Dao 層）主要以「支付訂單資訊表」（pay_order）的資料庫操作為主。

（1）定義「支付訂單資訊表」的資料庫實體類別。程式如下：

```
package com.wudimanong.payment.dao.model;
import com.baomidou.mybatisplus.annotation.TableName;
import java.sql.Timestamp;
import lombok.Data;
@Data
@TableName("pay_order")
public class PayOrderPO {
    /**
     * 自動增加 ID
     */
    private Integer id;
    /**
     * 業務方訂單號（需保證在連線方系統內唯一）
     */
    private String orderId;
    /**
     * 業務方交易類型
     */
    private String tradeType;
    /**
     * 支付訂單金額
     */
    private Integer amount;
    /**
     * 支付幣種
     */
    private String currency;
    /**
     * 支付訂單狀態。0- 待支付；1- 支付中；2- 支付成功；3- 支付失敗
     */
    private String status;
    /**
```

```
     * 支付通路編碼
     */
    private String channel;
    /**
     * 通路支付方式
     */
    private String payType;
    /**
     * "支付微服務"的訂單序號
     */
    private String payId;
    /**
     * 第三方通路序號
     */
    private String tradeNo;
    /**
     * 業務方使用者 ID
     */
    private String userId;
    /**
     * 支付訂單建立時間
     */
    private Timestamp createTime;
    /**
     * 支付訂單更新時間
     */
    private Timestamp updateTime;
}
```

(2) 定義「支付訂單資訊表」的持久層（Dao 層）介面。程式如下：

```
package com.wudimanong.payment.dao.mapper;
import com.baomidou.mybatisplus.core.mapper.BaseMapper;
import com.wudimanong.payment.dao.model.PayOrderPO;
import org.springframework.stereotype.Repository;
@Repository
public interface PayOrderDao extends BaseMapper<PayOrderPO> {
}
```

2. 實現「通路支付結果通知」介面的持久層（Dao 層）

「通路支付結果通知」介面的持久層（Dao 層）實現，主要以支付通知資訊表（pay_notify）和通路參數資訊表（pay_channel_param）的操作為主。

（1）定義「支付通知資訊表」的資料庫實體類別。程式如下：

```
package com.wudimanong.payment.dao.model;
import com.baomidou.mybatisplus.annotation.TableName;
...
import lombok.NoArgsConstructor;
@Data
@Builder
@AllArgsConstructor
@NoArgsConstructor
@TableName("pay_notify")
public class PayNotifyPO {
    /**
     * 主鍵 ID
     */
    private Integer id;
    /**
     * 支付訂單號
     */
    private String payId;
    /**
     * 支付通路
     */
    private Integer channel;
    /**
     * 支付狀態
     */
    private String status;
    /**
     * 支付通知原始封包資訊
     */
    private String fullinfo;
    /**
     * 業務方訂單號
     */
```

```
    private String orderId;
    /**
     * 封包簽名驗證結果。0- 驗證成功；1- 簽名驗證失敗
     */
    private Integer verify;
    /**
     * 通路支付商戶號
     */
    private String merchantId;
    /**
     * 接收處理狀態。1- 已接收；2- 已處理；3- 已同步至業務方
     */
    private String receiveStatus;
    /**
     * 連線方通知次數
     */
    private Integer notifyCount;
    /**
     * 連線方最近通知時間
     */
    private Timestamp notifyTime;
    /**
     * 更新時間
     */
    private Timestamp updateTime;
    /**
     * 建立時間
     */
    private Timestamp createTime;
}
```

（2）定義「支付通知資訊表」的持久層（Dao 層）介面。程式如下：

```
package com.wudimanong.payment.dao.mapper;
import com.baomidou.mybatisplus.core.mapper.BaseMapper;
import com.wudimanong.payment.dao.model.PayNotifyPO;
import org.springframework.stereotype.Repository;
@Repository
public interface PayNotifyDao extends BaseMapper<PayNotifyPO> {
}
```

（3）定義「通路參數資訊表」的資料庫實體類別。程式如下：

```
package com.wudimanong.payment.dao.model;
import com.baomidou.mybatisplus.annotation.TableName;
import java.sql.Time;
import java.sql.Timestamp;
import lombok.Data;
@Data
@TableName("pay_channel_param")
public class PayChannelParamPO {
    /**
     * 主鍵
     */
    private Integer id;
    /**
     * 具體的支付通路帳號
     */
    private String partner;
    /**
     * 封包簽名類型
     */
    private String signType;
    /**
     * 金鑰類型
     */
    private String keyType;
    /**
     * 證書文字內容
     */
    private String keyContext;
    /**
     * 證書到期時間
     */
    private Timestamp expireTime;
    /**
     * 狀態。0- 可用，1- 不可用
     */
    private String status;
    /**
```

```
     * 更新時間
     */
    private Timestamp updateTime;
    /**
     * 建立時間
     */
    private Timestamp createTime;
    /**
     * 備註資訊
     */
    private String remark;
}
```

（4）定義「通路參數資訊表」的持久層（Dao 層）介面。程式如下：

```
package com.wudimanong.payment.dao.mapper;
import com.baomidou.mybatisplus.core.mapper.BaseMapper;
import com.wudimanong.payment.dao.model.PayChannelParamPO;
import org.springframework.stereotype.Repository;
@Repository
public interface PayChannelParamDao extends BaseMapper<PayChannelParamPO>
{
}
```

（5）初始化支付寶通路參數資訊設定。

「通路支付結果通知」邏輯所依賴的通路支付參數資訊，可以透過「通路參數資訊表」實現設定化，以使得「支付微服務」具備一定的平台能力。為此，可以將第 6.6 節中獲取的支付寶通路參數資訊先存入「通路參數資訊表」，SQL 程式如下：

```
# 初始化支付通路參數設定
INSERT INTO `pay_channel_param`(`id`, `partner`, `sign_type`, `key_type`,
`key_context`, `expire_time`, `status`, `update_time`, `create_time`,
`remark`) VALUES (1, '2016101800715197', 'RSA2', 'publickey', 'MIIBIjAN
BgkqhkiG9w0BAQEFAAOCAQ8AMIIBCgKCAQEA4Z0RuCT/DAxYzK4A1qU7yPmhEcO5vFoos/
r9AI2J94BuvE16gR4rH0Xv6j1i7h/KcSnehdIwh2YNBzKbP+I+KCqyaK4fbbJKND5FOj+nWg
vug8MII+mjHoTtCbt2h95odeTp+e9nU3zRFZw42018d1hwoGJpZwu8a8C8Dsn9tHMSTGhg1
UrjJn3sP69q8eVTRcIQP+EPCsKohYaolXXmqoeevudSrVg5GIcXyXuuJPFGcKkOQo+Fujxj
```

```
2JZxQcPYXRxcqPGVT2Q+bvTRA3BKKtALChWU5JbQTM3zMBdGQSDVfd1ipVnLAubzXB/Np6I
23fAWywNKWRCWvLQFql46wwIDAQAB', '2021-03-02 10:07:26', '0', '2020-03-02
10:08:51', '2020-03-02 10:07:26', '');
INSERT INTO `pay_channel_param`(`id`, `partner`, `sign_type`, `key_
type`, `key_context`, `expire_time`, `status`, `update_time`, `create_
time`, `remark`) VALUES (2, '2016101800715197', 'RSA2', 'privatekey', 'MI
IEvQIBADANBgkqhkiG9w0BAQEFAASCBKcwggSjAgEAAoIBAQDLBQXRgdVI0QfuTRqa5A2P9/
LdSJ7F6KkOfYsz2VOzJ+QyA6C+Lf
...
jS/bqlllIKid3yM/AoNRS9zxCx3EGktfkZrsRwiw8D04hR14CL0tW2nerd6q0JSR0wtHcXXv4
LXz/Xg=', '2021-03-02 10:09:10', '0', '2020-03-02 10:09:49', '2020-03-02
10:09:10', NULL);
```

> 以上 SQL 程式中的支付通路參數資訊（如加密方式、金鑰類型、公開金鑰、私密金鑰等）需根據具體連線的支付通路來定。上述設定為 6.6 節中示範連線「支付寶」通路時所獲得的支付連線參數。

如果在統一支付邏輯中實現了設定化路由功能，則可以將其與「通路參數資訊表」結合起來。由於篇幅的關係，本實例就不實現了，讀者可以參考「支付通路路由設定表」的設計自行擴充。

6.6 步驟 4：連線「支付寶」通路

在連線第三方支付通路時，連線方需要具備一定的資質。為了方便實驗，可以透過「支付寶開放平台」提供的沙盒環境進行測試開發。

6.6.1 申請支付寶沙盒環境

具體步驟如下：

(1) 進入支付寶開放平台，點擊「開發平台 - 開發者中心 - 沙盒環境」，系統會自動建立一個沙盒應用，如圖 6-9 所示。

▲ 圖 6-9（編按：本圖例為簡體中文介面）

（2）透過官方提供的 RSA 工具生成支付連線所需的 RSA 金鑰，如圖 6-10 所示。

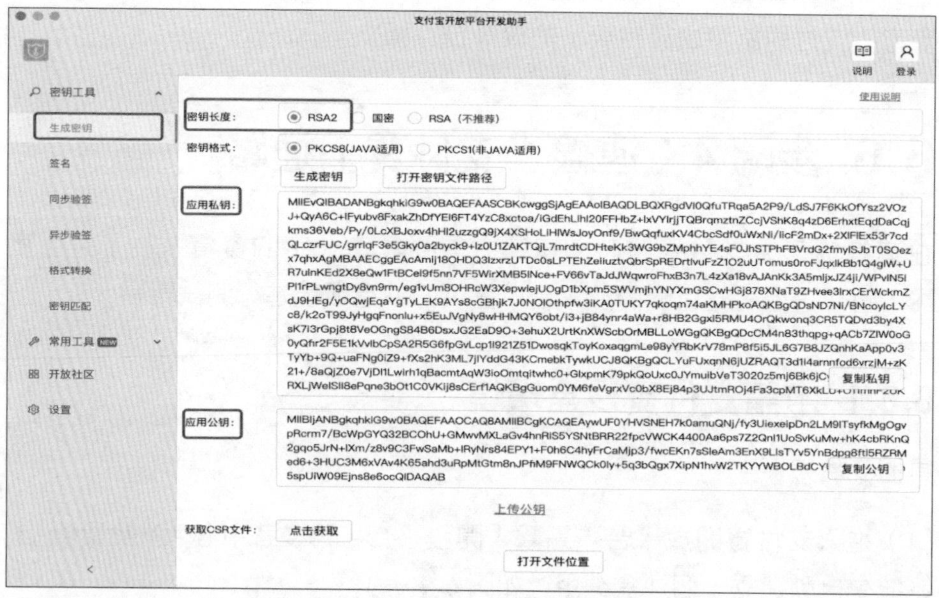

▲ 圖 6-10（編按：本圖例為簡體中文介面）

(3) 將 RSA 工具生成的應用公開金鑰設定到步驟 (1) 建立的沙盒應用中，如圖 6-11 所示。

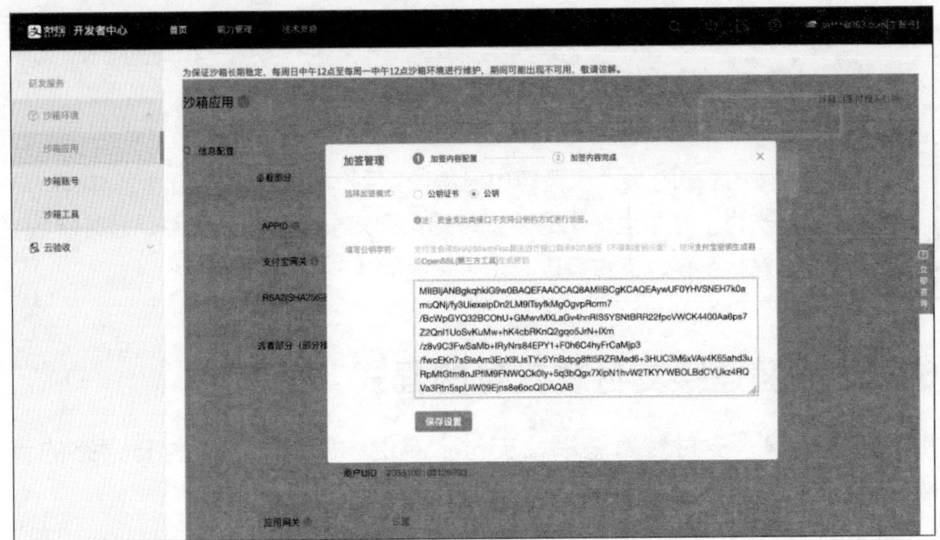

▲ 圖 6-11(編按：本圖例為簡體中文介面)

點擊「保存設定」按鈕。此時，系統除保存應用公開金鑰外，還會自動生成並複製支付寶公開金鑰資訊，用於後續支付寶通路傳回封包的簽名驗證。

(4) 將支付寶支付參數資訊設定到微服務專案的 application.yml 檔案中。程式如下：

```
# 支付寶通路參數設定
channel:
  alipay:
    # 沙盒應用 AppId
    appId: 201610180071XXX
    # 沙盒應用私密金鑰（公開金鑰需要上傳至支付寶後台）
    privateKey: MIIEvQIBADANBgkqhkiG9w0BAQEFAASCBKcwggSjAgEAAoIBAQDLBQXRg
dVI0QfuTR...
    # 在上傳應用私密金鑰時，支付寶自動配對生成的支付寶公開金鑰
```

```
publicKey: MIIBIjANBgkqhkiG9w0BAQEFAAOCAQ8AMIIBCgKCAQEA4Z0RuC...
# 支付寶沙盒環境支付閘道位址
payUrl: https://XXX.alipaydev.com/gateway.do
```

以上支付參數資訊是作者用自己的支付寶帳號申請的沙盒應用。讀者可以參考支付寶官方網站依據實際情況來設定。

> 以上設定在 6.5.3 節的 "2." 小標題中已經設定到「通路參數資訊表」中了。如果「統一支付」介面也像「通路支付結果通知」介面那樣使用「通路參數資訊表」的邏輯來獲取支付參數設定，則步驟（3）可以省略。

6.6.2 開發連線支付寶支付的程式

接下來以連線「支付寶電腦網站支付」為例，開發連線支付寶通路的具體程式。

（1）在「支付微服務」專案的 pom.xml 檔案中，引入支付寶支付服務端 SDK。程式如下：

```
<!-- 引入支付寶支付服務端 SDK -->
<dependency>
    <groupId>com.alipay.sdk</groupId>
    <artifactId>alipay-sdk-java</artifactId>
    <version>4.9.13.ALL</version>
</dependency>
```

> 支付寶為了方便開發者連線，提供了支援各類主流語言的服務端 SDK。對於 Java 版本的 SDK，可以直接從 Maven 倉庫引入。

（2）撰寫通路支付業務層（Service 層）介面類別。程式如下：

```
package com.wudimanong.payment.service;
import com.wudimanong.payment.entity.bo.UnifiedPayBO;
import com.wudimanong.payment.entity.dto.UnifiedPayDTO;
```

```
public interface PayChannelService {
    /**
     * 定義通路支付業務層（Service 層）方法
     *
     * @param unifiedPayDTO
     * @return
     */
    UnifiedPayBO pay(UnifiedPayDTO unifiedPayDTO);
}
```

（3）撰寫支付寶電腦網頁支付實現類別。

「支付微服務」一般會對接多個支付通路。在步驟（2）中定義的支付介面是一個通用的定義，不同的支付通路可以透過不同的實現類別來實現。「支付寶電腦網頁支付」的實現類別程式如下：

```
package com.wudimanong.payment.service.impl;
import com.alibaba.fastjson.JSON;
...
import org.springframework.stereotype.Service;
@Service
public class AliPayServiceImpl implements PayChannelService {
    /**
     * "支付閘道"介面的位址
     */
    @Value("${channel.alipay.payUrl}")
    private String payUrl;
    /**
     * 支付寶應用 ID
     */
    @Value("${channel.alipay.appId}")
    private String appId;
    /**
     * 支付寶應用私密金鑰
     */
    @Value("${channel.alipay.privateKey}")
    private String privateKey;
    /**
     * 支付寶應用公開金鑰
```

```
     */
    @Value("${channel.alipay.publicKey}")
    private String publicKey;
    private String format = "json";
    private String charset = "UTF-8";
    private String signType = "RSA2";
    @Override
    public UnifiedPayBO pay(UnifiedPayDTO unifiedPayDTO) {
        //獲得初始化的 AlipayClient
        AlipayClient alipayClient = new DefaultAlipayClient(payUrl,
appId, privateKey, format, charset, publicKey,
                signType);
        //建立 API 對應的 request
        AlipayTradePagePayRequest alipayRequest = new
AlipayTradePagePayRequest();
        //在公共參數中設定同步跳躍位址和非同步支付結果通知位址
        alipayRequest.setReturnUrl(unifiedPayDTO.getReturnUrl());
        alipayRequest.setNotifyUrl(alipayRequest.getNotifyUrl());
        //填充業務參數（參考具體支付產品的請求參數要求）
        BizContent bizContent = BizContent.builder().out_trade_no
(String.valueOf(unifiedPayDTO.getOrderId()))
                .product_code("FAST_INSTANT_TRADE_PAY").total_
amount(Double.valueOf(unifiedPayDTO.getAmount()) / 100)
                .subject(unifiedPayDTO.getSubject()).body(unifiedPayDTO.
getBody())
                .passback_params("merchantBizType%" + unifiedPayDTO.
getTradeType())
                .build();
        alipayRequest.setBizContent(JSON.toJSONString(bizContent));
        //使用者支付寶網頁跳躍攜帶的 "form" 表單資訊
        String form = "";
        try {
            //呼叫 SDK 生成支付請求參數
            form = alipayClient.pageExecute(alipayRequest).getBody();
        } catch (AlipayApiException e) {
            //將支付通路錯誤封裝為系統可辨識的異常碼
            throw new ServiceException(BusinessCodeEnum.BUSI_CHANNEL_
```

```
FAIL_2000.getCode(),
                         BusinessCodeEnum.BUSI_CHANNEL_FAIL_2000.getDesc(), e);
          }
          return UnifiedPayBO.builder().orderId(unifiedPayDTO.
getOrderId()). extraInfo(form).build();
     }
     /**
      * 此內部類別用於封裝支付寶請求參數中的業務參數
      */
     @Data
     @Builder
     @NoArgsConstructor
     @AllArgsConstructor
     static class BizContent {
          private String out_trade_no;
          private String product_code;
          private Double total_amount;
          private String subject;
          private String body;
          private String passback_params;
     }
 }
```

上述程式完成了支付寶電腦網頁支付方式的連線。「支付微服務」在處理這種支付方式時，會給前端傳回一個攜帶 "form" 表單資料的提交連結（上述程式的實現為 UnifiedPayBO 物件的 extraInfo 欄位）。

前端在接收到「統一支付」介面傳回的 "form" 表單資料後，將使用者瀏覽器重新導向至支付寶支付介面（參考第 5.6.5 節中 "2." 小標題中的效果）。

> 上述連線支付通路的邏輯，是 6.5.2 節 "3." 小標題中實現「統一支付」介面的業務層（Service 層）時所依賴的邏輯。

6.6.3 測試「支付寶電腦網頁支付」介面

如果存在支付收銀台，則可以直接看到支付介面的跳躍效果。這裡為了方便測試，直接透過 Postman 來呼叫「統一支付」介面。獲取的 "form" 表單提交資料（傳回資訊中的 extraInfo 欄位）如圖 6-12 所示。

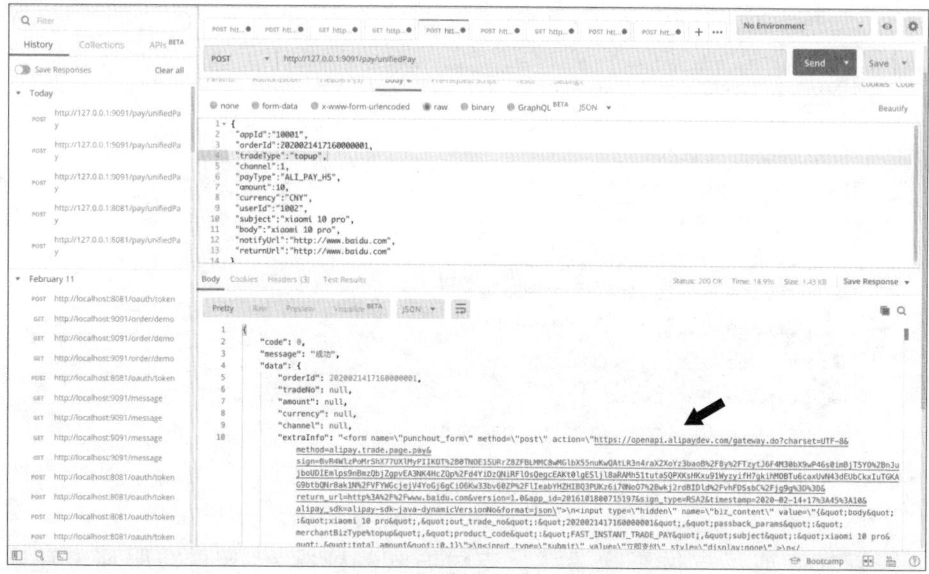

▲ 圖 6-12

具體的支付請求參數如下：

```
{
 "appId":"10001",
 "orderId":20200214171600000001,
 "tradeType":"topup",
 "channel":1,
 "payType":"ALI_PAY_H5",
 "amount":10,
 "currency":"CNY",
 "userId":"1002",
 "subject":"xiaomi 10 pro",
```

```
  "body":"xiaomi 10 pro",
  "notifyUrl":"http://www.baidu.com",
  "returnUrl":"http://www.baidu.com"
}
```

此時，可以複製 "form" 表單資料到一個 HTML 頁面中來示範跳躍到支付寶支付介面的效果，具體是指，新建一個叫作 alipay.html 的空頁面，然後將「統一支付」介面傳回封包中的 "extraInfo" 欄位資料整理、複製到 alipay.html 頁面中，程式如下：

```
<form name="punchout_form" method="post" action="https://openapi.
alipaydev.com/gateway.do?charset=UTF-8&method=alipay.trade.page.pay&
sign=BvR4WlzPoMrShX77UXlMyPIIKOT%2B0TNOE15URrZ8ZFBLMMC8wMGlbX55nuKwQ
AtLR3n4raX2XoYz3baoB%2F8y%2FTzytJ6F4M30bX9wP46s0imBjT5YO%2BnJujboUDI
Emlps9nBmzQbjZgpvEA3NK4HcZQp%2Fd4YiDzQNiRFlOsQegcEAKt0lgESljl8aRAMh5
1tutaSQPXKsHKxu91WyzyifH7gkihMOBTu6caxUvN43dEUbCkxIuTGKAG9btbQNr8ak1
N%2FVFYWGcjejV4YoGj6gCiO6Kw33bv60ZP%2FlIeabYHZHIBQ3PUKz6i70NoO7%2Bwk
j2rdBIDld%2FvhFDSsbC%2Fjg9g%3D%3D&return_url=http%3A%2F%2Fwww.baidu.
com&version=1.0&app_id=2016101800715197&sign_type=RSA2&timestamp=2020-02-
14+17%3A45%3A10&alipay_sdk=alipay-sdk-java-dynamicVersionNo&format=json">
   <input type="hidden" name="biz_content" value="{&quot;body&quot;:&quot
;xiaomi 10 pro&quot;,&quot;out_trade_no&quot;:&quot;2020021417160000001&q
uot;,&quot;passback_params&quot;:&quot;merchantBizType%topup&quot;,&quot;
product_code&quot;:&quot;FAST_INSTANT_TRADE_PAY&quot;,&quot;subject&quot;
:&quot;xiaomi 10 pro&quot;,&quot;total_amount&quot;:0.1}">
   <input type="submit" value="立即支付" style="display:none">
</form>
<script>
   document.forms[0].submit();
</script>
```

用瀏覽器打開該頁面，跳躍支付寶支付介面的效果如圖 6-13 所示。

▲ 圖 6-13（編按：本圖例為簡體中文介面）

> 由於沙箱帳號的原因，這裡不能真正完成使用者付款操作，但是實際的支付效果及流程就是這樣的。

6.6.4 測試支付寶「通路支付結果通知」的邏輯

如果使用者完成支付，並且「支付微服務」傳遞給支付寶的通知位址存取正常，則可以實現一個完整的支付流程。

但由於網路、主體資質等客觀條件的限制，為了方便測試，這裡透過 Postman 來模擬支付寶支付結果通知的回呼，請求參數如下：

```
http://127.0.0.1:9092/notify/aliPayReceive?subject=PC 網站支付交
易 &trade_no=2020101221001004580200203978&gmt_create=2020-03-01
21:36:12&notify_type=trade_status_sync&total_amount=0.01&out_
trade_no=2020022916461796172&seller_id=2088201909970555&notify_
time=2020-03-01 21:36:12&trade_status=TRADE_SUCCESS&gmt_
```

```
payment=2020-03-01 21:36:12&passback_params=passback_params123&buyer_
id=2088102114562585&app_id=2016101800715197&notify_id=7676a2e1e4e737cff30
015c4b7b55e3kh6& sign_type=RSA2&sign=oE4ywj/NOF3JPhQg93Zdam/36VadLj9RTqhP
Xe0OnkpeNeVaTCUL5qhU2HCdcJvvAzX5dEA8mU3w9pAErbbJ9tUDb8pvXNRtdPfIQxOOFBd5n
RuCZ13eQ3Y4IbD+scoDUdO19JYoRZdOTaJpmIcc+hiHeb+eaflF4XncbP2dkBXN3AkPURrHbZ
b6+sRGmYatDziFjpXypkWKB1HN5FI/BtTlKaCf8U9Ut6XcG0AiOaStMCJLwpO3BvH9ReIo5MF
dQb68vNfKnwDKBz6N+rvJFiFdrjSY4fdp5hJFJzz8IQKVYfTQvqscVCHt9xgnHzL7esoMKXRI
os6JGGNkcqbBNQASDF==
```

以上為支付寶「通路支付結果通知」的模擬封包，其中的訂單資訊可根據實際測試的資訊填充。透過 Postman 工具存取的效果如圖 6-14 所示。

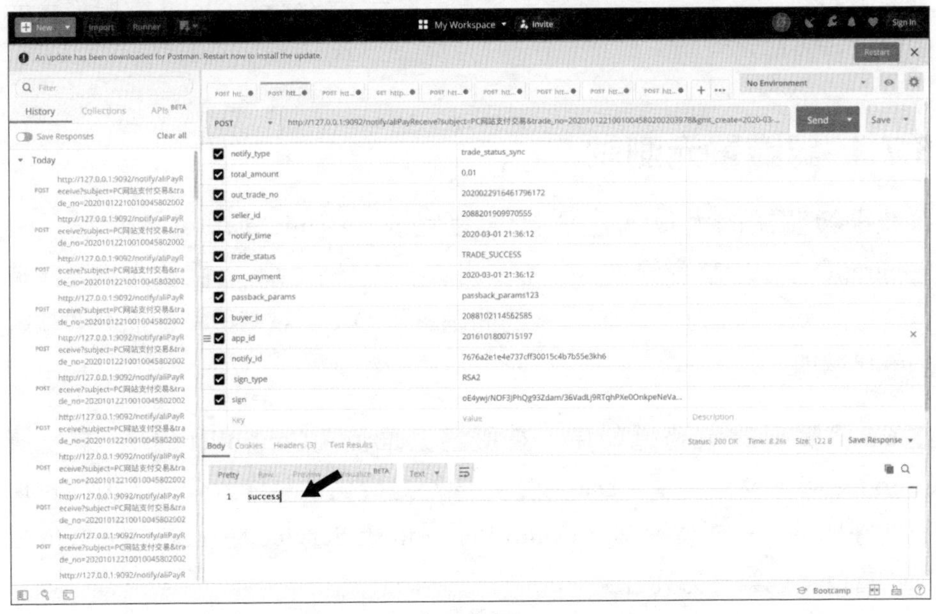

▲ 圖 6-14

如圖 6-14 所示，如果處理成功，則向支付寶回應 "success" 資訊，這樣支付寶就會認為通知成功，否則會以一定頻率重複通知。

6.7 步驟 5：進行 Spring Cloud 微服務程式單元測試

在日常的程式設計中，為了保證軟體的品質需要做很多測試工作，比較常見的是使用 Postman 這樣的 HTTP 測試工具直接進行介面網路測試。但是，這樣的測試方式需要啟動應用，並且還需要依賴資料庫、註冊中心及其他中介軟體服務，測試起來並不方便，並且覆蓋率也難以保證。

因此，在一些程式設計規範的公司中，會要求程式設計師撰寫使用案例覆蓋率盡可能高的單元測試程式。本節將示範 Spring Cloud 微服務單元測試程式的撰寫方法。

6.7.1 認識單元測試

系統開發測試的大致流程是：「開發完成 → UnitTest（單元測試）→ IntegrationTest（整合測試）→ QA 測試 → 發佈上線」。開發人員應該進行充分的單元測試，以免將過多的問題留到 QA 測試階段，從而影響軟體的疊代週期。

在 6.5 節實現的業務邏輯中，在服務介面層（Controller 層）、業務層（Service 層）及持久層（Dao 層）之間都是透過依賴注入介面的方式實現彼此呼叫的——舉例來說，Controller 層依賴 Service 層、Service 層依賴 Dao 層及其他第三方元件。

單元測試分別對局部程式的邏輯進行驗證，需要分別對服務介面層（Controller 層）、業務層（Service 層）及持久層（Dao 層）的程式進行單元測試，而對於彼此之間的依賴注入在撰寫單元測試時需要進行 Mock（模擬）。

在 Spring Cloud 微服務中，可以引入 Mockito 框架來實現對依賴物件的模擬。在微服務專案的 pom.xml 檔案中引入以下依賴：

```
<!-- 單元測試的依賴 -->
<dependency>
    <groupId>org.springframework.boot</groupId>
    <artifactId>spring-boot-starter-test</artifactId>
    <scope>test</scope>
</dependency>
```

引入該依賴後會預設引入測試框架 Mockito。使用 Mockito 進行單元測試的一般步驟如圖 6-15 所示。

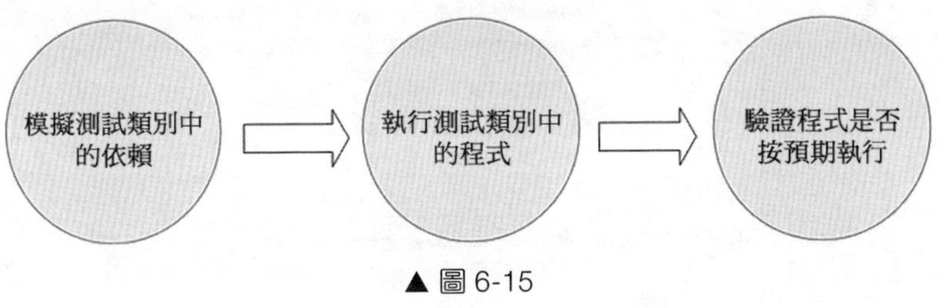

▲ 圖 6-15

6.7.2 開發 Mockito 單元測試程式

本節以「統一支付」介面的業務層（Service 層）實現類別為例，來示範使用 Mockito 開發單元測試程式的方法。

按照專案規範約定，單元測試程式需要放在專案的 "src/test" 目錄下，並根據被測試程式所在目錄建立同級子套件，如圖 6-16 所示。

如圖 6-16 所示，針對 PayServiceImpl 實現類別的單元測試，需要在專案 "src/test" 套件路徑中建立對應的套件結構，並撰寫具體的測試類別（測試類別名為「類別名 + Test」)。之後，就可以在測試類別中撰寫具體的單元測試方法了，程式如下：

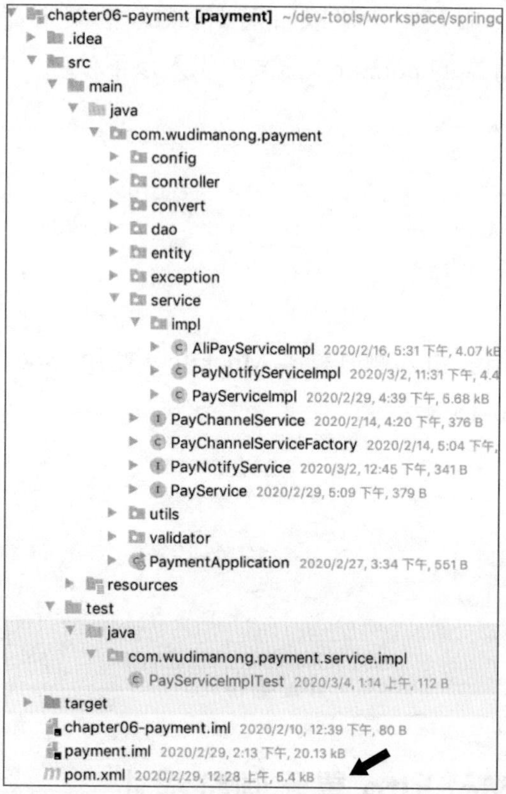

▲ 圖 6-16

```
package com.wudimanong.payment.service.impl;
import static org.mockito.ArgumentMatchers.any;
...
import org.springframework.test.context.junit4.SpringRunner;
@RunWith(SpringRunner.class)
@SpringBootTest(classes = {PayServiceImpl.class})
@ActiveProfiles("test")
public class PayServiceImplTest {
    /**
     * 目標測試類別的實例依賴
     */
    @Autowired
    PayServiceImpl payServiceImpl;
    /**
```

```
 * 透過 Mockito 框架的 @MockBean 註釋來模擬 Redis 分散式鎖的依賴物件
 */
@MockBean
private RedisLockRegistry redisLockRegistry;
/**
 * 模擬支付訂單持久層（Dao 層）的依賴介面
 */
@MockBean
PayOrderDao payOrderDao;
/**
 * 模擬通路處理工廠類別的物件
 */
@MockBean
PayChannelServiceFactory payChannelServiceFactory;
/**
 * 模擬支付寶通路處理類別的物件
 */
@MockBean
PayChannelService aliPayServiceImpl;
/**
 * "統一支付" 介面的業務層（Service 層）方法的單元測試方法
 */
@Test
public void unifiedPay() {
    // 模擬生成請求參數物件
    UnifiedPayDTO unifiedPayDTO = new UnifiedPayDTO();
    unifiedPayDTO.setOrderId("2020021417160000001");
    unifiedPayDTO.setAppId("10001");
    unifiedPayDTO.setTradeType("topup");
    unifiedPayDTO.setChannel(1);
    unifiedPayDTO.setPayType("ALI_PAY_H5");
    unifiedPayDTO.setAmount(10);
    unifiedPayDTO.setCurrency("CNY");
    unifiedPayDTO.setUserId("1002");
    unifiedPayDTO.setSubject("xiaomi 10 pro");
    unifiedPayDTO.setBody("xiaomi 10 pro");
    unifiedPayDTO.setNotifyUrl("http://www.baidu.com");
    unifiedPayDTO.setReturnUrl("http://www.baidu.com");
    // 模擬 Redis 分散式鎖的物件行為
```

```
        given(redisLockRegistry.obtain(any(String.class))).willReturn(new 
Lock() {
            @Override
            public void lock() {
            }
            @Override
            public void lockInterruptibly() throws InterruptedException {
            }
            @Override
            public boolean tryLock() {
                return true;
            }
            @Override
            public boolean tryLock(long time, TimeUnit unit) throws 
InterruptedException {
                return true;
            }
            @Override
            public void unlock() {
            }
            @Override
            public Condition newCondition() {
                return null;
            }
        });
        //1  模擬在持久層（Dao 層）依賴方法執行時傳回的支付訂單資料物件
        given(payOrderDao.selectByMap(any(Map.class))).willReturn(null);
        //2  模擬通路 Service 工廠類別傳回的通路處理實例物件
        given(payChannelServiceFactory.createPayChannelService
(any(Integer.class))).willReturn(aliPayServiceImpl);
        //3  執行單元測試程式
        payServiceImpl.unifiedPay(unifiedPayDTO);
        //4  驗證分散式鎖獲取方法的執行過程
        verify(redisLockRegistry).obtain(any(String.class));
        //5  驗證資料庫查詢方法的執行過程
        verify(payOrderDao).selectByMap(any(Map.class));
        //6  驗證支付訂單入庫邏輯的執行過程
        verify(payOrderDao).insert(any(PayOrderPO.class));
```

```
        //7  驗證工廠方法的執行過程
        verify(payChannelServiceFactory).createPayChannelService
(any(Integer.class));
        //8  驗證支付方法的執行過程
        verify(aliPayServiceImpl).pay(any(UnifiedPayDTO.class));
    }
}
```

上述單元測試程式，是針對 PayServiceImpl 類別中的 unifiedPay() 方法所撰寫的單元測試方法。說明如下：

（1）在測試類別上，透過 @RunWith(SpringRunner.class)、@SpringBootTest (classes = {PayServiceImpl.class}) 註釋，指定測試類別在 Spring Boot 環境中執行。

（2）在 PayServiceImpl 類別中會依賴多個元件——例如 Redis 分散式鎖、資料庫持久層（Dao 層）等。透過 Mockito 框架提供 @MockBean 註釋模擬依賴物件。

（3）由於被測試程式中有一些依賴物件的執行方法，所以，在撰寫單元測試時需要根據邏輯模擬依賴物件的行為。

> 上述測試程式中的 "given(...)willReturn(...)" 等子句就是用來模擬依賴物件行為的。

（4）透過模擬依賴物件的行為，被測試程式在執行測試時，可以得到正常的執行的條件，而不需要依賴真的第三方元件或網路，從而盡可能讓內部的程式邏輯得到測試。

（5）對於測試的執行結果，透過斷言、verify(...) 等方式進行驗證，以確保測試結果符合預期。

> 由於測試程式中所依賴的 RedisLockRegistry 類別為一個 final Class，而 Mockito 目前的版本雖然支持針對 final Class 類別的模擬，但預設是停用的，因此需要在 "src/test/resources" 目錄下手動建立一個名為 "org.mockito.plugins.MockMaker" 的檔案，並在檔案中加上如下程式：
>
> ```
> mock-maker-inline
> ```

（6）執行單元測試程式，效果如圖 6-17 所示。

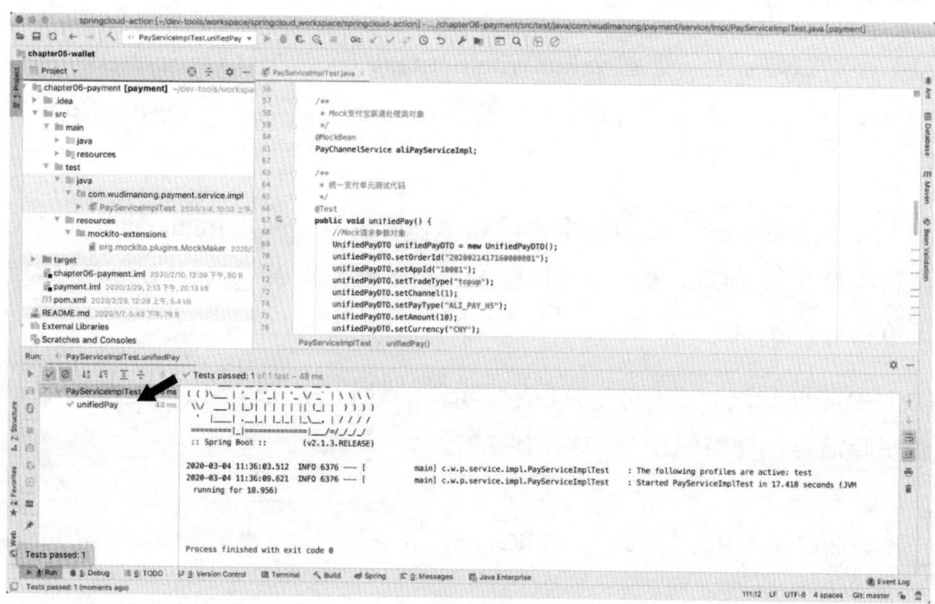

▲ 圖 6-17

6.8 本章小結

本實例主要示範了 Spring Cloud 微服務架構下「支付微服務」服務端邏輯的建構步驟。對於「電子錢包系統」與「支付系統」互動的示範可同步參考第 5 章的內容。

Chapter

07

【實例】A/B 測試系統

用「Spring Boot Starter 機制 + Caffeine 快取」實現 A/B 流量切分

在一些以資料驅動為主的網際網路公司中，A/B 測試是驗證產品設計是否符合預期的重要手段。比如，在網際網路產品設計中遇到了不同產品方案或策略的爭議——頁面上某個按鈕的顏色是採用藍色還是紅色，位置是放在左邊還是右邊等。此時，除依據正常的產品直覺來判斷外，還可以採取 A/B 測試這樣的科學方法來判斷。

> 從概念上，可以這麼理解 A/B 測試：為了驗證某個新的產品設計方案、功能點或策略的實際效果，在同一個時段，給兩組使用者分別展示最佳化前和最佳化後的方案，並透過執行過程中上報的系統埋點資料，來分析最佳化前 / 後方案在一個或多個評估指標上的差異，從而判斷哪個方案更符合預期。
>
> 這兩組使用者分別被稱為對照組和實驗組。對於使用者的分組應足夠隨機，儘量在統計學上無差別。

為了更進一步地開展 A/B 測試，並對實驗效果及評估指標進行統一的管理，可以建設一個獨立的 A/B 測試平台。

本實例將以 Spring Cloud 微服務為基礎建構一個簡版的 A/B 測試系統，該系統由 A/B 測試微服務 "experiment" 和 A/B 測試連線方微服務 "experiment-access-demo" 組成。

透過本章，讀者將學習到以下內容：

- A/B 測試微服務的基本概念。
- Spring Cloud 微服務的建構及元件應用。
- A/B 測試微服務的設計方法及流程。
- 整合高性能本地快取元件 Caffeine 的方法。
- 撰寫 Spring Boot Starter「開箱即用」依賴的方法。
- 利用 A/B 測試平台，實現服務端系統的漸進式發佈。

7.1 功能概述

A/B 測試微服務需要具備以下核心能力。

- 實驗管理：提供友善的視覺化操作介面，能夠讓業務系統便捷地建立、查看和修改 A/B 測試資訊，實現 A/B 測試的生命週期管理。
- 流量控制：透過流量的自由分配，實現快速地切換新 / 舊功能的流量連線比例，從而實現漸進式發佈。
- 指標管理：透過良好的指標設計與管理，提高資料統計分析的效率，從而更進一步地評估 A/B 測試效果。
- 連線 SDK：A/B 測試微服務能夠實踐並發揮作用不可缺少的一部分。舉例來說，針對移動 App，需要提供以 Andriod、iOS 為基礎的 SDK 版本；針對前端，需要提供 JS 的 SDK 版本；針對服務端，需要根據實際情況提供多語言版本的服務端「連線 SDK」（如 Java、Go、Python 等）。

7.2 系統設計

A/B 測試的實現理論，主要是以 Google 發佈的論文 *Overlapping Experiment Infrastructure:More, Better, Faster Experimentation*（重疊實驗：更多，

更好，更快)。所以，在本節的設計中會有部分以該論文術語為基礎的內容，但主要還是從系統實現的角度進行說明——如系統流程設計、系統結構設計及資料庫設計。

7.2.1 系統流程設計

A/B 測試連線方微服務主要透過「連線 SDK」來與 A/B 測試微服務進行互動，來即時獲取 A/B 測試及流量設定資訊，並透過「連線 SDK」內建的分桶演算法來實現流量的分配，如圖 7-1 所示。

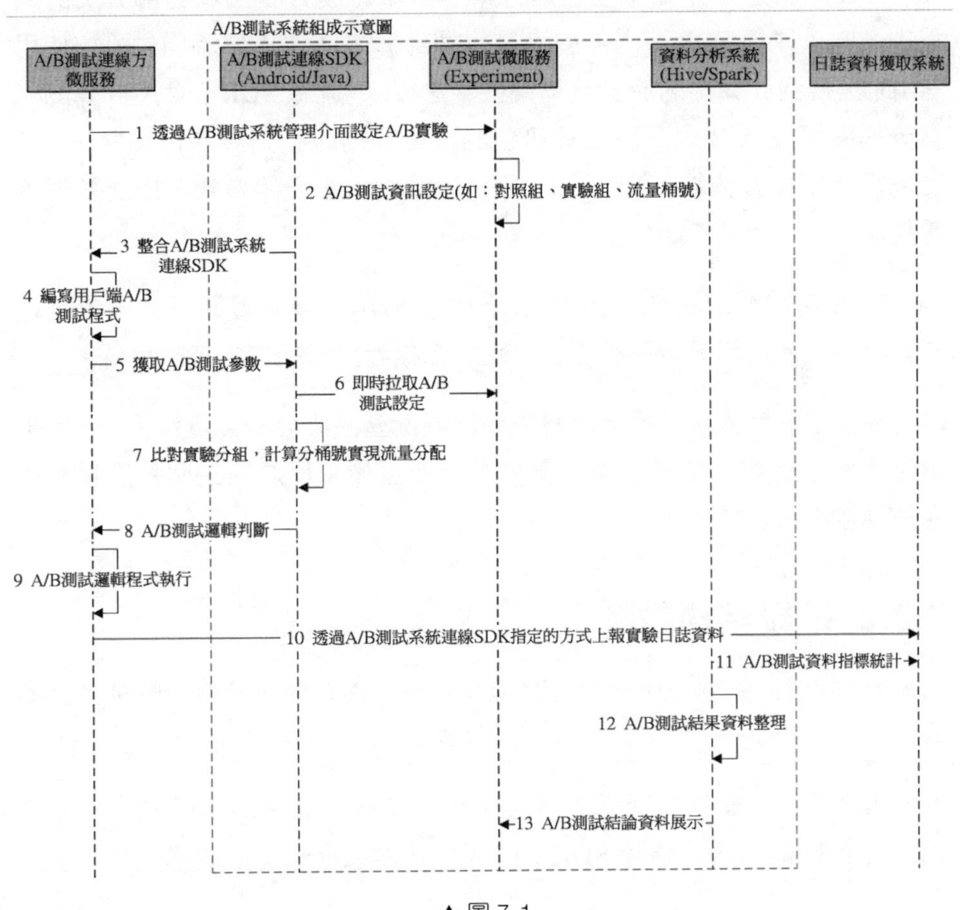

▲ 圖 7-1

流程說明如下：

（1）A/B 測試連線方微服務透過 A/B 測試微服務提供的操作介面設定 A/B 測試資訊──設定好實驗組（新邏輯）、對照組（舊邏輯）的流量比例；然後 A/B 測試微服務服務端會根據設定的流量比例，分別計算實驗組、對照組對應的流量分桶編號。

（2）A/B 測試連線方微服務透過「連線 SDK」獲取 A/B 測試設定資訊，並將其快取至本地處理程序。

（3）A/B 測試連線方微服務在運行業務邏輯（被 A/B 測試的部分）的過程中，向「連線 SDK」內嵌的流量分桶計算方法傳入分流欄位（如使用者 ID），得到計算出的流量分桶編號。之後，「連線 SDK」會將計算的流量分桶編號與 A/B 測試設定資訊中的流量分桶編號列表進行比對──符合到哪一組（實驗組 / 對照組），則該流量進入那一組邏輯，以此實現流量控制。

（4）在 A/B 測試邏輯執行的同時，「連線 SDK」會將實驗日誌同步至資料分析系統。資料分析系統根據設定的指標計算出指標的統計資料。

（5）產品或設計人員透過分析實驗資料判斷產品設計的真實效果──如果實驗組效果更好，則逐步將流量分配至新邏輯；反之則說明新邏輯的產品效果並不符合預期。

7.2.2 系統結構設計

在系統實現上，採用經典的 MVC 分層模式。A/B 測試微服務的結構如圖 7-2 所示。

A/B 測試連線方微服務透過「連線 SDK」來連線 A/B 測試微服務，並透過 FeignClient 實現「連線 SDK」與 A/B 測試微服務之間的通訊呼叫。此外，還會透過整合 Caffeine 處理程序內快取，來提高 A/B 測試微服務的服務性能。

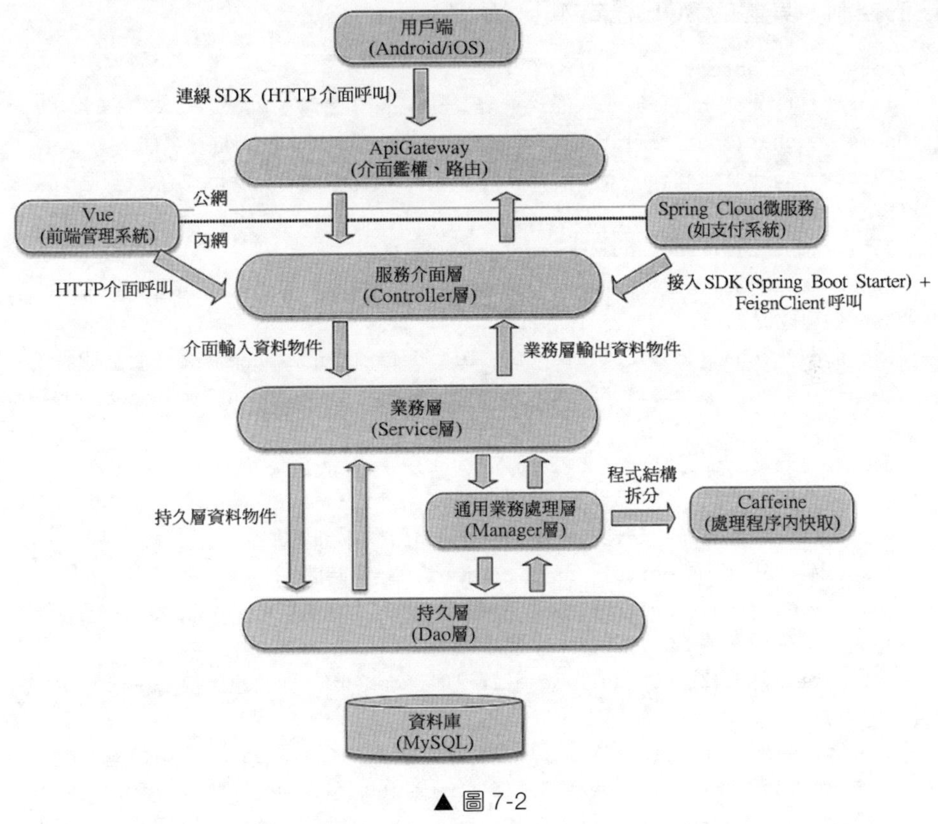

▲ 圖 7-2

> 關於 MVC 分層模式的說明，可參考 6.2.2 節的內容。

7.2.3 資料庫設計

下面來定義實現 A/B 測試微服務所需要的表結構。

💻 **程式碼**：以下表在本書書附程式碼的 "chapter07-experiment/src/main/resources/ db.migration" 目錄下。

1. A/B 測試資訊表

「A/B 測試資訊表」主要實現 A/B 測試資訊的管理，以及 A/B 測試生命週期的控制。具體的 SQL 程式如下：

```
create table abtest_exp_info (
  id int(11) not null auto_increment comment '實驗 ID',
  name varchar(255) collate utf8_bin not null comment '實驗名稱',
  factor_tag varchar(50) collate utf8_bin not null comment '系統對應的業務標籤',
  layer_id int(11) not null comment '分層 ID',
  group_field_id int(11) not null comment '分組欄位(參數)類型。1-使用者;2-地理位置',
  exp_hyp varchar(255) collate utf8_bin default null comment '實驗假設',
  result_expect varchar(255) collate utf8_bin default null comment '實驗預期',
  metric_ids varchar(255) collate utf8_bin not null comment '指標 ID 列表',
  start_time datetime default null comment '開始時間',
  end_time datetime default null comment '結束時間',
  status int(4) not null default '0' comment '實驗狀態。0-新建;1-已發佈;2-生效中;3-已暫停;4-已終止;5-已結束',
  online tinyint(2) not null default '0' comment '是否已上線。0-未上線;1-已上線',
  partition_type tinyint(4) not null default '0' comment '分區類型',
  is_sampling tinyint(2) default '0' comment '是否抽樣打點。0-否;1-是',
  sampling_ratio int(4) default '5' comment '抽樣率 n%',
  config varchar(1024) collate utf8_bin default null comment '實驗設定',
  service_name varchar(50) collate utf8_bin default 'all' comment '系統名稱,以逗點分隔,區分使用端',
  owner varchar(50) collate utf8_bin not null comment '負責人',
  is_delete tinyint(2) not null comment '是否已刪除。0-未刪除;1-已刪除',
  ext varchar(1000) collate utf8_bin not null default '{}' comment '擴充欄位 JSON 格式',
  create_time timestamp not null default current_timestamp comment '記錄建立時間,預設當前時間',
  update_time timestamp not null default current_timestamp on update current_timestamp comment '記錄更新時間,預設當前時間',
```

```
  primary key(id)
);
alter table abtest_exp_info comment 'A/B 測試資訊表';
#索引資訊
alter table abtest_exp_info add index idx_factor_tag(factor_tag);
alter table abtest_exp_info add index idx_layer(layer_id);
alter table abtest_exp_info add index idx_partition_type_deleted_
status(partition_type,is_delete,status);
```

2. A/B 測試分層表

「A/B 測試分層表」主要用於實現 Google 論文中說明的分層實驗的概念——在多層實驗中，透過分層可以實現流量的重複使用，以驗證更多的 A/B 測試場景。具體的 SQL 程式如下：

```
create table abtest_layer (
  id int(11) unsigned not null auto_increment comment '分層 ID',
  `name` varchar(255) collate utf8_bin not null comment '名稱',
  `desc` varchar(255) collate utf8_bin not null default '' comment '分層
描述',
  group_field_id int(11) not null comment '分組欄位（參數）類型。1-使用者；
2-地理位置',
  bucket_total_num int(11) not null comment '當前層的分桶總數',
  unused_bucket_nos text collate utf8_bin not null comment '未使用的分桶
編號列表',
  partition_type tinyint(4) not null default '0' comment '分區類型',
  update_time datetime not null default current_timestamp on update
current_timestamp comment '更新時間',
  create_time datetime not null default current_timestamp comment '建立時
間',
  is_delete tinyint(2) not null comment '是否已刪除。0-未刪除；1-已刪除',
  primary key (id)
);
alter table abtest_layer comment 'A/B 測試分層表';
#索引資訊
alter table abtest_layer add index idx_partition_type_group_
field(`partition_type`,`group_field_id`);
```

3. A/B 測試分組表

「A/B 測試分組表」是實現流量分配邏輯的關鍵資料表，主要用於儲存 A/B 測試中實驗組和對照組的定義，以及流量分桶編號列表。具體的 SQL 程式如下：

```
create table abtest_group (
  id int(11) not null auto_increment comment '分組 ID',
  group_type tinyint(4) default null comment '分組類別。0- 實驗組；1- 對照組',
  flow_ratio int(11) not null default '0' comment '分流後，分組流量佔比',
  exp_id int(11) default null comment '實驗 ID',
  name varchar(50) collate utf8_bin default '' comment '分組名稱',
  group_partition_type int(11) default null comment '分組類型。0- 區間分組；1- 單雙號分組',
  group_partition_details text collate utf8_bin comment '分流內包含的編號列表，用逗點分隔，如：00,09',
  strategy_detail varchar(1000) collate utf8_bin default null comment '策略對應的 JSON 格式資訊',
  online tinyint(2) not null default '0' comment '是否已上線。0- 未上線；1- 已上線',
  create_time timestamp not null default current_timestamp comment '記錄建立時間，預設當前時間',
  update_time timestamp not null default current_timestamp on update current_timestamp comment '記錄更新時間，預設當前時間',
  dilution_ratio int(11) not null default '1' comment '稀釋倍率',
  white_list text collate utf8_bin comment '白名單',
  primary key (id)
);
alter table abtest_group comment 'A/B 測試分組表';
# 索引資訊
alter table abtest_group add index idx_expid_online(exp_id,online);
```

4. A/B 測試指標表

「A/B 測試指標表」用於指定 A/B 測試需要計算的資料指標，實現 A/B 測試指標的抽象定義及統一管理。具體的 SQL 程式如下：

```
create table abtest_metric (
   id int(11) not null auto_increment comment '指標 ID',
   `name` varchar(100) collate utf8_bin default null comment '中文名',
   name_en varchar(100) collate utf8_bin default null comment '英文名',
   formula varchar(255) collate utf8_bin default null comment '指標計算公
式',
   group_field_id int(11) not null comment '分組因數 ID。0 表示所有分組因數
都具有的指標',
   `desc` varchar(255) collate utf8_bin not null comment '指標描述',
   `status` tinyint(2) not null default '1' comment '是否可用。0-否；1-是
',
   create_time datetime not null default current_timestamp comment '建立
時間',
   update_time datetime not null default current_timestamp on update
current_timestamp comment '更新時間',
   primary key (id)
);
alter table abtest_metric comment 'A/B 測試指標表';
# 索引資訊
alter table abtest_metric add index idx_groupfieldid(group_field_id);
```

7.3 步驟 1：建構 Spring Cloud 微服務專案程式

接下來架設 A/B 測試微服務所需要的 Spring Cloud 微服務專案，並整合 A/B 測試微服務開發所依賴的元件。

7.3.1 建立 Spring Cloud 微服務專案

1. 建立一個基本的 Maven 專案

利用 2.3.1 節介紹的方法建立一個 Maven 專案，完成後的專案程式結構如圖 7-3 所示。

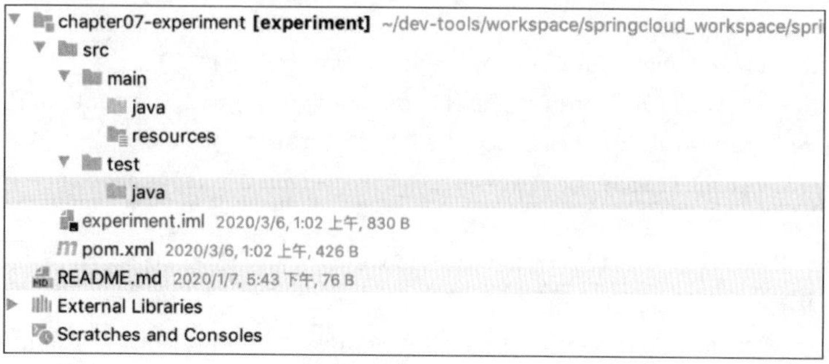

```
▼ chapter07-experiment [experiment] ~/dev-tools/workspace/springcloud_workspace/spri
  ▼ src
    ▼ main
        java
        resources
    ▼ test
        java
    experiment.iml 2020/3/6, 1:02 上午, 830 B
    pom.xml 2020/3/6, 1:02 上午, 426 B
  README.md 2020/1/7, 5:43 下午, 76 B
▶ External Libraries
  Scratches and Consoles
```

▲ 圖 7-3

2. 引入 Spring Cloud 依賴，將其改造為微服務專案

（1）引入 Spring Cloud 微服務的核心依賴。

這裡可以參考 2.5.2 節中的具體步驟。

（2）在專案程式的 resources 目錄新建一個基礎性設定檔 ——bootstrap.yml。設定檔中的程式如下：

```
spring:
  application:
    name: experiment
  profiles:
    active: debug
  cloud:
    consul:
      discovery:
        preferIpAddress: true
        instance-id: ${spring.application.name}:${spring.cloud.client.
ipAddress}:${spring.application.instance_id:${server.port}}:@project.
version@
        healthCheckPath: /actuator/health
server:
  port: 9091
```

（3）Spring Boot 並不會預設載入 bootstrap.yml 這個檔案，所以需要在 pom.xml 中增加 Maven 資源相關的設定，具體參考 2.5.2 節內容。

（4）建立 A/B 測試微服務 "experiment" 的入口程式類別。程式如下：

```
package com.wudimanong.experiment;
import org.springframework.boot.SpringApplication;
import org.springframework.boot.autoconfigure.SpringBootApplication;
import org.springframework.cloud.client.discovery.EnableDiscoveryClient;
@EnableDiscoveryClient
@SpringBootApplication
public class ExperimentApplication {
    public static void main(String[] args) {
        SpringApplication.run(ExperimentApplication.class, args);
    }
}
```

至此，A/B 測試微服務所需的 Spring Cloud 微服務專案就建構出來了。

7.3.2 將 Spring Cloud 微服務注入 Consul

參考 2.5.1 節、2.5.3 節的內容，將 A/B 測試微服務 "experiment" 注入服務註冊中心 Consul 中。然後執行所建構的 A/B 測試微服務 "experiment"，可以看到該服務已經註冊到 Consul 中了，如圖 7-4 所示。

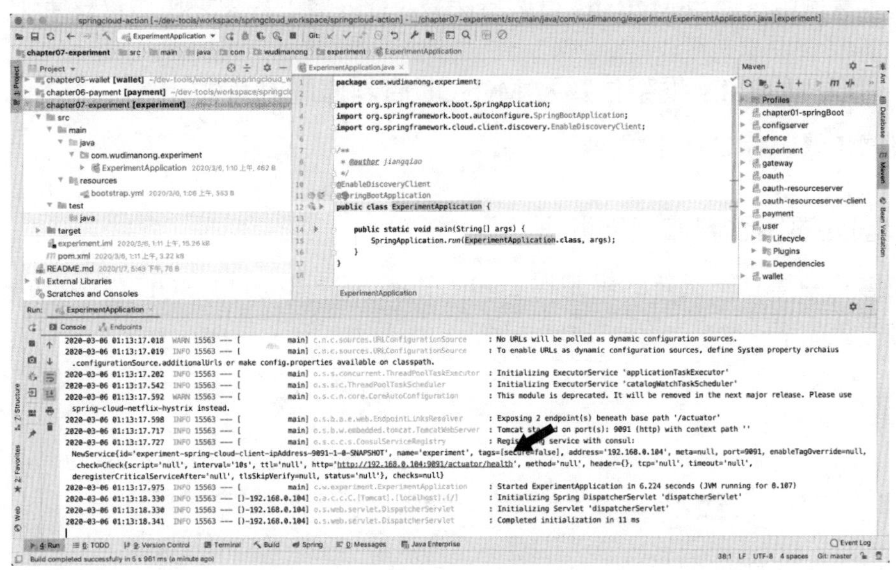

▲ 圖 7-4

打開 Consul 主控台，A/B 測試微服務 "experiment" 被註冊到 Consul 中的效果如圖 7-5 所示。

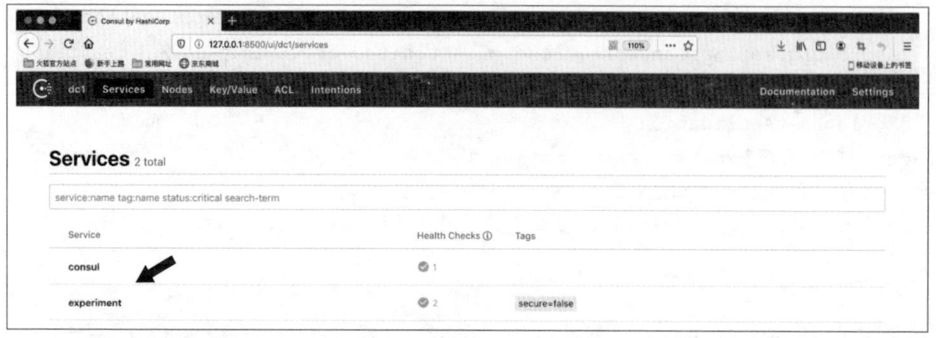

▲ 圖 7-5

至此，就從技術層面完成了 Spring Cloud 微服務的架設過程。接下來繼續整合開發 A/B 測試微服務 "experiment" 所依賴的其他元件。

7.3.3 整合 MyBatis，以存取 MySQL 資料庫

在本實例中，使用 MyBatis 這個持久層（Dao 層）框架來操作資料庫。

1. 引入 MyBatis 框架依賴及 MySQL 資料庫驅動程式

具體步驟參考 2.3.3 節內容。

2. 設定專案資料庫連接資訊

在專案中建立一個新的設定檔 application.yml，增加 MySQL 資料庫的連接資訊如下：

```
spring:
  datasource:
    url: jdbc:mysql://127.0.0.1:3306/abtest?zeroDateTimeBehavior=convertT
oNull&useUnicode=true&useUnicode=true&characterEncoding=utf-8
    username: root
    password: 123456
```

```
type: com.alibaba.druid.pool.DruidDataSource
driver-class-name: com.mysql.jdbc.Driver
separator: //
```

> 上述設定中相關的資料庫資訊，可以參考 1.3.3 節透過 Docker 部署本地 MySQL 的步驟——建立一個名為 abtest 的資料庫，並執行 7.2.3 節中所定義的 SQL 指令稿。

7.3.4 透過 MyBatis-Plus 簡化 MyBatis 的操作

接下來，使用 MyBatis-Plus 框架來簡化 MyBatis 的資料庫操作。

1. Spring Boot 整合 MyBatis-Plus 框架

具體的整合和設定方法可參考 4.3.5 節內容。

2. 啟動專案，驗證 MyBatis-Plus 整合效果

啟動 A/B 測試微服務 "experiment"，其成功整合 MyBatis-Plus 框架的執行效果如圖 7-6 所示。

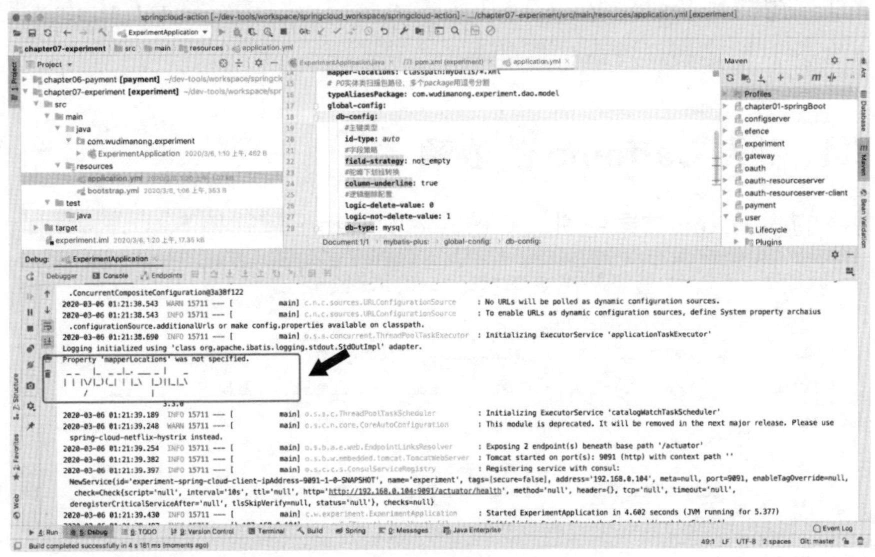

▲ 圖 7-6

7.4 步驟 2：整合高性能本地快取 Caffeine

在日常軟體開發中，經常會使用快取技術來降低資料庫的存取壓力，從而提高服務的性能。主要的快取方案有：分散式快取、本地快取。

(1) 分散式快取，是在分散式服務環境下實現記憶體全域共用的一種快取方案。最常見的分散式快取技術是 Redis。

(2) 本地快取，則是在應用處理程序內實現記憶體共用的快取方案。Java 中常見的本地快取元件有：EhCache、Guava Cache 和 Caffeine。

- EhCache：ORM 框架 Hibernate 的預設本地快取元件。
- Guava Cache：一種全記憶體的本地快取實現，屬於 Google Guava 的模組。
- Caffeine：使用 Java 8 對 Guava Cache 的重新定義版本，以 LRU 演算法為基礎實現，支援多種快取過期策略，用於在 Spring Boot 2.0 及以上版本中取代 Guava Cache。

本實例使用的是 Spring Boot 2.1.3 版本，所以，將透過整合 Caffeine 來提升 A/B 測試設定資料獲取的性能。

7.4.1 引入 Caffeine 的依賴

在專案的 pom.xml 檔案中引入 Caffeine 的依賴，程式如下：

```
<!-- 以 Spring Boot 為基礎引入 Caffeine 的依賴 -->
<dependency>
    <groupId>org.springframework.boot</groupId>
    <artifactId>spring-boot-starter-cache</artifactId>
</dependency>
<dependency>
    <groupId>com.github.ben-manes.caffeine</groupId>
    <artifactId>caffeine</artifactId>
</dependency>
```

7.4.2 開發 Caffeine 的設定類別程式

為了更靈活地控制快取策略，可以透過系統組態類別的方式，實現對 Caffeine 元件的自動設定。程式如下：

```
package com.wudimanong.experiment.config;
import com.github.benmanes.caffeine.cache.Caffeine;
import java.util.ArrayList;
...
import org.springframework.context.annotation.Primary;
//啟用快取
@EnableCaching
@Configuration
public class CacheConfig {
    /**
     * 設定快取的預設大小
     */
    public static final int DEFAULT_MAXSIZE = 50000;
    /**
     * 設定快取的預設過期時間（單位：s）
     */
    public static final int DEFAULT_EXPIRE_TIME = 10;
    /**
     * 定義快取的名稱、逾時長（s）、最大容量。如果需要修改，則可以在構造方法的
參數中修改
     */
    public enum Caches {
        //設定一個測試 Caffeine 快取，快取有效期 5s
        CAFFEINE_TEST(5, DEFAULT_MAXSIZE),
        //A/B 測試設定資訊快取，快取有效期 60s
        EXP_CONFIG_INFO(60, DEFAULT_MAXSIZE);
        /**
         * 最大數量
         */
        private int maxSize = DEFAULT_MAXSIZE;
        /**
         * 過期時間（s）
         */
        private int expireTime = DEFAULT_EXPIRE_TIME;
```

```
        /**
         * 快取的構造方法
         */
        Caches(int expireTime, int maxSize) {
            this.expireTime = expireTime;
            this.maxSize = maxSize;
        }
        /**
         * 獲取過期時間
         */
        int getExpireTime() {
            return this.expireTime;
        }
        /**
         * 獲取快取大小
         */
        int getMaxSize() {
            return this.maxSize;
        }
    }
    /**
     * 建立以 Caffeine 為基礎的 Cache Manager（快取管理器）
     */
    @Bean
    @Primary
    public CacheManager caffeineCacheManager() {
        SimpleCacheManager cacheManager = new SimpleCacheManager();
        // 設定多種不同的快取策略
        ArrayList<CaffeineCache> caches = new ArrayList<CaffeineCache>();
        for (Caches c : Caches.values()) {
            caches.add(new CaffeineCache(c.name(),
                    Caffeine.newBuilder().recordStats()
                     // 從最後一次寫入快取後開始計時，在指定的時間後過期
                            .expireAfterWrite(c.getExpireTime(),
TimeUnit.SECONDS)
                            // 快取的最大容量
                            .maximumSize(c.getMaxSize())
                            .build())
            );
```

```
        }
        cacheManager.setCaches(caches);
        return cacheManager;
    }
}
```

上述設定程式的大致邏輯說明如下：

（1）用 @EnableCaching 註釋開啟快取機制。

（2）定義 Caches 列舉類型是為了實現針對具體快取的策略設定——舉例來說，為了測試 Caffeine 快取效果，在列舉中增加了一個有效期為 5s 的 CAFFEINE_TEST 快取；而對於 A/B 測試設定資訊，則設定快取故障時間為 60s 的 EXP_CONFIG_INFO 快取。

（3）如果有其他的快取策略設定，則在 Caches 列舉類型中進行擴充。

（4）在 Caches 列舉類型中定義的快取策略設定，是透過設定類別中的 caffeineCacheManager() 方法建立的 Caffeine 快取管理器來實現的。

7.4.3 示範 Caffeine 的使用效果

接下來示範本地快取 Caffeine 的使用效果。

（1）撰寫一個查詢「A/B 測試資訊表」的業務層（Service 層）測試類別。程式如下：

```
package com.wudimanong.experiment.service;
import org.springframework.cache.annotation.Cacheable;
...
import org.springframework.stereotype.Service;
@Service
public class CaffeineTestService {
    /**
     * "A/B 測試資訊表 " 的持久層（Dao 層）
     */
```

```
    @Autowired
    AbtestExpInfoDao abtestExpInfoDao;
    //以參數 factorTag 為 Key 進行快取
    @Cacheable(value = "CAFFEINE_TEST", key = "#factorTag", sync = true)
    public AbtestExpInfoPO getExpInfoByFactorTag(String factorTag) {
        //封裝查詢參數
        AbtestExpInfoPO abtestExpInfoPO = new AbtestExpInfoPO();
        abtestExpInfoPO.setFactorTag(factorTag);
        QueryWrapper<AbtestExpInfoPO> queryWrapper = new QueryWrapper<>(a
btestExpInfoPO);
        //查詢 A/B 測試設定資訊
        abtestExpInfoPO = abtestExpInfoDao.selectOne(queryWrapper);
        return abtestExpInfoPO;
    }
}
```

在上方的程式中，透過 @Cacheable 註釋來使用快取，其中 "value" 屬性為在 7.4.2 節設定類別的列舉中定義的快取標識；"key" 屬性的值表示使用 getExpInfoByFactorTag() 方法的參數值來作為快取的鍵值。

這樣，當 getExpInfoByFactorTag() 方法被呼叫時，就會先從快取中尋找資料——如果快取中存在資料，則直接傳回；如果不存在，則在該方法執行完成後將傳回結果存入快取。

> 以上就是在實際程式中使用 Caffeine 的基本方法。其中，依賴的持久層（Dao 層）程式參考後面 7.5.3 節中的程式。

（2）撰寫測試介面的服務介面層（Controller 層）。程式如下：

```
package com.wudimanong.experiment.controller;
import com.wudimanong.experiment.dao.model.AbtestExpInfoPO;
...
import org.springframework.web.bind.annotation.RestController;
@Slf4j
@RestController
@RequestMapping("/test")
```

```
public class CaffeineTestController {
    /**
     * 注入在步驟（1）中定義的 Service 測試類別的實例
     */
    @Autowired
    CaffeineTestService caffeineTestService;
    /**
     * 根據業務標籤查詢 A/B 測試資訊
     *
     * @param factorTag
     */
    @GetMapping("/findByFactorTag")
    public AbtestExpInfoPO findByFactorTag(@RequestParam("factorTag")
String factorTag) throws InterruptedException {
        Long startTime1 = System.currentTimeMillis();
        AbtestExpInfoPO abtestExpInfoPO = caffeineTestService.getExpInfoB
yFactorTag(factorTag);
        long endTime1 = System.currentTimeMillis();
        System.out.println("第 1 次耗時（資料庫獲取）->" + (endTime1 -
startTime1) + " 毫秒");
        Long startTime2 = System.currentTimeMillis();
        AbtestExpInfoPO abtestExpInfoPO2 = caffeineTestService.getExpInfo
ByFactorTag(factorTag);
        long endTime2 = System.currentTimeMillis();
        System.out.println("第 2 次耗時（從快取獲取）->" + (endTime2 -
startTime2) + " 毫秒");
        // 讓執行緒休眠 5s，以便快取故障後查看效果
        Thread.sleep(5000);
        Long startTime3 = System.currentTimeMillis();
        AbtestExpInfoPO abtestExpInfoPO3 = caffeineTestService.getExpInfo
ByFactorTag(factorTag);
        long endTime3 = System.currentTimeMillis();
        System.out.println("第 3 次耗時（從資料庫獲取）->" + (endTime3 -
startTime3) + " 毫秒");
        Long startTime4 = System.currentTimeMillis();
        AbtestExpInfoPO abtestExpInfoPO4 = caffeineTestService.getExpInfo
ByFactorTag(factorTag);
        long endTime4 = System.currentTimeMillis();
        System.out.println("第 4 次耗時（從快取獲取）->" + (endTime4 -
```

```
startTime4) + " 毫秒");
        return abtestExpInfoPO4;
    }
}
```

上述測試程式，透過 4 次呼叫來示範 Caffeine 快取的執行情況：

- 第 1 次：由於快取中無資料，所以直接從資料庫中查詢。
- 第 2 次：由於此時快取中已有資料，所以直接從快取中查詢，之後執行緒會休眠 5s。
- 第 3 次：由於快取的故障時間被設定為 5s，所以再次從資料庫中查詢。
- 第 4 次：由於快取中已有資料，所以直接從快取中查詢。

(3) 啟動微服務程式，分 4 次呼叫測試介面，查看到的快取使用情況如圖 7-7 所示。

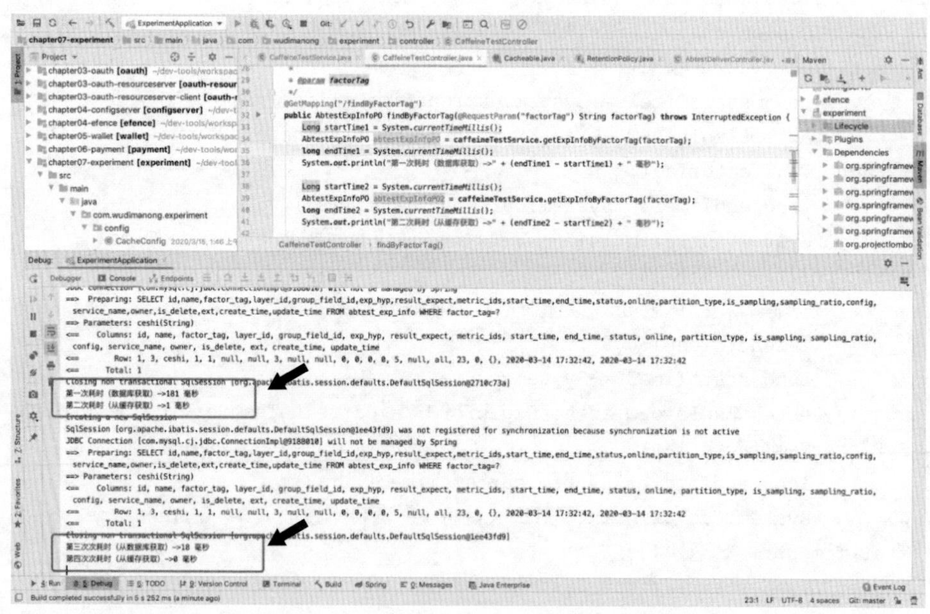

▲ 圖 7-7

從上述測試程式執行效果來看，快取邏輯已經生效。

7.5 步驟 3：實現微服務的業務邏輯

接下來將實現 A/B 測試微服務 "experiment" 的業務邏輯。

7.5.1 定義服務介面層（Controller 層）

在本實例中，A/B 測試微服務 "experiment" 的服務介面層主要提供兩種類型的介面：

- 提供給 A/B 測試連線方微服務 SDK 的資料存取介面。
- 提供給 A/B 測試管理系統的管理性介面。

1. 約定介面資料格式

在定義 Controller 層介面之前，需要先約定介面的請求方式，以及統一的封包格式。具體的規範可以參考 4.1.1 節中 "1." 小標題中的內容。

其中相關的統一封包格式類別（ResponseResult）及全域回應碼列舉類型（GlobalCodeEnum），可以複製 4.1.1 節中 "1." 小標題中的程式。

為了定義的介面程式能夠被「連線 SDK」重複使用，這裡將 Response Result 及 GlobalCodeEnum 等介面格式程式抽象到單獨的用戶端專案。

（1）建立一個專案名稱為 "experiment-java-client" 的用戶端專案，如圖 7-8 所示。

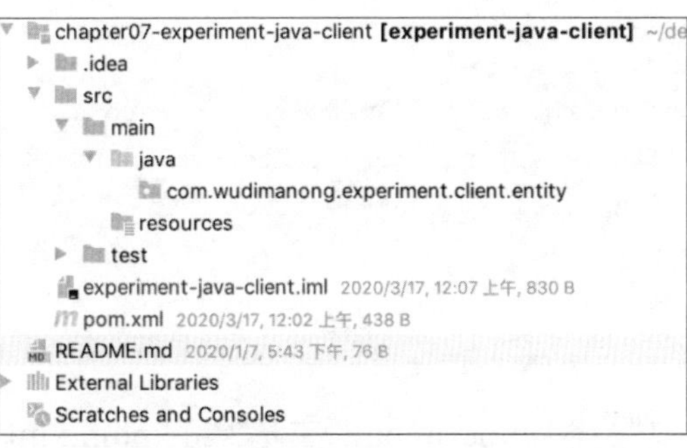

▲ 圖 7-8

（2）在用戶端專案的 pom.xml 檔案中增加一些基本依賴。程式如下：

```
<?xml version="1.0" encoding="UTF-8"?>
<project xmlns="http://maven.apache.org/POM/4.0.0"
        xmlns:xsi="http://www.w3.org/2001/XMLSchema-instance"
        xsi:schemaLocation="http://maven.apache.org/POM/4.0.0 http://
maven.apache.org/xsd/maven-4.0.0.xsd">
    <modelVersion>4.0.0</modelVersion>
    <groupId>com.wudimanong</groupId>
    <artifactId>experiment-java-client</artifactId>
    <version>1.0-SNAPSHOT</version>
    <!-- 引入 Spring Cloud 父依賴 -->
    <parent>
        <groupId>org.springframework.cloud</groupId>
        <artifactId>spring-cloud-starter-parent</artifactId>
        <version>Greenwich.SR1</version>
        <relativePath/>
    </parent>
    <dependencies>
        <!-- 引入 lombok 開發套件 -->
        <dependency>
            <groupId>org.projectlombok</groupId>
            <artifactId>lombok</artifactId>
        </dependency>
        <!--Jackson 依賴 -->
        <dependency>
            <groupId>com.fasterxml.jackson.core</groupId>
            <artifactId>jackson-annotations</artifactId>
        </dependency>
        <!-- 參數驗證工具 -->
        <dependency>
            <groupId>org.springframework.boot</groupId>
            <artifactId>spring-boot-starter-validation</artifactId>
            <version>2.2.1.RELEASE</version>
        </dependency>
    </dependencies>
</project>
```

（3）在 A/B 測試微服務 "experiment" 主專案的 pom.xml 檔案中引入用戶

端依賴，實現介面定義的重複使用。程式如下：

```
<!—引入用戶端依賴 -->
<dependency>
    <groupId>com.wudimanong</groupId>
    <artifactId>experiment-java-client</artifactId>
    <version>1.0-SNAPSHOT</version>
</dependency>
```

2. 定義管理端的「系統登入」介面

在本實例中，A/B 測試管理相關的介面需要與用 Vue.js 開發的前端介面系統進行互動。為了實現系統的登入效果，這裡開發一個簡單的登入通訊埠供前端呼叫。

> 在實際場景中，為了實現管理系統的使用者登入及許可權，需要設計相對完整的帳號功能。由於該內容並不是本章的重點，所以這裡只是簡單地模擬登入邏輯。

（1）定義管理端「系統登入」介面的 Controller 層。程式如下：

```
package com.wudimanong.experiment.controller;
import com.wudimanong.experiment.client.entity.ResponseResult;
...
import org.springframework.web.bind.annotation.RestController;
@Slf4j
@RestController
public class LoginController {
    @Autowired
    LoginService LoginServiceImpl;
    /**
     * "系統登入"介面
     */
    @PostMapping("/login")
    public ResponseResult<User> login(@RequestBody User user) {
        return ResponseResult.OK(LoginServiceImpl.login(user));
    }
}
```

該介面的基本邏輯是：利用前端使用者輸入的帳號及密碼進行登入驗證，如果輸入正確則傳回使用者基本資訊，否則提示登入失敗。

（2）定義管理端「系統登入」介面的請求 / 傳回參數物件。該介面的輸入 / 輸出物件都是 User 物件，程式如下：

```
package com.wudimanong.experiment.entity;
import lombok.Data;
@Data
public class User {
    /**
     * 使用者 ID
     */
    private Integer id;
    /**
     * 使用者帳號
     */
    private String username;
    /**
     * 登入密碼
     */
    private String password;
    /**
     * 圖示連結
     */
    private String avatar;
    /**
     * 真實姓名
     */
    private String name;
}
```

3. 定義管理端的「實驗資訊分頁查詢」介面

管理端的「實驗資訊分頁查詢」介面，主要用於實現實驗資訊分頁列表資訊的展示，以及條件篩選。

（1）定義管理端「實驗資訊分頁查詢」介面的 Controller 層。程式如下：

```
package com.wudimanong.experiment.controller;
import com.wudimanong.experiment.client.entity.ResponseResult;
...
import org.springframework.web.bind.annotation.RestController;
@Slf4j
@RestController
@RequestMapping("/expInfo")
public class AbtestExpController {
    /**
     * 將依賴注入 "實驗資訊分頁查詢 " 介面的業務層（Service 層）實例
     */
    @Autowired
    AbtestExpService abtestExpServiceImpl;
    /**
     * 分頁查詢實驗資訊列表
     *
     * @return
     */
    @GetMapping("/getExpInfos")
    public ResponseResult<GetExpInfosBO> getExpInfos(@Validated
GetExpInfosDTO getExpInfosDTO) {
        return ResponseResult.OK(abtestExpServiceImpl.
getExpInfos(getExpInfosDTO));
    }
}
```

（2）定義管理端「實驗資訊分頁查詢」介面的請求參數物件。程式如下：

```
package com.wudimanong.experiment.client.entity.dto;
import com.wudimanong.experiment.client.validator.EnumValue;
import javax.validation.constraints.NotNull;
import lombok.Data;
@Data
public class GetExpInfosDTO {
    /**
     * 實驗名稱模糊比對
     */
    private String nameLike;
    /**
```

```
     * 根據業務標籤精準比對
     */
    private String factorTag;
    /**
     * 狀態。0- 新建；1- 已發佈；2- 生效中；3- 已暫停；4- 已終止；5- 已結束
     */
    @EnumValue(intValues = {0, 1, 2, 3, 4, 5}, message = " 請輸入正確的實
驗狀態值 ")
    private Integer status;
    /**
     * 頁碼
     */
    @NotNull(message = " 頁碼不能為空 ")
    private Integer pageNo;
    /**
     * 每頁筆數
     */
    @NotNull(message = " 頁碼大小不能為空 ")
    private Integer pageSize;
}
```

(3) 定義管理端「實驗資訊分頁查詢」介面的傳回參數物件。程式如下：

```
package com.wudimanong.experiment.client.entity.bo;
import com.wudimanong.experiment.client.entity.AbtestExpInfo;
...
import lombok.NoArgsConstructor;
@Data
@Builder
@AllArgsConstructor
@NoArgsConstructor
public class GetExpInfosBO implements Serializable {
    /**
     * 總記錄數
     */
    private Integer total;
    /**
     * 頁碼
     */
```

```
    private Integer pageNo;
    /**
     * 具體資料列表
     */
    List<AbtestExpInfo> list;
}
```

上述傳回參數會傳回總記錄數、當前頁面，以及具體的資料列表。

（4）定義管理端「實驗資訊分頁查詢」介面的傳回參數物件中的資料物件。程式如下：

```
package com.wudimanong.experiment.client.entity;
import com.fasterxml.jackson.annotation.JsonFormat;
...
import lombok.NoArgsConstructor;
@Data
@Builder
@AllArgsConstructor
@NoArgsConstructor
public class AbtestExpInfo implements Serializable {
    /**
     * 實驗 ID，使用資料庫自動增加機制
     */
    private Integer id;
    /**
     * 實驗名稱
     */
    private String name;
    /**
     * 系統對應的業務標籤
     */
    private String factorTag;
    /**
     * 分層 ID
     */
    private Integer layerId;
    /**
     * 分組欄位（參數類型）。1- 使用者；2- 地理位置
```

```
     */
    private Integer groupFieldId;
    /**
     * 負責人資訊
     */
    private String owner;
    /**
     * 實驗開始時間
     */
    @JsonFormat(pattern = "yyyy-MM-dd HH:mm:ss", timezone = "GMT+8")
    private Timestamp startTime;
    /**
     * 實驗結束時間
     */
    @JsonFormat(pattern = "yyyy-MM-dd HH:mm:ss", timezone = "GMT+8")
    private Timestamp endTime;
    /**
     * 實驗狀態。0- 新建；1- 已發佈；2- 生效中；3- 已暫停；4- 已終止；5- 已結束
     */
    private Integer status;
    /**
     * 實驗自訂設定資訊（JSON 格式）
     */
    private String config;
    /**
     * 是否抽樣打點。0- 否；1- 是
     */
    private Integer isSampling;
    /**
     * 抽樣率，例如 5 表示 5%
     */
    private Integer samplingRatio;
    /**
     * 使用端系統名稱，例如 pay 表示支付系統
     */
    private String serviceName;
    /**
     * 擴充資訊（以 JSON 格式儲存）
     */
```

```
    private String ext;
    /**
     * 實驗假設
     */
    private String expHyp;
    /**
     * 實驗預期
     */
    private String resultExpect;
    /**
     * 指標 IDS
     */
    private String metricIds;
    /**
     * 是否已上線
     */
    private Integer online;
    /**
     * 分區類型
     */
    private Integer partitionType;
    /**
     * 建立時間
     */
    @JsonFormat(pattern = "yyyy-MM-dd HH:mm:ss", timezone = "GMT+8")
    private Timestamp createTime;
    /**
     * 更新時間
     */
    @JsonFormat(pattern = "yyyy-MM-dd HH:mm:ss", timezone = "GMT+8")
    private Timestamp updateTime;
}
```

上述資料物件中的欄位與「A/B 測試資訊表」中的欄位基本一致。但為了分層隔離，這裡並沒有將持久層（Dao 層）資料物件直接輸出，而是定義了新的轉換資料物件。

4. 定義管理端的「實驗建立」介面

「實驗建立」介面是 A/B 測試微服務提供的關鍵介面。透過該介面，連線方可以使用管理系統提供的操作介面來建立 A/B 測試，並進行初始流量的分配。

（1）定義管理端「實驗建立」介面的 Controller 層。

在 "3." 小標題中建立的 AbtestExpController 類別中，增加「實驗建立」介面。程式如下：

```
/**
 * " 實驗建立 " 介面
*/
@PostMapping("/createExp")
public ResponseResult<CreateExpBO> createExp(@RequestBody @Validated
CreateExpDTO createExpDTO) {
    return ResponseResult.OK(abtestExpServiceImpl.
createExp(createExpDTO));
}
```

（2）定義管理端「實驗建立」介面的請求參數物件。程式如下：

```
package com.wudimanong.experiment.client.entity.dto;
import com.wudimanong.experiment.client.validator.EnumValue;
import javax.validation.constraints.NotNull;
import lombok.Data;
@Data
public class CreateExpDTO {
    /**
     * 連線方服務名稱
     */
    @NotNull(message = " 連線服務名稱不能為空 ")
    private String appName;
    /**
     * 實驗業務標籤
     */
    @NotNull(message = " 實驗業務標籤不能為空 ")
    @Pattern(regexp = "[A-Za-z]\\w{4,34}_[0-9]{4}$", message = " 實驗標籤
不符合規範 ")
```

```
private String factorTag;
    /**
     * 實驗描述
     */
    @NotNull(message = "實驗描述資訊不能為空")
    private String desc;
    /**
     * 分組類型。1- 使用者；2- 地理位置
     */
    @EnumValue(intValues = {1, 2}, message = "分組類型不支援")
    private Integer groupField;
    /**
     * 流量層分層 ID
     */
    private Integer layerId;
    /**
     * 實驗負責人
     */
    private String owner;
}
```

（3）定義管理端「實驗建立」介面的傳回參數物件。程式如下：

```
package com.wudimanong.experiment.client.entity.bo;
import java.io.Serializable;
...
import lombok.NoArgsConstructor;
@Data
@Builder
@AllArgsConstructor
@NoArgsConstructor
public class CreateExpBO implements Serializable {
    /**
     * 是否建立成功
     */
    private Boolean isSuccess;
    /**
     * 傳回實驗 ID
     */
    private Integer expId;
}
```

5. 定義管理端的「實驗流量編輯」介面

透過管理系統的實驗流量編輯功能，可以實現對 A/B 測試流量分配的動態調節。這也是 A/B 測試微服務需要具備的核心功能——透過對 A/B 測試流量的動態調整，可以更靈活地驗證實驗效果。

> 透過該功能，也可以極佳地實現新舊功能在流量上的灰度發佈。這也是 A/B 測試系統在實踐中應用得比較廣泛的場景。

(1) 定義管理端「實驗流量編輯」介面的 Controller 層。

在 "3." 小標題中建立的 AbtestExpController 類別中，增加「實驗流量編輯」介面。程式如下：

```
/**
 * "實驗流量編輯" 介面
*/
@PostMapping("/updateFlowRatio")
public ResponseResult<UpdateFlowRatioBO> updateFlowRatio(
        @RequestBody @Validated UpdateFlowRatioDTO updateFlowRatioDTO) {
    return ResponseResult.OK(abtestExpServiceImpl.updateFlowRatio(updateF
lowRatioDTO));
}
```

(2) 定義管理端「實驗流量編輯」介面的請求參數物件。程式如下：

```
package com.wudimanong.experiment.client.entity.dto;
import java.util.Map;
import javax.validation.constraints.NotNull;
import lombok.Data;
@Data
public class UpdateFlowRatioDTO {
    /**
     * 應用名(主要用於標識連線方身份)
     */
    @NotNull(message = "應用名不能為空")
    private String appName;
    /**
```

```
     * 實驗標籤
     */
    @NotNull(message = "實驗標籤不能為空")
    private String factorTag;
    /**
     * 實驗流量配比(example->{"76":20;"77":40),76 和 77 都表示分組 ID
     */
    private Map<Integer, Integer> flowRatioParam;
}
```

在請求參數物件中，流量佔比分配的資料格式為：「分組 ID + 流量佔比」的 JSON 格式，由 Map 物件進行接收處理。

(3) 定義管理端「實驗流量編輯」介面的傳回參數物件。程式如下：

```
package com.wudimanong.experiment.client.entity.bo;
import java.util.List;
...
import lombok.NoArgsConstructor;
@Data
@Builder
@NoArgsConstructor
@AllArgsConstructor
public class UpdateFlowRatioBO {
    /**
     * 連線方應用名稱
     */
    private String appName;
    /**
     * 實驗標籤
     */
    private String factorTag;
    /**
     * 調整後的流量分配情況
     */
    private List<GroupFlowRatioBO> flowRatio;
}
```

(4) 定義管理端「實驗流量編輯」介面的傳回參數物件中流量分配情況的資料物件。程式如下：

```
package com.wudimanong.experiment.client.entity.bo;
import java.io.Serializable;
...
import lombok.NoArgsConstructor;
@Data
@Builder
@AllArgsConstructor
@NoArgsConstructor
public class GroupFlowRatioBO implements Serializable {
    /**
     * 分組 ID
     */
    private Integer groupId;
    /**
     * 分組類型
     */
    private Integer groupType;
    /**
     * 調整後的流量佔比
     */
    private Integer flowRatio;
    /**
     * 調整前的流量佔比
     */
    private Integer preFlowRatio;
}
```

6. 定義 SDK 端的「實驗設定資訊獲取」介面

「實驗設定資訊獲取」介面，主要是為各版本的「連線 SDK」提供實驗設定資訊獲取服務。從使用場景上看，該介面具備高頻存取的特點，所以需要在性能上有更多的考慮。

(1) 定義 SDK 端「實驗設定資訊獲取」介面的 Controller 層。程式如下：

```
package com.wudimanong.experiment.controller;
import com.wudimanong.experiment.client.entity.ResponseResult;
...
import org.springframework.web.bind.annotation.RestController;
/**
 * @desc 獲取實驗設定資訊
 */
@Slf4j
@RestController
@RequestMapping("/config")
public class AbtestDeliverController {
    /**
     * 業務層（Service 層）的依賴介面
     */
    @Autowired
    private AbtestDeliverService abtestDeliverServiceImpl;
    /**
     * 根據實驗業務標籤獲取實驗設定資訊
     */
    @GetMapping("/findByFactorTag")
    public ResponseResult<ConfigBO> findByFactorTag(@RequestParam("factor
Tag") String factorTag) {
        return ResponseResult.OK(abtestDeliverServiceImpl. getExpInfoByFa
ctorTag(factorTag));
    }
}
```

該介面主要透過實驗業務標籤，以 Get 請求的方式獲取 A/B 測試的設定資訊——包括實驗的基本資訊及流量組分桶資訊。據此可以實現「連線 SDK」流量路由的相關比對邏輯。

此外，考慮到實驗資料的完整性及傳輸效率，在介面傳回資料物件設計上，需要進行一定特殊的考慮。

（2）定義 SDK 端「實驗設定資訊獲取」介面的傳回參數物件。程式如下：

```
package com.wudimanong.experiment.client.entity.bo;
```

```
import com.wudimanong.experiment.client.entity.AbtestExp;
...
import lombok.NoArgsConstructor;
@Data
@Builder
@NoArgsConstructor
@AllArgsConstructor
public class ConfigBO {
    /**
     * 業務系統實驗標籤
     */
    private String factorTag;
    /**
     * 實驗設定資訊
     */
    private AbtestExp abtestExp;
}
```

（3）定義 SDK 端「實驗設定資訊獲取」介面的傳回參數物件中的實驗設定資訊資料物件。程式如下：

```
package com.wudimanong.experiment.client.entity;
import java.util.List;
...
import lombok.NoArgsConstructor;
@Data
@Builder
@NoArgsConstructor
@AllArgsConstructor
public class AbtestExp {
    /**
     * 實驗 ID
     */
    private Integer expId;
    /**
     * 業務系統實驗標籤
     */
    private String factorTag;
    /**
```

```
     * 分層 ID
     */
    private Integer layerId;
    /**
     * 分組類型 ID，1 表示按使用者分組
     */
    private Integer groupFieldId;
    /**
     * 分區類型
     */
    private String partitionType;
    /**
     * 是否抽樣打點
     */
    private Boolean isSampling;
    /**
     * 抽樣率
     */
    private Integer samplingRatio;
    /**
     * 實驗分組資訊列表
     */
    private List<AbtestGroup> abtestGroups;
    /**
     * 實驗設定
     */
    private String config;
}
```

（4）撰寫在步驟（3）中定義的「實驗設定資訊獲取」介面的傳回參數物件中「實驗分組資訊」屬性的資料物件。程式如下：

```
package com.wudimanong.experiment.client.entity;
import java.util.List;
...
import lombok.NoArgsConstructor;
@Data
@Builder
@NoArgsConstructor
```

```
@AllArgsConstructor
public class AbtestGroup {
    /**
     * 實驗 ID
     */
    private Integer expId;
    /**
     * 分組 ID
     */
    private Integer groupId;
    /**
     * 分組類型。0- 實驗組；1- 對照組
     */
    private Integer groupType;
    /**
     * 分組的分區類型
     */
    private String groupPartitionType;
    /**
     * 原始桶
     */
    private Set<Integer> partitionSerialNums;
    /**
     * 桶是否經過壓縮
     */
    private Boolean isUseBase64Nums;
    /**
     * 壓縮後的桶
     */
    private String partitionSerialNums64;
    /**
     * 稀釋倍率
     */
    private Integer dilutionRatio;
    /**
     * 策略資訊
     */
    private List<Strategy> abtestStrategies;
    /**
```

```
     * 白名單
     */
    private List<String> whiteList;
}
```

上述程式是「實驗分組資訊」及「流量設定」的資料結構——描述了具體的分組類型，以及分組內流量分桶編號的列表。

考慮到流量「分桶編號清單」在介面傳輸上存在資料量大的問題，所以，在實現上需要設定閾值，來判斷是否採用 Base 64 方式對分桶編號清單進行壓縮後傳輸。

（5）撰寫在步驟（4）中定義的資料物件中「策略資訊」屬性的資料物件。程式如下：

```
package com.wudimanong.experiment.client.entity;
import lombok.AllArgsConstructor;
...
import lombok.NoArgsConstructor;
@Data
@Builder
@AllArgsConstructor
@NoArgsConstructor
public class Strategy {
    /**
     * 策略 Key
     */
    private String key;
    /**
     * 權重值
     */
    private String weight;
}
```

7.5.2 開發業務層（Service 層）的程式

接下來開發 A/B 測試微服務業務層（Service 層）的程式。

1. 定義業務異常處理機制

關於業務層（Service 層）的業務異常處理機制，可以參考 4.4.2 節中 "1." 小標題中的內容。

定義的業務層（Service 層）異常碼的列舉類型，具體程式如下：

```
package com.wudimanong.experiment.client.entity;
public enum BusinessCodeEnum {
    /**
     * 登入使用者許可權相關的錯誤碼（以 1000 開頭，根據業務擴充）
     */
    BUSI_LOGIN_FAIL_1000(1000, "使用者密碼錯誤"),
    /**
     * A/B 測試業務邏輯相關的錯誤碼（以 2000 開頭，根據業務擴充）
     */
    BUSI_LOGICAL_FAIL_2000(2000, "factor 已存在實驗"),
    BUSI_LOGICAL_LAYER_IS_NOT_EXIST(2001, "分層資訊不存在"),
    BUSI_LOGICAL_OVER_AVAILABLE_FLOW(2002, "超出可用流量"),
    BUSI_LOGICAL_EXP_IS_NOT_EXIST(2003, "實驗資訊不存在");
    /**
     * 編碼
     */
    private Integer code;
    /**
     * 描述
     */
    private String desc;
    BusinessCodeEnum(Integer code, String desc) {
        this.code = code;
        this.desc = desc;
    }
    /**
     * 根據編碼獲取列舉類型
     */
    public static BusinessCodeEnum getByCode(String code) {
        //判斷編碼是否為空
        if (code == null) {
            return null;
```

```
        }
        // 迴圈處理
        BusinessCodeEnum[] values = BusinessCodeEnum.values();
        for (BusinessCodeEnum value : values) {
            if (value.getCode().equals(code)) {
                return value;
            }
        }
        return null;
    }
    public Integer getCode() {
        return code;
    }
    public String getDesc() {
        return desc;
    }
}
```

此列舉類型可在具體的業務層（Service 層）邏輯處理中根據業務進行擴充。舉例來說，將實驗系統內部相關的業務異常碼的值約定為 2000 ～ 2999。

2. 引入 MapStruct 實體映射工具

具體參考 4.4.2 節中 "2." 小標題中的內容。

3. 開發管理端「系統登入」介面的業務層（Service 層）程式

接下來開發管理端「系統登入」介面的業務層（Service）程式。

（1）定義業務層（Service 層）介面類別 LoginService。程式如下：

```
package com.wudimanong.experiment.service;
import com.wudimanong.experiment.entity.User;
public interface LoginService {
    /**
     * "使用者登入"介面
     */
```

```
    User login(User user);
}
```

（2）實現業務層（Service 層）介面類別的方法。程式如下：

```
package com.wudimanong.experiment.service.impl;
import com.wudimanong.experiment.client.entity.BusinessCodeEnum;
...
import org.springframework.stereotype.Service;
@Slf4j
@Service
public class LoginServiceImpl implements LoginService {
    @Override
    public User login(User user) {
        //為方便測試，這裡以"強制寫入"的方式設定固定的帳號和密碼（正式系統
可擴充使用者登入的邏輯）
        if (user.getUsername().equals("admin") && user.getPassword().
equals("123456")) {
            user.setId(123);
            user.setName("無敵碼農");
            user.setPassword("");
            //透過 GitHub 儲存小圖示

user.setAvatar("https://github.com/manongwudi/repos/
blob/master/static/images/avator-wudimanong.jpg");
        } else {
            throw new ServiceException(BusinessCodeEnum.BUSI_LOGIN_
FAIL_1000.getCode(),
                    BusinessCodeEnum.BUSI_LOGIN_FAIL_1000.getDesc());
        }
        return user;
    }
}
```

上述程式，只是以「強制寫入」的方式實現了簡單的登入邏輯。如有需要，讀者可以自行完善使用者登入邏輯。

4. 開發管理端「實驗資訊分頁查詢」介面的業務層（Service 層）程式

接下來開發管理端「實驗資訊分頁查詢」介面的業務層（Service 層）程式。

（1）定義業務層（Service 層）介面類別 AbtestExpService。程式如下：

```
package com.wudimanong.experiment.service;
import com.wudimanong.experiment.client.entity.bo.GetExpInfosBO;
import com.wudimanong.experiment.client.entity.dto.GetExpInfosDTO;
import org.springframework.validation.annotation.Validated;
public interface AbtestExpService {
    /**
     * "實驗資訊分頁查詢" 介面
     */
    GetExpInfosBO getExpInfos(GetExpInfosDTO getExpInfosDTO);
}
```

（2）實現業務層（Service 層）介面類別的方法。程式如下：

```
package com.wudimanong.experiment.service.impl;
import com.baomidou.mybatisplus.core.conditions.query.QueryWrapper;
...
import org.springframework.stereotype.Service;
@Service
@Slf4j
public class AbtestExpServiceImpl implements AbtestExpService {
    /**
     * 注入 "A/B 測試資訊表" 的持久層（Dao 層）依賴
     */
    @Autowired
    AbtestExpInfoDao abtestExpInfoDao;
    /**
     * 實驗資訊分頁查詢邏輯的實現方法
     */
    @Override
    public GetExpInfosBO getExpInfos(GetExpInfosDTO getExpInfosDTO) {
        // 以 MyBatis-Plus 為基礎的語法拼裝查詢準則
```

```
        QueryWrapper<AbtestExpInfoPO> queryWrapper = new 
QueryWrapper<>();
        if (getExpInfosDTO.getNameLike() != null && !"".
equals(getExpInfosDTO.getNameLike())) {
            queryWrapper.like("name", getExpInfosDTO.getNameLike());
        }
        if (getExpInfosDTO.getFactorTag() != null && !"".
equals(getExpInfosDTO.getFactorTag())) {
            queryWrapper.eq("factor_tag", getExpInfosDTO.getFactorTag());
        }
        if (getExpInfosDTO.getStatus() != null) {
            queryWrapper.eq("status", getExpInfosDTO.getStatus());
        }
        // 過濾已刪除的資料
        queryWrapper.eq("is_delete", 0);
        // 進行 ID 降冪排序
        queryWrapper.orderByDesc("id");
        //MyBatisPlus 分頁支援（設定頁碼及每頁記錄資料）
        Page<AbtestExpInfoPO> page = new Page<>(getExpInfosDTO.
getPageNo(), getExpInfosDTO.getPageSize());
        // 執行分頁查詢，傳回分頁查詢結果
        IPage<AbtestExpInfoPO> resultPage = abtestExpInfoDao.
selectPage(page, queryWrapper);
        // 獲取具體的分頁資料
        List<AbtestExpInfoPO> abtestExpInfoPOList = resultPage.
getRecords();
        // 透過 MapStruct 資料複製工具，將 " 持久層的（Dao 層）列表物件 " 轉為 "
業務層（Service 層）輸出物件 "
        List<AbtestExpInfo> abtestExpInfoList = AbtestExpConvert.
INSTANCE.convertAbtestInfo(abtestExpInfoPOList);
        // 構造傳回輸出資料的物件
        GetExpInfosBO getExpInfosBO = GetExpInfosBO.builder().total(Long.
valueOf(resultPage.getTotal()).intValue())
                .pageNo(Long.valueOf(resultPage.getCurrent()).
intValue()).list(abtestExpInfoList).build();
        return getExpInfosBO;
    }
}
```

上方程式的主要邏輯是：利用 MyBatis-Plus 提供的資料庫操作語法，實現「A/B 測試資訊表」的分頁查詢功能。

（3）撰寫針對 MyBatis-Plus 分頁外掛程式的設定類別。

在步驟（2）中使用了 MyBatis-Plus 預設整合的分頁外掛程式。為了正常使用該分頁外掛程式，還需要撰寫一個 Spring 設定類別，具體程式如下：

```
package com.wudimanong.experiment.config;
import com.baomidou.mybatisplus.extension.plugins.PaginationInterceptor;
import org.springframework.context.annotation.Bean;
import org.springframework.context.annotation.Configuration;
@Configuration
public class MybatisPlusConfig {
    /**
     * 建立分頁外掛程式
     */
    @Bean
    public PaginationInterceptor paginationInterceptor() {
        return new PaginationInterceptor();
    }
}
```

（4）撰寫 MapStruct 元件的資料轉化介面。

在步驟（2）中，使用了 MapStruct 元件來實現「持久層（Dao 層）資料物件」到「業務層（Service 層）輸出的資料物件」的轉換，所以還需要撰寫一個資料轉換介面，程式如下：

```
package com.wudimanong.experiment.convert;
import com.wudimanong.experiment.client.entity.AbtestExpInfo;
...
import org.mapstruct.factory.Mappers;
/**
 * @author jiangqiao
 */
@Mapper
public interface AbtestExpConvert {
```

```
    AbtestExpConvert INSTANCE = Mappers.getMapper(AbtestExpConvert.
class);
    /**
     * 將實驗資訊列表 " 持久層（Dao 層）資料物件 " 轉為 " 業務層（Service 層）輸
出的資料物件 "
     */
    @Mappings({})
    List<AbtestExpInfo> convertAbtestInfo(List<AbtestExpInfoPO>
abtestExpInfoPOList);
}
```

5. 開發管理端「實驗建立」介面的業務層（Service 層）程式

管理端「實驗建立」介面的業務層（Service 層）邏輯包括 A/B 測試微服務的流量分桶、流量分配等關鍵邏輯，在具體實現上有一定的複雜度。為方便讀者了解，下面盡可能地多透過註釋及文字來說明。

（1）定義業務層（Service 層）方法。

在 "4." 小標題下步驟（1）中定義的業務層（Service 層）AbtestExpService 介面類別中，增加「實驗建立」業務層介面方法。程式如下：

```
/**
 * 建立實驗
*/
CreateExpBO createExp(CreateExpDTO createExpDTO);
```

（2）實現業務層（Service 層）方法。

在 "4." 小標題下步驟（2）中定義的業務層（Service 層）實現類別 AbtestExpServiceImpl 中，增加「實驗建立」介面的業務層（Service 層）方法的實現。程式如下：

```
/**
 * " 實驗建立 " 介面業務層（Service 層）方法的實現（核心方法）
*/
@Transactional(rollbackFor = Exception.class)
@Override
public CreateExpBO createExp(CreateExpDTO createExpDTO) {
```

```
    //1 驗證實驗是否已存在
    QueryWrapper<AbtestExpInfoPO> queryWrapper = new QueryWrapper<>();
    queryWrapper.eq("factor_tag", createExpDTO.getFactorTag());
    AbtestExpInfoPO abtestExpInfoPO = abtestExpInfoDao.
selectOne(queryWrapper);
    if (abtestExpInfoPO != null) {
        throw new ServiceException(BusinessCodeEnum.BUSI_LOGICAL_
FAIL_2000.getCode(),
                BusinessCodeEnum.BUSI_LOGICAL_FAIL_2000.getDesc());
    }
    //2 判斷分層資訊是否存在，如果不存在，則建立預設流量分層
    AbtestLayerPO abtestLayerPO = null;
    if (createExpDTO.getLayerId() != null) {
        // 如果流量層不存在，則拋出異常傳回失敗
        if (!isExistLayer(createExpDTO.getLayerId())) {
            throw new ServiceException (BusinessCodeEnum.BUSI_LOGICAL_
LAYER_IS_NOT_EXIST.getCode(),
                    BusinessCodeEnum. BUSI_LOGICAL_LAYER_IS_NOT_EXIST.
getDesc());
        }
    } else {
        // 生成實驗分層
        abtestLayerPO = createAbtestLayer(createExpDTO);
        // 持久化分層資訊
        abtestLayerDao.insert(abtestLayerPO);
    }
    //3 生成實驗基本資訊
    abtestExpInfoPO = createAbtestInfo(createExpDTO, abtestLayerPO);
    // 持久化實驗基本資訊
    abtestExpInfoDao.insert(abtestExpInfoPO);
    //4 建立實驗分組資訊並持久化
    List<AbtestGroupPO> groupInfos = createAbtestGroupList(abtestExpInfoPO);
    // 批次持久化分組資訊
    abtestGroupDao.batchInsert(groupInfos);
    //5 流量分配初始化
    // 篩選流量分配佔比超過 0 的分組
    Map<Integer, Integer> flowRatioMap = groupInfos.stream().filter(o ->
o.getFlowRatio() > 0)
            .collect(Collectors.toMap(AbtestGroupPO::getId,
```

```
AbtestGroupPO::getFlowRatio));
    if (flowRatioMap.size() > 0) {
        // 呼叫 " 流量桶分配 " 方法（在呼叫之前需要將 GroupList 中的流量佔比設定
為 0，以確保正常的初始分配）
        updateFlowRatio(abtestExpInfoPO, abtestLayerPO,
                groupInfos.stream().peek(group -> group.setFlowRatio(0)).
collect(
                        Collectors.toList()), flowRatioMap);
    }
    return CreateExpBO.builder().isSuccess(true).expId (abtestExpInfoPO.
getId()).build();
}
```

上述方法實現了 A/B 測試所相關的核心邏輯，大致流程為：

① 根據實驗名稱判斷是否已存在相同實驗，如果存在，則拋出重複異常。

② 判斷介面所傳遞的實驗分層資訊是否存在。如果存在，則沿用已指定的分層流量資料；如果不存在，則建立新的分層流量資訊。

③ 生成實驗基本資訊，並透過持久層（Dao 層）元件將其插入資料庫。

④ 建立預設的實驗分組資料，並將其插入資料庫。

⑤ 根據實驗分組初始流量分配佔比，進行流量分配計算，並更新流量分配資訊。

上述步驟均在一個資料庫交易中進行管理，使用 @Transactional 註釋實現。由於邏輯相對複雜，相關的程式量也比較大，因此在該方法的實現中會對部分邏輯進行單獨的方法抽象。

（3）定義步驟（2）中相關的「建立實驗分層」的私有方法。

在 "4." 小標題下步驟（2）中定義的業務層（Service 層）實現 AbtestExpServiceImpl 類別中，增加「建立實驗分層」的私有方法。程式如下：

```
/**
 * 建立實驗分層資訊的方法
*/
```

```
private AbtestLayerPO createAbtestLayer(CreateExpDTO createExpDTO) {
    AbtestLayerPO abtestLayerPO = new AbtestLayerPO();
    // 名稱及描述資訊設定
    abtestLayerPO.setName(createExpDTO.getFactorTag());
    abtestLayerPO.setDesc(createExpDTO.getDesc());
    // 設定流量分組類型 ID
    abtestLayerPO.setGroupFieldId(createExpDTO.getGroupField());
    // 初始化流量分桶（這裡是最核心的邏輯，透過撰寫 BucketUtils 工具類別實現）
    // 設定每個分層的預設分桶總數
    abtestLayerPO.setBucketTotalNum(BucketUtils.BUCKET_TOTAL_NUM);
    // 透過 BucketUtils 工具類別的方法，實現流量分桶的初始化
    abtestLayerPO
          .setUnusedBucketNos(StringUtils.join(BucketUtils.
getShuffledBucketNoList().stream().toArray(), ","));
    abtestLayerPO.setIsDelete(0);
    return abtestLayerPO;
}
```

在上述建立實驗分層資訊的方法中相關的流量分桶邏輯，是透過 BucketUtils 工具類別中的「流量分桶計算」方法來實現的，具體參考下面步驟（7）的內容。

（4）定義步驟（2）中相關的「建立實驗基本資訊」的私有方法。

在 "4." 小標題下步驟（2）中定義的業務層（Service 層）實現 AbtestExpServiceImpl 類別中，增加「建立實驗基本資訊」的私有方法。程式如下：

```
/**
 * 建立實驗基本資訊的方法
*/
private AbtestExpInfoPO createAbtestInfo(CreateExpDTO createExpDTO,
AbtestLayerPO abtestLayerPO) {
    AbtestExpInfoPO abtestExpInfoPO = new AbtestExpInfoPO();
    abtestExpInfoPO.setName(createExpDTO.getDesc());
    abtestExpInfoPO.setFactorTag(createExpDTO.getFactorTag());
    // 設定分層資訊
    abtestExpInfoPO
```

```
            .setLayerId(createExpDTO.getLayerId() == null ?
abtestLayerPO.getId() : createExpDTO.getLayerId());
    abtestExpInfoPO.setGroupFieldId(createExpDTO.getGroupField());
    // 設定預設的抽樣率
    abtestExpInfoPO.setIsSampling(1);
    // 預設設定抽樣率為 5
    abtestExpInfoPO.setSamplingRatio(5);
    // 設定指標等資訊
    abtestExpInfoPO.setMetricIds("");
    abtestExpInfoPO.setOwner(createExpDTO.getOwner());
    abtestExpInfoPO.setServiceName(createExpDTO.getAppName());
    // 預設設定為已發佈狀態
    abtestExpInfoPO.setStatus(1);
    abtestExpInfoPO.setIsDelete(0);
    // 設定為未上線
    abtestExpInfoPO.setOnline(0);
    return abtestExpInfoPO;
}
```

（5）定義步驟（2）中相關的「建立實驗分組資訊」的私有方法。

在 "4." 小標題下步驟（2）中定義的業務層（Service 層）實現 AbtestExp ServiceImpl 類別中，增加「建立實驗分組資訊」的私有方法。程式如下：

```
/**
 * 設定初始流量的預設佔比
 */
public static final Integer defaultGroupInitFlowRatio = 50;

/**
 * 建立實驗分組資訊的方法
 */
private List<AbtestGroupPO> createAbtestGroupList(AbtestExpInfoPO
abtestExpInfoPO) {
    // 生成流量分組資訊
    List<AbtestGroupPO> groupInfos = new ArrayList<>();
    //1 生成實驗組
    AbtestGroupPO testGroup = new AbtestGroupPO();
```

```
        testGroup.setExpId(abtestExpInfoPO.getId());
        // 設定流量佔比
        testGroup.setFlowRatio(defaultGroupInitFlowRatio);
        // 設定分組名稱
        testGroup.setName(" 實驗組 ");
        // 分組類型為 0 表示實驗組
        testGroup.setGroupType(0);
        // 設定預設分流內包含的分桶編號
        testGroup.setGroupPartitionDetails("");
        // 設定策略明細
        testGroup.setStrategyDetail("");
        testGroup.setOnline(abtestExpInfoPO.getOnline());
        testGroup.setDilutionRatio(0);
        groupInfos.add(testGroup);
        //2 生成對照組
        AbtestGroupPO controlGroup = new AbtestGroupPO();
        controlGroup.setExpId(abtestExpInfoPO.getId());
        // 設定流量佔比
        controlGroup.setFlowRatio(defaultGroupInitFlowRatio);
        // 設定分組名稱
        controlGroup.setName(" 對照組 ");
        // 分組類型為 1 表示對照組
        controlGroup.setGroupType(1);
        // 設定預設分流內包含的分桶編號
        controlGroup.setGroupPartitionDetails("");
        // 設定策略明細
        controlGroup.setStrategyDetail("");
        controlGroup.setOnline(abtestExpInfoPO.getOnline());
        controlGroup.setDilutionRatio(0);
        groupInfos.add(0, controlGroup);
        return groupInfos;
    }
```

上述方法的邏輯是：建立實驗分組（實驗組、對照組）的基本資訊，並設定它們的流量佔比。

（6）定義步驟（2）中相關的「流量桶分配」的方法。

在 "4." 小標題下步驟（2）中定義的業務層（Service 層）實現 AbtestExp ServiceImpl 類別中，增加「流量桶分配」的方法。程式如下：

```
/**
 * 流量桶分配（流量桶分配是最核心的公共方法，其演算法也是整個 A/B 測試微服務的
核心）
 *
 * @param expInfo
 * @param layer
 * @param groupList
 * @param flowRatioMap
 */
@Transactional(rollbackFor = Exception.class)
public void updateFlowRatio(AbtestExpInfoPO expInfo, AbtestLayerPO layer,
List<AbtestGroupPO> groupList,
        Map<Integer, Integer> flowRatioMap) {
    // 獲取需要進行流量分配的分組資訊
    try {
        groupList.stream().filter(group -> flowRatioMap.
containsKey(group.getId())).sorted(
                Comparator.comparing(group -> flowRatioMap.get(group.
getId()) - group.getFlowRatio()))
                .map(group -> (Function<List<Integer>, List<Integer>>)
unused -> {
                    Result bucketResult;
                    try {
                        Request bucketRequest = new Request();
                        bucketRequest.setCurrBucketRatio (group.
getFlowRatio());
                        bucketRequest.setDestBucketRatio (flowRatioMap.
get(group.getId()));
                        bucketRequest.setCurrUnusedBucketNoListOfLayer(un
used);
                        // 將分桶資料轉為 List<Integer>
                        List<Integer> currUsedBucketNoListOfGroup =
(group.getGroupPartitionDetails() != null && !""
                                .equals(group.
getGroupPartitionDetails())) ? Arrays
                                .asList(group.getGroupPartitionDetails().
```

```
split(",")).stream()
                                .map(o -> Integer.valueOf(o)).
collect(Collectors.toList()) : new ArrayList<>();
                        bucketRequest.setCurrUsedBucketNoListOfGroup
(currUsedBucketNoListOfGroup);
                        // 執行重新分桶洗牌邏輯
                        bucketResult = BucketUtils.bucketReallocate(bucke
tRequest);
                        // 設定已分配好的分桶編號
                        group.setGroupPartitionDetails(
                                StringUtils.join(bucketResult.
getBucketNoListOfGroup(), ","));
                        // 更新當前時間
                        group.setUpdateTime(new Timestamp (System.
currentTimeMillis()));
                        // 更新流量佔比
                        group.setFlowRatio(flowRatioMap.get(group.getId()));
                        abtestGroupDao.updateById(group);
                    } catch (Exception e) {
                        throw new ServiceException(BusinessCodeEnum.
BUSI_LOGICAL_OVER_AVAILABLE_FLOW.getCode(),
                                BusinessCodeEnum.BUSI_LOGICAL_OVER_
AVAILABLE_FLOW.getDesc(), e);
                    }
                    // 傳回當前分層中未被分配的流量分桶編號
                    return bucketResult.getUnusedBucketNoListOfLayer();
                }).reduce(Function::andThen)
                .ifPresent(func -> {
                    // 更新分層資訊中未使用的分桶編號資訊
                    List<Integer> layerUnusedBucketNos =
                            (layer.getUnusedBucketNos() != null && !"".
equals(layer.getUnusedBucketNos())) ? Arrays
                                  .asList(layer.getUnusedBucketNos().
split(","))
                                  .stream().map(o -> Integer.valueOf(o)).
collect(Collectors.toList())
                                  : new ArrayList<>();
                    String unused = StringUtils.join(func.
apply(layerUnusedBucketNos).toArray(), ",");
```

```
                    layer.setUnusedBucketNos(unused);
                    layer.setUpdateTime(new Timestamp(System.
currentTimeMillis()));
                    abtestLayerDao.updateById(layer);
                });
    } catch (Exception e) {
        throw new ServiceException (BusinessCodeEnum.BUSI_LOGICAL_OVER_
AVAILABLE_FLOW.getCode(),
                BusinessCodeEnum.BUSI_LOGICAL_OVER_AVAILABLE_FLOW.
getDesc(), e);
    }
}
```

上述方法是本層實現邏輯中最為核心的方法，其核心邏輯是：

- 透過輸入的實驗基本資訊、流量分層資訊、現有流量分組資訊，以及上一層方法設定的流量目標佔比，進行流量分桶的分配計算。
- 根據計算結果，更新流量分層中的可用流量分桶編號，以及具體實驗分組中所持有的流量分桶。

(7) 定義在步驟 (3)、步驟 (6) 中「流量分桶計算」邏輯所依賴的 BucketUtils 工具類別。程式如下：

```
package com.wudimanong.experiment.utils;
import java.util.Base64;
import java.util.BitSet;
import java.util.Collections;
import java.util.LinkedList;
import java.util.List;
public class BucketUtils {
    /**
     * 每個分層的 bucket 總數
     */
    public static final Integer BUCKET_TOTAL_NUM = 1000;
    /**
     * 原始分桶編號
     */
    private static final List<Integer> ORIGINAL_BUCKET_NOS = new
```

```
LinkedList<>();
    // 初始化原始分桶編號
    static {
        for (int index = 0; index < BUCKET_TOTAL_NUM; index++) {
            ORIGINAL_BUCKET_NOS.add(index);
        }
    }
    /**
     * 洗牌，獲取 bucket 的分桶編號
     */
    public static List<Integer> getShuffledBucketNoList() {
        List<Integer> currentBucketNos = new LinkedList<>(ORIGINAL_
BUCKET_ NOS);
        // 這裡透過集合物件提供的 shuffle() 方法（使用指定的隨機來源對指定列表
進行置換，所有置換發生的可能性都是大致相等的）來進行分桶編號洗牌
        Collections.shuffle(currentBucketNos);
        return currentBucketNos;
    }
    /**
     * 核心流量分桶調整邏輯（輸入：當前百分比、目標百分比、未分配分桶編號、已
分配分桶編號；輸出：當前百分比、未分配分桶編號、調整後已分配的分桶編號）
     */
    public static BucketAllocate.Result bucketReallocate(BucketAllocate.
Request request) throws Exception {
        // 流量佔比值為 0 ~ 100
        if (request.getCurrBucketRatio() < 0 || request.
getDestBucketRatio() < 0 || request.getCurrBucketRatio() > 100
                || request.getDestBucketRatio() > 100) {
            throw new Exception("flowRatio value is invalid", null);
        }
        // 定義流量計算結果物件
        BucketAllocate.Result result = new BucketAllocate.Result();
        // 計算目標佔比與當前佔比的差（單位：%）
        int gapPercent = request.getDestBucketRatio() - request.
getCurrBucketRatio();
        if (gapPercent == 0) {
            //1 如果目標佔比與當前佔比一致，則分組內分桶數量不變
            result.setBucketRatio(request.getDestBucketRatio());
            result.setUnusedBucketNoListOfLayer (request.getCurrUnusedBuc
```

```
ketNoListOfLayer());
            result.setBucketNoListOfGroup (request.getCurrUsedBucketNoLis
tOfGroup());
        } else if (gapPercent > 0) {
            //2 如果目標佔比大於當前佔比，則需要擴充分組內的分桶數量
            //2-1 這是一個核心公式，計算當前分組需要擴充的分桶數量
            int needAddBucketNumOfGroup = gapPercent * BUCKET_TOTAL_NUM /
100;
            //2-2 檢查當前流量層未使用分桶數量是否滿足擴充需要
            List<Integer> currUnusedBucketNoListOfLayer = request.getCurr
UnusedBucketNoListOfLayer();
            int unusedBucketNumOfLayer = currUnusedBucketNoListOfLayer ==
null ? 0: currUnusedBucketNoListOfLayer.size();
            if (needAddBucketNumOfGroup > unusedBucketNumOfLayer) {
                throw new Exception("needAddBucketNumOfGroup >
unusedBucketNumOfLayer", null);
            }
            //2-3 調整流量分層中未使用的分桶編號，並將其分配至對應分組
            // 繼續計算流量分層中應該持有的未分配桶數量
            int unusedBucketRemainNum = unusedBucketNumOfLayer -
needAddBucketNumOfGroup;
            // 根據比例將之前流量分層中未被使用的分桶，按照新的佔比進行重新分配
            List<Integer> currUsedBucketNoListOfGroup = request.getCurrUs
edBucketNoListOfGroup();
            List<Integer> destUnusedBucketNoListOfLayer = new
LinkedList<>();
            List<Integer> destUsedBucketNoListOfGroup = new LinkedList<>
(currUsedBucketNoListOfGroup);
            for (int index = 0; index < unusedBucketNumOfLayer; index++)
{
                Integer currBucketNo = currUnusedBucketNoListOfLayer.
get(index);
                if (index < unusedBucketRemainNum) {
                    destUnusedBucketNoListOfLayer.add(currBucketNo);
                } else {
                    destUsedBucketNoListOfGroup.add(currBucketNo);
                }
            }
            // 填充計算結果
```

```
            result.setBucketRatio(request.getDestBucketRatio());
            result.setUnusedBucketNoListOfLayer (destUnusedBucketNoListOf
Layer);
            result.setBucketNoListOfGroup(destUsedBucketNoListOfGroup);
        } else {
            //3 如果目標佔比小於當前佔比，則需要收縮分組內分桶數量
            //3-1 計算當前分組內需要收縮的分桶數量
            int needMinusBucketNumOfGroup = -1 * gapPercent * BUCKET_
TOTAL_NUM / 100;
            //3-2 檢查 " 當前分組內已使用的分桶數量 " 是否大於 " 需要收縮的分桶
數量 "
            List<Integer> currUsedBucketNoListOfGroup = request.getCurrUs
edBucketNoListOfGroup();
            int usedBucketNumOfGroup = currUsedBucketNoListOfGroup ==
null ? 0 : currUsedBucketNoListOfGroup.size();
            if (needMinusBucketNumOfGroup > usedBucketNumOfGroup) {
                throw new Exception("needMinusBucketNumOfGroup >
usedBucketNumOfGroup", null);
            }
            //3-3 調整當前分組內已使用的分桶編號，並將其回收至流量分層中未使
用分桶編號池中
            int usedBucketRemainNum = usedBucketNumOfGroup -
needMinusBucketNumOfGroup;
            List<Integer> currUnusedBucketNoListOfLayer = request.getCurr
UnusedBucketNoListOfLayer();
            List<Integer> destUnusedBucketNoListOfLayer = new LinkedList<
>(currUnusedBucketNoListOfLayer);
            List<Integer> destUsedBucketNoListOfGroup = new
LinkedList<>();
            for (int index = 0; index < usedBucketNumOfGroup; index++) {
                Integer currBucketNo = currUsedBucketNoListOfGroup.get
(index);
                if (index < usedBucketRemainNum) {
                    destUsedBucketNoListOfGroup.add(currBucketNo);
                } else {
                    destUnusedBucketNoListOfLayer.add(currBucketNo);
                }
            }
            // 填充計算結果
```

```
result.setBucketRatio(request.getDestBucketRatio());

result.setUnusedBucketNoListOfLayer(destUnusedBucketNoListOfLayer);
              result.setBucketNoListOfGroup(destUsedBucketNoListOfGroup);
         }
         return result;
    }
}
```

上述程式是流量分桶最核心的邏輯。大致結構為：設定流量桶的預設總數為 1000；在建立實驗分層時，透過 getShuffledBucketNoList() 方法實現流量分桶的洗牌邏輯（由 Collections.shuffle() 方法實現）。

其中，bucketReallocate() 方法是流量佔比重新分配的關鍵邏輯，其基本演算法邏輯如下：

- 如果「目標流量佔比」與「當前分組流量佔比」的差為 0，則無須進行流量重新分配，直接傳回當前流量分配情況即可。
- 如果「目標流量佔比」與「當前分組流量佔比」的差大於 0，則需要對當前分組流量進行擴充，具體需要擴充的流量分桶數的計算公式為：$\frac{\text{流量佔比差} \times \text{總的流量桶}}{100}$。之後根據擴充分桶數計算結果，從流量分層的可用分桶數中取出一定的流量分桶編號。
- 如果「目標流量佔比」與「當前分組流量佔比」的差小於 0，則需要對當前分組流量進行收縮，具體需要收縮的流量分桶計算公式為：$\frac{-1 \times \text{流量佔比差} \times \text{總的流量桶}}{100}$。之後根據需要收縮的分桶數計算結果，從當前分組流量的可用分桶數取出一定的分桶編號，並將其放回實驗分層未使用的分桶編號池中。

定義 bucketReallocate() 方法的輸入 / 輸出參數物件，程式如下：

```
package com.wudimanong.experiment.utils;
import java.util.List;
import lombok.Data;
public class BucketAllocate {
```

```
    /**
     * 定義分桶分配方法的參數物件
     */
    @Data
    public static class Request {
        // 當前的分桶佔比(舉例:25)
        private int currBucketRatio;
        // 目標的分桶佔比
        private int destBucketRatio;
        // 在分層中,當前的未分配分桶編號
        private List<Integer> currUnusedBucketNoListOfLayer;
        // 在分組內,已經分配的分桶編號
        private List<Integer> currUsedBucketNoListOfGroup;
    }
    /**
     * 定義分桶操作的輔助輸出物件
     */
    @Data
    public static class Result {
        // 分桶佔比
        private int bucketRatio;
        // 在分層中,當前的未分配分桶編號
        private List<Integer> unusedBucketNoListOfLayer;
        // 在分組內,已經分配的分桶編號
        private List<Integer> bucketNoListOfGroup;
    }
}
```

6. 開發管理端「實驗流量編輯」介面的業務層(Service 層)程式

「實驗流量編輯」介面的主要功能是:重新分配流量分桶編號,從而實現流量的調節功能。

(1)定義業務層(Service 層)方法。

在 "4." 小標題下步驟(1)中定義的業務層(Service 層)AbtestExp Service 介面類別中,增加「實驗流量編輯」介面的業務層(Service 層)方法。程式如下:

```
/**
 * 修改實驗流量佔比
*/
UpdateFlowRatioBO updateFlowRatio(UpdateFlowRatioDTO updateFlowRatioDTO);
```

（2）實現業務層（Service 層）方法。

在 "4." 小標題下步驟（2）中定義的業務層（Service 層）實現 AbtestExpServiceImpl 類別中，增加「實驗流量編輯」介面的業務層（Service 層）方法的實現。程式如下：

```
/**
 * 實驗流量編輯，修改實驗流量的佔比
*/
@Override
public UpdateFlowRatioBO updateFlowRatio(UpdateFlowRatioDTO
updateFlowRatioDTO) {
    // 獲取實驗基本資訊
    QueryWrapper<AbtestExpInfoPO> queryWrapper = new QueryWrapper<>();
    queryWrapper.eq("factor_tag", updateFlowRatioDTO.getFactorTag());
    queryWrapper.eq("service_name", updateFlowRatioDTO.getAppName());
    AbtestExpInfoPO abtestExpInfoPO = abtestExpInfoDao.
selectOne(queryWrapper);
    if (abtestExpInfoPO == null) {
        throw new ServiceException (BusinessCodeEnum.BUSI_LOGICAL_EXP_IS_
NOT_EXIST.getCode(),
                BusinessCodeEnum.BUSI_LOGICAL_EXP_IS_NOT_EXIST.
getDesc());
    }
    // 獲取實驗分層資訊
    AbtestLayerPO abtestLayerPO = abtestLayerDao.selectById
(abtestExpInfoPO.getLayerId());
    if (abtestLayerPO == null) {
        throw new ServiceException (BusinessCodeEnum.BUSI_LOGICAL_LAYER_
IS_NOT_EXIST.getCode(),
                BusinessCodeEnum.BUSI_LOGICAL_LAYER_IS_NOT_EXIST.
getDesc());
    }
    // 獲取實驗分組資訊
```

```
    Map<String, Object> param = new HashMap<>();
    param.put("exp_id", abtestExpInfoPO.getId());
    List<AbtestGroupPO> groupList = abtestGroupDao.selectByMap(param);
    // 篩選需要調整的分組（當目標分組流量與當前分組流量佔比不一致時，才需要調整）
    List<AbtestGroupPO> oldGroupList = groupList.stream().filter(group ->
!Objects.equals(group.getFlowRatio(),
            updateFlowRatioDTO.getFlowRatioParam().getOrDefault(group.
getId(), 0)))
            .collect(Collectors.toList());
    // 呼叫公共流量調整方法進行流量調節（與實驗建立共用）
    updateFlowRatio(abtestExpInfoPO, abtestLayerPO, oldGroupList,
updateFlowRatioDTO.getFlowRatioParam());
    // 封裝流量調節後的結果資料
    List<GroupFlowRatioBO> groupFlowRatioResult = groupList.stream()
            .map(group -> GroupFlowRatioBO.builder().groupId(group.
getId()).groupType(group.getGroupType())
                    .preFlowRatio(group.getFlowRatio())
                    .flowRatio(updateFlowRatioDTO.getFlowRatioParam().
get(group.getId())).build())
            .collect(Collectors.toList());
    // 封裝傳回參數物件
    UpdateFlowRatioBO updateFlowRatioBO = UpdateFlowRatioBO.builder().
appName(updateFlowRatioDTO.getAppName())
            .factorTag(updateFlowRatioDTO.getFactorTag()).
flowRatio(groupFlowRatioResult).build();
    return updateFlowRatioBO;
}
```

7. 開發 SDK 端「實驗設定資訊獲取」介面的業務層（Service 層）程式

接下來開發 SDK 端「實驗設定資訊獲取」介面的業務層（Service 層）程式。

(1) 定義業務層（Service 層）介面類別 AbtestDeliverService。程式如下：

```
package com.wudimanong.experiment.service;
```

```
import com.wudimanong.experiment.client.entity.bo.ConfigBO;
public interface AbtestDeliverService {
    /**
     * 根據業務標籤獲取實驗設定資訊
     */
    ConfigBO getExpInfoByFactorTag(String factorTag);
}
```

（2）實現業務層（Service 層）介面類別的方法。程式如下：

```
package com.wudimanong.experiment.service.impl;
import com.baomidou.mybatisplus.core.conditions.query.QueryWrapper;
...
import org.springframework.stereotype.Service;
@Slf4j
@Service
public class AbtestDeliverServiceImpl implements AbtestDeliverService {
    /**
     * "A/B 測試資訊表 " 的持久層（Dao 層）介面
     */
    @Autowired
    AbtestExpInfoDao abtestExpInfoDao;
    /**
     * "A/B 測試分組表 " 的持久層（Dao 層）介面
     */
    @Autowired
    AbtestGroupDao abtestGroupDao;
    /**
     * 根據業務系統標識，獲取實驗設定資訊資訊（以參數 factorTag 為 Key，使用
Caffeine 進行快取）
     */
    @Override
    @Cacheable(value = "EXP_CONFIG_INFO", key = "#factorTag")
    public ConfigBO getExpInfoByFactorTag(String factorTag) {
        // 根據業務系統參數，查詢實驗的基本資訊
        AbtestExpInfoPO abtestExpInfoPO = new AbtestExpInfoPO();
        abtestExpInfoPO.setFactorTag(factorTag);
        QueryWrapper<AbtestExpInfoPO> queryWrapper = new QueryWrapper<>(a
btestExpInfoPO);
```

```
        abtestExpInfoPO = abtestExpInfoDao.selectOne(queryWrapper);
        // 如果實驗資訊不存在，則傳回空設定
        if (abtestExpInfoPO == null) {
            return null;
        }
        // 根據實驗 ID，查詢分組列表資訊
        QueryWrapper<AbtestGroupPO> groupQueryWrapper = new
QueryWrapper<>();
        groupQueryWrapper.eq("exp_id", abtestExpInfoPO.getId());
        List<AbtestGroupPO> groupPOList = abtestGroupDao.
selectList(groupQueryWrapper);
        // 將實驗設定資訊的 " 持久層（Dao 層）資料物件 " 轉為 " 介面的傳回參數物
件 "
        ConfigBO configBO = AbtestExpConvert.INSTANCE.
convertConfig(abtestExpInfoPO, groupPOList);
        return configBO;
    }
}
```

上述程式，主要是透過實驗業務標籤，查詢實驗資訊及實驗分組資訊——按照傳回資料物件的約定，對實驗基本資訊、分組流量等資訊進行封裝。

（3）撰寫資料物件轉換介面類別 AbtestExpConvert。

在 "4." 小標題下步驟（4）中定義的資料物件轉換介面類別 AbtestExp Convert 中增加轉換方法。程式如下：

```
/**
 * 將根據實驗及分組資訊，轉換 " 實驗設定資訊獲取 " 介面的輸出資料物件
*/
default ConfigBO convertConfig(AbtestExpInfoPO abtestExpInfoPO,
List<AbtestGroupPO> groupPOList) {
    AbtestExp abtestExp = new AbtestExp();
    abtestExp.setExpId(abtestExpInfoPO.getId());
    abtestExp.setFactorTag(abtestExpInfoPO.getFactorTag());
    abtestExp.setLayerId(abtestExpInfoPO.getLayerId());
    abtestExp.setGroupFieldId(abtestExpInfoPO.getGroupFieldId());
    abtestExp.setIsSampling(abtestExpInfoPO.getIsSampling() == 1 ? true :
false);
```

```
    abtestExp.setSamplingRatio(abtestExpInfoPO.getSamplingRatio());
    // 透過函數式程式設計的方法轉換並設定分組資訊
    abtestExp.setAbtestGroups(map(groupPOList, AbtestGroupPO::mapGroup));
    return ConfigBO.builder().factorTag(abtestExp.getFactorTag()).
abtestExp(abtestExp).build();
}
/**
 * 實驗分組資訊轉換的函數式方法
*/
default <T, R> List<R> map(List<T> list, Function<T, R> func) {
    if (CollectionUtils.isEmpty(list)) {
        return Collections.emptyList();
    }
    return list.stream().map(func).collect(Collectors.toList());
}
```

在某些場景下，如果 MapStruct 轉換介面不能完全滿足要求，則可以透過 Java 8 所支持的 default 類型的方法撰寫資料轉換程式。這樣不僅可以確保軟體分層清晰，也可以實現相對靈活的程式設計方式。

(4) 定義步驟 (3) 中實驗分組資訊轉換邏輯依賴的函數式（Java 8 特性）方法——map()。

在步驟 (3) 的轉換邏輯中，在將「流量分組資訊的資料庫持久層（Dao 層）資料物件」轉為「實驗設定資訊獲取介面的輸出物件」時，使用了 AbtestGroupPO 持久層（Dao 層）資料物件（參考 7.5.3 節中 "2." 小標題的內容）中定義的函數方法，具體程式如下：

```
/**
 * 將 " 持久層（Dao 層）資料物件 " 轉為 " 介面層資料物件 "
*/
public static AbtestGroup mapGroup(AbtestGroupPO abtestGroupPO) {
    // 分流內包含的桶編號列表
    List<Integer> partitionSerialNums = null;
    if (abtestGroupPO.getGroupPartitionDetails() != null && !"".
equals(abtestGroupPO.getGroupPartitionDetails())) {
        partitionSerialNums = Arrays.asList(abtestGroupPO.
```

```
getGroupPartitionDetails().split(",")).stream()
                .map(o -> Integer.valueOf(o)).collect(Collectors.
toList());
    } else {
        partitionSerialNums = new ArrayList<>();
    }
    // 判斷桶數量大小是否大於 100，以此決定傳輸時是否啟用壓縮
    boolean useBase64Nums = partitionSerialNums.size() > 100;
    AbtestGroup group = new AbtestGroup();
    group.setExpId(abtestGroupPO.getExpId());
    group.setGroupId(abtestGroupPO.getId());
    group.setGroupType(abtestGroupPO.getGroupType());
    // 是否使用 Base64 方式進行壓縮
    group.setIsUseBase64Nums(useBase64Nums);
    // 如果不需要進行 Base64 方式壓縮，則直接設定分桶編號列表
    group.setPartitionSerialNums(useBase64Nums ? Collections.emptySet() :
new HashSet<>(partitionSerialNums));
    // 如果需要進行 Base64 方式壓縮，則將分桶編號列表資訊壓縮後設定到
"partitionSerialNums64" 欄位中
    group.setPartitionSerialNums64(useBase64Nums ? BucketUtils.bucketsToB
itStr(partitionSerialNums) : "");
    group.setDilutionRatio(abtestGroupPO.getDilutionRatio());
    // 設定分組實驗策略資訊
group.setAbtestStrategies(JSON.parseObject(abtestGroupPO.
getStrategyDetail(), List.class));
    group.setWhiteList(
            Objects.nonNull(abtestGroupPO.getWhiteList()) ? Arrays.
asList(abtestGroupPO.getWhiteList().split(","))
                  : null);
    return group;
}
```

上述邏輯會根據流量分桶編號是否大於 100，來判斷是否需要對分桶資料進行壓縮，而具體的壓縮演算法是在 "5." 小標題下步驟（7）中建立的 BucketUtils 工具類別中增加「壓縮」方法來實現的。程式如下：

```
/**
 * 將桶編號清單進行 Base64 方式壓縮
*/
```

```
public static String bucketsToBitStr(Iterable<Integer> bucketNos) {
    BitSet bitSet = new BitSet(BUCKET_TOTAL_NUM);
    bucketNos.forEach(bitSet::set);
    return Base64.getUrlEncoder().encodeToString(bitSet.toByteArray());
}
```

以上就是 SDK 端「實驗設定資訊獲取」介面所相關的業務層（Service 層）實現程式。

> 為了提升該介面功能的服務性能，在業務層（Service 層）實現方法定義上，透過 @Cacheable 註解使用 Caffeine 處理程序內快取（快取時效為 60s）來提升性能。有關 Caffeine 快取的設定可參考 7.4 節的內容。

7.5.3 開發 MyBatis 持久層（Dao 層）元件

持久層（Dao 層）的實現，以 "MyBatis + MyBatis-Plus" 組合提供的功能為基礎。

需要先在程式主類別中增加 MyBatis 介面程式的套件掃描路徑，程式如下：

```
package com.wudimanong.experiment;
import org.mybatis.spring.annotation.MapperScan;
...
import org.springframework.cloud.client.discovery.EnableDiscoveryClient;
@EnableDiscoveryClient
@SpringBootApplication
@MapperScan("com.wudimanong.experiment.dao.mapper")
public class ExperimentApplication {
    public static void main(String[] args) {
        SpringApplication.run(ExperimentApplication.class, args);
    }
}
```

在上述程式中，透過 @MapperScan 註釋定義了 MyBatis 持久層（Dao 層）元件的程式套件路徑。

1. 開發「實驗資訊分頁查詢」介面的持久層（Dao 層）程式

「實驗資訊分頁查詢」的持久層（Dao 層）實現，主要以「A/B 測試資訊表」（abtest_exp_info）的資料庫操作為主。

（1）定義「A/B 測試資訊表」的資料庫實體類別。程式如下：

```
package com.wudimanong.experiment.dao.model;
import com.baomidou.mybatisplus.annotation.IdType;
...
import lombok.Data;
@Data
@TableName("abtest_exp_info")
public class AbtestExpInfoPO {
    /**
     * 實驗 ID，使用資料庫自動增加機制
     */
    @TableId(value = "id", type = IdType.AUTO)
    private Integer id;
    /**
     * 實驗名稱
     */
    private String name;
    /**
     * 連線系統對應的業務標籤
     */
    private String factorTag;
    /**
     * 分層 ID
     */
    private Integer layerId;
    /**
     * 分組欄位（參數類型）。 1- 使用者；2- 地理位置
     */
    private Integer groupFieldId;
    /**
     * 實驗假設
     */
    private String expHyp;
```

```
/**
 * 實驗預期
 */
private String resultExpect;
/**
 * 指標 IDS
 */
private String metricIds;
/**
 * 實驗開始時間
 */
private Timestamp startTime;
/**
 * 實驗結束時間
 */
private Timestamp endTime;
/**
 * 實驗狀態。0- 新建；1- 已發佈；2- 生效中；3- 已暫停；4- 已終止；5- 已結束
 */
private Integer status;
/**
 * 是否已上線
 */
private Integer online;
/**
 * 分區類型
 */
private Integer partitionType;
/**
 * 是否抽樣打點。 0- 否，1- 是
 */
private Integer isSampling;
/**
 * 抽樣率，例如 5 表示 5%
 */
private Integer samplingRatio;
/**
 * 實驗自訂設定資訊
 */
```

```
    private String config;
    /**
     * 連線端系統名稱，例如 pay 表示支付系統
     */
    private String serviceName;
    /**
     * 負責人資訊
     */
    private String owner;
    /**
     * 是否已刪除。0- 未刪除；1- 已刪除
     */
    private Integer isDelete;
    /**
     * 擴充資訊
     */
    private String ext;
    /**
     * 建立時間
     */
    private Timestamp createTime;
    /**
     * 更新時間
     */
    private Timestamp updateTime;
}
```

(2) 定義「A/B 測試資訊表」的持久層（Dao 層）介面。程式如下：

```
package com.wudimanong.experiment.dao.mapper;
import com.baomidou.mybatisplus.core.mapper.BaseMapper;
import com.wudimanong.experiment.dao.model.AbtestExpInfoPO;
import org.springframework.stereotype.Repository;
@Repository
public interface AbtestExpInfoDao extends BaseMapper<AbtestExpInfoPO> {
}
```

2. 開發「實驗建立」介面的持久層（Dao 層）程式

「實驗建立」介面的持久層（Dao 層）實現，包括「A/B 測試資訊表」（abtest_exp_info）、「A/B 測試分層表」（abtest_layer），以及「A/B 測試分組表」（abtest_group）的資料庫操作。其中，「A/B 測試資訊表」的持久層（Dao 層）在 "1." 小標題中已經定義。接下來定義「A/B 測試分層表」，以及「A/B 測試分組表」的持久層（Dao 層）。

（1）定義「A/B 測試分層表」的資料庫實體類別。程式如下：

```
package com.wudimanong.experiment.dao.model;
import com.baomidou.mybatisplus.annotation.IdType;
...
import lombok.Data;
@Data
@TableName("abtest_layer")
public class AbtestLayerPO {
    /**
     * 分層 ID，使用資料庫自動增加機制
     */
    @TableId(value = "id", type = IdType.AUTO)
    private Integer id;
    /**
     * 分層名稱
     */
    private String name;
    /**
     * 分層描述
     */
    @TableField(value = "`desc`")
    private String desc;
    /**
     * 流量分組欄位類型。1- 使用者；2- 地理位置
     */
    private Integer groupFieldId;
    /**
     * 當前流量層的分桶總數
     */
```

```
    private Integer bucketTotalNum;
    /**
     * 未被使用的分桶編號列表
     */
    private String unusedBucketNos;
    /**
     * 分區類型（功能待擴充欄位）
     */
    private Integer partitionType;
    /**
     * 更新時間
     */
    private Timestamp updateTime;
    /**
     * 建立時間
     */
    private Timestamp createTime;
    /**
     * 是否已刪除。0-未刪除；1-已刪除
     */
    private Integer isDelete;
}
```

（2）定義「A/B 測試分層表」的持久層（Dao 層）介面。程式如下：

```
package com.wudimanong.experiment.dao.mapper;
import com.baomidou.mybatisplus.core.mapper.BaseMapper;
import com.wudimanong.experiment.dao.model.AbtestLayerPO;
import org.springframework.stereotype.Repository;
@Repository
public interface AbtestLayerDao extends BaseMapper<AbtestLayerPO> {
}
```

（3）定義「A/B 測試分組表」的資料庫實體類別。程式如下：

```
package com.wudimanong.experiment.dao.model;
import com.alibaba.fastjson.JSON;
...
import lombok.Data;
@Data
```

```
@TableName("abtest_group")
public class AbtestGroupPO {
    /**
     * 分組 ID
     */
    @TableId(value = "id", type = IdType.AUTO)
    private Integer id;
    /**
     * 分組類別。0- 實驗組；1- 對照組
     */
    private Integer groupType;
    /**
     * 分組後流量佔比
     */
    private Integer flowRatio;
    /**
     * 實驗 ID
     */
    private Integer expId;
    /**
     * 分組名稱
     */
    private String name;
    /**
     * 分組類型。0- 區間分組；1- 單雙號分組
     */
    private Integer groupPartitionType;
    /**
     * 分流內包含的桶編號列表
     */
    private String groupPartitionDetails;
    /**
     * 策略對應的 JSON 格式資訊
     */
    private String strategyDetail;
    /**
     * 是否已上線
     */
    private Integer online;
```

```
    /**
     * 建立時間
     */
    private Timestamp createTime;
    /**
     * 更新時間
     */
    private Timestamp updateTime;
    /**
     * 分流的稀釋係數，實際分流為 flowRatio / dilutionRatio
     */
    private Integer dilutionRatio;
    /**
     * 白名單
     */
    private String whiteList;
}
```

（4）定義「A/B 測試分組表」的持久層（Dao 層）介面。程式如下：

```
package com.wudimanong.experiment.dao.mapper;
import com.baomidou.mybatisplus.core.mapper.BaseMapper;
...
import org.springframework.stereotype.Repository;
@Repository
public interface AbtestGroupDao extends BaseMapper<AbtestGroupPO> {
    /**
     * 批次插入方法
     */
    int batchInsert(List<AbtestGroupPO> list);
}
```

上述持久層（Dao 層）介面的實現，並非完全以 MyBatis-Plus 為基礎的預設操作方法。在業務層（Service 層）的 A/B 測試分組資訊的持久化邏輯中需要用到「批次插入」功能，而 MyBatis-Plus 針對「批次插入」功能並沒有提供對應地支援。因此，下面繼續透過 MyBatis 的 XML 映射方式定義資料庫「批次插入」的方法。

在 A/B 測試微服務專案的 "src/resources/mybatis/" 目錄下建立 SQL 映射檔案——AbtestGroupDao.xml。程式如下：

```
<?xml version="1.0" encoding="UTF-8"?>
<!DOCTYPE mapper PUBLIC "-//mybatis.org//DTD Mapper 3.0//EN" "http://
mybatis.org/dtd/mybatis-3-mapper.dtd">
<mapper namespace="com.wudimanong.experiment.dao.mapper.AbtestGroupDao">
    <!-- 批次插入（插入後傳回主鍵 ID）-->
    <insert id="batchInsert" useGeneratedKeys="true" keyProperty="id"
            parameterType="com.wudimanong.experiment.dao.model.
AbtestGroupPO">
        INSERT INTO
        abtest_group(group_type,flow_ratio,exp_id,`name`,group_partition_
details,strategy_detail,online,create_time,update_time,dilution_
ratio,white_list)
        VALUES
        <foreach collection="list" item="cost" index="index"
separator=",">
            (#{cost.groupType,jdbcType=INTEGER},#{cost.flowRa
tio,jdbcType=INTEGER},#{cost.expId,jdbcType=INTEGER},#{cost.
name,jdbcType=VARCHAR},#{cost.groupPartitionDetails,jdbcTyp
e=VARCHAR},#{cost.strategyDetail,jdbcType=VARCHAR},#{cost.
online,jdbcType=INTEGER},#{cost.createTime,jdbcType=TIMESTAMP},#{cost.up
dateTime,jdbcType=TIMESTAMP},#{cost.dilutionRatio,jdbcType=INTEGER},#{co
st.whiteList,jdbcType=VARCHAR})
        </foreach>
    </insert>
</mapper>
```

3. 開發「實驗流量編輯」介面及「實驗設定資訊獲取」介面的持久層（Dao 層）程式

「實驗流量編輯」介面相關的持久層（Dao 層）操作元件及資料物件，沿用 "2." 小標題中定義的資料庫表的持久層（Dao 層）元件即可。

「實驗設定資訊獲取」介面相關的持久層（Dao 層）操作元件及資料物件，沿用 "1." 小標題及 "2." 小標題中定義的資料庫表的持久層（Dao 層）元件即可。

7.6 步驟 4：以 Spring Boot Starter 方式為基礎撰寫「連線 SDK」

在 A/B 測試微服務中，「連線 SDK」的便捷性是很重要的方面。一般來說，針對不同的 A /B 測試場景應該提供不同端類型及程式語言類型的「連線 SDK」。

本節以將 Spring Cloud 微服務連線 A/B 測試微服務為例，以 Spring Boot Starter 方式為基礎來撰寫 A/B 測試微服務的「連線 SDK」。

7.6.1 建立 Spring Boot Starter 專案程式

提供 Spring Boot Starter 方式的「連線 SDK」，可以較大限度地降低將 Spring Cloud 微服務連線 A/B 測試微服務進行 A/B 測試的難度。接下來，建構 A/B 測試微服務「連線 SDK」的專案程式。

1. 建立一個基本的 Maven 專案

利用 2.3.1 節介紹的方法建立一個 Maven 專案，完成後的專案程式結構如圖 7-9 所示。

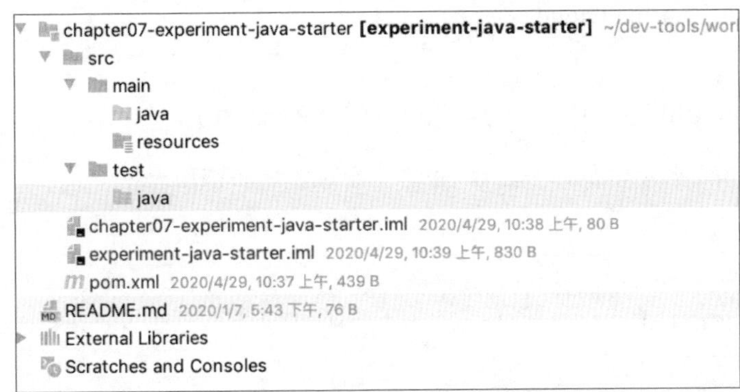

▲ 圖 7-9

2. 引入 Spring Boot Starter 依賴，並設定自動載入機制

（1）引入 Spring Cloud 的父依賴。

在 "1." 小標題中建立的 Maven 專案的 pom.xml 檔案中引入 Spring Cloud 的父依賴。程式如下：

```
<?xml version="1.0" encoding="UTF-8"?>
<project xmlns="http://maven.apache.org/POM/4.0.0"
        xmlns:xsi="http://www.w3.org/2001/XMLSchema-instance"
        xsi:schemaLocation="http://maven.apache.org/POM/4.0.0 http://
maven.apache.org/xsd/maven-4.0.0.xsd">
    <modelVersion>4.0.0</modelVersion>
    <groupId>com.wudimanong</groupId>
    <artifactId>experiment-java-starter</artifactId>
    <version>1.0-SNAPSHOT</version>
    <!-- 引入 Spring Cloud 的父依賴 -->
    <parent>
        <groupId>org.springframework.cloud</groupId>
        <artifactId>spring-cloud-starter-parent</artifactId>
        <version>Greenwich.SR1</version>
        <relativePath/>
    </parent>
</project>
```

> 為了使得「連線 SDK」與其他微服務所依賴的 Spring Boot 版本一致，需要引入相同的 Spring Cloud 父依賴。

（2）在 pom.xml 檔案中引入其他的依賴。程式如下：

```
<!-- 引入 A/B 測試微服務 "experiment" 本身的 Client 依賴 -->
<dependency>
    <groupId>com.wudimanong</groupId>
    <artifactId>experiment-java-client</artifactId>
    <version>1.0-SNAPSHOT</version>
</dependency>
<!--Spring Boot 的基本依賴 -->
<dependency>
```

```
    <groupId>org.springframework.cloud</groupId>
    <artifactId>spring-cloud-starter-openfeign</artifactId>
</dependency>
<!-- 引入 "openfeign" 的依賴，後續連線的 SDK 將透過微服務的服務發現機制連接 A/B
測試微服務來獲取設定 -->
<dependency>
    <groupId>org.springframework.cloud</groupId>
    <artifactId>spring-cloud-starter-openfeign</artifactId>
</dependency>
<!-- 引入設定註釋依賴 -->
<dependency>
    <groupId>org.springframework.boot</groupId>
    <artifactId>spring-boot-configuration-processor</artifactId>
    <optional>true</optional>
</dependency>
```

(3) 實現 Spring Boot Starter 元件的自動化設定機制。

在「連線 SDK」專案的 "/src/main/resources/META-INF/" 目錄下建立 spring.factories 檔案——它是 Spring Boot SPI 機制的入口。

在 spring.factories 檔案中設定 Spring Boot 自動設定類別，以實現 Spring Boot Starter 元件的自動化設定。程式如下：

```
org.springframework.boot.autoconfigure.EnableAutoConfiguration=com.
wudimanong.experiment.starter.autoconfigure.ExperimentAutoConfiguration
```

> 在上方設定中，所依賴的自動化設定類別的實現可以參考 7.6.2 節的內容。

7.6.2 開發「連線 SDK」的程式

1. 撰寫「連線 SDK」的自動設定類別

(1) 撰寫在「連線 SDK」專案的 "/src/resources/META-INF/spring.factories" 檔案中設定的自動注入的設定類別 ExperimentAutoConfiguration。程式如下：

```
package com.wudimanong.experiment.starter.autoconfigure;
import com.wudimanong.experiment.starter.ExperimentTemplate;
...
import org.springframework.context.annotation.Configuration;
@Configuration
@ConditionalOnProperty(value = "experiment.enable", havingValue = "true")
@EnableConfigurationProperties({ExperimentProperties.class})
public class ExperimentAutoConfiguration {
    @EnableFeignClients(clients = ExperimentFeignClient.class)
    @EnableDiscoveryClient
    @ConditionalOnMissingBean({ExperimentFeignSource.class,
ExperimentFeignClient.class})
    public class ExperimentSourceConfiguration {
        @Bean
        @ConditionalOnMissingBean(ExperimentFeignSource.class)
        public ExperimentFeignSource experimentFeignSource(ExperimentFeig
nClient experimentFeignClient) {
            return new ExperimentFeignSource(experimentFeignClient);
        }
    }
    @Bean
    @ConditionalOnBean(ExperimentFeignSource.class)
    public ExperimentTemplate experimentTemplate(ExperimentFeignSource
experimentFeignSource) {
        return new ExperimentTemplate(experimentFeignSource);
    }
}
```

在上述程式中，使用 Spring Boot 註釋來實現對依賴注入行為的控制——舉例來說，透過 @ConditionalOnProperty 註釋控制自動設定類別是否載入。如果在系統組態參數中設定了 experiment.enable 屬性，且設定為 true，則 Spring 容器就會自動載入該設定類別。

（2）撰寫步驟（1）中相關的設定屬性類別 ExperimentProperties。

透過 @EnableConfigurationProperties 註釋，可以將系統組態參數直接映射成 Java 物件。舉例來說，透過定義 ExperimentProperties 類別，將「連線 SDK」所依賴的設定參數直接映射成 Java 物件，程式如下：

```
package com.wudimanong.experiment.starter.properties;
import lombok.Data;
import org.springframework.boot.context.properties.
ConfigurationProperties;
@Data
@ConfigurationProperties("experiment")
public class ExperimentProperties {
    private String enable;
}
```

> 上述程式將以 "experiment" 為首碼的屬性直接映射到 ExperimentProperties 類別的物件中。對於需要依賴外部設定的 Starter 元件來說，這樣的方式可以更高效率地實現設定參數的獲取及控制。

2. 開發存取 A/B 測試微服務 "experiment" 的 FeignClient 程式

（1）開發呼叫 A/B 測試微服務「實驗設定資訊」介面的 FeignClient 程式。

在撰寫「連線 SDK」的過程中獲取「實驗設定資訊」，需要存取 A/B 測試微服務的介面。所以，在 "1." 小標題中的自動設定類別中，透過 @EnableFeignClients 及 @EnableDiscoveryClient 註釋引入 A/B 測試微服務的 FeignClient 介面 ExperimentFeignClient。程式如下：

```
package com.wudimanong.experiment.starter.feign;
import com.wudimanong.experiment.client.entity.ResponseResult;
import com.wudimanong.experiment.client.entity.bo.ConfigBO;
...
import org.springframework.web.bind.annotation.RequestParam;
@FeignClient(value = "experiment", configuration =
ExperimentFeignConfiguration.class, fallbackFactory =
ExperimentFeignFallbackFactory.class)
public interface ExperimentFeignClient {
    /**
     * 獲取 " 實驗設定資訊 " 的 FeignClient 介面的定義
     */
```

```
    @GetMapping("/config/findByFactorTag")
    ResponseResult<ConfigBO> findByFactorTag(@RequestParam("factorTag")
String factorTag);
}
```

> 上述程式示範了 Spring Cloud 微服務 FeignClient 介面的撰寫方式，並透過定義 findByFactorTag() 介面方法，實現對 A/B 測試系統中「實驗設定資訊獲取」微服務介面的遠端存取。

（2）撰寫步驟（1）中 @FeignClient 註釋的 "configuration" 和 "fallback Factory" 屬性所指定的設定類別及降級處理類別。

相關的設定類別 ExperimentFeignConfiguration 的程式如下：

```
package com.wudimanong.experiment.starter.feign;
import org.springframework.context.annotation.Bean;
import org.springframework.context.annotation.Configuration;
@Configuration
public class ExperimentFeignConfiguration {
    /**
     * 建構 Fallback 工廠類別
     */
    @Bean
    ExperimentFeignFallbackFactory experimentFeignFallbackFactory() {
        return new ExperimentFeignFallbackFactory();
    }
}
```

相關的降級處理類別 ExperimentFeignFallbackFactory 的程式如下：

```
package com.wudimanong.experiment.starter.feign;
import com.wudimanong.experiment.client.entity.ResponseResult;
import com.wudimanong.experiment.client.entity.bo.ConfigBO;
import feign.hystrix.FallbackFactory;
import lombok.extern.slf4j.Slf4j;
@Slf4j
public class ExperimentFeignFallbackFactory implements FallbackFactory<Ex
```

```
perimentFeignClient> {
    @Override
    public ExperimentFeignClient create(Throwable cause) {
        return new ExperimentFeignClient() {
            @Override
            public ResponseResult<ConfigBO> findByFactorTag(String
factorTag) {
                log.info("A/B 測試微服務呼叫的降級邏輯處理 ...");
                log.error(cause.getMessage());
                return null;
            }
        };
    }
}
```

3. 實現「連線 SDK」設定類別的核心邏輯

在 "1." 小標題中初步定義了支援 Spring Boot Starter 方式的自動設定類別，接下來實現該設定類別的核心邏輯。

（1）定義 ExperimentFeignSource 類別。

在設定類別 ExperimentAutoConfiguration 中定義的內部類別 ExperimentSourceConfiguration，會透過 @ConditionalOnMissingBean 註釋來約定：如果缺失 ExperimentFeignSource 物件，則實例化該物件。ExperimentFeignSource 類別的程式如下：

```
package com.wudimanong.experiment.starter.feign;
import com.wudimanong.experiment.client.entity.bo.ConfigBO;
import java.util.Optional;
public class ExperimentFeignSource {
    /**
     * A/B 測試微服務 "experiment" 的 FeignClient 介面
     */
    private ExperimentFeignClient experimentFeignClient;
    public ExperimentFeignSource(ExperimentFeignClient
experimentFeignClient) {
        this.experimentFeignClient = experimentFeignClient;
```

```
    }
    /**
     * 獲取 " 實驗設定資訊 "
     */
    public ConfigBO getDeliverConfig(String factorTag) {
        return Optional.of(experimentFeignClient.findByFactorTag
(factorTag).getData()).get();
    }
}
```

上述程式主要實現了，透過 FeignClient 介面存取遠端 A/B 測試微服務 "experiment" 的邏輯。

（2）定義 ExperimentTemplate 類別。

在設定類別 ExperimentAutoConfiguration 中，會透過 @ConditionalOnBean 註釋在 ExperimentFeignSource 類別的實例存在的情況下去實例化「連線 SDK」的範本類別 ExperimentTemplate。範本類別 ExperimentTemplate 的程式如下：

```
package com.wudimanong.experiment.starter;
import com.wudimanong.experiment.client.entity.AbtestExp;
...
import com.wudimanong.experiment.utils.BucketUtils;
import java.util.Optional;
public class ExperimentTemplate {
    /**
     * 設定 A/B 測試微服務 "experiment" 的 FeignClient 介面的依賴
     */
    private ExperimentFeignSource experimentFeignSource;
    public ExperimentTemplate(ExperimentFeignSource
experimentFeignSource) {
        this.experimentFeignSource = experimentFeignSource;
    }
    /**
     * 根據指定 ID 獲取分流結果
     */
    public AbtestInfo get(String factorTag, String currIdStr) {
```

```
        // 獲取實驗結果符合資訊
        MatchResult matchResult = math(factorTag, currIdStr);
        // 生成傳回結果物件資料
        AbtestInfo abtestInfo = AbtestInfo.builder().factorTag
(matchResult.getAbtestExp().getFactorTag())
                .paramId(currIdStr).result(matchResult).build();
        return abtestInfo;
    }
    /**
     * "實驗業務標籤 + 分流 ID"的比對方法
     */
    private MatchResult math(String factorTag, String currIdStr) {
        // 以 FeignClient 介面呼叫的方式，獲取"實驗的設定資訊"
        ConfigBO result = experimentFeignSource.getDeliverConfig
(factorTag);
        if (result == null) {
            // 如果獲取"實驗設定資訊"失敗，則傳回空設定
            return MatchResult.builder().build();
        }
        // 獲取"實驗設定資訊"中的 A/B 測試關鍵設定資訊
        AbtestExp abtestExp = result.getAbtestExp();
        // 計算當前層流量分桶編號（核心邏輯）
        Long currBucketNo = AbtestUtils.getBucketNo(currIdStr, abtestExp.
getLayerId());
        // 比對"實驗設定資訊"中的流量分組資訊（以 lambda 語法的方式，透過流
過濾比對來計算當前流量桶號應該比對到哪個分組）
        AbtestGroup destGroup = Optional.ofNullable (abtestExp.
getAbtestGroups().stream()
                .filter(lt -> lt.getIsUseBase64Nums() ? BucketUtils.
bitStr2buckets(lt.getPartitionSerialNums64())
                        .contains(currBucketNo.intValue())
                        : lt.getPartitionSerialNums().contains
(currBucketNo.intValue())).findFirst().get()).get();
        return MatchResult.builder().destGroup(destGroup).
abtestExp(abtestExp).retrieveType(RetrieveType.BUCKET)
                .build();
    }
}
```

上述程式是「連線 SDK」的核心邏輯：

- 透過連線方傳遞的 A/B 測試業務標籤及流量計算參數（例如 UID），來計算本次請求流量的分桶編號。
- 比對「實驗設定資訊」中的流量分組——如果符合實驗組，則表示流量應該走新邏輯；如果符合對照組，則說明邏輯應該走舊邏輯。從而實現流量的路由及分配。

（3）定義步驟（2）中 match() 方法所依賴的 AbtestUtils 工具類別。程式實現如下：

```
package com.wudimanong.experiment.starter.utils;
public class AbtestUtils {
    /**
     * 計算當前層流量分桶編號的方法
     */
    public static Long getBucketNo(String currIdStr, Integer layerId) {
        //將分流標識 ID 與流量分層 ID 拼裝
        String destKey = currIdStr + layerId;
        //取 MD5 雜湊值
        String md5Hex = Md5Utils.md5Hex(destKey, "UTF-8");
        //獲取 Hash 數值類型
        Long hash = Long.parseLong(md5Hex.substring(md5Hex.length() - 16,
md5Hex.length() - 1), 16);
        if (hash < 0) {
            hash *= -1;
        }
        // 取模
        return (hash % 1000L);
    }
}
```

在上述程式中，透過計算「流量參數 ID + 實驗分層 ID」的 MD5 值，並對 1000 取模，來均勻地得到 1000 以內的分桶編號數值。MD5 工具類別的程式如下：

```
package com.wudimanong.experiment.starter.utils;
import java.security.MessageDigest;
```

```
public class Md5Utils {
    private static final String hexDigits[] = {"0", "1", "2", "3", "4",
"5", "6", "7", "8", "9","a", "b", "c", "d", "e", "f"};
    /**
     * 獲取 MD5 雜湊值的方法
     */
    public static String md5Hex(String origin, String charsetname) {
        String resultString = null;
        try {
            resultString = new String(origin);
            MessageDigest md = MessageDigest.getInstance("MD5");
            if (charsetname == null || "".equals(charsetname)) {
                resultString = byteArrayToHexString(md.
digest(resultString.getBytes()));
            } else {
                resultString = byteArrayToHexString(md.
digest(resultString.getBytes(charsetname)));
            }
        } catch (Exception exception) {
        }
        return resultString;
    }
    private static String byteArrayToHexString(byte b[]) {
        StringBuffer resultSb = new StringBuffer();
        for (int i = 0; i < b.length; i++) {
            resultSb.append(byteToHexString(b[i]));
        }
        return resultSb.toString();
    }
    private static String byteToHexString(byte b) {
        int n = b;
        if (n < 0) {
            n += 256;
        }
        int d1 = n / 16;
        int d2 = n % 16;
        return hexDigits[d1] + hexDigits[d2];
    }
}
```

（4）在 "experiment-java-client" 專案的 BucketUtils 工具類別中，增加「分桶列表壓縮」方法。

回到 match() 方法，在進行具體的流量分桶編號比對時，A/B 測試微服務為了介面方便傳輸，會對分桶編號列表大於 100 的資料進行 Base64 方式的壓縮。

所以，在獲取分桶編號清單設定進行計算時，需要考慮資料是否被 Base64 方式壓縮 —— 如果壓縮過，則需要進行解壓縮操作。具體在 "experiment-java-client" 專案的工具類別 BucketUtils 中增加以下方法：

```
/**
 * 將以 Base64 方式壓縮的分桶資料解壓縮成 Set<Integer> 類型
*/
public static Set<Integer> bitStr2buckets(String str) {
    BitSet bitSet = BitSet.valueOf(Base64.getUrlDecoder().decode(str));
    return bitSet.stream().boxed().collect(Collectors.toSet());
}
```

（5）回到 match() 方法，定義該方法的傳回資料物件 MatchResult。程式如下：

```
package com.wudimanong.experiment.starter.entity;
import com.wudimanong.experiment.client.entity.AbtestExp;
...
import lombok.Data;
import lombok.NoArgsConstructor;
@Data
@Builder
@AllArgsConstructor
@NoArgsConstructor
public class MatchResult {
    /**
     * 目標分桶結果
     */
    private AbtestGroup destGroup;
    /**
```

```
     * 原始實驗設定資訊
     */
    private AbtestExp abtestExp;
    /**
     * 比對類型（有分桶編號、白名單兩種類型）
     */
    private RetrieveType retrieveType;
    public enum RetrieveType {
        BUCKET, WHITE_LIST
    }
}
```

（6）定義 AbtestInfo 輸出資料類別。

回到範本類別 ExperimentTemplate，為方便連線方使用該類別，並沒有直接將 match() 方法曝露出去，而是透過 get() 方法對其進行了包裝，並重新定義了輸出物件 AbtestInfo，程式如下：

```
package com.wudimanong.experiment.starter.entity;
import com.wudimanong.experiment.client.entity.Strategy;
...
import lombok.NoArgsConstructor;
@Data
@Builder
@AllArgsConstructor
@NoArgsConstructor
public class AbtestInfo {
    /**
     * 實驗 Tag
     */
    private String factorTag;
    /**
     * 分流參數
     */
    private String paramId;
    /**
     * 比對結果
     */
    private MatchResult result;
```

```
    /**
     * 策略資訊
     */
    private List<Strategy> abtestStrategies;
    /**
     * 判斷符合分組是否為對照組
     */
    public Boolean isControl() {
        return this.result.getDestGroup().getGroupType().equals(1);
    }
    /**
     * 判斷符合分組是否為實驗組
     */
    public Boolean isAbtest() {
        return this.result.getDestGroup().getGroupType().equals(1);
    }
}
```

至此，以 Spring Boot Starter「開箱即用」方式為基礎，完成了 A/B 測試微服務「連線 SDK」程式的撰寫。

7.7 步驟 5：連線 A/B 測試微服務，實現漸進式發佈

接下來新建構一個 Spring Cloud 測試微服務，並將其連線 A/B 測試微服務，實現微服務新 / 舊功能的漸進式發佈。

7.7.1 建立 A/B 測試連線方微服務範例專案程式

1. 建立一個基本的 Maven 專案

利用 2.3.1 節介紹的方法建立一個 Maven 專案，完成後的專案程式結構如圖 7-10 所示。

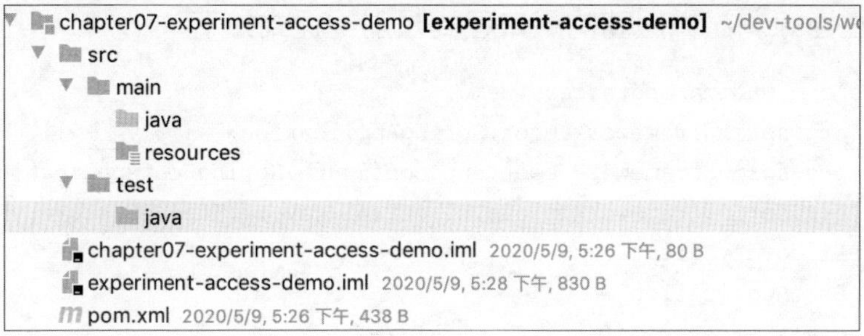

```
▼ chapter07-experiment-access-demo [experiment-access-demo] ~/dev-tools/w
  ▼ src
    ▼ main
        java
        resources
    ▼ test
        java
    chapter07-experiment-access-demo.iml 2020/5/9, 5:26 下午, 80 B
    experiment-access-demo.iml 2020/5/9, 5:28 下午, 830 B
    pom.xml 2020/5/9, 5:26 下午, 438 B
```

▲ 圖 7-10

2. 引入 Spring Cloud 依賴，將其改造為微服務專案

（1）引入 Spring Cloud 微服務的核心依賴。

這裡可以參考 2.5.2 節中的具體步驟。

（2）在專案程式的 resources 目錄新建一個基礎性設定檔——bootstrap.yml。設定檔中的程式如下：

```
spring:
  application:
    name: experiment-access-demo
  profiles:
    active: debug
  cloud:
    consul:
      discovery:
        preferIpAddress: true
        instance-id: ${spring.application.name}:${spring.cloud.client.
ipAddress}:${spring.application.instance_id:${server.port}}:@project.
version@
        healthCheckPath: /actuator/health
server:
  port: 8081
```

（3）Spring Boot 並不會預設載入 bootstrap.yml 這個檔案，所以需要在 pom.xml 中增加 Maven 資源相關的設定，具體參考 2.5.2 節內容。

（4）建立連線測試微服務的入口程式類別。程式如下：

```
package com.wudimanong.access.demo;
import org.springframework.boot.SpringApplication;
import org.springframework.boot.autoconfigure.SpringBootApplication;
import org.springframework.cloud.client.discovery.EnableDiscoveryClient;
@EnableDiscoveryClient
@SpringBootApplication
public class AccessDemo {
    public static void main(String[] args) {
        SpringApplication.run(AccessDemo.class, args);
    }
}
```

（5）在微服務專案的 pom.xml 檔案中，引入 A/B 測試微服務「連線 SDK」的依賴。程式如下：

```
<!--引入 A/B 測試微服務 " 連線 SDK" 的依賴 -->
 <dependency>
     <groupId>com.wudimanong</groupId>
     <artifactId>experiment-java-starter</artifactId>
     <version>1.0-SNAPSHOT</version>
 </dependency>
```

7.7.2 透過介面呼叫的方式建立 A/B 測試

在正常情況下，A/B 測試的建立及分組流量分配的操作，是透過前端管理系統來完成的。這裡為了方便測試，透過介面呼叫的方式來完成。

（1）執行 A/B 測試微服務 "experiment" 專案，如圖 7-11 所示。

（2）透過 Postman 呼叫 A/B 測試微服務的管理端「實驗建立」介面，來模擬 A/B 測試的建立過程，如圖 7-12 所示。

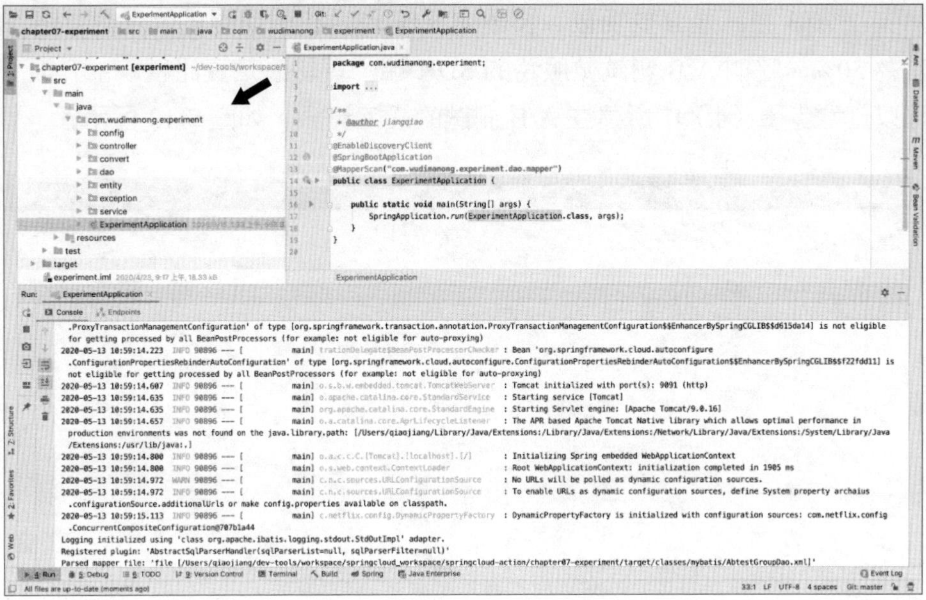

```java
package com.wudimanong.experiment;

import ...

/**
 * @author jiangqiao
 */
@EnableDiscoveryClient
@SpringBootApplication
@MapperScan("com.wudimanong.experiment.dao.mapper")
public class ExperimentApplication {

    public static void main(String[] args) {
        SpringApplication.run(ExperimentApplication.class, args);
    }
}
```

▲ 圖 7-11

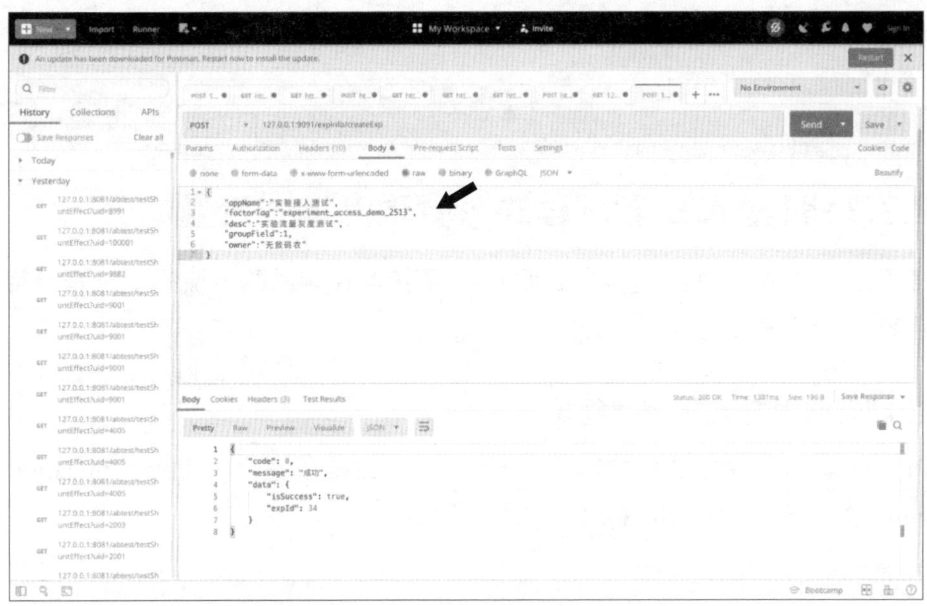

▲ 圖 7-12（編按：本圖例為簡體中文介面）

（3）在 A/B 測試建立成功後，預設會將實驗組和對照組的流量佔比各設定為 50%。呼叫 A/B 測試微服務的 SDK 端「實驗設定資訊獲取」介面，可以查看步驟（1）中所建立 A/B 測試的設定資訊，如圖 7-13 所示。

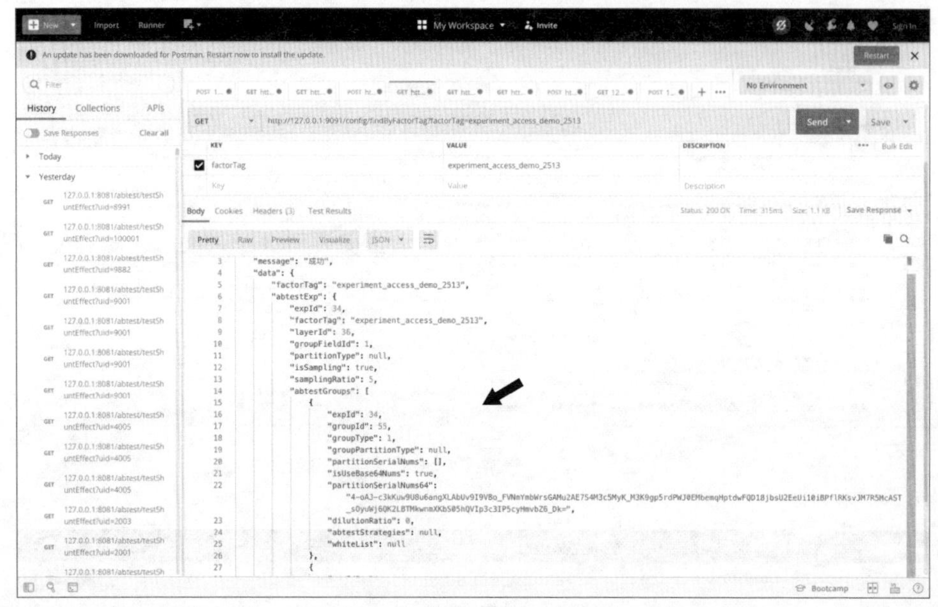

▲ 圖 7-13

7.7.3 開發 A/B 測試程式，實現漸進式流量切分

接下來，在 A/B 測試連線方微服務中撰寫 A/B 測試的分流邏輯，根據使用者 ID 實現漸進式流量切分的效果。

1. 開發連線方 A/B 測試程式

（1）在連線方微服務專案的 "/src/resources" 目錄下建立設定檔 application.yml，並開啟「連線 SDK」的開關。程式如下：

```
# 開啟 " 連線 SDK" 的開關
experiment:
  enable: true
```

（2）撰寫一個測試介面的 Controller 層。程式如下：

```
package com.wudimanong.access.demo.controller;
import com.wudimanong.access.demo.entity.TestShuntEffectBO;
...
import org.springframework.web.bind.annotation.RestController;
@Slf4j
@RestController
@RequestMapping("/abtest")
public class AbtestController {
    @Autowired
    AbtestService abtestServiceImpl;
    @GetMapping("/testShuntEffect")
    public TestShuntEffectBO testShuntEffect(TestShuntEffectDTO
testShuntEffectDTO) {
        return abtestServiceImpl.testShuntEffect(testShuntEffectDTO);
    }
}
```

定義測試介面的請求參數物件。程式如下：

```
package com.wudimanong.access.demo.entity;
import lombok.Data;
@Data
public class TestShuntEffectDTO {
    private Long uid;
}
```

定義測試介面的傳回參數物件。程式如下：

```
package com.wudimanong.access.demo.entity;
import lombok.Builder;
import lombok.Data;
@Data
@Builder
public class TestShuntEffectBO {
    private Long uid;
    private Boolean isNewLogic;
    private Integer testGroupCounter;
    private Integer controlGroupCounter;
}
```

（3）開發測試介面的業務層（Service 層）程式。

定義業務層（Service 層）介面類別，程式如下：

```
package com.wudimanong.access.demo.service;
import com.wudimanong.access.demo.entity.TestShuntEffectBO;
import com.wudimanong.access.demo.entity.TestShuntEffectDTO;
public interface AbtestService {
    /**
     * A/B 測試連線範例方法
     */
    TestShuntEffectBO testShuntEffect(TestShuntEffectDTO
testShuntEffectDTO);
}
```

實現業務層（Service 層）介面類別的方法，程式如下：

```
package com.wudimanong.access.demo.service.impl;
import com.wudimanong.access.demo.entity.TestShuntEffectBO;
...
import org.springframework.stereotype.Service;
@Slf4j
@Service
public class AbtestServiceImpl implements AbtestService {
    /**
     * 定義記錄 " 對照組 " 被呼叫次數的全域計數器
     */
    public static AtomicInteger testGroupCounter = new AtomicInteger(0);
    /**
     * 定義記錄 " 實驗組 " 被呼叫次數的全域計數器
     */
    public static AtomicInteger controlGroupCounter = new AtomicInteger(0);
    /**
     * 注入 " 連線 SDK" 範本類別的依賴
     */
    @Autowired
    ExperimentTemplate experimentTemplate;
    @Override
    public TestShuntEffectBO testShuntEffect(TestShuntEffectDTO
testShuntEffectDTO) {
```

```
        boolean isNewLogic = isNewLogic(testShuntEffectDTO.getUid());
        if (isNewLogic) {
            // 給 " 對照組 " 增加計數次數
            controlGroupCounter.getAndIncrement();
            log.info(" 執行新邏輯 -> 實驗組執行 ");
        } else {
            log.info(" 執行老邏輯 -> 對照組執行 ");
            // 給 " 實驗組 " 增加計數次數
            testGroupCounter.getAndIncrement();
        }
        return TestShuntEffectBO.builder().uid(testShuntEffectDTO.
getUid()).isNewLogic(isNewLogic)
                .testGroupCounter(testGroupCounter.get()).controlGroupCou
nter(controlGroupCounter.get()).build();
    }
    /**
     * 判斷是否執行新邏輯（實驗組）
     *
     * @param uid
     * @return
     */
    private Boolean isNewLogic(Long uid) {
        // 獲取 " 實驗設定資訊 "
        AbtestInfo abtestInfo = experimentTemplate.get("experiment_
access_demo_2513", String.valueOf(uid));
        // 判斷流量應該符合的分組，如果為實驗組，則流量走新邏輯，否則走老邏輯
        if (abtestInfo.isAbtest()) {
            return true;
        }
        return false;
    }
}
```

透過上述步驟，完成了連線方 A/B 測試程式的撰寫。

2. 示範 A/B 測試效果，實現漸進式流量切分

（1）啟動連線方微服務（需要同時啟動 A/B 測試微服務 "experiment"），如圖 7-14 所示。

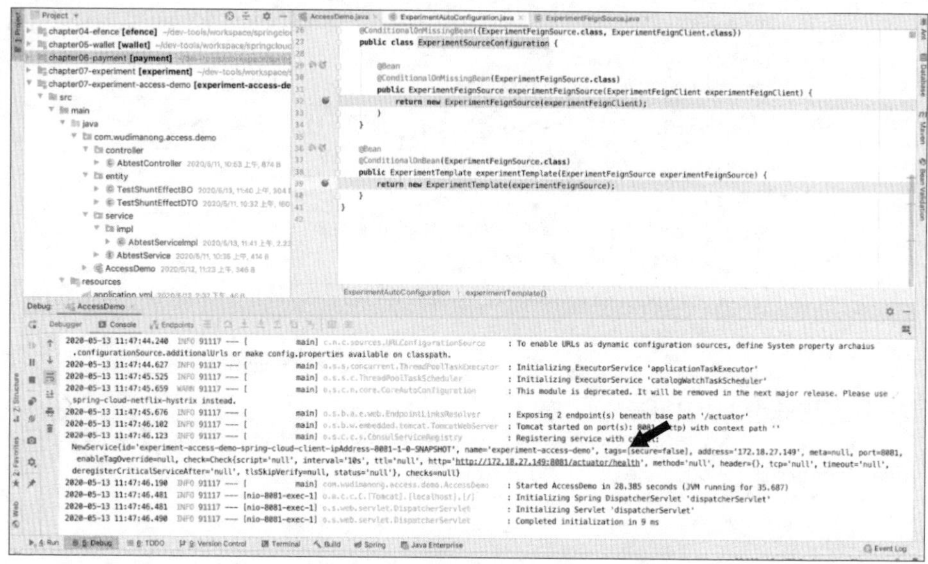

▲ 圖 7-14

（2）測試「實驗組」「對照組」流量各佔 50% 情況下的 A/B 測試效果。按照預設的流量分配設定，接下來將分別以 UID 為 1001、2002、3001、4001、5001、6001、7001、8001、9001、1010 的使用案例，來模擬存取連線方服務，並驗證其分流效果是否會以 50% 的比例執行。最終測試結果如圖 7-15 所示。

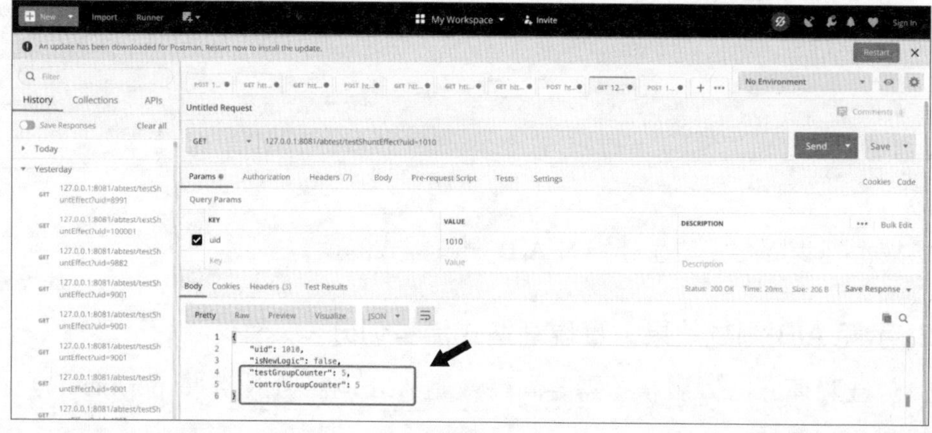

▲ 圖 7-15

在上述測試中，分別以 10 個不同的 UID 來模擬存取測試介面。從最後一次呼叫傳回的計數器結果來看，這 10 次請求的流量以 50% 的分配比例被路由到了不同的邏輯層，這說明分流的實際效果滿足流量比例設定的要求。

(3) 測試將「實驗組」流量佔比調到 100% 後的 A/B 測試效果。

為驗證動態流量切分效果，接下來透過介面呼叫的方式調整流量分配比例——將實驗組的流量佔比調到 100%，將對照組流量調到 0%。

在呼叫 A/B 測試微服務的管理端「實驗流量編輯」介面後，再呼叫 SDK 端「實驗設定資訊獲取」介面，效果如圖 7-16 所示。

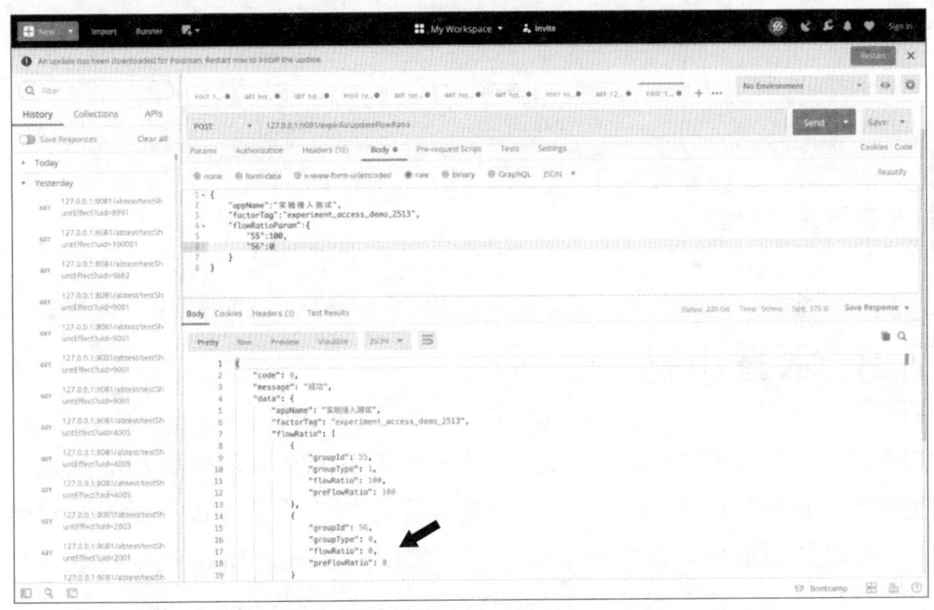

▲ 圖 7-16（編按：本圖例為簡體中文介面）

> 可以看到，調整後的實驗組流量佔比達到了 100%，而對照組流量則調整為 0%。

接下來，重新執行步驟（2），呼叫 10 次測試介面的分流效果如圖 7-17 所示。

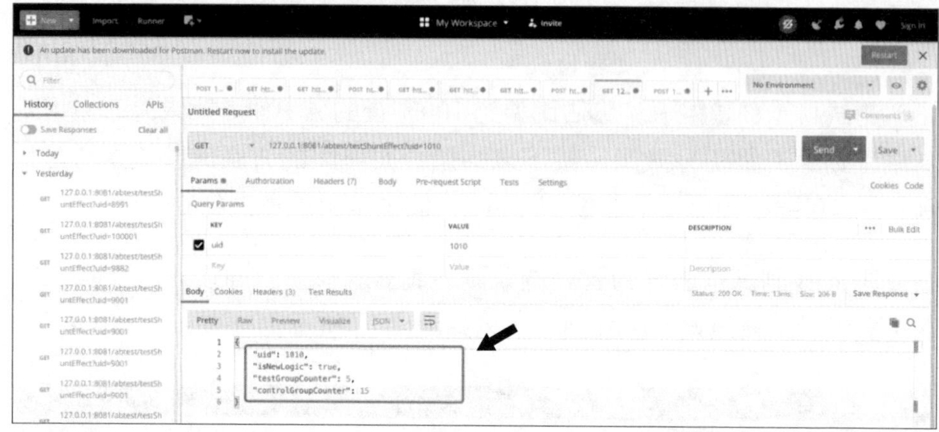

▲ 圖 7-17

> 可以看到，這 10 次請求的流量已經全部分到實驗組邏輯，這可以證明流量動態調整效果達到預期。

7.8 本章小結

本章主要示範了在 Spring Cloud 微服務架構下 A/B 測試微服務的建構。透過流程和系統的設計，展示了以資料驅動為核心的 A/B 測試的關鍵邏輯。在具體的實現過程中，重點講解了如何以 Spring Boot 框架特性為基礎撰寫具備「開箱即用」能力的 SDK 元件，這是 Spring Cloud 微服務日常開發工作中會遇到的場景。

本章最後示範了在實際場景下將一個微服務連線 A/B 測試微服務，實現功能邏輯的漸進式流量切分方法，而這也是在網際網路系統研發中確保服務平穩疊代的常用手段。

Chapter

08

【實例】分散式任務排程系統

用 "ZooKeeper + ElasticJob" 處理分散式任務

在實際業務中，任務處理是微服務系統中常見的一類功能。舉例來說，支付系統會透過定時任務來處理支付對帳；員工系統會透過任務來掃描即將過生日的員工，並批次發送關懷郵件。

由於微服務具備分散式部署的特點，所以，處理同一個任務的應用往往會被部署在多個伺服器節點上。如果一個任務同時被多個節點排程執行，則可能引起業務上的錯誤和混亂。

因此，任務處理功能需要具備分散式排程能力，以確保某一個任務同一個時刻只會被排程到一個節點上執行。要實現此類功能，需要將任務處理功能連線獨立的分散式排程系統。

本實例將透過主流的分散式任務排程方案，來介紹在 Spring Cloud 中建構分散式任務排程系統的方法。

透過本章，讀者將學習到以下內容：

- 分散式任務排程系統的基本概念。
- 建構以 ElasticJob 框架為基礎的分散式任務排程系統的方法。
- 以 Spring Boot Starter 方式為基礎撰寫 ElasticJob 的「連線 SDK」。
- 將 Spring Cloud 微服務連線分散式任務排程系統的方法。

8.1 功能概述

任務一般可分為以下兩種。

- 週期任務：根據設定的週期不間斷執行的任務。舉例來說，將支付帳單下載任務設定為每天上午 10 點執行；將支付狀態檢查任務設定為每 1 分鐘執行一次等。
- 定時任務：在固定時間點執行的任務。舉例來說，在某個確定的時間點發送推送訊息之類。

一般來說，微服務場景下的任務處理，除需要支援不同的任務類型外，還需要具備分散式任務的排程能力──既能支援任務處理節點的高可用、多備份部署，又能實現分散式任務排程（不允許同一個任務在同一時刻被多個節點重複執行）。

> 分散式任務排程系統還應該支援以 Cron 運算式為基礎的設定，以便根據需求的變化隨時調整任務的執行時間或週期。

實現任務處理的方式有很多：如 Linux 系統中的 Crontab、Java 語言中的 Timer 類別，以及可在 Spring 中整合的 Spring Task 和 Quartz 等框架。但這些方式都不支援分散式任務處理。在微服務系統中，要實現分散式任務處理，需要引入一套獨立的分散式任務排程系統，以簡化任務的開發，並實現巨量分散式任務的集中排程和管理。

8.2 步驟 1：建構分散式任務排程系統

本實例將以分散式任務排程框架 ElasticJob 為基礎，來實現獨立的分散式任務排程系統。

> 分散式任務排程系統的實現，需要分散式任務排程系統的支援。在 Spring Cloud 微服務中，可以透過連線由 "Zookeeper + ElasticJob" 組成的分散式任務排程系統，來實現微服務任務處理的分散式排程。

8.2.1 認識分散式任務排程框架 ElasticJob

ElasticJob 是一款應用廣泛的分散式任務排程框架，能夠滿足較大規模分散式任務排程需求。ElasticJob 已經成為 Apache 頂級開放原始碼專案 "Apache ShardingSphere" 的子專案，這也使得它具備了更強的可持續維護能力。

> 在引入 ElasticJob 後，開發人員可以更專注於任務本身的業務邏輯，而像分散式協調、管理排程及性能等非業務功能層面的邏輯，則由 ElasticJob 框架及 ZooKeeper 服務進行處理。

ElasticJob 的開放原始碼版本主要由以下兩個相互獨立的子專案組成。

- ElasticJob-Lite：一種無中心化的、依賴分散式協調服務 ZooKeeper 來實現分散式任務排程的解決方案。
- ElasticJob-Cloud：一種中心化的、依靠容器排程平台 Mesos 的分散式任務排程系統。從架構方式看，以容器平台的排程為基礎，能夠實現任務處理程序級的暫態排程——不用像 ElasticJob-Lite 方案那樣常駐記憶體，從而更節省系統資源。

> ElasticJob-Cloud 依賴 Mesos 容器平台環境，所以，實施起來存在一定門檻，且當前主流的容器平台是 Kubernetes。此外，這種方案在實際場景中的實踐案例也不多，大家了解即可。

本實例將採用 ElasticJob-Lite 作為分散式任務排程的實現方案，其架構如圖 8-1 所示。

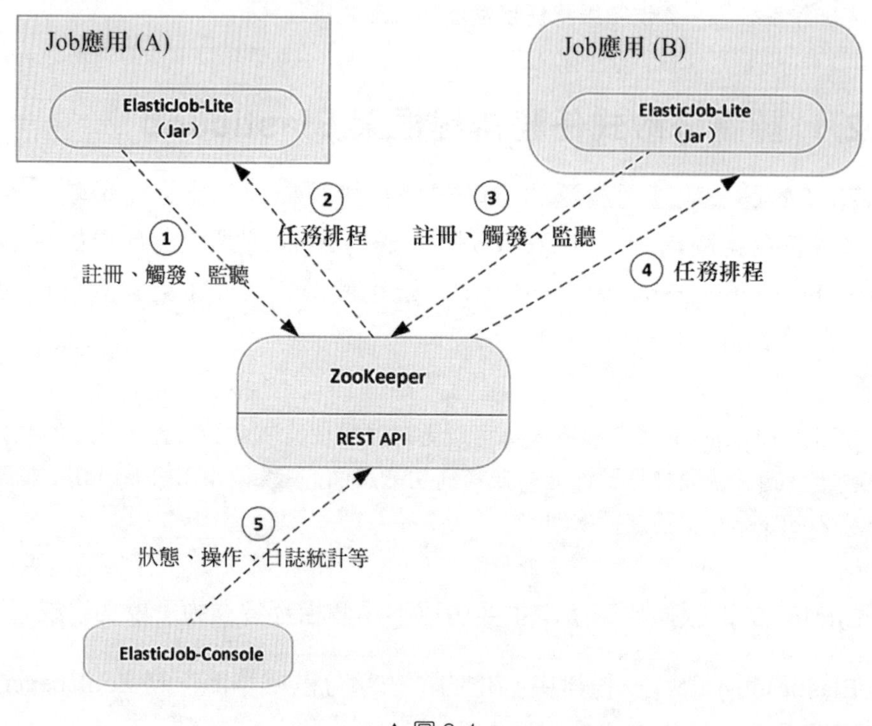

▲ 圖 8-1

ElasticJob-Lite 的架構説明如下：

（1）微服務任務處理系統，透過整合 ElasticJob-Lite 來定義分散式任務。

（2）整合 ElasticJob-Lite 的任務處理系統，會將任務定義資訊註冊到分散式協調服務 ZooKeeper 中，並透過監聽 ZooKeeper 的事件來完成任務的觸發、排程執行等邏輯。

（3）ElasticJob-Console 主控台透過 REST API 與 ZooKeeper 連接，來實現管理 ElasticJob 任務資訊、執行分散式排程節點的操作，以及執行日誌查詢等功能。

8.2.2 架設 ZooKeeper 分散式協調服務

ZooKeeper 是一個開放原始碼的分散式協調服務，是 ElasticJob 實現分散式任務排程所依賴的核心服務。接下來架設用於實驗的 ZooKeeper 叢集環境。

1. 下載 ZooKeeper 安裝套件

（1）透過 "wget" 命令將 ZooKeeper 的安裝套件下載至伺服器的指定目錄（如 /opt）：

```
$ wget https://XXX/zookeeper/zookeeper-3.7.0/apache-zookeeper-3.7.0-bin.
tar.gz
```

（2）將安裝套件解壓縮至指定目錄：

```
$ tar -zxvf apache-zookeeper-3.7.0-bin.tar.gz -C /opt/zookeeper/node1
```

出於對安裝路徑合理規劃的考慮，在 "/opt" 目錄下建立一級子目錄 "/zookeeper"，並在該目錄中再分別建立 3 個二級子目錄："node1"、"node2"、"node3"。之後，將 ZooKeeper 的安裝套件分別解壓縮至這 3 個二級子目錄中。

2. 安裝 ZooKeeper 叢集

為了保證 ZooKeeper 叢集節點選舉機制的正常運轉，1 個 ZooKeeper 叢集至少需要 3 個節點。如果條件有限，則可以透過在 1 台伺服器中同時執行 3 個節點來組建一個 ZooKeeper 叢集。

> 在 "1." 小標題中所建立的 "node1"、"node2"、"node3" 目錄，就是用於在一台機器中同時執行 3 個 ZooKeeper 節點時的安裝程式執行設定目錄。

（1）分別進入 ZooKeeper 安裝套件的解壓縮目錄，複製 "/conf" 目錄中的樣本設定：

```
$ cp zoo_sample.cfg zoo.cfg
```

（2）編輯 "zoo.cfg" 設定檔。程式如下：

```
...
# 此處為 ZooKeeper 資料儲存路徑的設定
dataDir=/opt/zookeeper/node1/data
...
# 設定用戶端連接通訊埠。由於部署在 1 台機器上，所以分別將 node1、node2、node3
中的該參數設定為 2181、2182、2183
clientPort=2181
...
# 分設定 ZooKeeper 叢集節點組成，其格式為：server.{ 伺服器編號 }={IP 位
址 }:{Leader 選舉通訊埠 }:{ZooKeeper 伺服器的通訊連接埠 }
server.1=127.0.0.1:2888:3888
server.2=127.0.0.1:2889:3889
server.3=127.0.0.1:2890:3890
```

參照上述設定，依次修改 "node2"、"node3" 解壓縮目錄中的 zoo.cfg 設定檔。

（3）設定 ZooKeeper 服務節點的編號。

在各個節點的 "data" 資料目錄中，分別建立名為 "myid" 的檔案。根據節點設定，分別在該檔案中寫入 1、2、3 標誌，以對應步驟（2）中 "zoo.cfg" 設定檔中用來指定節點 IP 及通訊埠的 "server.{ 伺服器編號 }" 設定參數。

3. 安裝 JDK

完成前面的步驟，實際上就完成了 ZooKeeper 叢集的基本設定。但由於 ZooKeeper 是由 Java 撰寫的，所以，要正常執行它還需要在伺服器中安裝 JDK（1.8 版本）。

以 Ubantu 為例，安裝 JDK 的具體命令如下：

```
# sudo apt-get install openjdk-8-jdk
```

> 其他系統環境 JDK 的安裝方法，可參考對應系統環境的安裝方式。

4. 執行 ZooKeeper 叢集

分別進入 ZooKeeper 安裝程式解壓縮目錄的 "/bin" 目錄下，執行啟動 ZooKeeper 的指令稿。命令如下：

```
$ ./node1/apache-zookeeper-3.7.0-bin/bin/zkServer.sh start
...
Starting zookeeper ... STARTED
```

執行成功後，可查看 ZooKeeper 叢集的具體執行狀態。命令如下。

```
$ ./node1/apache-zookeeper-3.7.0-bin/bin/zkServer.sh status
...
Mode: follower
$ ./node2/apache-zookeeper-3.7.0-bin/bin/zkServer.sh status
...
Mode: leader
$ ./node3/apache-zookeeper-3.7.0-bin/bin/zkServer.sh status
...
Mode: follower
```

> 如果叢集執行成功，則在每個節點執行上述狀態查詢命令時，都會返回該節點所處的角色。此時 node2 為 leader 節點，剩下兩個為 follower 節點。

8.2.3 部署 ElasticJob 的 Console 管理主控台

接下來，透過部署 ElasticJob 的 Console 主控台來連接 ZooKeeper 叢集，實現對 ElasticJob 分散式任務的視覺化管理。

1. 下載 ElasticJob-UI 的安裝套件

ElasticJob-UI 既可以編譯成功原始程式的方式進行安裝，也可以編譯成功好的安裝套件進行安裝。提示，原始程式及編譯好的安裝套件的下載網址以官網為準。

之後，將下載或編譯好的 ElasticJob-UI 安裝套件解壓縮至伺服器中的指定目錄中備用。

2. 增加 MySQL 驅動程式

由於軟體許可的原因，一些資料庫的 JDBC 驅動程式不能直接被 ElasticJob 引入，需要手動增加相關的驅動程式。

（1）下載 MySQL 驅動程式。提示，MySQL 驅動程式的下載網址以官網為準。命令如下：

```
#MySQL 驅動程式下載
$ wget https://{ 下載網址 }/get/Downloads/Connector-J/mysql-connector-
java-8.0.23.tar.gz
```

（2）解壓縮下載的 MySQL 驅動程式，找到 "mysql-connector-java-8.0.23.jar" 檔案，將其複製到 ElasticJob-UI 安裝路徑的 "../ext-lib" 目錄下。

3. 啟動 ElasticJob-UI 服務

進入 ElasticJob-UI 安裝檔案的 "./bin" 目錄下，執行以下啟動命令：

```
# ./bin/start.sh
Starting the ShardingSphere-ElasticJob-UI ...
Please check the STDOUT file: /opt/elasticjob-console/apache-
shardingsphere-elasticjob-3.0.0-RC1-lite-ui-bin/logs/stdout.log
```

透過查看主控台輸出日誌判斷服務是否啟動成功，命令如下：

```
# tail -f logs/stdout.log
...
 [INFO ] 10:52:16.414 [main] o.s.j.e.a.AnnotationMBeanExporter -
Registering beans for JMX exposure on startup
[INFO ] 10:52:16.428 [main] o.a.coyote.http11.Http11NioProtocol -
Starting ProtocolHandler ["http-nio-8088"]
[INFO ] 10:52:16.433 [main] o.a.tomcat.util.net.NioSelectorPool - Using a
shared selector for servlet write/read
[INFO ] 10:52:16.491 [main] o.s.b.c.e.t.TomcatEmbeddedServletContainer -
```

```
Tomcat started on port(s): 8088 (http)
[INFO ] 10:52:16.495 [main] o.a.s.elasticjob.lite.ui.Bootstrap - Started
Bootstrap in 7.471 seconds (JVM running for 8.548)
```

可以看到，ElasticJob-UI 的服務已經在 8088 通訊埠執行成功。

4. 設定 ZooKeeper 連接，實現對分散式任務的管理

在 ElasticJob-UI 執行成功後，透過瀏覽器打開主控台。位址為：「部署伺服器 IP 位址 + **8088**」。例如：

```
http://10.211.55.12:8088/#/
```

此時系統會進入登入頁面，如圖 8-2 所示。

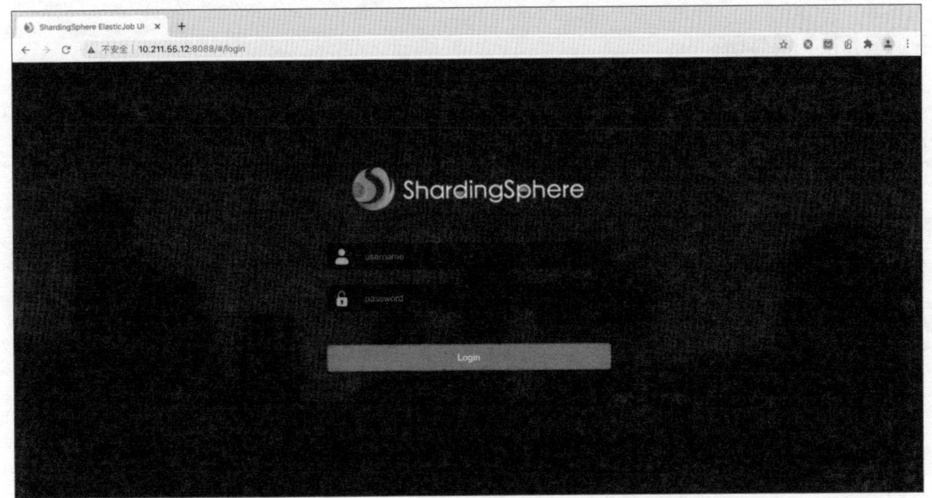

▲ 圖 8-2

> 這裡使用者和密碼都為 "root"，可以透過 ElasticJob-UI 安裝目錄中的 "./conf/application.properties" 設定檔進行修改。

登入後的效果如圖 8-3 所示。

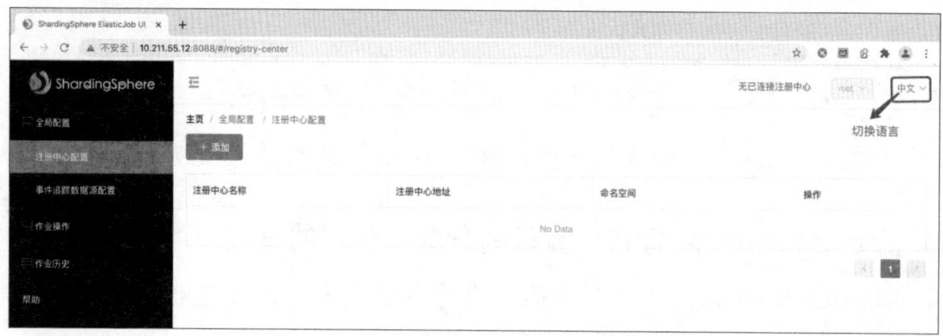

▲ 圖 8-3(編按：本圖例為簡體中文介面)

ElasticJob-UI 本身並不與任何環境綁定，但它可以透過連接 ZooKeeper 註冊中心，實現對 ElasticJob 分散式任務的管理。

5. 增加註冊中心

下面用 ElasticJob-UI 可以同時管理多個 ZooKeeper 叢集，並透過給同一個 ZooKeeper 叢集設定不同的命名空間，來實現對不同任務服務的隔離。

以支付對帳類別的任務系統為例，在註冊中心介面中設定了名稱為「支付對帳任務系統」、命名空間為 "check-schedule" 的註冊中心，並指定了 ZooKeeper 叢集的位址，如圖 8-4 所示。

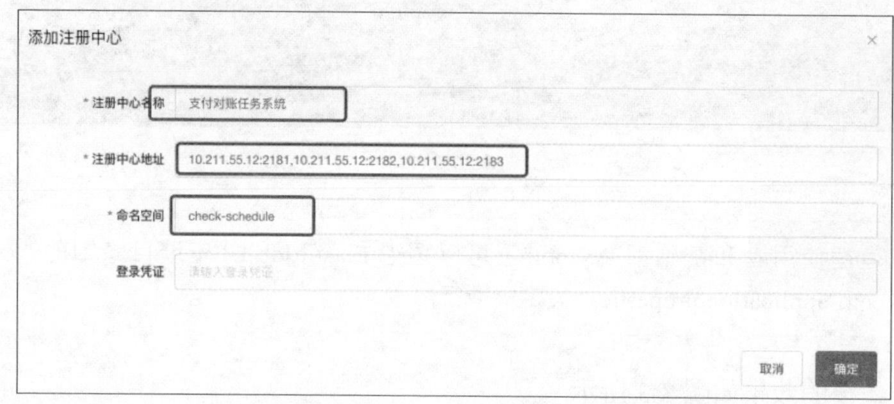

▲ 圖 8-4(編按：本圖例為簡體中文介面)

此時，如果點擊「註冊中心設定」選單，進入註冊中心設定清單後，點擊連接已設定的註冊中心，則主控台操作切換到對應的 ZooKeeper 叢集上，如圖 8-5 所示。

▲ 圖 8-5(編按：本圖例為簡體中文介面)

之後，在「作業操作」中可以看到該註冊中心中的作業資訊，如圖 8-6 所示。

▲ 圖 8-6(編按：本圖例為簡體中文介面)

至此，完成了 "ZooKeeper + ElasticJob" 分散式任務排程系統的建構。後續將據此實現 Spring Cloud 微服務的分散式任務處理。

8.3 步驟 2：實現 Spring Cloud 微服務分散式任務處理

接下來，架設 Spring Cloud 微服務專案程式結構，並整合 ElasticJob 分散式任務排程框架，以實現微服務的分散式任務處理。這裡要實現的分散式任務處理是支付對帳。

8.3.1 建立 Spring Cloud 微服務專案

1. 建立一個基本的 Maven 專案結構

利用 2.3.1 節介紹的方法建立一個 Maven 專案，完成後的專案程式結構如圖 8-7 所示。

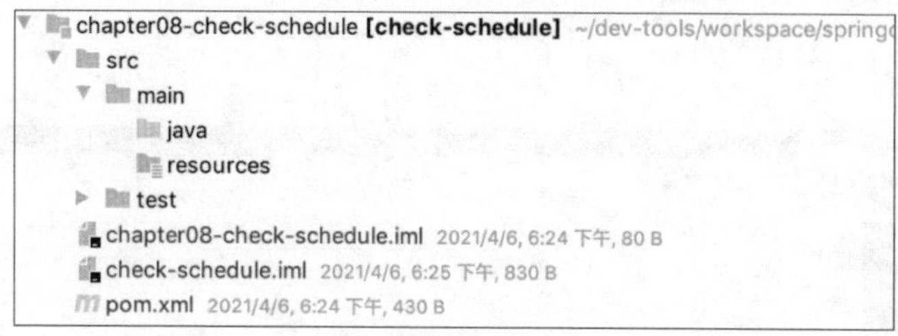

▲ 圖 8-7

2. 引入 Spring Cloud 依賴，將其改造為微服務專案

（1）引入 Spring Cloud 微服務的核心依賴。

這裡可以參考 2.5.2 節中的具體步驟。

（2）在專案程式的 resources 目錄新建一個基礎性設定檔 ——bootstrap.yml。設定檔中的程式如下：

```
spring:
  application:
    name: check-schedule
```

```
  profiles:
    active: debug
  cloud:
    consul:
      discovery:
        preferIpAddress: true
        instance-id: ${spring.application.name}:${spring.cloud.client.
ipAddress}:${spring.application.instance_id:${server.port}}:@project.
version@
        healthCheckPath: /actuator/health
server:
  port: 9091
```

（3）Spring Boot 並不會預設載入 bootstrap.yml 這個檔案，所以需要在 pom.xml 中增加 Maven 資源相關的設定，具體參考 2.5.2 節內容。

（4）建立微服務的入口程式類別。程式如下：

```
package com.wudimanong.schedule;
import org.springframework.boot.SpringApplication;
import org.springframework.boot.autoconfigure.SpringBootApplication;
import org.springframework.cloud.client.discovery.EnableDiscoveryClient
@EnableDiscoveryClient
@SpringBootApplication
public class CheckScheduleApplication {
    public static void main(String[] args) {
        SpringApplication.run(CheckScheduleApplication.class, args);
    }
}
```

至此，Spring Cloud 任務排程範例微服務專案就建構出來了。

8.3.2 撰寫 ElasticJob 的「連線 SDK」

ElasticJob 官方提供的 Spring Boot 整合方式，對分散式任務開發來說並不友善。在實際應用中，可以以 Spring Boot Starter 方式為基礎撰寫自訂的「連線 SDK」，來更方便、優雅地定義分散式任務。

> 撰寫一個好用的 Spring Boot Starter 方式的「連線 SDK」，可以極大地方便 Spring Boot 專案快速連線一個基礎元件。同樣，撰寫 ElasticJob 的「連線 SDK」，目的也是為了方便微服務能夠更快速地實現分散式任務處理。

1. 建立一個基本的 Maven 專案結構

利用 2.3.1 節介紹的方法建立一個 Maven 專案，完成後的專案程式結構如圖 8-8 所示。

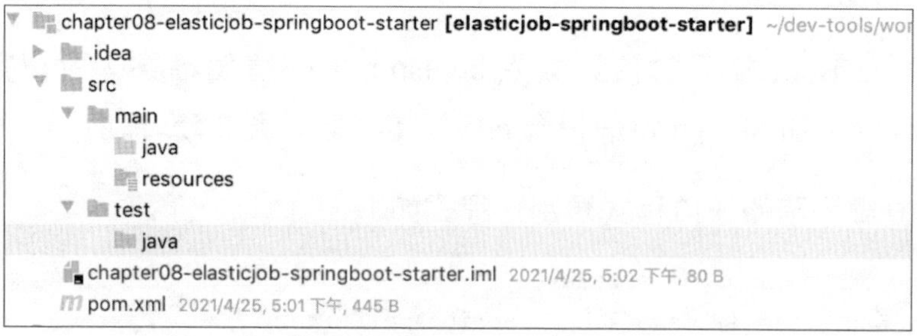

```
chapter08-elasticjob-springboot-starter [elasticjob-springboot-starter] ~/dev-tools/wor
  .idea
  src
    main
      java
      resources
    test
      java
  chapter08-elasticjob-springboot-starter.iml 2021/4/25, 5:02 下午, 80 B
  pom.xml 2021/4/25, 5:01 下午, 445 B
```

▲ 圖 8-8

2. 引入 Spring Boot 父依賴

（1）在 Maven 專案的 pom.xml 檔案中，引入 Spring Boot 父依賴。程式如下：

```
<?xml version="1.0" encoding="UTF-8"?>
<project xmlns="http://maven.apache.org/POM/4.0.0"
        xmlns:xsi="http://www.w3.org/2001/XMLSchema-instance"
        xsi:schemaLocation="http://maven.apache.org/POM/4.0.0 http://
maven.apache.org/xsd/maven-4.0.0.xsd">
    <modelVersion>4.0.0</modelVersion>
    <groupId>com.wudimanong</groupId>
    <artifactId>elasticjob-springboot-starter</artifactId>
    <version>1.0-SNAPSHOT</version>
    <!-- 引入 Spring Boot 父依賴 -->
    <parent>
```

```
        <groupId>org.springframework.boot</groupId>
        <artifactId>spring-boot-starter-parent</artifactId>
        <version>2.1.3.RELEASE</version>
        <relativePath/>
    </parent>
</project>
```

> 「連線 SDK」專案引入的 Spring Boot 父依賴的版本，應與本書其他章節引入的 Spring Cloud 父依賴所對應的 Spring Boot 的版本一致。

（2）引入 Spring Boot 的基礎依賴。程式如下：

```
<!--Spring Boot 的基礎依賴 -->
<dependency>
    <groupId>org.springframework.boot</groupId>
    <artifactId>spring-boot-starter</artifactId>
</dependency>
<dependency>
    <groupId>org.springframework.boot</groupId>
    <artifactId>spring-boot-starter-logging</artifactId>
</dependency>
<dependency>
    <groupId>org.springframework.boot</groupId>
    <artifactId>spring-boot-starter-test</artifactId>
    <scope>test</scope>
</dependency>
<!-- 設定註釋依賴 -->
<dependency>
    <groupId>org.springframework.boot</groupId>
    <artifactId>spring-boot-configuration-processor</artifactId>
    <optional>true</optional>
</dependency>
```

（3）引入對接 ElasticJob 分散式任務排程框架所需要的依賴。程式如下：

```
<!-- 引入對接 ElasticJob 分散式任務排程框架所需要的依賴 -->
<dependency>
    <groupId>org.apache.shardingsphere.elasticjob</groupId>
```

```
        <artifactId>elasticjob-lite-core</artifactId>
        <version>3.0.0-RC1</version>
        <!-- 排除 ZooKeeper 依賴（JAR 套件）衝突 -->
        <exclusions>
            <exclusion>
                <groupId>org.apache.curator</groupId>
                <artifactId>curator-framework</artifactId>
            </exclusion>
            <exclusion>
                <groupId>org.apache.curator</groupId>
                <artifactId>curator-recipes</artifactId>
            </exclusion>
        </exclusions>
    </dependency>
    <!-- 單獨引入 ZooKeeper 連接相關的依賴 -->
    <dependency>
        <groupId>org.apache.curator</groupId>
        <artifactId>curator-framework</artifactId>
        <version>5.1.0</version>
    </dependency>
    <dependency>
        <groupId>org.apache.curator</groupId>
        <artifactId>curator-recipes</artifactId>
        <version>5.1.0</version>
    </dependency>
```

3. 開發「連線 SDK」的程式

（1）在 "1." 小標題建立的「連線 SDK」專案的 "/src/main/resources/META-INF/" 目錄中建立 spring.factories 檔案。具體的設定內容如下：

```
org.springframework.boot.autoconfigure.EnableAutoConfiguration=com.
wudimanong.starter.task.ElasticAutoConfiguration
```

> 該檔案是 Spring Boot SPI 機制的入口。在該檔案中，透過設定 Spring Boot 自動設定類別實現了 Spring Boot Starter 元件的自動載入。

(2) 撰寫步驟 (1) 中設定的自動設定類別的程式。程式如下：

```
package com.wudimanong.elasticjob.starter;
import org.apache.shardingsphere.elasticjob.reg.zookeeper.
ZookeeperConfiguration;
...
import org.springframework.context.annotation.Configuration;
@Configuration
@ConditionalOnProperty({"elasticjob.zk.serverLists", "elasticjob.
zk.namespace"})
public class ElasticAutoConfiguration {
    /**
     * ZooKeeper 註冊中心的設定
     */
    @Bean
    @ConfigurationProperties("elasticjob.zk")
    public ZookeeperConfiguration getConfiguration(@Value("${elasticjob.
zk.serverLists}") String serverLists,
            @Value("${elasticjob.zk.namespace}") String namespace) {
        return new ZookeeperConfiguration(serverLists, namespace);
    }

    /**
     * 初始化註冊資訊
     */
    @Bean(initMethod = "init")
    public ZookeeperRegistryCenter zookeeperRegistryCenter(ZookeeperConfi
guration configuration) {
        return new ZookeeperRegistryCenter(configuration);
    }
    /**
     * 設定處理自訂 ElasticJob 任務的邏輯類別
     */
    @Bean
    public ElasticJobBeanPostProcessor elasticJobBeanPostProcessor(Zookee
perRegistryCenter center) {
        return new ElasticJobBeanPostProcessor(center);
    }
}
```

上述自動設定類別的主要邏輯是：

① 透過 @ConditionalOnProperty 註釋，判斷應用是否設定了 ZooKeeper 的連結位址、命名空間等資訊。如果存在 ZooKeeper 的連結位址及命名空間等設定資訊，則自動初始化該設定類別。

② 自動設定類別會根據設定的 ZooKeeper 連接資訊，來初始化 ElasticJob 框架所定義的 ZooKeeper 設定類別。

③ 透過 @Bean(initMethod="init") 註釋，在 Bean 初始化時建立 ZooKeeper 的註冊中心連接。

④ 透過 @Bean 註釋，實例化自訂 ElasticJob 任務的設定類別 ElasticJob BeanPostProcessor。

(3) 撰寫處理自訂 ElasticJob 任務的設定類別 ElasticJobBeanPostProcessor。程式如下：

```
package com.wudimanong.elasticjob.starter;
import java.util.ArrayList;
import java.util.List;
...
import org.springframework.beans.factory.config.BeanPostProcessor;
public class ElasticJobBeanPostProcessor implements BeanPostProcessor,
DisposableBean {
    /**
     * ZooKeeper 註冊器
     */
    private ZookeeperRegistryCenter zookeeperRegistryCenter;
    /**
     * 已註冊任務列表
     */
    private List<ScheduleJobBootstrap> schedulers = new ArrayList<>();
    /**
     * 構造註冊中心
     */
```

```
    public ElasticJobBeanPostProcessor(ZookeeperRegistryCenter
zookeeperRegistryCenter) {
        this.zookeeperRegistryCenter = zookeeperRegistryCenter;
    }
    @Override
    public Object postProcessBeforeInitialization(Object o, String s)
throws BeansException {
        return o;
    }
    /**
     * Spring IOC 容器擴充介面方法，在 Bean 初始化後執行
     */
    @Override
    public Object postProcessAfterInitialization(Object o, String s)
throws BeansException {
        Class<?> clazz = o.getClass();
        // 只處理自訂的 ElasticTask 註釋
        if (!clazz.isAnnotationPresent(ElasticTask.class)) {
            return o;
        }
        if (!(o instanceof ElasticJob)) {
            return o;
        }
        ElasticJob job = (ElasticJob) o;
        // 獲取註釋定義
        ElasticTask annotation = clazz.getAnnotation(ElasticTask.class);
        // 定義任務名稱
        String jobName = annotation.jobName();
        // 定義 Cron 運算式
        String cron = annotation.cron();
        // 設定任務參數
        String jobParameter = annotation.jobParameter();
        // 設定任務描述資訊
        String description = annotation.description();
        // 設定資料分片數
        int shardingTotalCount = annotation.shardingTotalCount();
        // 設定資料分片參數
        String shardingItemParameters = annotation.shardingItemParameters();
```

```
        //設定是否禁用分片項
        boolean disabled = annotation.disabled();
        //設定重新啟動任務定義資訊是否覆蓋
        boolean overwrite = annotation.overwrite();
        //設定是否開啟容錯移轉
        boolean failover = annotation.failover();
        //設定是否開啟錯過任務重新執行
        boolean misfire = annotation.misfire();
        //設定分片策略類別
        String jobShardingStrategyClass = annotation.
jobShardingStrategyClass();

        //根據自訂註釋的設定設定 ElasticJob 任務的設定
        JobConfiguration coreConfiguration = JobConfiguration
                .newBuilder(jobName, shardingTotalCount).cron(cron).
jobParameter(jobParameter).overwrite(overwrite)
                .failover(failover).misfire(misfire).
description(description)
                .shardingItemParameters(shardingItemParameters).
disabled(disabled)
                .jobShardingStrategyType(jobShardingStrategyClass)
                .build();
        //建立任務排程物件
        ScheduleJobBootstrap scheduleJobBootstrap = new ScheduleJobBootst
rap(zookeeperRegistryCenter, job, coreConfiguration);
        //觸發任務排程
        scheduleJobBootstrap.schedule();
        //將建立的任務物件加入集合，便於統一銷毀
        schedulers.add(scheduleJobBootstrap);return job;
    }
    /**
     * 任務銷毀方法
     */
    @Override
    public void destroy() {
        schedulers.forEach(jobScheduler -> jobScheduler.shutdown());
    }
}
```

上述程式的邏輯是：根據自訂註釋 @ElasticTask 獲取任務的定義資訊，並透過 ElasticJob 框架原生的任務設定、建立及啟動的方法，實現自訂註釋任務設定到 ElasticJob 原生任務設定定義方式的映射。

（4）定義註釋 @ElasticTask。程式如下：

```
package com.wudimanong.elasticjob.starter;
import java.lang.annotation.ElementType;
...
import org.springframework.stereotype.Component;
@Component
@Target(ElementType.TYPE)
@Retention(RetentionPolicy.RUNTIME)
public @interface ElasticTask {
    /**
     * 定義任務名稱
     */
    String jobName();
    /**
     * 定義 Cron 時間運算式
     */
    String cron();
    /**
     * 定義任務參數資訊
     */
    String jobParameter() default "";
    /**
     * 定義任務描述資訊
     */
    String description() default "";
    /**
     * 定義任務分片數
     */
    int shardingTotalCount() default 1;
    /**
     * 定義任務分片參數
     */
    String shardingItemParameters() default "";
```

```
    /**
     * 設定是否禁用資料分片功能
     */
    boolean disabled() default false;
    /**
     * 設定分片策略
     */
    String jobShardingStrategyClass() default "";
    /**
     * 設定是否容錯移轉功能
     */
    boolean failover() default false;
    /**
     * 設定是否在執行重新啟動時重置任務定義資訊（包括 Cron 時間切片設定）
     */
    boolean overwrite() default false;
    /**
     * 設定是否開啟錯誤任務重新執行
     */
    boolean misfire() default true;
}
```

註釋 @ElasticTask 根據 ElasticJob 支援的基本功能，實現了對任務名稱、Cron 運算式、任務描述、任務參數、分片處理設定等基本任務屬性的設定。

> 在定義註解 @ElasticTask 的過程中，可以根據實際的需要遮罩或暴露一些 ElasticJob 所支持的原生功能，從而簡化連線的複雜度。

至此，以 Spring Boot Starter 方式為基礎完成了 ElasticJob「連線 SDK」的撰寫。後面透過該「連線 SDK」可以方便地將微服務連線 ElasticJob 分散式任務排程系統，實現微服務分散式任務處理功能。

8.3.3 定義微服務分散式任務

透過 "8.3.2" 節定義的「連線 SDK」，可以降低將 Spring Cloud 微服務連線 ElasticJob 分散式任務排程系統的複雜度，以及微服務處理分散式任務的複雜度。

透過「連線 SDK」將 Spring Cloud 微服務連線 ElasticJob 分散式排程系統的步驟如下。

1. 引入 ElasticJob「連線 SDK」的依賴

(1) 在第 8.3.1 節建立的微服務專案的 pom.xml 中，引入 8.3.2 節撰寫的 ElasticJob「連線 SDK」的依賴。程式如下：

```
<!-- 引入自訂封裝的 ElasticJob" 連線 SDK" 的依賴 -->
 <dependency>
     <groupId>com.wudimanong</groupId>
     <artifactId>elasticjob-springboot-starter</artifactId>
     <version>1.0-SNAPSHOT</version>
 </dependency>
 <!—引入 ZooKeeper 用戶端的依賴 -->
 <dependency>
     <groupId>org.apache.curator</groupId>
     <artifactId>curator-framework</artifactId>
     <version>5.1.0</version>
 </dependency>
 <dependency>
     <groupId>org.apache.curator</groupId>
     <artifactId>curator-recipes</artifactId>
     <version>5.1.0</version>
 </dependency>
```

(2) 按照 ElasticJob「連線 SDK」依賴所定義的設定專案，在專案的 "src/main/resources" 目錄中建立 application.yml 設定檔，並設定 ElasticJob 分散式任務排程所使用的 ZooKeeper 服務的連接資訊。程式如下：

```
#設定 ZooKeeper IP 位址及命名空間設定
elasticjob:
  zk:
    serverLists: 10.211.55.12:2181,10.211.55.12:2182,10.211.55.12:2183
    namespace: check-schedule
```

2. 透過在「連線 SDK」中定義的註釋，快速定義一個分散式任務

透過在 ElasticJob「連線 SDK」中定義的註釋 @ElasticTask，快速定義一個微服務分散式任務。程式如下：

```
package com.wudimanong.schedule.job;
import com.wudimanong.elasticjob.starter.ElasticTask;
import java.util.Date;
import org.apache.shardingsphere.elasticjob.api.ShardingContext;
import org.apache.shardingsphere.elasticjob.simple.job.SimpleJob;

@ElasticTask(jobName = "testJob", cron = "*/5 * * * * ?", description = "
自訂 Task", overwrite = true)
public class TestJob implements SimpleJob {
    @Override
    public void execute(ShardingContext shardingContext) {
        System.out.println("跑任務->" + new Date());
    }
}
```

可以看到，透過註釋 @ElasticTask 可以直接定義分散式任務的資訊：名稱、Cron 時間切片、參數及資料分片等。

在啟動微服務應用時，透過註釋 @ElasticTask 定義的分散式任務將被自動註冊到 ZooKeeper 中，並透過 ElasticJob 實現任務的分散式排程，效果如圖 8-9 所示。

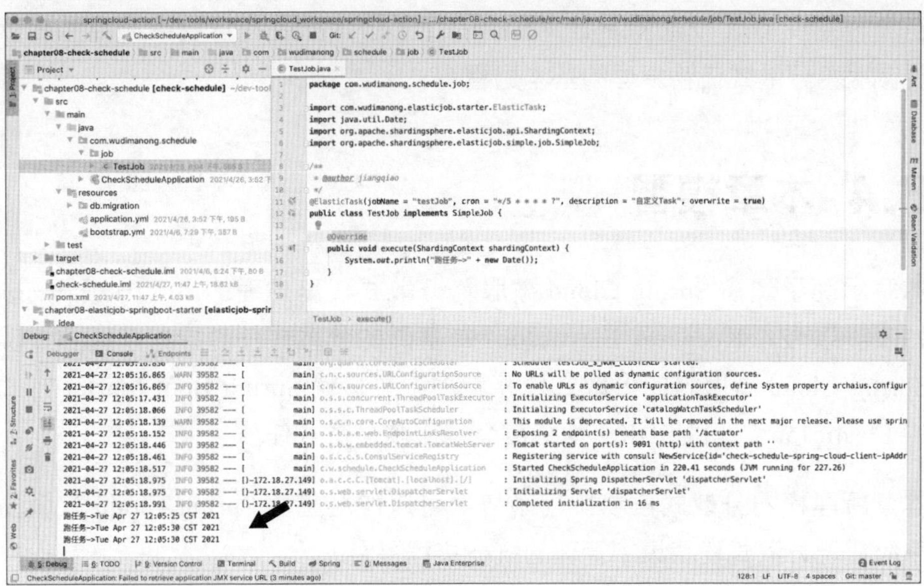

▲ 圖 8-9

從圖 8-9 可以看到，透過註釋 @ElasticTask 定義的分散式任務，已經按照所設定的 cron 時間切片，被排程執行起來了。

此時，透過 ElasticJob 的 Console 主控台也能看到定義的分散式任務資訊，如圖 8-10 所示。

▲ 圖 8-10(編按：本圖例為簡體中文介面)

至此，完成了以 "ZooKeeper + ElasticJob" 分散式任務排程系統為基礎實現微服務分散式任務處理的基本過程。

8.4 本章複習

本章示範了建構 Spring Cloud 微服務分散式任務處理的主流方法——透過架設以 "ZooKeeper + ElasticJob" 為基礎的分散式任務排程系統，實現 Spring Cloud 微服務的分散式任務處理；並透過 Spring Boot Starter 方式的 ElasticJob「連線 SDK」快速開發微服務分散式任務。

本章所建構的分散式任務排程系統，可以作為整個 Spring Cloud 微服務系統實現分散式任務集中管理的統一排程平台。

Chapter

09

架設微服務 DevOps 發佈系統

用 "GitLab + Harbor + Kubernetes" 建構 Spring Cloud 微服務 CI/CD 自動化發佈系統

在實施微服務架構後，單體系統變成了數量眾多的微服務應用。在這種變化的衝擊下，原先的開發、測試和執行維護部署流程都會面臨一定的挑戰。

提高專案研發效率，確保開發、測試和執行維護部署流程的順暢，是微服務架構能夠真正實踐，並產生實際收益的關鍵。

實現上述目標，需要以 DevOps 方法為基礎，建構以 CI/CD（持續整合 / 持續發表）流程為基礎的自動化發佈系統。在該系統中，開發人員、測試人員及執行維護人員可以隨時隨地建構程式，並將其發佈至指定的執行環境。

> 關於 DevOps 的具體實踐，一般會根據自身的發展階段和實際需要來選擇實踐方案：具備條件的公司，可以研發功能豐富的視覺化發佈系統；條件有限的創業公司，可以透過開放原始碼或現有的技術元件（如 GitLab、Jenkins 等）來實現操作相對簡陋的自動化發佈系統。

本章將以 Spring Cloud 微服務系統為背景，透過 GitLab 附帶的 CI/CD 機制，並以 Kubernetes 容器化技術為基礎，來實現具備相對完整 CI/CD 流程的自動化發佈系統。

透過本章，讀者將學習到以下內容：

- 持續整合（CI）/ 持續發表（CD）的概念及基本流程。
- 自動化發佈系統的設計及建構方法。
- 以 GitLab 為基礎的程式管理及 CI/CD 設定。
- 常見的 Docker 映像檔倉庫及選型。
- 以 Kubernetes 為基礎的容器編排技術實戰。
- 以 "GitLab + Harbor + Kubernetes" CI/CD 流程為基礎的微服務容器化部署。

9.1 CI/CD 概述

DevOps 並不是在微服務架構流行後才產生的概念，而是業界在多年軟體開發實踐中累積的理論和工具的集合。

本章所要討論的 DevOps 發佈系統，實際上是透過架設 CI/CD 管線，來建立一套應用程式建構、測試、打包及發佈的高效自動化方法。

1. 持續整合（CI）

> CI（持續整合）/CD（持續交付）並不是某一種具體的技術，而是一種軟體專案文化加一系列操作原則和具體實踐的集合。

持續整合（CI）的主要目標是，透過建立一致的自動化建構方法來打包程式碼，使得開發團隊成員可以更頻繁地建構程式、更早地進行程式整合，以及時地發現和解決程式中的問題、提高協作開發效率及軟體發表品質。

可持續整合（CI）的基本流程如圖 9-1 所示。

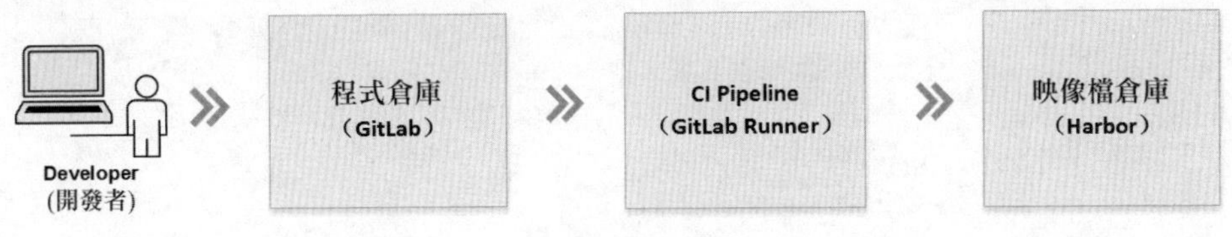

▲ 圖 9-1

從實現流程上來說，CI 的主要過程是：將開發人員提交的程式，以高度自動化的方式打包成可以在具體基礎架構環境（例如 Docker 映像檔）中執行的套裝程式。這個過程可以由一組工具，如 GitLab Runner（CI Pipeline）、Sonar（程式檢測工具）等，去完成。在具體建構 CI 流程時，根據實際需要整合即可。

2. 持續發表（CD）

持續發表（CD）的主要邏輯是：將「在 CI 流程中建構的程式映像檔」從映像檔倉庫自動發佈到具體的基礎架構環境（如測試 / 生產 Kubernetes 叢集）。

實現 CD 的工具主要有 GitLab Runner（CD Pipeline）、Helm（Kubernetes 軟體套件管理工具）等。

CD 的核心是：透過輸入的各種使用者參數（如 yaml 檔案、環境設定參數等）自動生成具體的發佈指令（如 Helm 指令），並根據參數中設定的資訊來設定程式的具體執行環境。

可持續發表（CD）的基本執行流程如圖 9-2 所示。

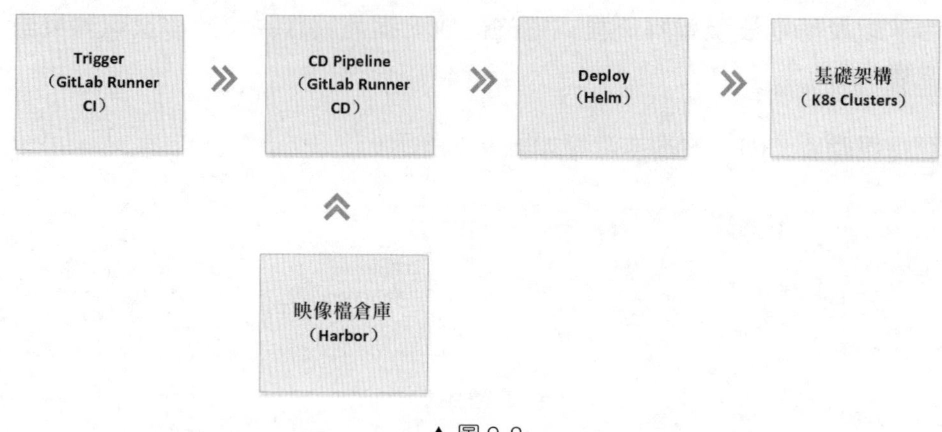

▲ 圖 9-2

本節描述了 CI/CD 的基本概念及流程，後面小節將依據這些內容來建構具體的 DevOps 發佈系統。

9.2 了解 DevOps 發佈系統的設計流程

本章所設計的 DevOps 發佈系統，主要是利用 GitLab 提供的 CI 機制，來實現在程式發生提交或合併等事件時自動觸發預設的 CI/CD 流程。具體的系統結構如圖 9-3 所示。

- CI 階段主要包括基本的程式編譯、建構和打包，並將打包好的應用 Docker 映像檔發佈至映像檔倉庫中。
- CD 階段則是從映像檔倉庫拉取應用 Docker 映像檔，並根據設定的 CD 流程將應用發佈至指定的 Kubernetes 叢集中。
- DevOps 發佈系統主要由 GitLab、Harbor 映像檔倉庫及 Kubernetes 叢集組成。其中，GitLab 主要承擔程式版本管理，以及 CI/CD 流程的定義和觸發；Harbor 負責應用 Docker 映像檔的儲存和分發；Kubernetes 叢集則是應用容器執行的基礎架構環境。

在後面的實戰中將逐步建構這些元件，並使用它們來架設起 DevOps 發佈系統。

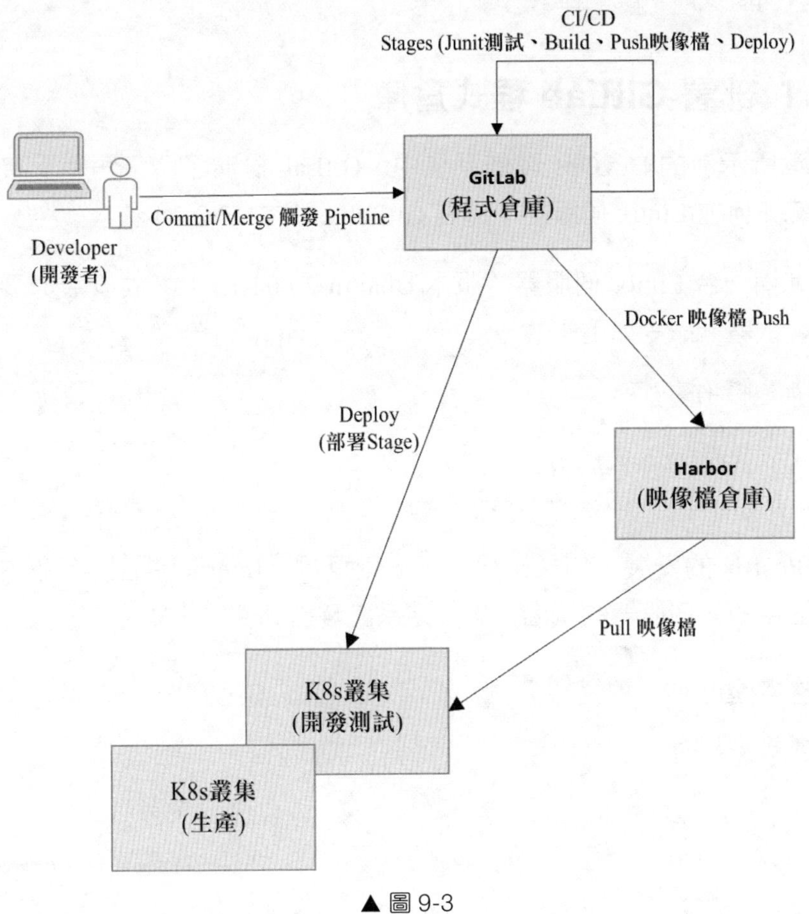

▲ 圖 9-3

9.3 基礎知識 1：GitLab 程式倉庫

GitLab 是目前主流的開放原始程式碼管理倉庫。除基本的版本管理外，GitLab 還提供了可持續整合 GitLab CI 功能：只要在程式倉庫根目錄建立一個 ".gitlab-ci.yml" 檔案，並指派一個 Runner，即可實現在有程式合併或提交請求時自動觸發建構、打包等操作。而這些的具體操作階段（STAGES），還可以在 ".gitlab-ci.yml" 檔案中進行訂製，這也是本實例實現 DevOps 發佈系統的基礎。

9.3.1 部署 GitLab 程式倉庫

在本章所示範的 DevOps 發佈系統中，GitLab 扮演了關鍵角色。接下來將示範如何在 Linux 伺服器中部署 GitLab（版本 13.2.2）。

（1）準備一台 Linux 伺服器（版本 Ubantu 20.04 LTS），並安裝必要的系統環境依賴。命令如下：

```
# 刷新本地套件索引
sudo apt update
# 安裝 Postfix 以發送郵件通知
sudo apt install ca-certificates curl openssh-server postfix
```

對於 Postfix 的安裝，如果出現提示，則選擇「Internet 網站」，並在下一個介面中輸入伺服器的域名，以設定系統發送郵件的方式。

（2）安裝 GitLab。命令如下：

```
# 切換到臨時目錄
cd /tmp/
# 下載 GitLab 安裝指令稿
curl -LO https://packages.gitlab.com/install/repositories/gitlab/ gitlab-
ce/script.deb.sh
# 執行指令稿執行安裝操作，該指令稿會設定本伺服器為 GitLab 維護的儲存庫，並使用
與其他系統軟體套件相同的套件管理工具來管理 GitLab
sudo bash /tmp/script.deb.sh
# 使用 apt 命令安裝實際的 GitLab 應用
sudo apt install gitlab-ce
```

如果出現如圖 9-4 所示效果，則說明安裝成功。

```
(Reading database ... 71038 files and directories currently installed.)
Preparing to unpack .../gitlab-ce_13.2.2-ce.0_amd64.deb ...
Unpacking gitlab-ce (13.2.2-ce.0) ...
Setting up gitlab-ce (13.2.2-ce.0) ...
It looks like GitLab has not been configured yet; skipping the upgrade script.

Thank you for installing GitLab!
GitLab was unable to detect a valid hostname for your instance.
Please configure a URL for your GitLab instance by setting `external_url`
configuration in /etc/gitlab/gitlab.rb file.
Then, you can start your GitLab instance by running the following command:
  sudo gitlab-ctl reconfigure

For a comprehensive list of configuration options please see the Omnibus GitLab readme
https://gitlab.com/gitlab-org/omnibus-gitlab/blob/master/README.md
```

▲ 圖 9-4

（3）修改 GitLab 設定檔，指定伺服器的 IP 位址及自訂通訊埠編號。命令如下：

```
# 編輯設定檔
vim  /etc/gitlab/gitlab.rb
```

需要將頂部的 "external_url" 設定專案設定為實際的域名。假設以本機的 80 通訊埠作為預設造訪網址，則更改設定如下：

```
## GitLab URL
##! URL on which GitLab will be reachable.
##! For more details on configuring external_url see:
##! https://docs.gitlab.com/omnibus/settings/configuration.
html#configuring-the-external-url-for-gitlab
external_url 'http://10.211.55.11:80'
```

保存並關閉設定檔，然後執行重新設定 GitLab 的命令：

```
sudo gitlab-ctl reconfigure
```

（4）重新啟動 GitLab 服務。命令如下：

```
# 執行重新啟動命令
sudo gitlab-ctl restart
```

（5）存取 GitLab 頁面。

輸入服務造訪網址 "http://10.211.55.11"，如圖 9-5 所示。

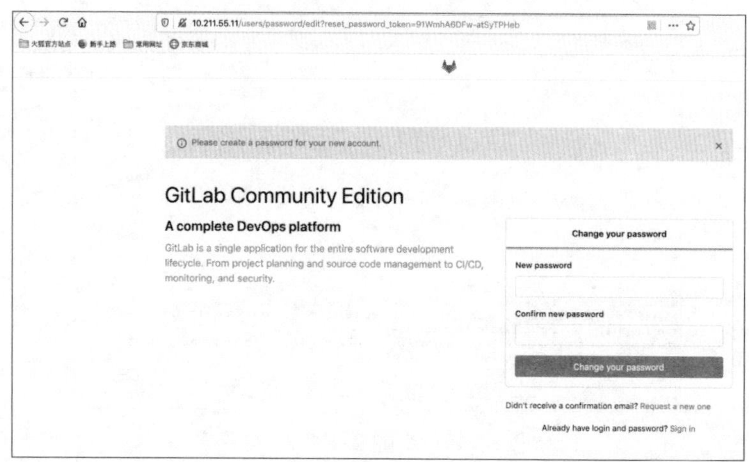

▲ 圖 9-5

> 首次登入會要求修改 "root" 管理員的密碼，這裡將其設置為 "12345678"。

在密碼設定成功後，以 "root" 管理員身份登入 GitLab，登入後的介面如圖 9-6 所示。

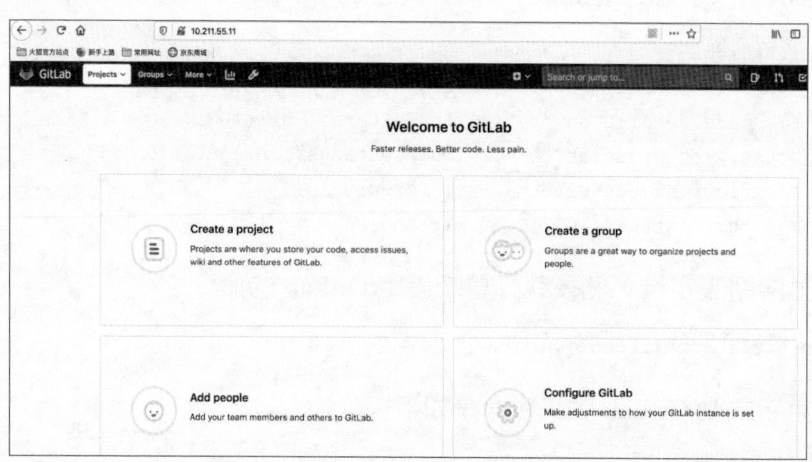

▲ 圖 9-6

至此完成了 GitLab 服務的安裝。

（6）為了防止伺服器重新啟動，可以設定 GitLab 開機自動啟動。命令如下：

```
# 設定 GitLab 開機自動啟動
sudo systemctl enable gitlab-runsvdir.service
```

9.3.2 設定 GitLab 電子郵件通知

在日常開發中，GitLab 中程式的變更可以透過郵件的方式通知給開發人員。接下來示範設定 GitLab 電子郵件通知的具體方式。

（1）設定電子郵件伺服器。這裡透過設定 QQ 電子郵件的 POP3/SMTP 服務作為郵件伺服器，完成後保存好授權碼，如圖 9-7 所示。

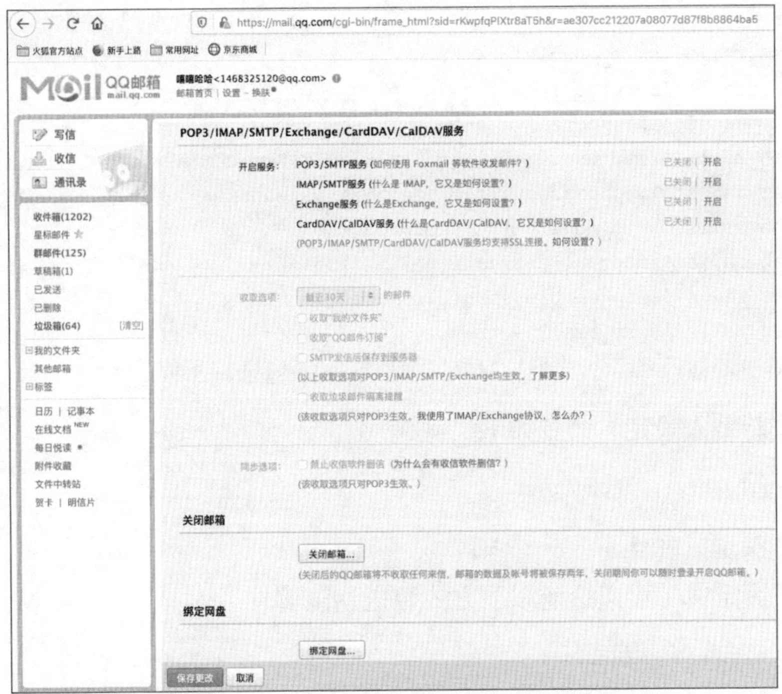

▲ 圖 9-7（編按：本圖例為簡體中文介面）

在正常情況下，GitLab 的郵件通知功能會使用到公司電子郵件服務。這裡為了便於實驗，暫時使用 QQ 電子郵件提供的電子郵件服務功能：點擊「設定」→「帳戶」，找到如圖 9-7 所示的開啟 POP3/SMTP 電子郵件服務介面，點擊「開啟」按鈕，驗證成功後記住授權碼資訊。

（2）修改 GitLab 的設定檔，設定電子郵件資訊。

打開設定檔：

```
sudo vim /etc/gitlab/gitlab.rb
```

修改相關設定如下：

```
# 設定電子郵件來源與電子郵件顯示名稱
gitlab_rails['gitlab_email_enabled'] = true
gitlab_rails['gitlab_email_from'] = '146832512*@qq.com'
gitlab_rails['gitlab_email_display_name'] = 'Wudimanong-GitLab'
...
#SMTP 設定
gitlab_rails['smtp_enable'] = true
gitlab_rails['smtp_address'] = "smtp.qq.com"
gitlab_rails['smtp_port'] = 465
gitlab_rails['smtp_user_name'] = "146832512*@qq.com"
gitlab_rails['smtp_password'] = "eeiowlzvwsjehdix"
gitlab_rails['smtp_domain'] = "smtp.qq.com"
gitlab_rails['smtp_authentication'] = "login"
gitlab_rails['smtp_enable_starttls_auto'] = true
gitlab_rails['smtp_tls'] = true
gitlab_rails['gitlab_email_from'] = '146832512*@qq.com'
```

（3）重新載入設定。命令如下：

```
sudo gitlab-ctl reconfigure
```

（4）發送測試郵件。

在完成設定後，可以透過以下方式發送測試郵件：

```
# 進入主控台，然後發送郵件
sudo gitlab-rails console
--------------------------------------------------------------------
```

```
 GitLab:         13.2.2 (64fc0138d55) FOSS
 GitLab Shell: 13.3.0
 PostgreSQL:    11.7
-------------------------------------------------------------------
Notify.test_emLoading production environment (Rails 6.0.3.1)
irb(main):001:0>
# 發送一封測試郵件
Notify.test_email('wudimanong@qq.com', 'wudimanong', 'Hello World').
deliver_now
```

發送成功後，可以進入電子郵件查看是否收到郵件。

9.3.3 設定 GitLab 的 CI/CD 功能

從 GitLab 8.0 開始，GitLab CI/CD 就已經被整合在 GitLab 中了。

在 9.3.1 節中已經成功安裝了 GitLab。如果此時在 GitLab 上建立 Project，則能看到 CI/CD 相關的選單頁，如圖 9-8 所示。

從圖 9-8 中可以看到，專案在進行 commit 後並沒有觸發自動建構流程。這說明，雖然 GitLab 整合了 CI/CD 的功能，但還需要設定 CI/CD 才能夠自動生效。所以下面進行一定的設定。

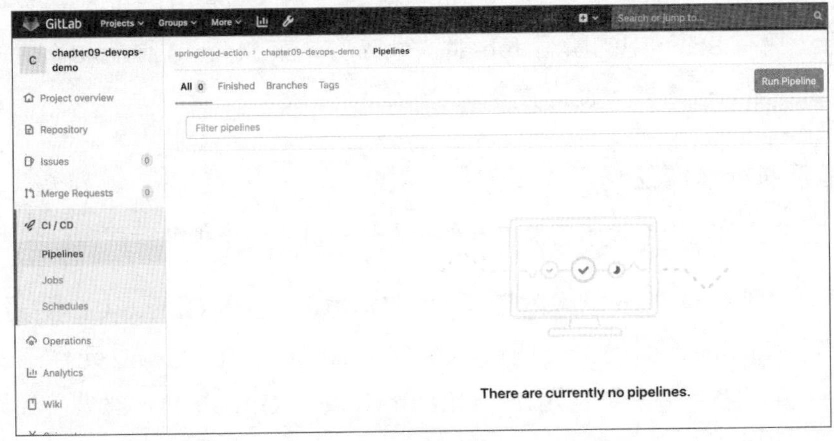

▲ 圖 9-8

1. GitLab CI/CD 的相關概念

在介紹 GitLab CI/CD 設定前，先來介紹 GitLab CI/CD 的相關概念。

- Pipeline。

  一次 Pipeline 相當於一次建構任務，其中可以包含多個執行流程，如安裝依賴、執行測試、編譯、測試伺服器部署、生產伺服器部署等流程。任何程式提交或 "Merge Request" 分支合併的動作都可以觸發 Pipeline。

- Stage。

  Stage 表示建構階段，實質上就是上面提到的 Pipeline 流程。我們可以在一次 Pipeline 中定義多個 Stage。

  所有的 Stage 都會按照順序執行：在一個 Stage 完成後，下一個 Stage 才會開始。只有當所有的 Stage 完成後，Pipeline 建構任務才會成功；任何一個 Stage 失敗，後面的 Stage 都不會執行，從而導致本次 Pipeline 任務失敗。

- Job。

  Job 表示 Stage 中具體的執行工作。例如定義了一個叫作 "Deploy" 的 Stage，在該 Stage 中部署了兩套不同的測試環境，那麼就可以針對這個 "Deploy" Stage 定義兩個 Job。在同一個 Stage 中的 Job 會並存執行，只有 Stage 中的所有 Job 都執行成功，該 Stage 才算成功；否則該 Stage 算執行失敗，從而使本次 Pipeline 失敗。

2. 誰來執行建構任務

在了解了上面的概念後，會產生一個問題——具體由誰來執行建構任務呢？

實際上，雖然 GitLab 已經附帶了 CI/CD 功能，但是 GitLab CI 本身卻不會執行 Pipeline，而是由一個被叫作 "GitLab Runner" 的獨立元件來單獨執行建構任務。這主要是因為：GitLab CI 屬於 GitLab 的一部分，如果由 GitLab CI 來執行建構任務，則會導致 GitLab 性能大幅下降。

因此，GitLab CI 主要用來管理各個專案的建構狀態，而具體的建構工作這種耗費資源的事情則由 GitLab Runner 來執行。

3. 部署 GitLab Runner

由於 GitLab Runner 是獨立的元件，可以被安裝在不同的機器上，所以在建構任務期間它並不會影響 GitLab 的性能。因此，要讓 GitLab CI/CD 功能正常執行起來，還需要獨立部署 GitLab Runner 元件。

（1）在 Linux 伺服器上部署 GitLab Runner。命令如下：

```
# 透過遠端命令增加映像檔倉庫
curl -L https://packages.gitlab.com/install/repositories/runner/gitlab-
runner/script.deb.sh | sudo bash
# 安裝最新版本（13.2.2）的 GitLab Runner
sudo apt-get install gitlab-runner
```

（2）啟動 GitLab Runner。命令如下：

```
# 將 GitLab Runner 服務設定為開機自動啟動
sudo systemctl enable gitlab-runner
# 啟動 GitLab Runner
systemctl start gitlab-runner
```

（3）在完成啟動後，查看 GitLab Runner 的執行狀態。命令如下：

```
systemctl status gitlab-runner
```

如果顯示以下資訊，則說明 GitLab Runner 服務啟動成功。

```
gitlab-runner.service - GitLab Runner
     Loaded: loaded (/etc/systemd/system/gitlab-runner.service; enabled;
vendor preset: enabled)
     Active: active (running) since Sun 2020-08-02 10:46:10 UTC; 6min ago
   Main PID: 34871 (gitlab-runner)
      Tasks: 8 (limit: 2275)
     Memory: 5.2M
     CGroup: /system.slice/gitlab-runner.service
             └─ 34871 /usr/lib/gitlab-runner/gitlab-runner run
```

```
--working-directory /home/gitlab-runner --config /etc/gitlab-runner/
config.toml --service gitlab-runner --syslog --user gitlab-runner
...
```

4. 將 GitLab Runner 註冊到 GitLab

前面提到過，GitLab Runner 作為獨立執行的元件，可以被單獨部署在別的機器上。所以，如果要讓 GitLab 透過 GitLab Runner 來執行建構任務，則需要 GitLab Runner 將自身資訊註冊到 GitLab 中。

需要說明的是，如果 GitLab Runner 被註冊到某個具體的專案中，則該 Runner 只會對該專案生效，這樣每建立一個新的專案都需要單獨註冊 Runner，比較麻煩。因此，可以設定對整個專案小組都生效的 GitLab Runner。

（1）透過 Group 首頁→ Settings → CI/CD → Runners Expand，獲取針對整個專案小組的 gitlab-ci 的 Token，如圖 9-9 所示。

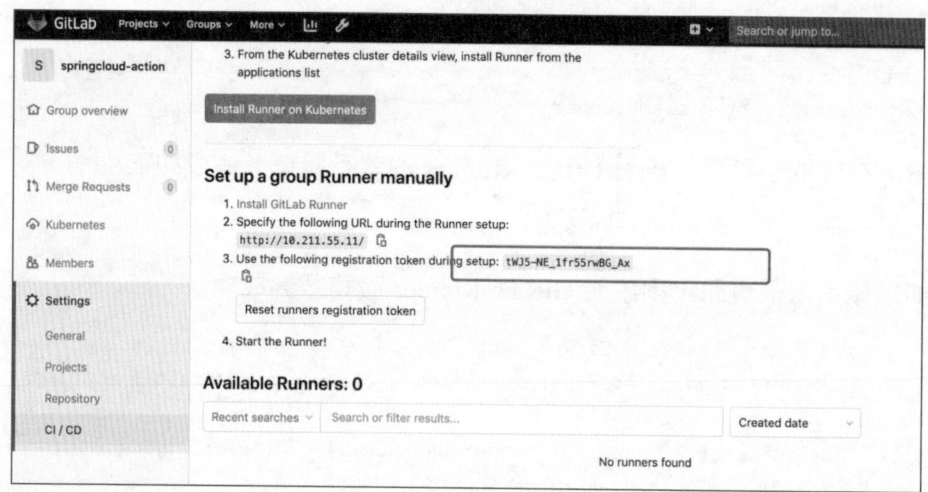

▲ 圖 9-9

（2）透過互動式命令方式實現 GitLab Runner 與 GitLab CI/CD 的綁定，命令如下：

```
[root@localhost src]# sudo gitlab-ci-multi-runner register
Runtime platform                                    arch=amd64 os=linux
pid=7335 revision=de7731dd version=12.1.0
Running in system-mode.
# 輸入 GitLab 的服務 URL
Please enter the gitlab-ci coordinator URL (e.g. https://gitlab.com/):
http://10.211.55.11
# 輸入 gitlab-ci 的 Token（如圖 9-9 所示）
Please enter the gitlab-ci token for this runner:
tWJ5-NE_1fr55rwBG_Ax
# 整合服務中對於這個 Runner 的描述
Please enter the gitlab-ci description for this runner:
[wudimanong-gitlab]: Runner01
# 給 Runner 輸入一個 tag。該 tag 非常重要，在後續的使用過程中需要使用該 tag 來指
定 GitLab Runner
Please enter the gitlab-ci tags for this runner (comma separated):
Runner01
Registering runner... succeeded                     runner=NzwN_gw6
# 選擇執行器。GitLab Runner 實現了很多執行器，這裡選擇 shell
Please enter the executor: docker, parallels, shell, ssh, docker+machine,
docker-ssh+machine, custom, docker-ssh, virtualbox, kubernetes:
kubernetes
Runner registered successfully. Feel free to start it, but if it's
running already the config should be automatically reloaded!
```

（3）刷新如圖 9-9 所示介面，就能看到剛才註冊的 Group Runner 了，如圖 9-10 所示。

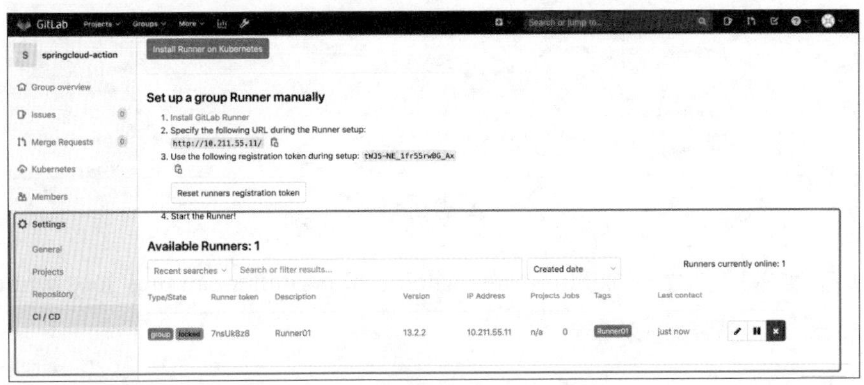

▲ 圖 9-10

> 在 GitLab Runner 註冊的過程中設置了 gitlab-ci 的 tag，而要想專案的建構任務被該 Runner 執行，則需要在其專案根目錄的 CI 設定中指定該 tag，否則專案的建構任務是無法被 GitLab Runner 執行的。

5. 將 GitLab Runner 指定到 Group 等級

在實際應用場景中，一般會將 GitLab Runner 直接指定到 Group 等級。這樣，該 Group 下的所有專案的建構任務都能夠被 GitLab Runner 正常執行（無論其是否指定了 Runner 的 tag）。

要實現這樣的效果，需要對 GitLab Runner 進行一定的設定。

（1）點擊進入 GitLab 程式空間中的 Settings → CI/CD，找到 Group Runners，點擊可用 Runners 清單後面的 Edit 按鈕，如圖 9-11 所示。

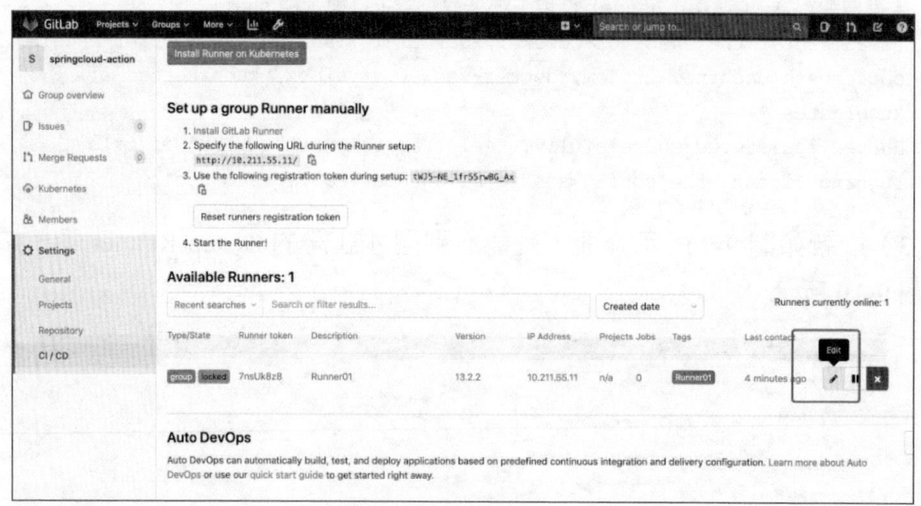

▲ 圖 9-11

（2）如圖 9-12 所示選取 "Indicates whether this runner can pick jobs without tags" 選項，然後保存變更。

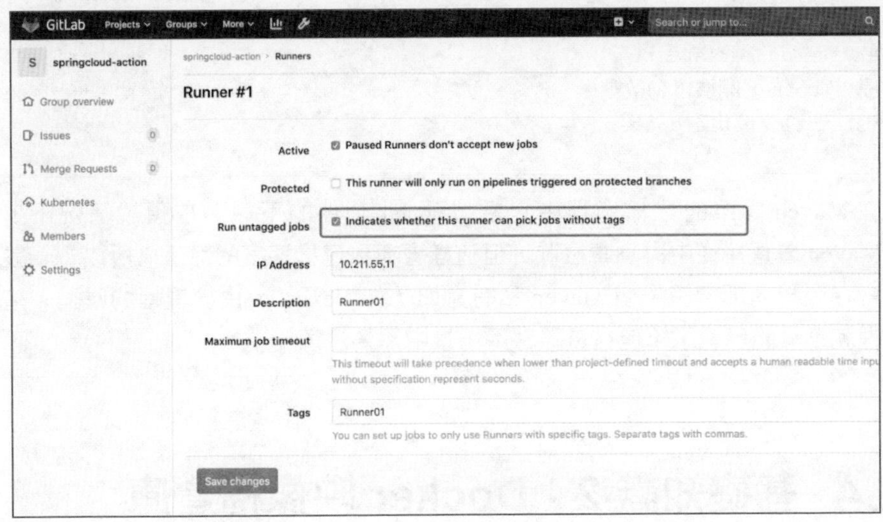

▲ 圖 9-12

這樣，在該 Group 下建立的所有專案不需要指定特定的 Runner tag 就能自動觸發 Pipeline 建構任務了。

9.3.4 安裝 Maven 及 Docker 環境

在以 GitLab 為基礎的 CI/CD 流程中，是透過對應的編譯、建構工具來完成軟體程式的編譯打包的。

而在 Spring Cloud 微服務系統中，目前主流的建構方式是：透過 "Maven + Docker" 將 Spring Cloud 應用打包成 Docker 映像檔，並將映像檔部署至指定環境。這就要求在 GitLab 的伺服器上也要安裝 Maven 及 Docker 環境。

在 GitLab 的伺服器上安裝 Maven 及 Docker 環境的命令如下：

```
# 安裝 Maven 環境
apt install maven
# 安裝 Docker 環境
apt install docker.io
```

```
# 啟動 Docker 服務
service docker start
# 設定 Docker 開機自動啟動
systemctl enable docker
```

> 在 Maven 專案的建構過程中包括依賴 Jar 套件的下載。在預設情況下，Maven 會直接從中央倉庫拉取，但這樣會導致建構速度的降低。所以，一般會在公司內部架設一個 Maven 私有倉庫（如 Nexus）。由於篇幅的原因，這裡就不具體示範了，但在實際應用場景中需要注意。

9.4 基礎知識 2：Docker 映像檔倉庫

本章所示範的 DevOps 發佈系統對應的基礎架構環境是 Kubernetes 叢集，其中應用發佈的主要載體是 Docker 容器映像檔。

在 CI 流程中，開發人員在將程式提交到 GitLab 倉庫後會自動觸發 Pipeline。而該動作的主要邏輯是：將程式編譯建構後打包成 Docker 映像檔，並將其上傳至對應的 Docker 映像檔倉庫中。

而之後的 CD 流程，實際上就是從映像檔倉庫拉取 Docker 容器映像檔，並將其部署到指定的 Kubernetes 叢集環境中。

> 從整個 CI/CD 流程上來看，鏡像倉庫是非常關鍵的銜接點，是整個 DevOps 發佈系統必不可少的基礎元件。

下面就來示範如何安裝部署 Docker 映像檔倉庫。

9.4.1 Docker 映像檔簡介

在部署 Docker 映像檔倉庫前，先簡單介紹下什麼是 Docker 映像檔。

從本質上說，Docker 映像檔可以被看作是一種特殊的檔案系統，它封裝了「容器執行時期」所需的程式、依賴函數庫、資源、設定檔及環境參數等依賴。這樣，無論你是在本地還是在伺服器端的任何一台機器，只要解壓縮打包好的 Docker 映像檔，就能將這個應用所需要的執行環境完整地重現出來。

> 正是因為 Docker 鏡像提供了這種深入到作業系統等級的執行環境一致性的能力，使得它革命性地解決了應用打包過程中的環境依賴問題。這也是 Docker 專案能夠快速流行起來的關鍵原因。

借助 Docker 映像檔，可以高效率地打通「開發 - 測試 - 部署」流程中的每一個環節，從而大大提高了軟體系統的疊代效率。目前，以 Docker 映像檔為基礎的發佈方式，已經逐漸成為軟體發佈的主流方式。

9.4.2 選擇 Docker 映像檔倉庫

映像檔倉庫作為 Docker 技術的核心元件之一，其主要作用就是負責映像檔內容的儲存和分發。

從使用範圍來說，Docker 映像檔倉庫分為「公有映像檔倉庫」和「私有映像檔倉庫」。

- 公有映像檔倉庫可以被任何人使用。Docker 公司維護的線上儲存庫 Docker Hub，以及部分雲端服務廠商（如阿里雲）提供的線上 Docker 映像檔庫等，都屬於公有映像檔倉庫。
- 私有映像檔倉庫是指，部署在公司或組織內部，用於自身應用 Docker 映像檔儲存、分發的映像檔倉庫。在建構公司內部使用的自動化發佈系統的過程中，從安全的角度出發，應用的打包映像檔一般情況下只會被儲存在私有映像檔倉庫中。CI/CD 流程的主要環節也是透過向私有映像檔倉庫上傳映像檔和拉取映像檔。

> 在目前企業級私有鏡像倉庫建構方案中，比較流行的是：開放原始碼的企業級 Docker 鏡像倉庫 Harbor、商業鏡像倉庫 JFrog Artifactory。
>
> 這兩種 Docker 鏡像倉庫各自都有一定的市場。在作者所工作過的公司中，使用 Harbor 和 JFrog Artifactory 作為私有鏡像倉庫的都有。就成熟度和功能完整性來説，JFrog Artifactory 作為商業級解決方案更具優勢；但從社區活躍度及開放原始碼特性來説，Harbor 的使用範圍則要更廣泛一些。在本章的實例中，將採用 Harbor 作為 DevOps 發佈系統的私有鏡像倉庫。

9.4.3 部署 Harbor 私有映像檔倉庫

Harbor 是 VMware 公司開放原始碼的企業級 Docker Registry 專案，其目標是幫助使用者快速架設一個企業級的 Docker 映像檔倉庫。

> Harbor 提供了包括管理使用者介面、角色存取控制、日誌稽核等在內的企業級特性，加上其開放原始碼，使得其獲得了不少網際網路公司的青睞。

1. 部署 Harbor 映像檔倉庫

接下來示範部署 Harbor 映像檔倉庫的具體步驟。

（1）準備一台 Linux 伺服器（版本：Ubantu 20.04 LTS），並安裝 Docker。命令如下：

```
# 更新 apt 來源，並增加 HTTPS 支持
sudo apt-get update && sudo apt-get install apt-transport-https ca-certificates curl software-properties-common -y

# 使用 utc 來源增加 GPG Key
curl -fsSL https://mirrors.ustc.edu.cn/docker-ce/linux/ubuntu/gpg | sudo apt-key add

# 增加 Docker-CE 穩定版來源位址
sudo add-apt-repository "deb [arch=amd64] https://mirrors.ustc.edu.cn/
```

```
docker-ce/linux/ubuntu $(lsb_release -cs) stable"

# 更新來源
sudo apt-get update
# 安裝最新版 Docker
sudo apt install -y docker-ce
```

（2）安裝 docker-compose 環境。

Harbor 在設計上是以 docker-compose 的規範來組織其各個元件的，並且透過 docker-compose 進行相關服務元件的啟動和暫停。所以，安裝 Harbor 需要安裝 docker-compose 環境。命令如下：

```
# 執行此命令下載 docker-compose 的穩定版本
sudo curl -L "https://github.com/docker/compose/releases/download/1.26.2/
docker-compose-$(uname -s)-$(uname -m)" -o /usr/local/bin/docker-compose
```

在下載成功後，給二進位檔案應用指定可執行許可權，如下：

```
sudo chmod +x /usr/local/bin/docker-compose
```

（3）下載 Harbor 安裝套件。

Harbor 有離線和線上兩種安裝方式，這裡選擇下載線上安裝套件，命令如下：

```
# 下載 Harbor 的線上安裝套件
wget https://github.com/goharbor/harbor/releases/download/v2.0.2/harbor-
online-installer-v2.0.2.tgz
```

> 可以根據 GitHub 官方發佈的資訊來選擇合適的版本。

（4）解壓縮並安裝 Harbor。命令如下：

```
# 將線上安裝套件解壓縮到指定目錄
tar zxvf harbor-online-installer-v2.0.2.tgz -C /usr/local/
```

在解壓縮後，編輯 harbor.yml 設定檔（可以複製 harbor/harbor.yml.tmpl 範本檔案），主要修改點如下：

```
#1  修改 hostname 為本機 IP 位址
hostname: 10.211.55.11
...
#2  修改 HTTP 通訊埠編號
http:
  # port for http, default is 80. If https enabled, this port will
redirect to https port
  port: 8088

#3  為便於測試這裡註釋起來了 HTTPS 設定
#HTTPS:
  # https port for harbor, default is 443
  #  port: 443
  # The path of cert and key files for nginx
  # certificate: /your/certificate/path
  # private_key: /your/private/key/path
```

在完成設定檔修改後執行安裝指令稿：

```
./install.sh
```

如果出現以下提示，則表示安裝成功。

```
...
Creating harbor-log ... done
Creating harbor-portal ... done
Creating redis         ... done
Creating registry      ... done
Creating harbor-db     ... done
Creating registryctl   ... done
Creating harbor-core   ... done
Creating nginx             ... done
Creating harbor-jobservice ... done
✔ ----Harbor has been installed and started successfully.----
```

如果上述步驟都執行正常，則存取 Harbor 使用者位址 "http://10.211.55.11:8088"，登入介面如圖 9-13 所示。

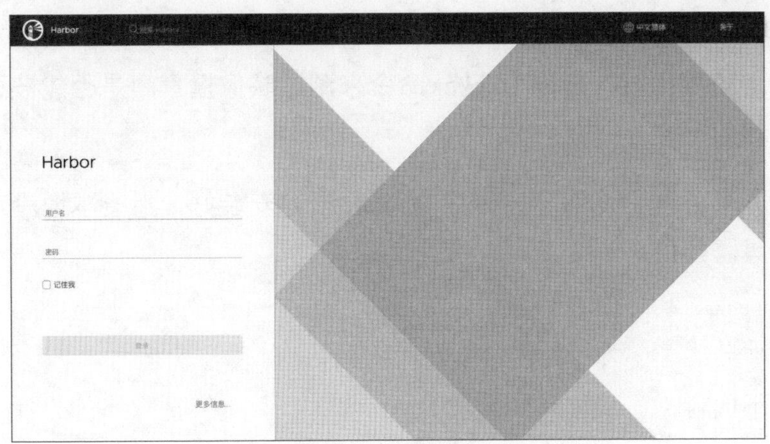

▲ 圖 9-13（編按：本圖例為簡體中文介面）

使用預設的「帳號：admin」「密碼：Harbor12345」登入驗證，登入成功後的主介面如圖 9-14 所示。

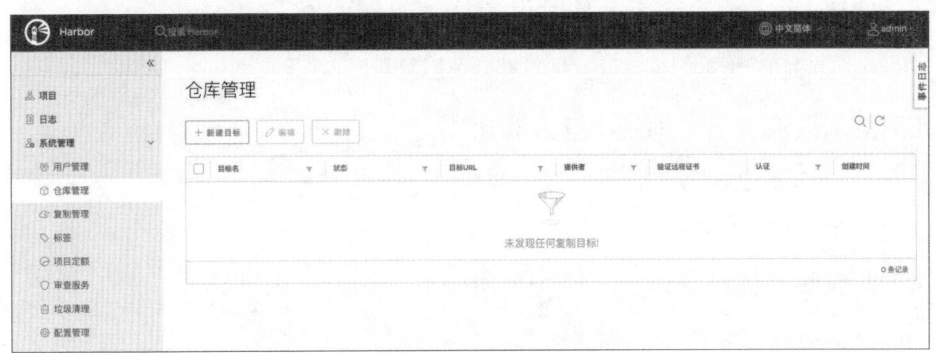

▲ 圖 9-14（編按：本圖例為簡體中文介面）

在安裝成功後，編輯系統設定檔，設定開機自動啟動，具體如下：

```
# 編輯系統檔案
vi /etc/rc.local

# 增加以下內容
#harbor start
cd /usr/local/harbor && docker-compose up -d
```

2. 測試映像檔推送

在完成上述步驟後，透過 Docker 命令來測試映像檔倉庫是否能被正常使用。步驟如下。

（1）登入另外一台伺服器，確保 Docker 已經安裝好，然後本地設定倉庫位址，具體如下：

```
# 編輯 Docker 本地倉庫設定檔
vim /etc/docker/daemon.json
```

增加以下內容：

```
{"insecure-registries": ["10.211.55.11:8088"]}
```

（2）重新啟動 Docker 服務，命令如下：

```
systemctl restart docker
```

（3）使用 Docker 命令登入 Harbor 倉庫，具體如下：

```
docker login -u admin -p Harbor12345 10.211.55.11:8088
```

如果顯示以下資訊，則說明登入成功：

```
...
Login Succeeded
```

（4）測試映像檔推送是否正常，具體如下：

```
# 從公有映像檔倉庫拉取一個映像檔
$ docker pull alpine
Using default tag: latest
latest: Pulling from library/alpine
df20fa9351a1: Pull complete
Digest: sha256:185518070891758909c9f839cf4ca393ee977ac378609f700f60a771a2
dfe321
Status: Downloaded newer image for alpine:latest
docker.io/library/alpine:latest
```

（5）給拉取的映像檔打上 tag，並執行 push 命令：

```
#Docker tag
$ docker tag alpine:latest 10.211.55.11:8088/library/alpine

# 執行 push 命令
$ docker push 10.211.55.11:8088/library/alpine
The push refers to repository [10.211.55.11:8088/library/alpine]
50644c29ef5a: Pushed
latest: digest: sha256:a15790640a6690aa1730c38cf0a440e2aa44aaca9b0e8931a9
f2b0d7cc90fd65 size: 528
```

（6）在映像檔推送成功後，進入 Harbor 後台驗證其是否上傳成功，如圖 9-15 所示。

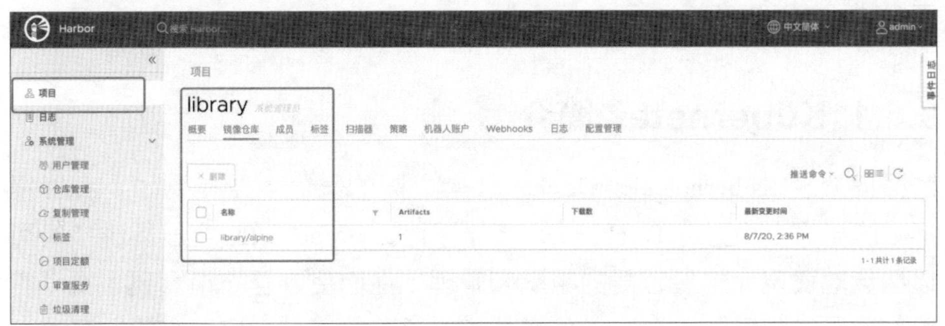

▲ 圖 9-15（編按：本圖例為簡體中文介面）

從圖 9-15 中可以看到，映像檔已經成功被上傳至 Harbor 映像檔倉庫。

9.5 基礎知識 3：Kubernetes 容器編排技術

在第 5.7 節中介紹了 Docker 容器技術，並示範了如何將 Spring Cloud 微服務應用以 Docker 容器的方式進行部署。但在實際的生產實踐中，Docker 作為單一的容器技術工具並不能極佳地定義容器的「組織方式」和「管理規範」，難以獨立地支撐起生產級的大規模容器化部署。

正因為如此，容器技術的發展就迅速走向了以 Kubernetes 為代表的「容器編排」的技術路線。這也是為什麼現在很少看到在生產環境中直接使用 Docker 部署應用的原因。

> 這並不是說 Kubernetes 與 Docker 一點關係也沒有，要知道 Docker 最大的技術成功在於它定義了 Docker 鏡像，從而解決了困擾開發者多年的應用打包問題。所以，雖然 Kubernetes 並不完全依賴 Docker 的「容器執行時期」技術，但它目前所執行的絕大部分應用都還是以 Docker 鏡像為載體的。

本節將介紹 Kubernetes 容器編排技術的基本原理，並架設一套功能完整的 Kubernetes 叢集，以此作為 DevOps 發佈系統中 Spring Cloud 微服務應用執行的基礎架構環境。

9.5.1 Kubernetes 簡介

前面簡介了 Kubernetes 與 Docker 技術之間的關係，並提到了「容器編排」的概念。相對於 Docker 單一容器而言，Kubernetes 容器編排技術可以極佳地實現大規模容器的組織和管理，從而使容器技術實現了從「容器」到「容器雲」的飛躍。那麼 Kubernetes 技術是從何而來的？又真正解決了什麼問題呢？

Kubernetes 是由 Google 與 RedHat 公司共同主導的開放原始碼容器編排專案，它起源於 Google 公司的 Borg 系統，所以它在超大規模叢集管理方面的經驗明顯優於其他容器編排技術。加上 Kubernetes 在社區管理方面的開放性，使得它很快打敗了 Docker 公司推出的容器編排解決方案（Compose + Swarm），成了容器編排領域事實上的標準。

在功能上，Kubernetes 是一種綜合的、以容器建構分散式系統為基礎的基礎架構環境。它不僅能夠實現基本的拉取映像檔和執行容器，還可以提供路由閘道、水平擴充、監控、備份、災難恢復等一系列執行維護能力。更重要的是，Kubernetes 可以按照使用者的意願和整個系統的規則，高度自動化地處理容器之間的各種關係實現「編排」能力。

此外，Kubernetes 的出現也重新定義了微服務架構的技術方向。目前通常所說的「雲端原生」及 Service Mesh（服務網格）等概念，很大程度上依賴 Kubernetes 所提供的能力。

> 由於篇幅有限，這裡就不多加介紹了，感興趣的讀者可以參考其他專業書籍或技術資料。

9.5.2 架設 Kubernetes 叢集

要實現以 Kubernetes 叢集環境為基礎的 DevOps 發佈系統，就要有一個叢集。接下來，示範架設 Kubernetes 叢集的具體步驟。

1. 系統環境準備

要架設 Kubernetes 叢集，首先需要準備機器。最直接的辦法是到公有雲（如阿里雲等）申請幾台虛擬機器。如果條件允許，用幾台本地物理伺服器來組建叢集最好不過了。但是這些機器需要滿足以下幾個條件：

- 64 位元 Linux 作業系統，且核心版本要求 3.10 及以上，能滿足安裝 Docker 所需的要求。
- 機器之間要保持網路互通。這是未來容器之間網路互通的前提條件。
- 要有外網存取權限，因為在部署過程中需要拉取對應的映像檔，要求能夠存取 gcr.io、quay.io 這兩個 docker registry（有小部分映像檔需要從這里拉取）。
- 單機可用資源建議兩核心 CPU、8G 記憶體或以上。如果小一點也可以，但是能排程的 Pod 數量就比較有限了。
- 磁碟空間要求在 30GB 以上，主要用於儲存 Docker 映像檔及相關記錄檔。

本次實驗準備了兩台虛擬機器，其具體設定如下：

- 兩核心 CPU、2GB 記憶體、30GB 的磁碟空間。
- Ubuntu 20.04 LTS 的 Sever 版本，其 Linux 核心為 5.4.0。
- 內網互通，外網存取權限不受控制。

2. 了解 Kubernetes 叢集部署工具 Kubeadm

Kubernetes 的部署一直是困擾初學者進入 Kubernetes 世界的大障礙。

> 在早期，Kubernetes 的部署主要依賴社區維護的各種指令稿，但這其中包括二進位編譯、設定檔，以及 kube-apiserver 授權設定檔等諸多執行維護工作。

目前，各大雲端服務廠商常用的 Kubernetes 部署方式是「使用 SaltStack、Ansible 等執行維護工具自動化地執行這些繁瑣的步驟」。但即使這樣，部署過程對初學者來說依然非常繁瑣。

正是以這樣的痛點為基礎，在志願者的推動下，Kubernetes 社區發起了 Kubeadm 這個獨立的一鍵部署工具。使用 Kubeadm，透過幾筆簡單的指令即可快速部署一個 Kubernetes 叢集。

接下來使用 Kubeadm 來部署一個 Kubernetes 叢集。

3. 安裝 Kubeadm 及 Docker 環境

（1）編輯作業系統的安裝來源設定檔，增加 Kubernetes 映像檔來源。命令如下：

```
# 增加 Kubernetes 官方映像檔來源 apt-key
root@kubenetesnode01:~#curl -s https://packages.cloud.google.com/apt/doc/
apt-key.gpg | apt-key add -
# 增加 Kubernetes 的官方映像檔來源位址
root@kubernetesnode01:~# vim /etc/apt/sources.list
#add kubernetes source
deb http://apt.kubernetes.io/ kubernetes-xenial main
```

上方操作增加的是 Kubernetes 的官方映像檔來源。

（2）更新 apt 資源列表。命令如下：

```
root@kubernetesnode01:~# apt-get update
Hit:1 http://cn.archive.ubuntu.com/ubuntu focal InRelease
Hit:2 http://cn.archive.ubuntu.com/ubuntu focal-updates InRelease
Hit:3 http://cn.archive.ubuntu.com/ubuntu focal-backports InRelease
Hit:4 http://cn.archive.ubuntu.com/ubuntu focal-security InRelease
Get:5 https://packages.cloud.google.com/apt kubernetes-xenial InRelease
[8,993 B]
Get:6 https://packages.cloud.google.com/apt kubernetes-xenial/main amd64
Packages [37.7 kB]
Fetched 46.7 kB in 7s (6,586 B/s)
Reading package lists... Done
```

（3）透過 "apt-get" 命令安裝 Kubeadm。命令如下：

```
root@kubernetesnode01:~# apt-get install -y docker.io kubeadm
Reading package lists... Done
Building dependency tree
Reading state information... Done
The following additional packages will be installed:
bridge-utils cgroupfs-mount conntrack containerd cri-tools dns-root-data
dnsmasq-base ebtables kubectl kubelet kubernetes-cni libidn11 pigz runc
socat ubuntu-fan
...
```

這裡直接使用 Ubantu 的 docker.io 安裝來源。在上述安裝過程中，kubeadm、kubelet、kubectl、kubernetes-cni 這幾個 Kubernetes 核心元件的二進位檔案也都被自動安裝好。

（4）修改 Docker 作業系統限制。

在完成前面的操作步驟後，系統中會自動安裝好 Docker 引擎。但在具體部署 Kubernetes 前，還需要對 Docker 的設定資訊進行一些調整。

① 編輯系統 "/etc/default/grub" 檔案，在設定專案 GRUB_CMDLINE_LINUX 中增加以下參數：

```
GRUB_CMDLINE_LINUX=" cgroup_enable=memory swapaccount=1"
```

在完成編輯後保存檔案。執行更新命令，並重新啟動伺服器，命令如下：

```
root@kubernetesnode01:/opt/kubernetes-config# update-grub
root@kubernetesnode01:/opt/kubernetes-config# reboot
```

上方修改主要解決的是可能出現的 "Docker 警告 WARNING: No swap limit support" 問題。

② 編輯 "/etc/docker/daemon.json" 檔案，增加以下內容：

```
{
  "exec-opts": ["native.cgroupdriver=systemd"]
}
```

③ 在完成保存後，執行重新啟動 Docker 的命令，如下：

```
root@kubernetesnode01:/opt/kubernetes-config# systemctl restart docker
```

④ 查看 Docker 的 Cgroup 資訊，如下：

```
root@kubernetesnode01:/opt/kubernetes-config# docker info | grep Cgroup
 Cgroup Driver: systemd
```

上方修改主要解決的是 "Docker cgroup driver. The recommended driver is "systemd" " 問題。

> 以上只是作者在安裝過程中遇到的具體問題的解決方法。如果讀者在安裝過程中遇到其他問題，請自行查閱相關資料。

⑤ 禁用虛擬記憶體。

由於 Kubernetes 是禁用虛擬記憶體的，所以要先禁用 swap，否則會在 Kubeadm 初始化 Kubernetes 時顯示出錯，命令如下：

```
root@kubernetesnode01:/opt/kubernetes-config# swapoff -a
```

> 該命令只是臨時禁用 swap，如果要保證系統重新啟動後仍然生效，則需要編輯 "edit /etc/fstab" 檔案，註釋起來 swap 那一行。

（5）啟動系統 Docker 服務。

命令如下：

```
root@kubenetesnode02:~# systemctl enable docker.service
```

4. 部署 Kubernetes 的 Master 節點

在 Kubernetes 中，Master 節點是叢集的控制節點，它由 3 個緊密協作的獨立元件組合而成，分別是：負責 API 服務的 kube-apiserver、負責排程的 kube-scheduler，以及負責容器編排的 kube-controller-manager。整個叢集的持久化資料由 kube-apiserver 處理後保存在 Etcd 中。

要部署 Master 節點，則可以直接透過 Kubeadm 進行一鍵部署。但如果希望部署一個相對完整的 Kubernetes 叢集，則可以透過設定檔來開啟一些實驗性功能。具體方法如下：

（1）在安裝伺服器中新建 "/opt/kubernetes-config" 目錄，並建立一個給 Kubeadm 使用的 YAML 檔案（kubeadm.yaml），具體內容如下：

```
apiVersion: kubeadm.k8s.io/v1beta2
kind: ClusterConfiguration
controllerManager:
 extraArgs:
     horizontal-pod-autoscaler-use-rest-clients: "true"
     horizontal-pod-autoscaler-sync-period: "10s"
     node-monitor-grace-period: "10s"
apiServer:
  extraArgs:
     runtime-config: "api/all=true"
kubernetesVersion: "v1.18.1"
```

在上方 YAML 檔案中：

- horizontal-pod-autoscaler-use-rest-clients:"true" 表示將來部署的 kuber-controller-manager 能夠使用自訂資源（Custom Metrics）進行自動水平擴充。感興趣的讀者可以自行查閱相關資料。
- v1.18.1 是 Kubeadm 要部署的 Kubernetes 版本編號。

在下載完成後，再將這些 Docker 映像檔重新打上 tag，具體命令如下：

```
# 給映像檔打上 tag
docker tag registry.cn-hangzhou.aliyuncs.com/google_containers/pause:3.2
k8s.gcr.io/pause:3.2
docker tag registry.cn-hangzhou.aliyuncs.com/google_containers/
coredns:1.6.7 k8s.gcr.io/coredns:1.6.7
docker tag registry.cn-hangzhou.aliyuncs.com/google_containers/etcd-
amd64:3.4.3-0 k8s.gcr.io/etcd:3.4.3-0
docker tag registry.cn-hangzhou.aliyuncs.com/google_containers/kube-
scheduler-amd64:v1.18.1 k8s.gcr.io/kube-scheduler:v1.18.1
docker tag registry.cn-hangzhou.aliyuncs.com/google_containers/
kube-controller-manager-amd64:v1.18.1 k8s.gcr.io/kube-controller-
manager:v1.18.1
docker tag registry.cn-hangzhou.aliyuncs.com/google_containers/kube-
apiserver-amd64:v1.18.1 k8s.gcr.io/kube-apiserver:v1.18.1
docker tag registry.cn-hangzhou.aliyuncs.com/google_containers/kube-
proxy-amd64:v1.18.1 k8s.gcr.io/kube-proxy:v1.18.1
```

此時透過 Docker 命令就可以查看這些 Docker 映像檔資訊了，命令如下：

```
root@kubernetesnode01:/opt/kubernetes-config# docker images
REPOSITORY    TAG     IMAGE ID           CREATED              SIZE
k8s.gcr.io/kube-proxy
v1.18.1               4e68534e24f6       2 months ago         117MB
registry.cn-hangzhou.aliyuncs.com/google_containers/kube-proxy-amd64
v1.18.1               4e68534e24f6       2 months ago         117MB
k8s.gcr.io/kube-controller-manager
v1.18.1               d1ccdd18e6ed       2 months ago         162MB
registry.cn-hangzhou.aliyuncs.com/google_containers/kube-controller-
manager-amd64
```

```
v1.18.1             d1ccdd18e6ed        2 months ago        162MB
k8s.gcr.io/kube-apiserver
v1.18.1             a595af0107f9        2 months ago        173MB
registry.cn-hangzhou.aliyuncs.com/google_containers/kube-apiserver-amd64
v1.18.1             a595af0107f9        2 months ago        173MB
k8s.gcr.io/kube-scheduler
v1.18.1             6c9320041a7b        2 months ago        95.3MB
registry.cn-hangzhou.aliyuncs.com/google_containers/kube-scheduler-amd64
v1.18.1             6c9320041a7b        2 months ago        95.3MB
k8s.gcr.io/pause
3.2                 80d28bedfe5d        4 months ago        683kB
registry.cn-hangzhou.aliyuncs.com/google_containers/pause
3.2                 80d28bedfe5d        4 months ago        683kB
k8s.gcr.io/coredns
1.6.7               67da37a9a360        4 months ago        43.8MB
registry.cn-hangzhou.aliyuncs.com/google_containers/coredns
1.6.7               67da37a9a360        4 months ago        43.8MB
k8s.gcr.io/etcd
3.4.3-0             303ce5db0e90        8 months ago        288MB
registry.cn-hangzhou.aliyuncs.com/google_containers/etcd-amd64
3.4.3-0             303ce5db0e90        8 months ago        288MB
```

（2）執行 Kubeadm 的部署命令完成 Kubernetes Master 節點的部署。具體命令及執行結果如下：

```
root@kubernetesnode01:/opt/kubernetes-config# kubeadm init --config
kubeadm.yaml --v=5
...
Your Kubernetes control-plane has initialized successfully!

To start using your cluster, you need to run the following as a regular user:

  mkdir -p $HOME/.kube
  sudo cp -i /etc/kubernetes/admin.conf $HOME/.kube/config
  sudo chown $(id -u):$(id -g) $HOME/.kube/config

You should now deploy a pod network to the cluster.
Run "kubectl apply -f [podnetwork].yaml" with one of the options listed at:
  https://kubernetes.io/docs/concepts/cluster-administration/addons/
```

```
Then you can join any number of worker nodes by running the following on
each as root:

kubeadm join 10.211.55.6:6443 --token jfulwi.so2rj5lukgsej2o6 \
    --discovery-token-ca-cert-hash sha256:d895d512f0df6cb7f010204193a9b24
0e8a394606090608daee11b988fc7fea6
```

從上面部署執行結果中可以看到，在部署成功後 Kubeadm 會生成以下資訊：

```
kubeadm join 10.211.55.6:6443 --token d35pz0.f50zacvbdarqn2vi \
    --discovery-token-ca-cert-hash sha256:58958a3bf4ccf4a4c19b0d1e934e77b
f5b5561988c2274364aaadc9b1747141d
```

其中 "kubeadm join" 是用來給該 Master 節點增加更多 Worker 節點（工作節點）的命令，後面具體部署 Worker 節點時將使用到它。

此外，Kubeadm 還會提示第一次使用 Kubernetes 叢集所需要設定的命令：

```
mkdir -p $HOME/.kube
sudo cp -i /etc/kubernetes/admin.conf $HOME/.kube/config
sudo chown $(id -u):$(id -g) $HOME/.kube/config
```

> 需要這些設定命令的原因在於，Kubernetes 叢集預設是用加密方式存取的，所以這幾筆命令就是將剛才部署生成的 Kubernetes 叢集的安全設定檔保存到當前使用者的 ".kube" 目錄下。之後，kubectl 會預設使用該目錄下的授權資訊存取 Kubernetes 叢集。如果不這麼做，則在每次存取叢集前都需要設置環境變數 "export KUBECONFIG" 來告訴 kubectl 這個安全設定檔的位置。

（3）使用 "kubectl get" 命令查看當前 Kubernetes 叢集節點的狀態，執行效果如下：

```
root@kubernetesnode01:/opt/kubernetes-config# kubectl get nodes
NAME               STATUS     ROLES    AGE   VERSION
kubernetesnode01   NotReady   master   35m   v1.18.4
```

從以上命令輸出的結果中可以看到，Master 節點的狀態為 "NotReady"。為了尋找具體原因，可以透過 "kuberctl describe" 命令來查看該節點（Node）物件的詳細資訊，命令如下：

```
root@kubernetesnode01:/opt/kubernetes-config# kubectl describe node
kubernetesnode01
```

該命令可以非常詳細地獲取節點物件的狀態、事件等詳情。這種方式也是在偵錯 Kubernetes 叢集時最重要的排除手段。根據顯示的以下資訊，可以看到節點處於 "NodeNotReady" 狀態的原因在於尚未部署任何網路外掛程式。

```
...
Conditions
...
Ready False... KubeletNotReady runtime network not ready:
NetworkReady=false reason:NetworkPluginNotReady message:docker: network
plugin is not ready: cni config uninitialized
...
```

為了進一步驗證這一點，還可以透過 kubectl 檢查這個節點上各個 Kubernetes 系統 Pod 的狀態。命令及執行效果如下：

```
root@kubernetesnode01:/opt/kubernetes-config# kubectl get pods -n kube-
system
NAME                                       READY  STATUS    RESTARTS  AGE
coredns-66bff467f8-l4wt6                    0/1   Pending      0      64m
coredns-66bff467f8-rcqx6                    0/1   Pending      0      64m
etcd-kubernetesnode01                       1/1   Running      0      64m
kube-apiserver-kubernetesnode01             1/1   Running      0      64m
kube-controller-manager-kubernetesnode01    1/1   Running      0      64m
kube-proxy-wjct7                            1/1   Running      0      64m
kube-scheduler-kubernetesnode01             1/1   Running      0      64m
```

命令中 "kube-system" 表示 Kubernetes 專案預留的系統 Pod 空間（Namespace）。需要注意，它並不是 Linux Namespace，而是 Kuebernetes 劃分的不同工作空間單位。

從命令輸出結果可以看到，coredns 等依賴網路的 Pod 都處於 "Pending"（排程失敗）狀態，這說明該 Master 節點的網路尚未部署就緒。

5. 部署 Kubernetes 網路外掛程式

由於沒有部署網路外掛程式，所以前面部署的 Master 節點顯示 "NodeNotReady" 狀態。接下來部署網路外掛程式。

在 Kubernetes「一切皆容器」的設計理念指導下，網路外掛程式也會以獨立 Pod 的方式執行在系統中。所以，部署網路外掛程式很簡單，只需要執行 "kubectl apply" 命令即可。舉例來說，以 Weave 網路外掛程式為例：

```
root@kubernetesnode01:/opt/kubernetes-config# kubectl apply -f https://
cloud.weave.works/k8s/net?k8s-version=$(kubectl version | base64 | tr -d
'\n')
serviceaccount/weave-net created
clusterrole.rbac.authorization.k8s.io/weave-net created
clusterrolebinding.rbac.authorization.k8s.io/weave-net created
role.rbac.authorization.k8s.io/weave-net created
rolebinding.rbac.authorization.k8s.io/weave-net created
daemonset.apps/weave-net created
```

在部署完成後，透過 "kubectl get" 命令重新檢查 Pod 的狀態：

```
root@kubernetesnode01:/opt/kubernetes-config# kubectl get pods -n kube-
system
NAME                                        READY  STATUS   RESTARTS  AGE
coredns-66bff467f8-l4wt6                    1/1    Running     0      116m
coredns-66bff467f8-rcqx6                    1/1    Running     0      116m
etcd-kubernetesnode01                       1/1    Running     0      116m
kube-apiserver-kubernetesnode01             1/1    Running     0      116m
kube-controller-manager-kubernetesnode01    1/1    Running     0      116m
kube-proxy-wjct7                            1/1    Running     0      116m
kube-scheduler-kubernetesnode01             1/1    Running     0      116m
weave-net-746qj                             2/2    Running     0      14m
```

可以看到，此時所有的系統 Pod 都成功啟動了。剛才部署的 Weave 網路外掛程式在 kube-system 下新建了一個名為 "weave-net-746qj" 的 Pod，這個 Pod 就是容器網路外掛程式在每個節點上的控制元件。

至此，Kubernetes 的 Master 節點就部署完成了。如果只需要一個單節點的 Kubernetes，則現在就可以使用了。但是在預設情況下，Kubernetes 的 Master 節點是不能執行使用者 Pod 的，所以需要透過額外的操作進行調整，在本節的最後會介紹。

6. 部署 Kubernetes 的 Worker 節點

為了建構一個完整的 Kubernetes 叢集，還需要繼續部署 Worker 節點。

實際上，Kubernetes 的 Worker 節點和 Master 節點幾乎是相和的，它們都執行著一個 Kubelet 元件，主要的差別在於 "kubeadm init" 過程中：在 Kubelet 元件啟動後，Master 節點還會自動啟動 kube-apiserver、kube-scheduler 及 kube-controller-manager 這 3 個系統 Pod。

與部署 Master 節點一樣，在具體部署 Worker 節點前，也需要在所有 Worker 節點上執行前面小標題「3. 安裝 Kubeadm 及 Decker 環境」中的所有步驟。之後在 Worker 節點執行在 "4." 小標題中部署 Master 節點時所生成的 "kubeadm join" 命令，具體如下：

```
root@kubenetesnode02:~# kubeadm join 10.211.55.6:6443 --token jfulwi.
so2rj5lukgsej2o6     --discovery-token-ca-cert-hash sha256:d895d512f0df6c
b7f010204193a9b240e8a394606090608daee11b988fc7fea6 --v=5

...
This node has joined the cluster:
* Certificate signing request was sent to apiserver and a response was
received.
* The Kubelet was informed of the new secure connection details.

Run 'kubectl get nodes' on the control-plane to see this node join the
cluster.
```

為了便於在 Worker 節點執行 kubectl 相關命令，還需要進行以下設定：

```
# 建立設定目錄
root@kubenetesnode02:~# mkdir -p $HOME/.kube
# 將 Master 節點中 "$/HOME/.kube/" 目錄中的 config 檔案複製至 Worker 節點對應目錄下
root@kubenetesnode02:~# scp root@10.211.55.6:$HOME/.kube/config $HOME/.kube/
# 許可權設定
root@kubenetesnode02:~# sudo chown $(id -u):$(id -g) $HOME/.kube/config
```

之後就可以在 Worker 或 Master 節點執行節點狀態查看命令 "kubectl get nodes"，具體如下：

```
root@kubernetesnode02:~# kubectl get nodes
NAME               STATUS     ROLES    AGE   VERSION
kubenetesnode02    NotReady   <none>   33m   v1.18.4
kubernetesnode01   Ready      master   29h   v1.18.4
```

具體節點描述資訊如下。節點狀態顯示，此時 Work 節點還處於 "NotReady" 狀態。

```
root@kubernetesnode02:~# kubectl describe node kubenetesnode02
...
Conditions:
...
Ready False ... KubeletNotReady runtime network not ready:
NetworkReady=false reason:NetworkPluginNotReady message:docker: network
plugin is not ready: cni config uninitialized
...
```

根據描述資訊發現，Worker 節點 NotReady 的原因也在於網路外掛程式沒有部署。繼續執行小標題「5. 部署 Kubernetes 網路外掛程式」中的步驟即可。

但要注意，在部署網路外掛程式時會同時部署 kube-proxy。其中包括從 k8s.gcr.io 倉庫獲取映像檔的動作。如果一切正常，則繼續查看節點狀態，命令如下：

```
root@kubenetesnode02:~# kubectl get node
NAME                STATUS   ROLES    AGE     VERSION
kubenetesnode02     Ready    <none>   7h52m   v1.18.4
kubernetesnode01    Ready    master   37h     v1.18.4
```

可以看到，此時 Worker 節點的狀態已經變成 "Ready"。不過細心的讀者可能會發現，Worker 節點的 ROLES 並不像 Master 節點那樣顯示 "master"，而是顯示 "<none>"。這是因為，新安裝的 Kubernetes 環境 Node 節點有時會遺失 ROLES 資訊。遇到這種情況，可以手工進行增加，具體命令如下：

```
root@kubenetesnode02:~# kubectl label node kubenetesnode02 node-role.
kubernetes.io/worker=worker
```

再次執行節點狀態命令，就能看到正常的顯示了。命令及效果如下：

```
root@kubenetesnode02:~# kubectl get node
NAME                STATUS   ROLES    AGE   VERSION
kubenetesnode02     Ready    worker   8h    v1.18.4
kubernetesnode01    Ready    master   37h   v1.18.4
```

至此，部署完了具有一個 Master 節點和一個 Worker 節點的 Kubernetes 叢集。作為實驗環境，它已經具備了 Kubernetes 叢集的基本功能。

7. 部署 Dashboard 視覺化外掛程式

在 Kubernetes 社區中有一個很受歡迎的 Dashboard 專案。它給使用者提供了一個視覺化的 Web 介面，來查看當前叢集中的各種資訊。

該外掛程式也是以容器化方式進行部署的，操作也非常簡單，可在 Master、Worker 節點或其他能夠安全存取 Kubernetes 叢集的 Node 節點上進行部署。

具體命令如下：

```
root@kubenetesnode02:~# kubectl apply -f https://raw.githubusercontent.
com/kubernetes/dashboard/v2.0.3/aio/deploy/recommended.yaml
```

在部署完成後，就可以查看 Dashboard 專案對應的 Pod 的執行狀態了，執行效果如下：

```
root@kubenetesnode02:~# kubectl get pods -n kubernetes-dashboard
NAME                                         READY   STATUS    RESTARTS AGE
dashboard-metrics-scraper-6b4884c9d5-xfb8b   1/1     Running      0     12h
kubernetes-dashboard-7f99b75bf4-9lxk8        1/1     Running      0     12h
```

除此之外，還可以查看 Dashboard 的服務（Service）資訊，命令如下：

```
root@kubenetesnode02:~# kubectl get svc -n kubernetes-dashboard
NAME                        TYPE        CLUSTER-IP    EXTERNAL-IP PORT(S)  AGE
dashboard-metrics-scraper ClusterIP  10.97.69.158    <none>   8000/TCP  13h
kubernetes-dashboard      ClusterIP  10.111.30.214   <none>   443/TCP   13h
```

需要注意的是，由於 Dashboard 是一個 Web 服務，所以從安全角度出發，Dashboard 預設只能透過 Proxy 的方式在本地存取。具體方式為：在本地機器安裝 Kubectl 管理工具，並將 "Master 節點 $HOME/.kube/" 目錄中的 config 檔案複製至本地主機相同目錄下，之後執行 "kubectl proxy" 命令，具體如下：

```
qiaodeMacBook-Pro-2:.kube qiaojiang$ kubectl proxy
Starting to serve on 127.0.0.1:8001
```

在本地代理啟動後，存取 Kubernetes Dashboard 位址，具體如下：

```
http://localhost:8001/api/v1/namespaces/kubernetes-dashboard/services/
https:kubernetes-dashboard:/proxy/
```

如果存取正常，則會看到如圖 9-16 所示介面。

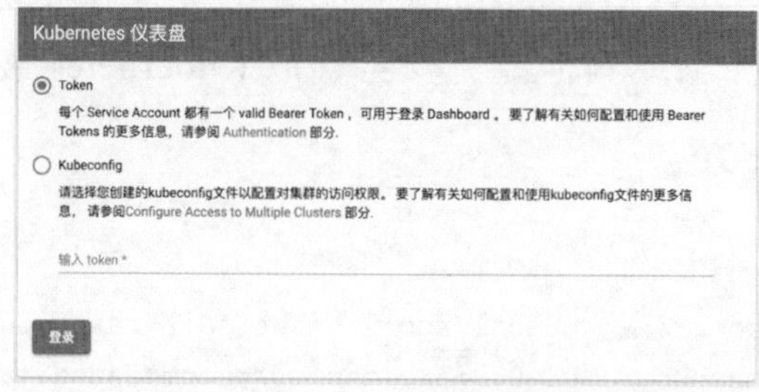

▲ 圖 9-16（編按：本圖例為簡體中文介面）

如圖 9-16 所示，Dashboard 存取需要進行身份認證，主要有 Token 及 Kubeconfig 兩種方式。這裡選擇 Token 方式。Token 的生成步驟如下：

（1）建立一個服務帳號。

在命名空間 kubernetes-dashboard 中建立一個名為 "admin-user" 的服務帳戶，具體步驟為：

① 在本地目錄中建立檔案 "dashboard-adminuser.yaml"，具體內容如下：

```
apiVersion: v1
kind: ServiceAccount
metadata:
  name: admin-user
  namespace: kubernetes-dashboard
```

② 執行建立命令：

```
qiaodeMacBook-Pro-2:.kube qiaojiang$ kubectl apply -f dashboard-
adminuser.yaml
Warning: kubectl apply should be used on resource created by either
kubectl create --save-config or kubectl apply
serviceaccount/admin-user configured
```

（2）建立 ClusterRoleBinding。

在使用 Kubeadm 工具設定完 Kubernetes 叢集後，叢集中已經存在 ClusterRole，可以使用它為上一步建立的 ServiceAccount 建立 ClusterRoleBinding。具體步驟為：

① 在本地目錄中建立檔案 "dashboard-clusterRoleBingding.yaml"，具體內容如下：

```
apiVersion: rbac.authorization.k8s.io/v1
kind: ClusterRoleBinding
metadata:
  name: admin-user
roleRef:
  apiGroup: rbac.authorization.k8s.io
  kind: ClusterRole
```

```
  name: cluster-admin
subjects:
- kind: ServiceAccount
  name: admin-user
  namespace: kubernetes-dashboard
```

② 執行建立命令：

```
qiaodeMacBook-Pro-2:.kube qiaojiang$ kubectl apply -f dashboard-
clusterRoleBingding.yaml
clusterrolebinding.rbac.authorization.k8s.io/admin-user created
```

（3）執行獲取 Bearer Token 的命令，具體如下：

```
qiaodeMacBook-Pro-2:.kube qiaojiang$ kubectl -n kubernetes-dashboard
describe secret $(kubectl -n kubernetes-dashboard get secret | grep
admin-user | awk '{print $1}')
Name:         admin-user-token-xxq2b
Namespace:    kubernetes-dashboard
Labels:       <none>
Annotations:  kubernetes.io/service-account.name: admin-user
              kubernetes.io/service-account.uid: 213dce75-4063-4555-842a-
904cf4e88ed1

Type:  kubernetes.io/service-account-token

Data
====
ca.crt:     1025 bytes
namespace:  20 bytes
token:      eyJhbGciOiJSUzI1NiIsImtpZCI6IlplSHRwcXhNREs0SUJPcTZIYU1kT0pi
dlFuOFJaVXYzLWx0c1BOZzZZY28ifQ.eyJpc3MiOiJrdWJlcm5ldGVzL3NlcnZpY2VhY2Nv
dW50Iiwia3ViZXJuZXRlcy5pby9zZXJ2aWNlYWNjb3VudC9uYW1lc3BhY2UiOiJrdWJlcm5
ldGVzLWRhc2hib2FyZCIsImt1YmVybmV0ZXMuaW8vc2VydmljZWFjY291bnQvc2VjcmV0Lm
5hbWUiOiJhZG1pbi11c2VyLXRva2VuLXh4cTJiIiwia3ViZXJuZXRlcy5pby9zZXJ2aWNlY
WNjb3VudC9zZXJ2aWNlLWFjY291bnQubmFtZSI6ImFkbWluLXVzZXIiLCJrdWJlcm5ldGVz
LmlvL3NlcnZpY2VhY2NvdW50L3NlcnZpY2UtYWNjb3VudC51aWQiOiIyMTNkY2U3NS00MDY
zLTQ1NTUtODQyYS05MDRjZjRlODhlZDEiLCJzdWIiOiJzeXN0ZW06c2VydmljZWFjY291bn
Q6a3ViZXJuZXRlcy1kYXNoYm9hcmQ6YWRtaW4tdXNlciJ9.MIjSewAk4aVgVCU6fnBBLtIH
7PJzcDUozaUoVGJPUu-TZSbRZHotugvrvd8Ek_f5urfyYhj14y1BSe1EXw3nINmo4J7bMI9
```

```
4T_f4HvSFW1RUznfWZ_uq24qKjNgqy4HrSfmickav2PmGv4TtumjhbziMreQ3jfmaPZvPqO
a6Xmv1uhytLw3G6m5tRS97kl0i8A1lqnOWu7COJX0TtPkDrXiPPX9IzaGrp3Hd0pKHWrI_-
orxsI5mmFj0cQZt1ncHarCssVnyHkWQqtle4ljV2HAO-bgY1j0E1pOPTlzpmSSbmAmedXZym7
7N10YNaIqtWvFjxMzhFqeTPNo539V1Gg
```


在獲取後將回到前面的認證方式選擇介面，將獲取的 Token 資訊填入即可正式進入 Dashboard 的系統介面。看到的 Kubernetes 叢集的詳細視覺化資訊如圖 9-17 所示。

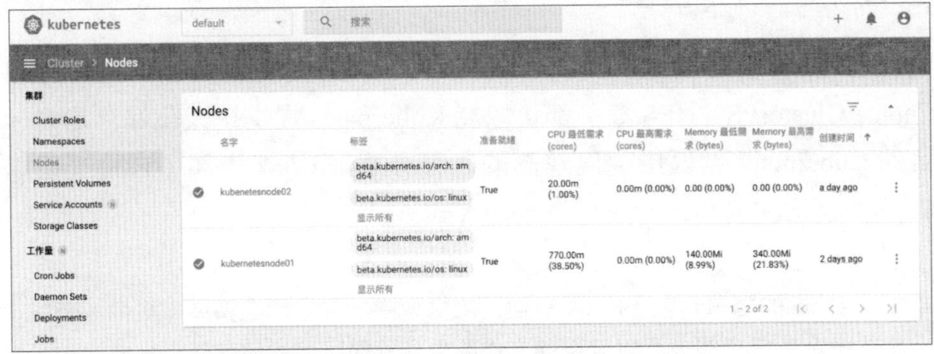

▲ 圖 9-17（編按：本圖例為簡體中文介面）

至此，完成了 Kubernetes 視覺化外掛程式的部署，並透過本地 Proxy 的方式進行了登入。

> 在實際的生產環境中，如果覺得每次透過本地 Proxy 的方式進行存取不夠方便，則可以使用 Ingress 的方式設定在叢集外存取 Dashboard。感興趣的讀者可以自行嘗試下。

8. Kubernetes 容器儲存外掛程式

使用 Kubernetes 容器技術，很多時候都需要用資料卷冊（Volume）把外面宿主機上的目錄或檔案掛載進容器的 Mount Namespace 中，從而讓容器和宿主機共用這些目錄或檔案，進而使得容器裡的應用可以在這些資料卷冊中新建或寫入檔案。

容器最典型的特徵之一是「無狀態」：在某台機器上啟動的容器，無法看到其他機器上的容器在它們資料卷冊中所寫入的檔案。

持久化儲存，就是用來保存容器儲存狀態的重要手段。儲存外掛程式會在容器中掛載一個以網路或其他機制為基礎的遠端資料卷冊，使得在容器中建立的檔案實際上是保存在遠端存放伺服器上的，與當前宿主機沒有直接的綁定關係。這樣，無論在哪個宿主機上啟動新容器，都可以設定掛載指定的持久化資料卷冊。

由於 Kubernetes 本身的鬆散耦合設計，所以絕大多數儲存專案（例如 Ceph、ClusterFS、NFS 等）都可以為 Kubernetes 提供持久化儲存能力。目前 Kubernetes 社區中熱度較高的儲存方案是 Rook 專案，它是一個以 Ceph 為基礎的 Kubernetes 儲存外掛程式。

> 相比 Ceph 的簡單封裝，Rook 在自己的實現中加入了橫向擴展、災備、監控等許多企業級功能，所以其更適合作為生產等級可用的儲存外掛程式。由於篇幅的關係這裡就不再具體示範，感興趣的讀者可以自己嘗試部署。

9. 透過 Taint/Toleration 調整 Master 執行 Pod 的策略

在前面提到，Kubernetes 叢集的 Master 節點在預設情況下是不能執行使用者 Pod 的。能有這樣的效果，Kubernetes 依靠的正是 Taint/Toleration 機制。該機制的原理是：一旦某個節點被加上 "Taint"，則表示該節點被打上了「污點」，所有的 Pod 就不能再在這個節點上執行。

而 Master 節點之所以不能執行使用者 Pod 就在於：其在執行成功後會為自身節點打上 "Taint"，從而達到禁止其他使用者 Pod 執行在 Master 節點上的效果（不影響已經執行的 Pod）。可以透過命令查看 Master 節點上的相關資訊，命令及執行效果如下：

```
root@kubenetesnode02:~# kubectl describe node kubernetesnode01
```

```
Name:               kubernetesnode01
Roles:              master
...
Taints:             node-role.kubernetes.io/master:NoSchedule
...
```

可以看到，Master 節點預設被加上了 "node-role.kubernetes.io/master:NoSchedule" 這樣的「污點」。其中，值 "NoSchedule" 表示這個 Taint 只會在排程新的 Pod 時產生作用，而不會影響在該節點上已經執行的 Pod。如果在實驗中只想要一個單節點的 Kubernetes，則可以刪除 Master 節點上的這個 Taint，具體命令如下：

```
root@kubernetesnode01:~# kubectl taint nodes --all node-role.kubernetes.
io/master-
```

在上方命令中，透過在 "nodes --all node-role.kubernetes.io/master" 鍵後面加一個短橫線 "-"，表示移除所有以該鍵為鍵的 Taint。

至此，一個基本的 Kubernetes 叢集就部署完成了。

有了 Kubeadm 這樣的原生管理工具，Kubernetes 的部署被大大簡化了。其中證書、授權及各個元件設定等最麻煩的操作，Kubeadm 都幫我們完成了。

9.5.3 Kubernetes 的技術原理

前面簡單介紹了 Kubernetes 的基本概念，並透過 Kubeadm 具體示範了 Kubernetes 叢集的部署方法，其中包括 apiserver、controller-manager、scheduler、etcd 這樣的 Kubernetes 核心元件，也包括 Pod、Service 這樣的容器編排概念。

本節將從「Kubernetes 的系統架構」及「容器編排核心概念」兩個方面來說明 Kubernetes 的基本技術原理。

1. Kubernetes 的系統架構

Kubernetes 的系統架構如圖 9-18 所示。

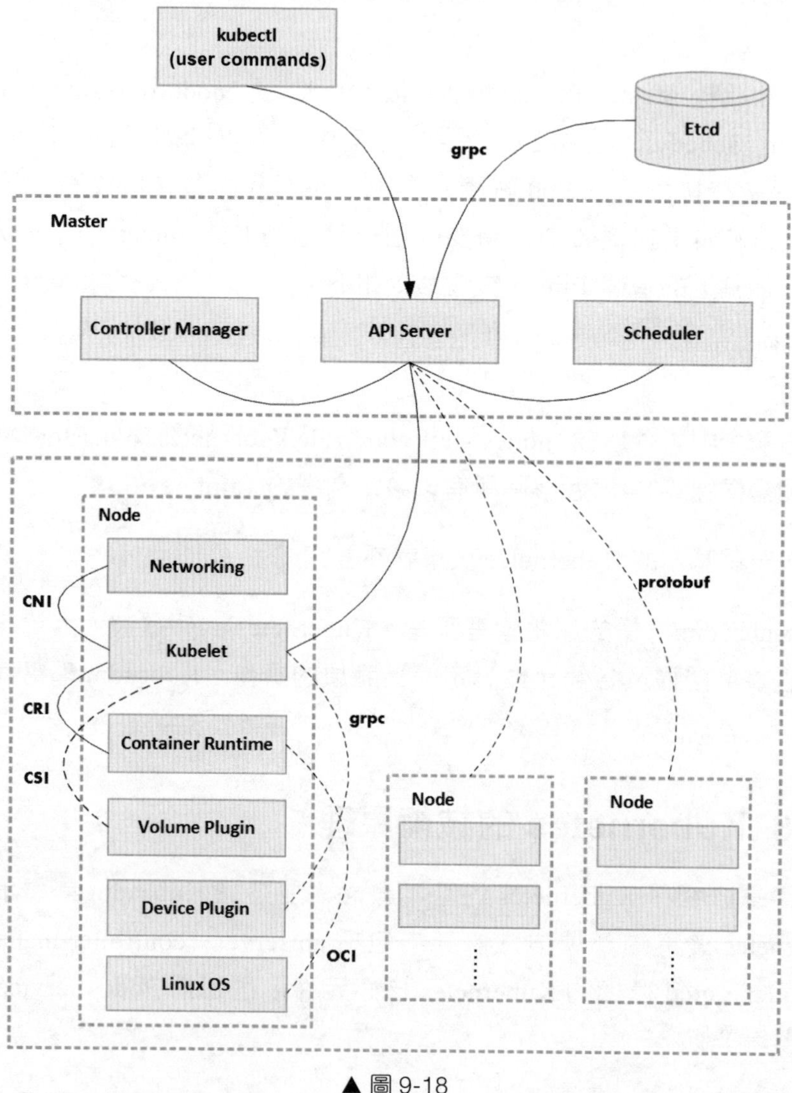

▲圖 9-18

從圖 9-18 中可以看到，Kubernetes 架構上主要由 Master 和 Node 兩種節點組成，這兩種節點分別對應著控制節點和計算節點。其中，Master 節點（即控制節點）是整個 Kubernetes 叢集的大腦，主要負責編排、管理和排程使用者提交的作業，並能根據叢集系統資源的整體使用情況將作業任務自動分發到可用 Node 節點（即計算節點）。

（1）Master 節點。

Master 節點主要由以下 3 個緊密協作的獨立元件組合而成。

- kube-apiserver：Kubernetes 叢集 API 服務的入口，主要提供資源存取操作、認證、授權、存取控制，以及 API 註冊和發現等功能。
- kube-scheduler：負責 Kubernetes 的資源排程，能按照預定的排程策略將 Pod 排程到對應的機器上。
- kube-controller-manager：負責容器編排及 Kubernetes 叢集狀態的維護，例如故障檢測、自動擴充、捲動更新等。

> 在工作狀態下，上述元件還會產生許多需要進行持久化的資料。這些資料會被 kube-apiserver 處理後統一被保存到 Etcd 中。所以，kube-apiserver 不僅是外部存取 Kubernetes 叢集的入口，也是維護整個 Kubernetes 叢集狀態的資訊樞紐。

（2）Node 節點。

Node 節點最核心的部分是 kubelet 元件。該元件的核心功能如下：

- 透過 CRI（Container Runtime Interface）遠端介面與「容器執行時期」（如 Docker）進行互動，對容器的生命週期進行維護。其中，CRI 介面會定義「容器執行時期」的各項核心操作，例如啟動容器所需的命令及參數等。
- 透過 GRPC 協定同 Device Plugin 外掛程式進行互動，實現 Kubernetes 對宿主機物理裝置的管理。
- 透過 CNI（Container Networking Interface）來呼叫網路外掛程式為容器設定網路，以及透過 CSI（Container Storage Interface）呼叫儲存外掛程式來為容器設定持久化儲存。

在 Kubernetes 中，Kubelet 元件會透過 CRI 介面與「容器執行時期」進行互動。在容器執行時期，kubelet 元件則透過 OCI 容器執行時期規範與底層 Linux 作業系統（如 Namespace、Cgroups 等）進行互動。

> 這裡所說的「容器執行時期」對應的英文是 Container Runtime，是一種實現容器技術的規範。所有實現了 CRI 介面規範的容器專案，都可以作為 Kubernetes 的「容器執行時期」存在。其原因在於，Kubernetes 從設計之初就沒有把 Docker 作為整個架構的核心，而只是將其作為最底層的一個「容器執行時期」來實現。Kubernetes 要重點解決的是：對於執行在大規模叢集中的各種任務，根據其關係進行作業編排及管理。這也是為什麼 Kubernetes 被稱作容器編排技術，而不僅僅只是容器技術的原因。這種能力也正是 Kubernetes 專案能夠流行的關鍵原因。

2. Kubernetes 容器編排

「處理任務之間的各種關係，實現容器編排」是 Kubernetes 技術的核心，那麼「容器編排」到底是一個什麼概念？在 Kubernetes 中是如何實現容器編排的呢？

所謂「容器編排」，通俗點舉例就是，如果兩個應用的呼叫關係比較緊密，則在執行時期將它們部署在同一台機器上，從而提升服務之間的通訊效率。而「能夠自動將具有此類關係的應用，以容器的方式部署在同一台機器上」的技術就是容器編排。

> 這裡所說的「緊密關係」只是一種形象的說法。在實際的技術場景中，這種「緊密關係」可以被劃分為很多類型，例如 Web 應用與資料庫之間的存取關係、負載平衡和它後端服務之間的代理關係、門戶應用與授權元件之間的呼叫關係等。

對 Kubernetes 來說，這樣的關係描述顯然還是過於具體。因為，Kubernetes 的設計目標是「不僅能夠支援前面提到的所有類型的關係，還能夠支持未來可能出現的更多種類的關係」。這就要求，Kubernetes 能從更巨觀的角度來定義任務之間的各種關係，並且為將來「支持更多種類的關係」留有空間。

具體來說，Kubernetes 對容器間的存取進行了分類：如果這些應用需要進行頻繁的互動和存取，或它們之間存在直接透過本地檔案進行資訊交換的情況，則在 Kubernetes 中可以將這些容器劃分為一個 Pod；Pod 中的容器將共用同一個 Network Namespace、同一組資料卷冊，從而實現高效率通訊。

Pod 是 Kubernetes 中最基礎的編排物件，是 Kubernetes 最小的排程單元，也是 Kubernetes 實現容器編排的載體。Pod 本質上是一組共用了某些系統資源的容器集合。在 Kubernetes 中，圍繞 Pod 所延伸的核心概念如圖 9-19 所示。

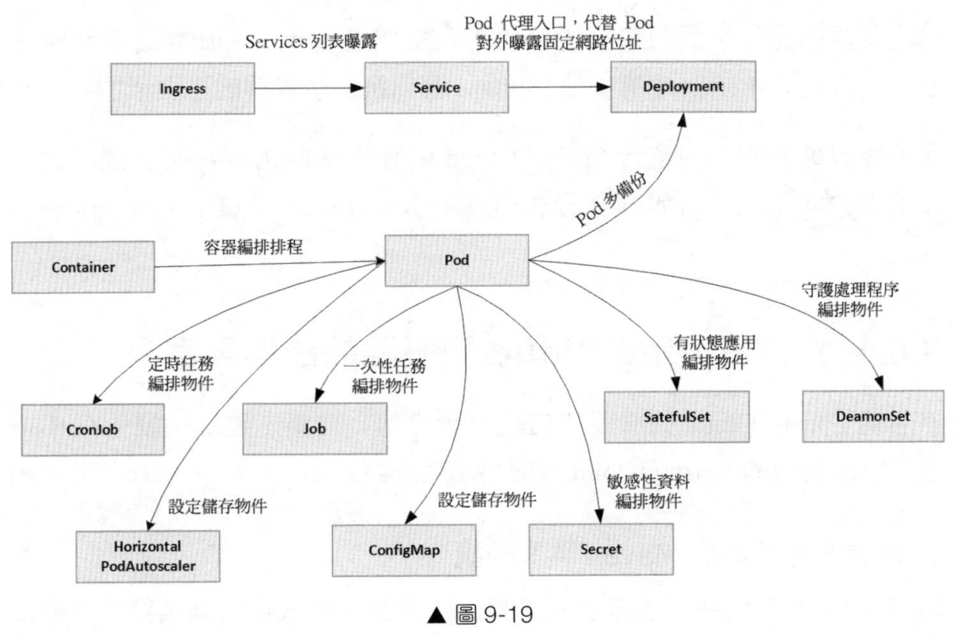

▲ 圖 9-19

如圖 9-19 所示，在 Kubernetes 中，Pod 解決了容器間緊密協作（即編排）的問題。而 Pod 要實現一次啟動多個 Pod 備份，則需要 Deployment 這個 Pod 多實例管理器。在有了這樣一組 Pod 後，我們需要透過一個固定網路位址以負載平衡的方式存取它們，於是有了 Service。

> 根據不同的編排場景，Pod 又衍生出了：描述一次性執行任務的 Job 編排物件、描述每個宿主機上必須有且只能執行一個副本的守護處理程序服務 DaemonSet、描述定義任務的 CronJob 編排物件，以及針對有狀態應用的 StatefulSet 物件等。以上這些正是 Kubernetes 定義容器間關係和形態的主要方法。

9.6 自動化發佈 Spring Cloud 微服務

透過前面的操作，我們架設了 GitLab 程式管理倉庫、Harbor 容器映像檔倉庫，以及 Kubernetes 叢集等 DevOps 發佈系統所依賴的基礎環境。

本節將具體示範如何整合 Spring Cloud 微服務與 GitLab CI/CD 機制，實現將 Spring Cloud 微服務自動化發佈到 Kubernetes 叢集的 DevOps 發佈系統。

9.6.1 建立 Spring Cloud 微服務的範例專案

在示範 Spring Cloud 微服務的自動化發佈前，需要先建立一個受 GitLab 程式倉庫管理的 Spring Cloud 微服務示範專案。

1. 建立一個基本的 Maven 專案結構

利用 2.3.1 節介紹的方法建立一個 Maven 專案，完成後的專案程式結構如圖 9-20 所示。

```
▼ chapter09-devops-demo [devops-demo] ~/dev-tools/workspace/springcl
  ▼ src
    ▼ main
      ▶ java
        resources
    ▼ test
        java
    devops-demo.iml 2020/7/27, 3:21 下午, 830 B
    pom.xml 2020/7/27, 3:21 下午, 427 B
  README.md 2020/1/7, 5:43 下午, 76 B
▶ External Libraries
```

▲ 圖 9-20

2. 引入 Spring Cloud 依賴，將其改造為微服務專案

（1）引入 Spring Cloud 微服務的核心依賴。

這裡可以參考 2.5.2 節中的具體步驟。

（2）在專案程式的 resources 目錄新建一個基礎性設定檔 ——bootstrap.yml。設定檔中的程式如下：

```
spring:
  application:
    name: devops-demo
  profiles:
    active: debug
  cloud:
    consul:
      discovery:
        preferIpAddress: true
        instance-id: ${spring.application.name}:${spring.cloud.client.
ipAddress}:${spring.application.instance_id:${server.port}}:@project.
version@
        healthCheckPath: /actuator/health
server:
  port: 9092
```

（3）Spring Boot 並不會預設載入 bootstrap.yml 這個檔案，所以需要在 pom.xml 中增加 Maven 資源相關的設定，具體參考 2.5.2 節內容。

（4）建立 Spring Cloud 示範微服務的入口程式類別。程式如下：

```
package com.wudimanong.devops;
import org.springframework.boot.SpringApplication;
import org.springframework.boot.autoconfigure.SpringBootApplication;
import org.springframework.cloud.client.discovery.EnableDiscoveryClient;
@EnableDiscoveryClient
@SpringBootApplication
public class DevopsDemoApplication {
    public static void main(String[] args) {
        SpringApplication.run(DevopsDemoApplication.class, args);
    }
}
```

至此，Spring Cloud 示範微服務就建構完成了。

（5）為了便於後續驗證測試，這裡撰寫一個簡單的 HTTP 介面。程式如下：

```
package com.wudimanong.devops.controller;
import org.springframework.web.bind.annotation.GetMapping;
import org.springframework.web.bind.annotation.RequestMapping;
import org.springframework.web.bind.annotation.RestController;
@RestController
@RequestMapping("/devops")
public class DevopsTestController {
    @GetMapping("/test")
    public String devopsTest() {
        return "自動化發佈示範專案測試介面傳回->OK!";
    }
}
```

完成後執行微服務程式。如果該介面能夠被正常存取，則說明範例專案基本架設成功了。後面的內容將示範如何將該服務以自動化發佈的方式部署到 Kubernetes 叢集中。

9.6.2 設定 Spring Cloud 專案的 Docker 打包外掛程式

1. 設定 Docker 映像檔打包外掛程式

在進行具體的 CI/CD 流程定義前，需要在 Spring Cloud 開發專案中設定 Docker 映像檔的 Maven 打包外掛程式，使其能夠透過 Maven 建構命令將微服務應用打包成 Docker 映像檔。

（1）在 Spring Cloud 專案的 pom.xml 檔案中設定 Docker 打包外掛程式。具體如下：

```
<!-- 增加 Docker 映像檔的 Maven 打包外掛程式 -->
<plugin>
    <groupId>com.spotify</groupId>
    <artifactId>dockerfile-maven-plugin</artifactId>
    <version>1.4.13</version>
    <executions>
        <execution>
            <id>build-image</id>
            <phase>package</phase>
            <goals>
                <goal>build</goal>
            </goals>
        </execution>
    </executions>
    <configuration>
        <!-- 指定 Dockerfile 檔案位置 -->
        <dockerfile>docker/Dockerfile</dockerfile>
        <!-- 指定 Docker 映像檔倉庫路徑 -->
        <repository>${docker.repository}/springcloud-action/${app.name}
</repository>
        <buildArgs>
            <!-- 向 Dockerfile 傳遞建構參數 -->
            <JAR_FILE>target/${project.build.finalName}.jar</JAR_FILE>
        </buildArgs>
    </configuration>
</plugin>
```

> 上述程式增加了 "dockerfile-maven-plugin" 外掛程式。該外掛程式是之前 "docker-maven-plugin" 外掛程式的替代品，支持將 Maven 專案打包為 Docker 鏡像。

（2）建立 Docker 映像檔類別檔案。

在步驟（1）中，Docker 映像檔的具體建構方式，是透過在 <configuration> 標籤中指定 Dockerfile 檔案來實現的。在微服務專案中新建一個名為 "docker" 的目錄，並建立 Dockerfile 檔案。程式如下：

```
FROM openjdk:8u191-jre-alpine3.9
ENTRYPOINT ["/usr/bin/java", "-jar", "/app.jar"]
ARG JAR_FILE
ADD ${JAR_FILE} /app.jar
EXPOSE 8080
```

2. 設定 Docker 映像檔的倉庫位址

（1）在 "1." 小標題的步驟（1）的外掛程式設定中，關於 Docker 映像檔倉庫路徑的設定是根據 Harbor 倉庫的位址及儲存專案空間來確定的。具體可在 pom.xml 檔案中定義屬性，程式如下：

```
<properties>
    <!-- 定義 Docker 映像檔倉庫位址 -->
    <docker.repository>10.211.55.11:8088</docker.repository>
    <!-- 定義專案名稱，作為映像檔名稱生成的組成部分 -->
    <app.name>chapter09-devops-demo</app.name>
</properties>
```

（2）在步驟（1）的設定中，指定了 Harbor 倉庫的位址及應用名稱。在實際操作時，可以根據自己所架設的實際環境來確定。而在映像檔倉庫路徑的設定中，除位址外，還指定了映像檔倉庫的專案空間 "springcloud-action"，這是為了便於針對不同類型的專案映像檔進行分類而在 Harbor 倉庫中提前建立好的，具體如圖 9-21 所示。

▲ 圖 9-21(編按：本圖例為簡體中文介面)

在建立成功後，點擊 Harbor 專案列表就能看到對應的專案空間，如圖 9-22 所示。

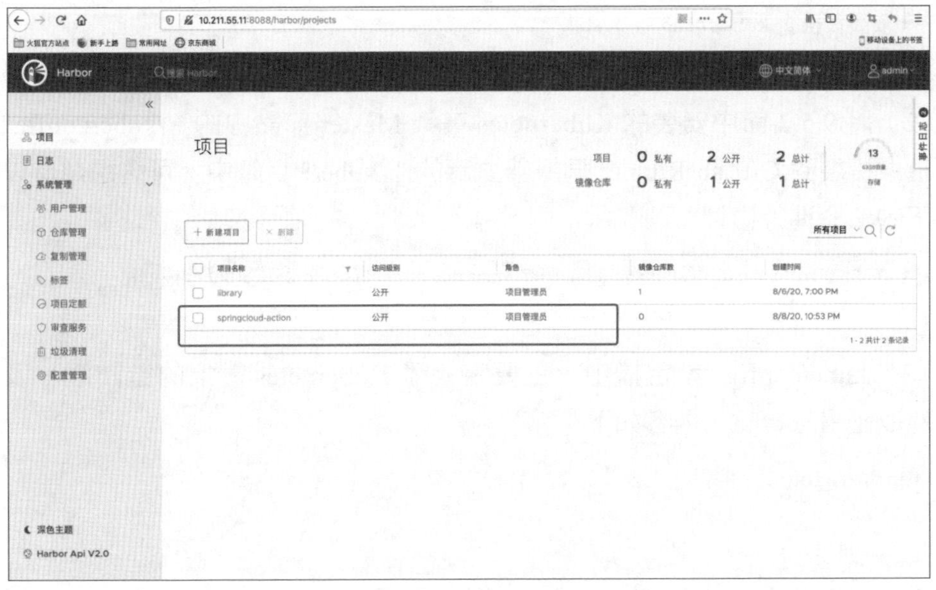

▲ 圖 9-22 (編按：本圖例為簡體中文介面)

9.6.3 準備 GitLab CI/CD 伺服器的 Kubernetes 環境

在 9.6.2 節中，我們已經在 Spring Cloud 專案中整合了打包 Docker 映像檔的 Maven 外掛程式。此時，如果要在 GitLab CI/CD 伺服器（需要安裝 Docker 及 Maven 環境）中執行 CI 建構流程，則可以將 Spring Cloud 微服務應用打包成 Docker 映像檔，並上傳至 Harbor 映像檔倉庫中。

但如果要將 Harbor 倉庫中的微服務映像檔部署至 Kubernetes 叢集，則還需要 GitLab CI/CD 伺服器具備與 Kubernetes 叢集互動的能力。

接下來示範在 GitLab CI/CD 伺服器中安裝 Kubernetes 的用戶端 kubectl，並設定其與 Kubernetes 叢集通訊的參數。

（1）在 GitLab CI/CD 伺服器（Ubuntu 系統）中安裝 kubectl。命令如下：

```
# 在 Ubuntu 系統中使用 snap 安裝 kubectl
# snap install kubectl -classic

# 安裝後檢查 kubectl 的版本資訊
# kubectl version -client
```

（2）將 9.5.2 節中安裝的 Kubernetes 叢集 Master 節點中的 "./kube/config" 檔案複製到 GitLab Runner 伺服器對應的 "./kube/" 目錄中。可透過類似以下的命令進行複製：

```
# 在 GitLab CI/CD 伺服器上遠端複製 Kubernetes Master 叢集的設定檔
#scp root@10.211.55.6:$HOME/.kube/config $HOME/.kube/
```

在 "./kube/config" 設定檔中，主要定義了 Kubernetes 叢集的造訪網址及存取證書等資訊，內容如下：

```
apiVersion: v1
clusters:
- cluster:
    certificate-authority-data: XXXX
    server: https://10.211.55.12:6443
  name: kubernetes
```

```
contexts:
- context:
    cluster: kubernetes
    user: kubernetes-admin
  name: kubernetes-admin@kubernetes
current-context: kubernetes-admin@kubernetes
kind: Config
preferences: {}
users:
- name: kubernetes-admin
  user:
    client-certificate-data: XXXX
    client-key-data: XXXX
```

需要注意，當前環境連接的 Kubernetes 叢集 context 為 "kubernetes-admin @kubernetes"，後面在具體撰寫 Kubernetes 部署 CD 指令時將用到它。

（3）設定 Harbor 私有映像檔倉庫的登入授權資訊。

要保證 Kubernetes 叢集中各個節點能夠正常從 Harbor 私有映像檔倉庫拉取映像檔，則需要提前在各節點設定 Harbor 私有映像檔倉庫的登入授權資訊，例如：

```
$ docker login 10.211.55.11:8088 -u admin -p Harbor12345
WARNING! Using --password via the CLI is insecure. Use --password-stdin.
WARNING! Your password will be stored unencrypted in /home/ubuntu/.
docker/config.json.
Configure a credential helper to remove this warning. See
https://docs.docker.com/engine/reference/commandline/login/#credentials-
store

Login Succeeded
```

如上所示，在某個 Kubernetes 節點以登入 Harbor 倉庫的方式獲取了授權資訊，那麼後續 Pod 執行在該節點時就能正常存取該私有映像檔倉庫，從而拉取映像檔、執行容器。

9.6.4 撰寫 Kubernetes 的發佈部署檔案

將應用發佈至 Kubernetes 叢集，主要是透過撰寫 YAML 設定檔來實現的。

在定義 CI/CD 流程前，先在 Spring Cloud 微服務專案目錄中撰寫一個 Kubernetes 發佈檔案，具體是：在專案中建立 kubernetes 目錄，並在其中建立檔案 "deploy.yaml"，內容如下：

```
---
# 指定 API 的版本
apiVersion: apps/v1
# 指定資源 API 物件類型，這裡為 Deployment
kind: Deployment
# 定義資源的中繼資料 / 屬性
metadata:
  # 資源的名稱（在同一個 Namespace 中必須唯一），這裡採用動態傳值的方式
  name: __APP_NAME__
# 指定該資源的內容
spec:
  #Pod 的備份個數
  replicas: __REPLICAS__
  selector:
    matchLabels:
      app: __APP_NAME__
  # 定義升級策略為 " 輪流升級 "
  strategy:
    type: RollingUpdate
  # 定義 Pod 範本
  template:
    metadata:
      labels:
        app: __APP_NAME__
    spec:
      imagePullSecrets:
        - name: wudimanong-ecr
      # 定義容器
      containers:
       # 容器的名字
```

```
  - name: __APP_NAME__
    # 容器使用的映像檔倉庫位址，這裡採用動態傳值的方式
    image: __IMAGE__
    # 資源管理
    resources:
      requests:
        memory: "1000M"
      limits:
        memory: "1000M"
    volumeMounts:
      - name: time-zone
        mountPath: /etc/localtime
      - name: java-logs
        mountPath: /opt/logs
    ports:
      - containerPort: __PORT__
    # 指定容器中的環境變數
    env:
      - name: SPRING_PROFILES_ACTIVE
        value: __PROFILE__
      - name: JAVA_OPTS
        value: -Xms1G -Xmx1G -Dapp.home=/opt/
# 定義一組掛載裝置
volumes:
  - name: time-zone
    hostPath:
      path: /etc/localtime
  - name: java-logs
    hostPath:
      path: /data/app/deployment/logs
```

這樣的 YAML 檔案，對應到 Kubernetes 中就是一個 API Object（即 API 物件）。在為這個物件的各個欄位填好定義的值，並將其提交到 Kubernetes 後，Kubernetes 負責建立出這些物件所定義的容器和相關類型的 API 資源。

9.6.5 定義 Spring Cloud 微服務的 GitLab CI/CD 流程

在 GitLab 完成關於 CI/CD 機制的設定後，要實現 CI/CD 流程的自動化，則還需要在受 GitLab 管理的微服務專案的根目錄中增加 ".gitlab-ci.yml" 檔案，並在其中定義具體的 CI/CD 建構階段及指令。具體如下：

```
# 環境參數資訊
variables:
  #Docker 映像檔倉庫位址和帳號密碼資訊
  DOCKER_REPO_URL: "10.211.55.11:8088"
  DOCKER_REPO_USERNAME: admin
  DOCKER_REPO_PASSWORD: Harbor12345
  #Kubernetes 相關資訊設定（空間與服務通訊埠）
  K8S_NAMESPACE: "wudimanong"
  PORT: "8080"

# 定義 CI/CD 階段
stages:
  - test
  - build
  - push
  - deploy

# 執行單元測試階段
maven-test:
  stage: test
  script:
    - mvn clean test

# 程式編譯打包映像檔階段
maven-build:
  stage: build
  script:
    - mvn clean package -DskipTests

# 將打包的 Docker 映像檔上傳至私有映像檔倉庫
docker-push:
  stage: push
```

```
  script:
    # 對打包的映像檔增加 tag
    - docker tag $DOCKER_REPO_URL/$CI_PROJECT_PATH $DOCKER_REPO_URL/$CI_
PROJECT_PATH/$CI_BUILD_REF_NAME:${CI_COMMIT_SHA:0:8}
    # 登入私有映像檔倉庫
    - docker login $DOCKER_REPO_URL -u $DOCKER_REPO_USERNAME -p $DOCKER_
REPO_PASSWORD
    # 上傳應用映像檔至映像檔倉庫
    - docker push $DOCKER_REPO_URL/$CI_PROJECT_PATH/$CI_BUILD_REF_NAME:
${CI_COMMIT_SHA:0:8}
    - docker rmi $DOCKER_REPO_URL/$CI_PROJECT_PATH/$CI_BUILD_REF_
NAME:${CI_COMMIT_SHA:0:8}
    - docker rmi $DOCKER_REPO_URL/$CI_PROJECT_PATH

# 將應用發佈至 Kubernetes 測試叢集（這裡指定為手動確認方式）
deploy-test:
  stage: deploy
  when: manual
  script:
    - kubectl config use-context kubernetes-admin@kubernetes
    - sed -e  "s/__REPLICAS__/1/; s/__PORT__/$PORT/; s/__APP_NAME__/$CI_
PROJECT_NAME/; s/__PROFILE__/test/;  s/__IMAGE__/$DOCKER_REPO_URL\/${CI_
PROJECT_PATH//\//\\/}\/${CI_BUILD_REF_NAME//\//\\/}:${CI_COMMIT_
SHA:0:8}/" kubernetes/deploy.yaml | kubectl -n ${K8S_NAMESPACE}  apply -f
-
```

如上所述，在 ".gitlab-ci.yml" 檔案中定義了 "test"、"build"、"push"、"deploy" 這 4 個階段。這幾個階段的具體說明如下。

- test：執行單元測試程式。
- build：執行打包指令，將應用打包為 Docker 映像檔。
- push：將 build 階段打包的本地 Docker 映像檔經過 tag 處理後上傳至 Harbor 映像檔倉庫，並在成功後清理本地映像檔檔案。
- deploy：執行 Kubernetes 指令，根據 Kubernetes 發佈部署檔案的設定，將容器映像檔部署至 Kubernetes 叢集。

在以上 CI/CD 階段的定義中，在具體部署至 Kubernetes 叢集時，為了便於應用的統一管理，在發佈指令中指定了 Kubernetes 叢集的 Namespace，但在預設情況下，在 Kubernetes 叢集中是不存在這樣的 Namespace 的，所以需要提前手工建立，命令如下：

```
# 連接 Kubernetes 叢集建立 Kubernetes Namespace
# kubectl create namespace wudimanong
namespace/wudimanong created
```

此外，在 Kubernetes 發佈過程中，由於 Kubernetes 叢集中的節點需要從 Harbor 倉庫拉取映像檔，所以，為了確保存取成功，還需要在叢集各節點進行以下設定：

```
# 編輯 Docker 本地倉庫的設定檔
vim /etc/docker/daemon.json
```

增加 Harbor 映像檔倉庫的位址，具體內容如下：

```
{"insecure-registries": ["10.211.55.11:8088"]}
```

重新啟動 Docker 服務，命令如下：

```
systemctl restart docker
```

至此，完成了透過 GitLab CI/CD 機制建構自動化發佈系統的全部準備工作了，後面將具體示範 CI/CD 自動化發佈的流程。

9.6.6 將微服務應用自動發佈到 Kubernetes 叢集中

本節示範將 Spring Cloud 微服務應用自動發佈到 Kubernetes 叢集。

(1) 因為微服務應用是需要註冊到 Consul 服務註冊中心的，所以需要找一台與 Kubernetes 叢集網路互通的伺服器部署一個 Consul 服務。具體如下：

```
# 部署一個 Consul 服務
#docker run --name consul -p 8500:8500 -v /tmp/consul/conf/:/consul/conf/
-v /tmp/consul/data/:/consul/data/ -d consul
```

如上所示，在與 Kubernetes 叢集同網路環境下，以 Docker 為基礎部署了一個 Consul 服務。在部署完成後，可以測試是否能夠正常存取它。

（2）建立微服務部署 Kubernetes 叢集環境的設定檔。

如果 Consul 服務正常，則在 Spring Cloud 範例專案中增加指定的 Consul 位址。由於本次部署的 Kubernetes 環境為 test 環境，所以可以建立新的設定檔 "application-test.yml"，具體如下：

```
spring:
  cloud:
    consul:
      # 設定測試環境 Consul 註冊中心的 IP 位址
      host: 10.211.55.12
      port: 8500
```

如果不指定 Consul 位址，則 Spring Cloud 應用會自動連接本地位址 127.0.0.1:8500。但在 Kubernetes 環境下，需要根據具體環境指定對應的 Consul 服務地址。

（3）提交程式，觸發 GitLab 的 Pipeline 自動建構。

此時如果提交程式，則 GitLab Pipeline 將被自動觸發，並根據在 ".gitlab-ci.yml" 檔案中設定的 CI/CD 階段開始執行建構命令，如圖 9-23 所示。

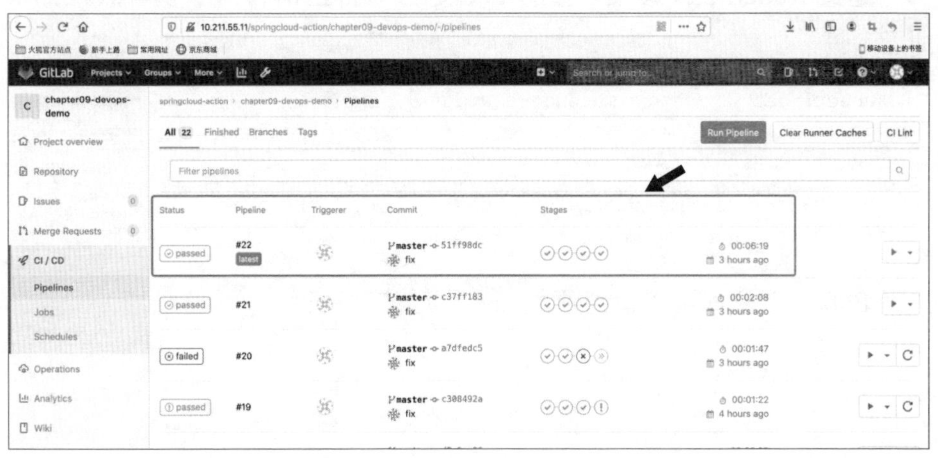

▲ 圖 9-23

點擊建構詳情按鈕（passed），可以看到具體各個階段的執行情況，如圖 9-24 所示。

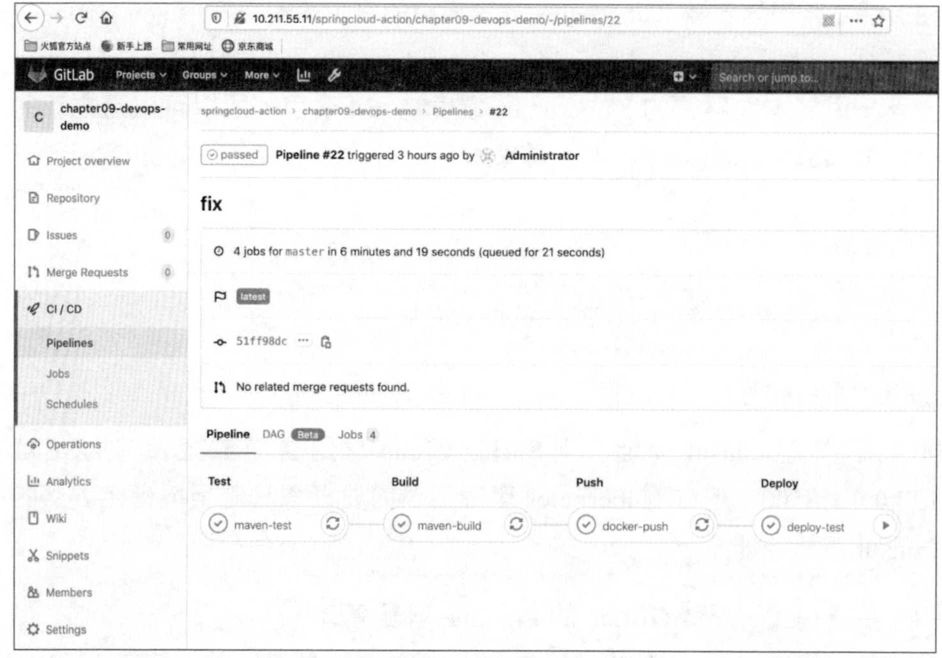

▲ 圖 9-24

（4）連接 Kubernetes 叢集，查看 Pod 是否執行正常。指令執行效果如下所示。

```
$ kubectl get po -n wudimanong -o wide
NAME                                        READY    STATUS     RESTARTS    AGE
IP           NODE          NOMINATED NODE    READINESS GATES
chapter09-devops-demo-575f94fd9f-ndpnf      1/1      Running    0
3h14m    10.32.0.6    kubernetes    <none>           <none>
```

透過 Pod 查看命令可以看到應用 Pod 已經成功執行。

（5）登入 Consul 主控台查看微服務的註冊情況，如圖 9-25 所示。

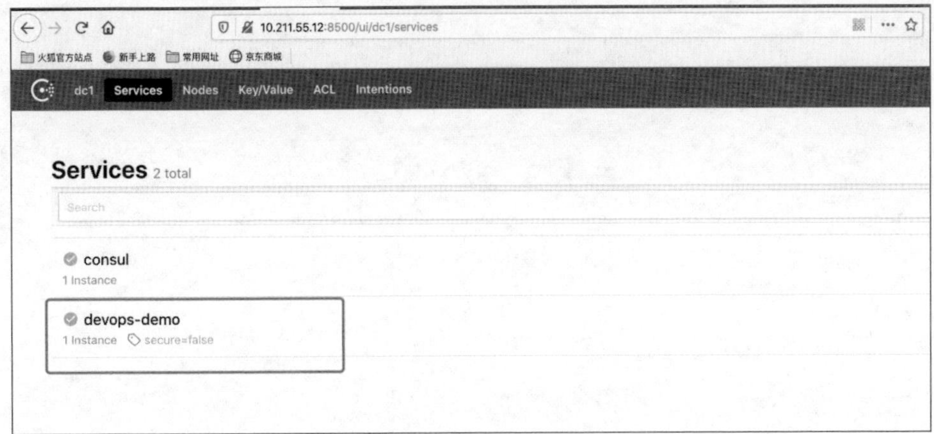

▲ 圖 9-25

可以看到，在 Kubernetes 叢集中執行的微服務應用已經成功註冊到 Consul 註冊中心了，這說明應用已經部署成功。

9.7 本章小結

本章所示範的 DevOps 發佈系統是一個非常綜合的實例，其中不僅包括 CI/CD 這些基本 DevOps 概念，還從實戰的角度詳細介紹了容器、映像檔倉庫及 Kubernetes 容器編排等目前 DevOps 領域非常流行的容器化技術。

更重要的是，本章以實踐的方式詳細示範了如何將這些技術元件組合在一起，建構出一套流程完整的 DevOps 自動化發佈系統。這樣的發佈方式是目前 Spring Cloud 微服務軟體發佈的主流方式。

透過本章的實踐學習，讀者可以從整個軟體生命週期的角度去了解 Spring Cloud 微服務建構的流程及方法。

9.7 本章小結

Chapter

10

架設微服務監控系統

用 "Prometheus + Grafana + SkyWalking" 實現度量指標監控及分散式鏈路追蹤

對線上系統來說，完整的監控系統是確保服務持續穩定的重要手段。而在微服務場景中，由於服務之間的呼叫鏈路較長，且以 Kubernetes 容器化部署的特點為基礎，所以整體服務的穩定性更需要依靠一套強大的監控警告系統來保證。一般來說，可以將監控層次從下向上依次分為基礎層監控、中間層監控、應用層監控和業務層監控。

本章將依據這幾個監控層次，示範在以 Kubernetes 設施為基礎的雲端原生環境下建構針對 Spring Cloud 微服務的監控系統。

透過本章，讀者將學習到以下內容：

- 監控系統的概念與基本原理。
- 架設 Kubernetes 微服務監控系統的方法。
- 將 Spring Cloud 微服務連線 Prometheus 指標監控系統的方法。
- 分散式鏈路追蹤的概念，以及以 SkyWalking 為基礎實現分散式鏈路追蹤系統。

10.1 認識監控系統

監控系統是執行維護系統乃至整個軟體產品生命週期中最重要的一環。完整的監控可以幫助技術人員在事前及時發現故障，在事後快速追查定位問題。

在以微服務為代表的雲端原生架構系統中，系統分層多樣，服務之間呼叫鏈路複雜，所以系統需要監控的目標非常多。如果沒有一套完整的監控系統，則難以保證整體服務的持續穩定。

10.1.1 監控物件及分層

在實際場景中，按照監控的物件及系統層次結構，從下向上可依次劃分為：基礎層監控、中間層監控、應用層監控和業務層監控，如圖 10-1 所示。

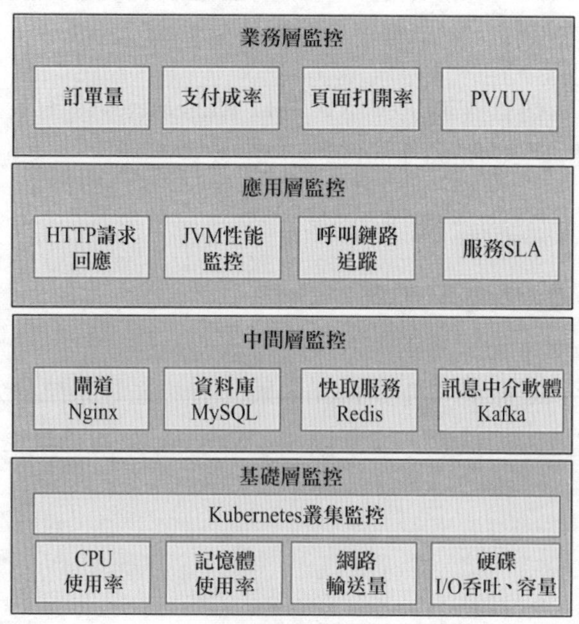

▲ 圖 10-1

1. 基礎層監控

基礎層監控，就是對主機伺服器（包括宿主機、容器）及其底層資源進行監控，以保證應用執行所依賴的基礎環境穩定執行。基礎層監控主要有以下兩個方向。

- 資源利用：對 I/O 使用率、CPU 使用率、記憶體使用率、磁碟使用率、網路負載等進行監控，避免因應用本身或其他特殊情況引起硬體資源消耗，進而出現服務故障。
- 網路通訊：對伺服器之間的網路狀態進行監控。網路通訊是網際網路的重要基礎，如果主機之間的網路出現延遲過大、封包遺失率高等網路問題，則會嚴重影響業務。

> 在以 Kubernetes 為基礎的雲端原生基礎設施中，在基礎層不僅要對宿主機本身進行監控，還要對 Kubernetes 叢集狀態，以及其容器資源使用情況進行監控。

2. 中間層監控

中間層監控是指，對諸如 Nginx、Redis、MySQL、RocketMQ、Kafka 等應用服務所依賴的中介軟體進行監控。它們的穩定也是保證應用持續可用的關鍵。

3. 應用層監控

應用層監控是指對業務應用進行監控。一般來説，其重點主要表現在以下幾個方面。

- HTTP 介面請求存取：包括介面回應時間、輸送量等。
- JVM 監控指標：對於 Java 服務，還會特別注意 GC 時間、執行緒數、FGC/YGC 耗時等與 JVM 性能相關的指標。
- 資源消耗：部署應用會消耗一定的資源，例如對記憶體、CPU 的消耗。

- 服務的健康狀態：當前服務是否存活、執行是否穩定等。
- 呼叫鏈路：在微服務架構中，由於呼叫鏈路較長，所以需要監控服務之間呼叫鏈路的穩定性，避免上下游服務之間的局部鏈路故障引發系統全域性「雪崩」。

4. 業務層監控

業務層監控也是監控系統關注的重要內容。在實際業務場景中，常常會對應用產生的業務資料進行監控，舉例來說，網站系統所關注的 PV、UV，後端交易系統所關注訂單量、成功率等。

> 業務指標也是表現系統穩定性的核心要素。對於任何出現了問題的系統，最先受影響的肯定是業務指標。對於核心業務指標的設定，因具體的業務和場景而異。因此，對於業務層的監控，需要建構具備業務特點的業務監控系統。

10.1.2 常見的監控指標及類型

在指標類別監控系統中，透過統計指標可以直觀地了解到整個系統的執行情況。在出現問題後，各個指標會首先出現波動，這些波動會反映出系統是哪些方面出了問題，從而可以據此排除問題出現的原因。

下面來看一下統計指標的類型，以及常見的統計指標都有哪些。這是進一步了解指標類別監控系統的基礎。

1. 指標類型

從整體上看，常見的指標有以下 4 類別類型。

（1）計數器（Counter）。

計數器是一種具有累加特性的指標類型，它的值一般為 Double 或 Long 類型。舉例來說，常見的統計指標 "QPS" 的值就是透過計數器並配合一些統計函數計算出來的。

(2) 測量儀（Gauge）。

測量儀是指在某個時間點對某個數值進行測量的指標類型。測量儀和計數器都可以用來查詢特定指標在某個時間點的數值。

> 和計數器不同，測量儀的值可以隨意變化，可以增加，也可以減少。比如，獲取 Java 執行緒池中活躍的執行緒數，測量儀使用的是 ThreadPoolExecutor 中的 getActiveCount() 方法。

常見的統計指標（如 CPU 使用率、記憶體佔用量等）都是透過測量儀來統計的。

(3) 長條圖（Histogram）。

長條圖是一種將多個數值聚合在一起的資料結構，可以表示資料的分佈情況。

以常見的響應耗時舉例，把響應耗時資料分為多個桶（Bucket），每個桶代表一個耗時區間，例如 0 ～ 100ms、100ms ～ 500ms。依此類推，透過這樣的形式，可以直觀地看到一個時間段內請求耗時的分佈情況。

(4) 摘要（Summary）。

摘要與長條圖類似，表示的也是一段時間內的資料結果。但摘要一般用於標識分位值，分位值其實就是業界常說的 "TP90"、"TP99" 等術語。

舉例來說，有 100 個耗時數值，如果將所有的數值從低到高排列，取第 90% 的位置，則這個位置的值就是 "TP90" 的值；如果這個位置對應的值是 80ms，則代表小於或等於 90% 位置的請求耗時都小於或等於 80ms。

2. 常見的監控指標

下面再來看一些工作中常見的監控指標。透過這些指標可以了解系統執行的基本情況。

（1）QPS。

QPS（Query Per Second），指每秒查詢的數量。這是一個非常常見的監控指標，它不僅指「查詢」這個特殊的條件，也與請求量掛鉤。透過這個值，可以查看某個介面的請求量，舉例來說，在 1s 內進行了一次介面呼叫，則可以認為在這 1s 內 QPS 增加了 1。如果系統經過了壓測，則可以透過估算出的 QPS 的峰值來預估系統的容量。

（2）TPS。

TPS（Transaction Per Second），指每秒傳輸的交易處理的個數。一個交易是指：從客戶端裝置向伺服器發送請求，到客戶端裝置收到伺服器回應的全過程。它包括「使用者請求伺服器」「伺服器自己內部處理」及「伺服器傳回給使用者」這 3 個過程。

> 一般來說，對系統性能的評價，都是以 TPS 來衡量的。系統的整體處理能力，取決於處理能力最弱模組的 TPS。

（3）SLA。

SLA（Service Level Agreement，服務等級協定），一般用於服務商和使用者之間的協定，它規定了服務的性能和可用性。依據這種可量化的協定，在服務商與使用者之間可以制定出詳細的規則，來保證所提供服務的可用性。舉例來說，在使用雲端服務時，有些服務廠商會與使用者簽訂一個 SLA 協定，約定如果服務達不到對應的 SLA 等級則會進行對應賠償。

關於 SLA，最常使用的說法是：「4 個 9」、「5 個 9」等。其中，「4 個 9」指的是 99.99%，「5 個 9」指的是 99.999%，依此類推。

> SLA 並不是一個固定的數值，「幾個 9」只是代表系統可以保持穩定的時間，SLA 會因為成功數與請求數的不同而動態變化，例如可能是 95%，也可能是 98%。

如果要計算某個介面的 SLA 情況，則可以指定一段時間區間，然後根據以下公式來計算：

總計成功數 / 總計請求數 = 百分比（100%）

算出 SLA 能有什麼作用呢？舉例來說，要保證某個服務 1 年內的 SLA 是「5 個 9」，那麼 1 年就是時間單位，由此可以算出服務不可用時間如下：

```
1 年 = 365 天 = 8760 小時
3 個 9 = 8760 × (1 - 99.9%) = 8.76 小時
4 個 9 = 8760 × (1 - 99.99%) = 0.876 小時 = 0.876 × 60 = 52.6 分鐘
5 個 9 = 8760 × (1 - 99.999%) = 0.0876 小時 = 0.0876 × 60 = 5.26 分鐘
```

由此可見，想要保證越多的 "9"，就要提示服務的持續可用時間，減少服務錯誤的時間。因此，SLA 等級協定的概念對系統穩定具有重要的意義，「幾個 9」也成了業界關於服務可用性評價的公認標準。

> 不同的監控物件，需要關注的指標會不同，需要在實際的業務場景中根據具體的監控物件進行統計。

10.1.3 主流的監控系統及選型

選擇開放原始碼的監控系統，是快速建構微服務監控系統的最佳方案。

1. 度量指標監控

在度量指標監控領域，目前最知名的開放原始碼專案是 Prometheus。它是一款由前 Google 員工發佈的開放原始碼指標監控系統，支援從基礎層到業務層的全域監控。

> Prometheus 目前已被 CNCF（雲端原生基金會）託管，現在已經成為 Kubernetes 叢集的標準監控解決方案。

按照監控物件及分層劃分，Prometheus 適用的範圍如圖 10-2 所示。

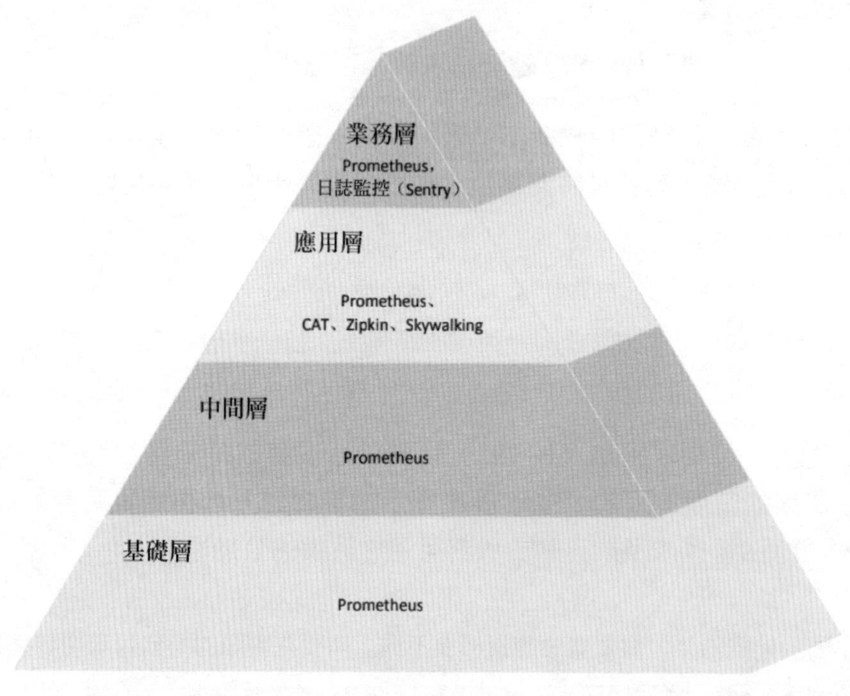

▲ 圖 10-2

從圖 10-2 可以看出，Prometheus 為監控系統，其適用範圍十分廣，無論是對基礎層 CPU、記憶體、I/O 等主機硬體資源的監控，還是對 Kubernetes 叢集及容器資源的監控都可以極佳地覆蓋。

> Prometheus 社區還提供了大量專門針對各類基礎軟體（如 MySQL、Redis 等）的官方或第三方的 Exporter（擷取用戶端），能極佳地支援對中間層軟體系統的指標監控。

對於應用層（微服務系統）的指標監控，Prometheus 也能透過對應的擷取用戶端實現大部分通用指標（如 QPS、JVM 記憶體使用情況）的擷取監控。

除此之外，Prometheus 也可以實現業務層指標的監控，但是由於業務監控指標複雜多樣，所以在具體實踐的過程中，還沒辦法透過某種通用的擷取用戶端來進行擷取，而是依賴對業務程式進行侵入式的資料埋點。

> Prometheus 廣泛的適用範圍（特別是對 Kubernetes 雲端原生基礎設施的天然整合），使得目前採用 Prometheus 作為指標監控系統的公司越來越多，社區生態也越發繁榮。從某種程度上說，Prometheus 已經成為度量指標監控領域的首選開放原始碼產品。

2. 分散式鏈路追蹤

除度量指標監控外，在分散式鏈路追蹤（Tracing）及應用性能管理（APM）方面，也有像 CAT、Zipkin、SkyWalking 等開放原始碼專案。它們之間的比較分析如圖 10-3 所示。

	CAT	Zipkin	Apache Skywalking
社區支持	美團開放原始碼，中國大陸流行	Twitter 開放原始碼，國外主流	Apache 支持，中國大陸內社區活躍
典型案例	大眾點評、攜程	京東	華為、小米
APM 支持	支持	不支持	支持
源頭產品	eBay CAL	Google Dapper	Google Dapper
同類產品	暫無	Spring Cloud Sleuth	Naver Pinpoint
呼叫鏈可視	有	有	有
聚合報表	非常豐富	少	較豐富
埋點方式	侵入	侵入	非侵入，運行期位元組碼增強
VM 指標	好	無	有
告警支持	有	無	有
多語言支援	Javal.Net	豐富	Javal.Net/NodeJS/PHP/Go（需手動埋點）
優點	企業級產品，APM 報表豐富	社區生態好	社區活躍，非侵入式整合、Apache 背書
不足	使用者體驗一般，社區活躍度不高	APM 報表能力弱，程式侵入	開放原始碼時間不長，文件支援一般

▲ 圖 10-3

在上述開放原始碼的鏈路監控系統中，APM（Application Performance Management，應用性能管理）是非常重要的一種能力，但是 Zipkin 並不支持。因此，不建議採用它。

CAT 是企業大規模實踐出來的產物。從 APM 能力和報表的豐富性來說，它是非常優秀的。但它的缺點是，社區活躍度不高。

SkyWalking 是一款優秀的開放原始碼「APM + 分散式鏈路追蹤」系統，支援無侵入式的連線方式。目前 SkyWalking 在網際網路公司中使用得非常廣泛，並且社區活躍度也很高。所以，對於分散式鏈路系統的選型，會更傾向於 SkyWalking。

綜上所述，在本章 Spring Cloud 微服務監控系統的建構中，會採用 Prometheus 和 SkyWalking 來建構微服務的度量指標監控系統，以及分散式鏈路追蹤系統。

10.2【實戰】建構微服務度量指標監控系統

從監控物件及系統分層的角度來看，需要監控的範圍非常廣。但從微服務監控的角度來看，如果服務都是部署在 Kubernetes 環境中，則需要關注的監控物件主要就是 Kubernetes 叢集本身，以及執行在叢集中的各類應用容器；而監控內容主要是容器資源的使用情況（例如 CPU 使用率、記憶體使用率、網路、I/O 等指標）。

> 這並不是說基礎層的物理機、虛擬機器或者中間層軟體的監控不需要關注，只是這部分工作一般會有專門的人員去做。如果使用的是雲端服務，則雲端服務廠商大都已經提供了相關支援。
>
> 對於基礎實體層、中介軟體的監控並不是本書的重點，所以就不做過多的介紹，大家對此有一個全域的認識即可。

回到 Kubernetes 微服務監控系統的話題。雖然在 Kubernetes 的早期版本中，監控系統曾經非常複雜，社區中也有各種各樣的方案。但是這套系統發展到今天，已經完全演變成了以 Prometheus 為主的統一方案。

本節將以 Prometheus 為基礎來建構針對 Kubernetes 的微服務監控系統。

10.2.1 認識 Prometheus

經過產業多年的實踐和沉澱，監控系統按實現方式主要分為以下幾類：

- 以時間序列為基礎的 Metrics（度量指標）監控。
- 以呼叫鏈為基礎的 Tracing（鏈路）監控。
- 以 Logging（日誌）為基礎的監控。
- 健康性檢查（Healthcheck）。

在以上幾種監控方式中，Metrics（度量指標）監控是最主要的一種監控方式。

Metrics（度量指標）本質上就是在離散的時間點上產生的數值點 [Time, Value]。而一組數值點的序列也被稱為「時間序列」，因此，Metrics（度量指標）監控也常被稱為「時間序列監控」。

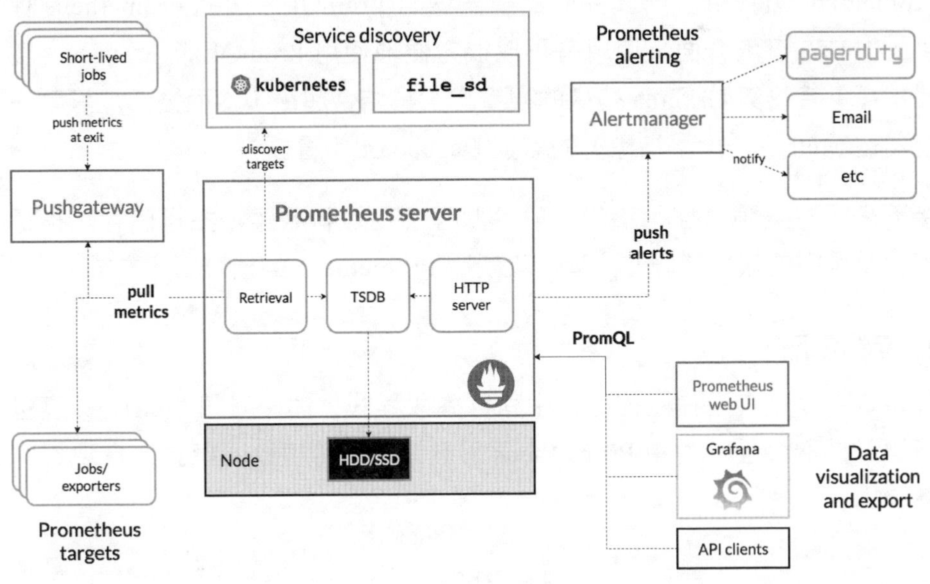

▲ 圖 10-4

Prometheus 是一款以時間序列為基礎的開放原始碼 Metrics（度量指標）監控系統，它可以很方便地進行統計指標的儲存、查詢和警報。Prometheus 的系統結構如圖 10-4 所示。

Prometheus 主要是使用 Pull（拉取）的模式去擷取被監控物件的 Metrics（度量指標）資料，然後將收到的 Metrics（度量指標）資料進行聚合計算，並將計算結果儲存在時間序列資料庫（TSDB）中，以便後續實現各種維度的檢索。

> 常見的時間序列資料庫有 OpenTSDB、InfluxDB 等。

除 Pull（拉取）的模式外，Prometheus 中的 PushGateway 元件也允許被監控物件以 Push（推送）的模式向 Prometheus 發送 Metrics（度量指標）資料。而 Alertmanager 元件，則可以根據 Metrics（度量指標）資訊靈活地設定警告。

Prometheus 還提供了一套完整的查詢語言 PromQL。透過 Prometheus 提供的 HTTP 查詢介面，使用者可以很方便地使用 PromQL 將 Metrics（度量指標）資料與 Grafana 這樣的視覺化工具結合起來，從而靈活地訂製系統關鍵 Metrics（度量指標）的監控 Dashboard（看板）。

接下來，將按照監控系統的一般性原理，從資料收集、指標儲存、指標查詢及規則警報這幾個方面進一步說明 Prometheus 的核心工作方式。

1. 資料獲取

Prometheus 是透過在監控物件中執行擷取程式，然後曝露 Metrics（度量指標）擷取介面，並由 Prometheus 服務以 Pull（拉取）模式來實現資料獲取的。

> 例如，在 Spring Cloud 中引入 "spring-boot-starter-actuator" 及 "micrometer-registry- Prometheus" 依賴後，就會自動在微服務應用中開啟一些基礎指標（如 HTTP 層呼叫次數、本機的 CPU、記憶體資源使用等）的擷取介面。

對於宿主機及其他物件的監控，Prometheus 維護了一組 Node Exporter 工具。這些工具會以後台處理程序的形式執行在監控物件所在的伺服器中，並代替被監控物件向 Prometheus 曝露 Metrics（度量指標）的擷取介面。

Prometheus 擷取的 Metrics（度量指標）資料，除了負載、CPU、記憶體、磁碟、網路等正常資訊外，針對不同的監控物件，還可以使用特定的元件去擷取更有針對性的指標——例如 "MySQL server exporter" 這樣的 Node Exporter，還可以擷取像 "collect.binlog_size" 這樣的 Metrics（度量指標）。

> 不同的 Node Exporter 元件能提供的具體指標資料，可參考 Prometheus 官方文件中各種 exporters 列表的詳細資訊。

2. 指標儲存

Prometheus 提供了兩種方式來儲存 Metrics（度量指標）資料。

- 本機存放區：Prometheus 在擷取到樣本後，會以時間序列的方式將樣本保存在記憶體中，並定時同步到磁碟中。這種儲存方式的優勢是執行維護簡單，但無法支持巨量 Metrics（度量指標）資料的持久化，並存在遺失資料的風險。
- 遠端儲存：為了解決本地單節點儲存的限制，Prometheus 提供了遠端讀寫的介面，使用者可以自己選擇用合適的時序資料庫來實現 Prometheus 的儲存擴充。

一般來說，Prometheus 可以透過以下兩種方式來實現與遠端儲存系統的對接：

- Prometheus 按照標準的格式將 Metrics（度量指標）資料寫入遠端儲存系統。
- Prometheus 按照標準格式提供存取介面，遠端儲存系統透過 Prometheus 提供的介面來讀取 Prometheus 擷取的 Metrics（度量指標）資料。

Prometheus 與遠端儲存系統的互動如圖 10-5 所示。

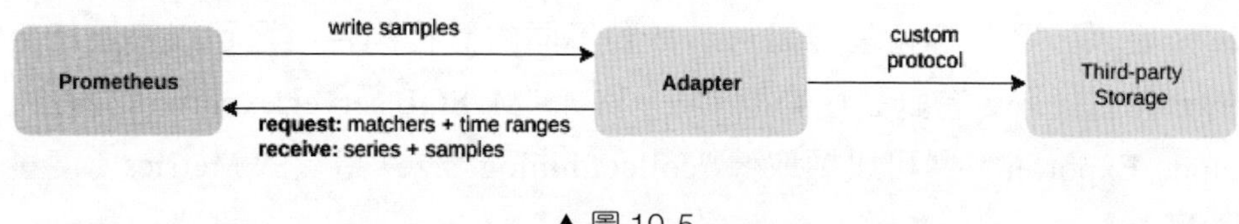

▲ 圖 10-5

關於 Prometheus 與遠端儲存系統對接的具體方法，感興趣的讀者可以自行查閱相關資料。

3. 指標查詢

在 Prometheus 中，透過 PromeQL 查詢語言可以方便地查詢各種維度指標資料，進而實現監控資料的視覺化圖形繪製、監控內容警報的設定等功能。例如：

```
http_error_requests{job="apiserver"}[5m]
```

上面這段 PromeQL 敘述可以查詢出在 "http_error_requests" 這個統計指標中，HTTP 請求錯誤的次數（Job 值等於 "apiserver"，每 5 分鐘統計一次）。利用這樣的資料，就可以繪製出柱狀圖或聚合線圖來將監控指標資料視覺化。

PromQL 還提供了很多計算函數來實現更多維度指標資料的查詢，例如：

```
rate(http_error_requests[5m])
```

該 PromeQL 函數統計的是：指標 "http_error_requests" 的當前值與前 5 分鐘相比較的加值。

> 關於 PromeQL 更多的用法，可以參考官網提供的相關教學。

4. 規則警報

Prometheus 實現規則警報的主要邏輯是，定期執行 PromeQL 警報敘述，如果符合警報條件，則進行警報通知。

> 可以透過進一步學習 Alertmanager 元件，來了解更詳細的警報規則及通知方式的設定。

接下來示範部署 Prometheus 建構 Kubernetes 微服務監控系統的具體步驟。

10.2.2 步驟 1：部署 Prometheus Operator

在實際的應用場景中，針對不同的監控物件，Prometheus 的部署方式有所不同。舉例來說，要監控的物件是底層的物理機，或以物理機方式部署的資料庫等中介軟體系統，則一般將 Prometheus 監控系統部署在物理機環境中。

如果是針對 Kubernetes 叢集的監控，則目前主要是透過 Promethues-Operator 的方式將 Promethues 直接部署在 Kubernetes 叢集中，從而以更原生的方式實施對 Kubernetes 叢集及其執行容器的監控。

> 這裡所說的 Promethues-Operator 是指專門針對 Kubernetes 的 Promethues 封裝套件，以此來簡化 Prometheus 在 Kubernetes 環境中的部署和設定。

透過 Promethues-Operator 在 Kubernetes（Kubernetes 叢集的部署可參考 9.5.2 節的內容）中部署 Promethues 的步驟如下。

1. 安裝 Helm

由於在安裝過程中會使用到 Kubernetes 的套件管理工具 Helm，所以需要先在 Kubernetes 叢集中安裝 Helm。

> Helm 是 Kubernetes 的一種套件管理工具，與 Java 中的 Maven、NodeJs 中的 Npm、Ubuntu 的 apt，以及 CentOS 的 yum 類似，主要用來簡化 Kubernetes 對應用的部署和管理。

（1）從 Github 下載對應版本的 Helm 安裝套件，並將安裝套件保存在某個安裝了 kubectl 的節點中。

（2）解壓縮安裝套件，並將可執行檔 "helm" 複製到系統資料夾 "/usr/local/bin" 中。命令如下：

```
$ tar -zxvf helm-v3.4.0-rc.1-linux-amd64.tar.gz

# 將安裝套件中的可執行檔 "helm" 複製到資料夾 "/usr/local/bin" 中
$ mv linux-amd64/helm /usr/local/bin/
```

（3）執行 "helm version" 命令。具體如下：

```
$ helm version

version.BuildInfo{Version:"v3.4.0-rc.1", GitCommit:"7090a89efc8a18f3d8178
bf47d2462450349a004", GitTreeState:"clean", GoVersion:"go1.14.10"}
```

如果能看到 Helm 的版本資訊，則說明 Helm 用戶端安裝成功了。

（4）增加 "helm charts" 官方倉庫的位址。

由於一些公共 Kubernetes 套件是在遠端倉庫中管理的，所以還需要增加 "helm charts" 官方倉庫位址，命令如下：

```
$ helm repo add stable https://   .helm.sh/stable
```

> Helm 中的 Kubernetes 安裝套件又被稱為 "charts"。

（5）查看本地 Helm 倉庫是否增加成功。命令如下：

```
$ helm repo list

NAME    URL
stable  https://   .helm.sh/stable
```

（6）查看 Helm 倉庫。命令如下：

```
$ helm search repo stable

NAME                              CHART VERSION  APP VERSION  DESCRIPTION
stable/acs-engine-autoscaler        2.1.3        2.1.1        Scales worker
nodes within agent pools
stable/aerospike                    0.1.7        v3.14.1.2    A Helm chart
for Aerospike in Kubernetes
stable/anchore-engine               0.1.3        0.1.6        Anchore
container analysis and policy evaluatio...
stable/artifactory                  7.0.3        5.8.4        Universal
Repository Manager supporting all maj...
stable/artifactory-ha               0.1.0        5.8.4        Universal
Repository Manager supporting all maj...
stable/aws-cluster-autoscaler       0.3.2                     Scales worker
nodes within autoscaling groups.
stable/bitcoind                     0.1.0        0.15.1       Bitcoin is an
innovative payment network and a ...
stable/buildkite                    0.2.1        3            Agent for
Buildkite
...
```

如上所示，透過 "Helm search" 命令可以查看到各種 stable 版本的 Kubernetes 安裝套件（charts 列表）了。

2. 透過 Helm 尋找 Prometheus-Operator 安裝套件

在安裝 Prometheus-Operator 之前，先用 "helm" 命令來搜索 Prometheus 的安裝套件，命令如下：

```
$ helm search repo prometheus
```

尋找結果如圖 10-6 所示：

NAME	CHART VERSION	APP VERSION	DESCRIPTION
stable/prometheus	11.12.1	2.20.1	DEPRECATED Prometheus is a monitoring system an...
stable/prometheus-adapter	2.5.1	v0.7.0	DEPRECATED A Helm chart for k8s prometheus adapter
stable/prometheus-blackbox-exporter	4.3.1	0.16.0	DEPRECATED Prometheus Blackbox Exporter
stable/prometheus-cloudwatch-exporter	0.8.4	0.8.0	DEPRECATED A Helm chart for prometheus cloudwat...
stable/prometheus-consul-exporter	0.1.6	0.4.0	DEPRECATED A Helm chart for the Prometheus Cons...
stable/prometheus-couchdb-exporter	0.1.2	1.0	DEPRECATED A Helm chart to export the metrics f...
stable/prometheus-mongodb-exporter	2.8.1	v0.10.0	DEPRECATED A Prometheus exporter for MongoDB me...
stable/prometheus-mysql-exporter	0.7.1	v0.11.0	DEPRECATED A Helm chart for prometheus mysql ex...
stable/prometheus-nats-exporter	2.5.1	0.6.2	DEPRECATED A Helm chart for prometheus-nats-exp...
stable/prometheus-node-exporter	1.11.2	1.0.1	DEPRECATED A Helm chart for prometheus node-exp...
stable/prometheus-operator	9.3.2	0.38.1	DEPRECATED Provides easy monitoring definitions...
stable/prometheus-postgres-exporter	1.3.1	0.8.0	DEPRECATED A Helm chart for prometheus postgres...
stable/prometheus-pushgateway	1.4.3	1.2.0	DEPRECATED A Helm chart for prometheus pushgateway
stable/prometheus-rabbitmq-exporter	0.5.6	v0.29.0	DEPRECATED Rabbitmq metrics exporter for promet...
stable/prometheus-redis-exporter	3.5.1	1.3.4	DEPRECATED Prometheus exporter for Redis metrics
stable/prometheus-snmp-exporter	0.0.6	0.14.0	DEPRECATED Prometheus SNMP Exporter
stable/prometheus-to-sd	0.3.1	0.5.2	DEPRECATED Scrape metrics stored in prometheus ...
stable/elasticsearch-exporter	3.7.0	1.1.0	Elasticsearch stats exporter for Prometheus
stable/helm-exporter	0.3.3	0.4.0	DEPRECATED Exports helm release stats to promet...
stable/karma	1.7.0	v0.72	A Helm chart for Karma - an UI for Prometheus A...
stable/stackdriver-exporter	1.3.0	0.6.0	Stackdriver exporter for Prometheus
stable/weave-cloud	0.3.7	1.4.0	Weave Cloud is a add-on to Kubernetes which pro...
stable/kube-state-metrics	2.9.1	1.9.7	Install kube-state-metrics to generate and expo...
stable/kuberhealthy	1.2.7	v1.0.2	DEPRECATED. Please use https://comcast.github.i...
stable/mariadb	7.3.14	10.3.22	DEPRECATED Fast, reliable, scalable, and easy t...

▲ 圖 10-6

從圖 10-6 可以看到，在 Helm 倉庫中可以搜索到版本為 0.38.1 的 "stable/prometheus-operator" 的安裝套件。接下來就可以透過 Helm 進行安裝了。

3. 透過 Helm 安裝 Prometheus-Operator

（1）透過 Helm 安裝 Prometheus-Operator。命令如下：

```
# 建立 K8s 的命名空間
$ kubectl create ns monitoring

# 透過 helm 安裝 Prometheus-Operator
$ helm install promethues-operator stable/prometheus-operator -n
monitoring
```

（2）查看執行的 Kubernetes Pods 資訊。命令如下：

```
$ kubectl get po -n monitoring

NAME                                                     READY   STATUS
RESTARTS    AGE
alertmanager-promethues-operator-promet-alertmanager-0   2/2     Running
0           5m42s
prometheus-promethues-operator-promet-prometheus-0       3/3     Running
1           5m31s
promethues-operator-grafana-5df74d9cb4-5d475             2/2     Running
0           6m53s
promethues-operator-kube-state-metrics-89d8c459f-449k4   1/1     Running
0           6m53s
promethues-operator-promet-operator-79f8b5f7ff-pfpbl     2/2     Running
0           6m53s
promethues-operator-prometheus-node-exporter-6ll4z       1/1     Running
0           6m53s
promethues-operator-prometheus-node-exporter-bvdb4       1/1     Running
0           6m53s
```

如上所示，Prometheus 的相關元件已經以 Pod 的方式執行在 Kubernetes 叢集中了。

（3）透過 Helm 命令查看具體的發佈記錄。命令如下：

```
$ helm list -n monitoring

NAME    NAMESPACE    REVISION    UPDATED    STATUS    CHART    APP VERSION
promethues-operator monitoring  1  2020-10-26 10:15:45.664673683 +0000 UTC
deployed  prometheus-operator-9.3.2 0.38.1
```

10.2.3 步驟 2：示範 Prometheus 的 Metrics（度量指標）監控效果

在 10.2.2 節中，已經將 Prometheus 部署到 Kubernetes 叢集中了。此時，Prometheus 實際上就已經發揮作用，可以開始擷取 Kubernetes 叢集的相關執行指標了。可以透過 Promethues 內建的監控介面進行查看，步驟如下。

（1）在 Kubernetes 中查看內建監控介面所在的 Pod 節點。命令如下：

```
$ kubectl -n monitoring get svc
```

（2）設定 Promethues 內建的監控介面服務的存取通訊埠。

使用 "nodeport" 的方式設定 Promethues 內建監控介面服務的叢集外部存取通訊埠（例如 30444）。命令如下：

```
$ kubectl  patch svc promethues-operator-promet-prometheus -n monitoring
-p '{"spec":{"type":"NodePort","ports":[{"port":9090,"targetPort":9090,"n
odePort":30444}]}}'
service/promethues-operator-promet-prometheus patched
```

（3）查看 Promethues 的監控視覺化介面。

在瀏覽器中輸入「Kubernetes 叢集的 IP 位址 + 映射通訊埠」，看到的介面效果如圖 10-7 所示。

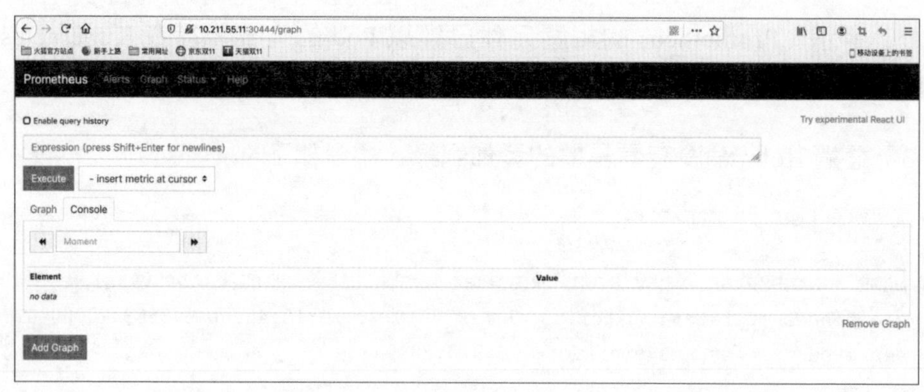

▲ 圖 10-7

（4）使用 PromeQL 的查看指標 "http_requests_total"，效果如圖 10-8 所示。

由此說明，Promethues 監控系統已經開始執行，並擷取了相關的 Metrics（度量指標）資料。

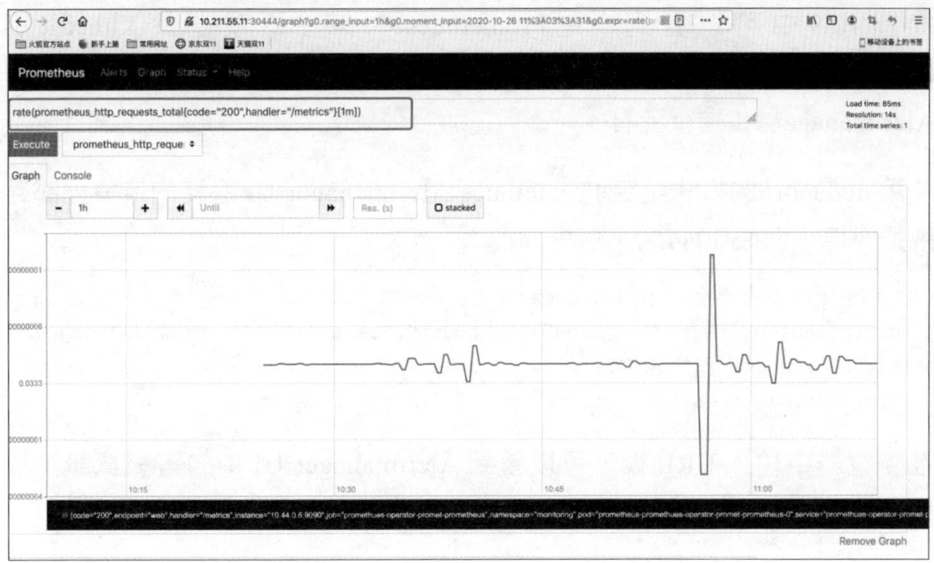

▲ 圖 10-8

（5）點擊介面中的 Alerts 選單，可以看到 Promethues 中的相關警報資訊，如圖 10-9 所示。

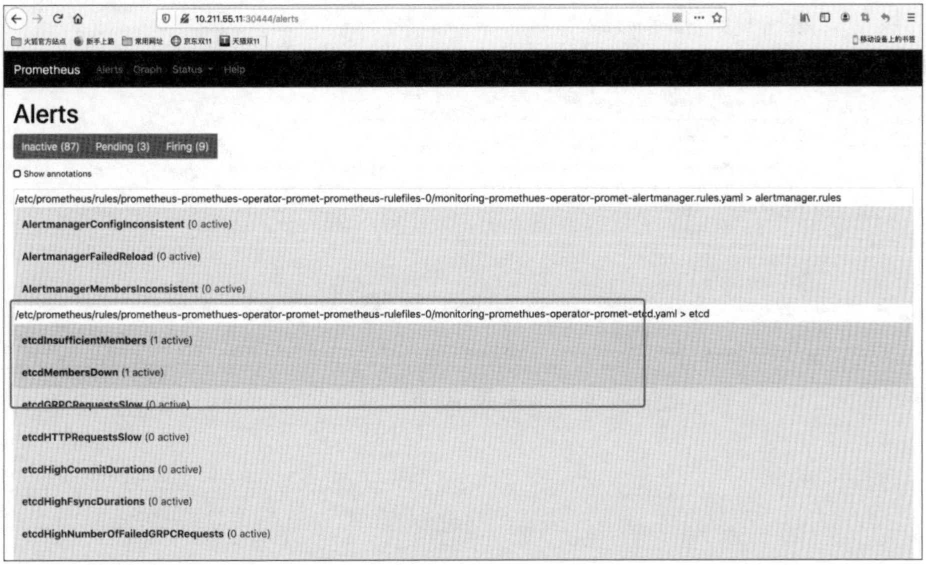

10.211.55.11:30444/alerts
Prometheus Alerts Graph Status Help
Alerts
Inactive (87) Pending (3) Firing (9)
Show annotations
/etc/prometheus/rules/prometheus-promethues-operator-promet-prometheus-rulefiles-0/monitoring-promethues-operator-promet-alertmanager.rules.yaml > alertmanager.rules
AlertmanagerConfigInconsistent (0 active)
AlertmanagerFailedReload (0 active)
AlertmanagerMembersInconsistent (0 active)
/etc/prometheus/rules/prometheus-promethues-operator-promet-prometheus-rulefiles-0/monitoring-promethues-operator-promet-etcd.yaml > etcd
etcdInsufficientMembers (1 active)
etcdMembersDown (1 active)
etcdGRPCRequestsSlow (0 active)
etcdHTTPRequestsSlow (0 active)
etcdHighCommitDurations (0 active)
etcdHighFsyncDurations (0 active)
etcdHighNumberOfFailedGRPCRequests (0 active)

▲ 圖 10-9

從圖 10-9 中可以看到，在 Promethues 中存在兩項關於 Kubernetes etcd 元件的警報資訊。對於警報資訊，也可以透過 Promethues 內建的 Alertmanager UI 進行查看。

使用 nodeport 的方式設定 Promethues Alertmanager UI 服務的叢集外部存取通訊埠（例如 30445）。命令如下：

```
$ kubectl  patch svc promethues-operator-promet-alertmanager -n
monitoring -p '{"spec":{"type":"NodePort","ports":[{"port":9093,"targetPo
rt":9093,"nodePort":30445}]}}'
service/promethues-operator-promet-alertmanager patched
```

在瀏覽器中輸入 URL 後，可以看到 Alertmanager UI 中的警報資訊，如圖 10-10 所示。

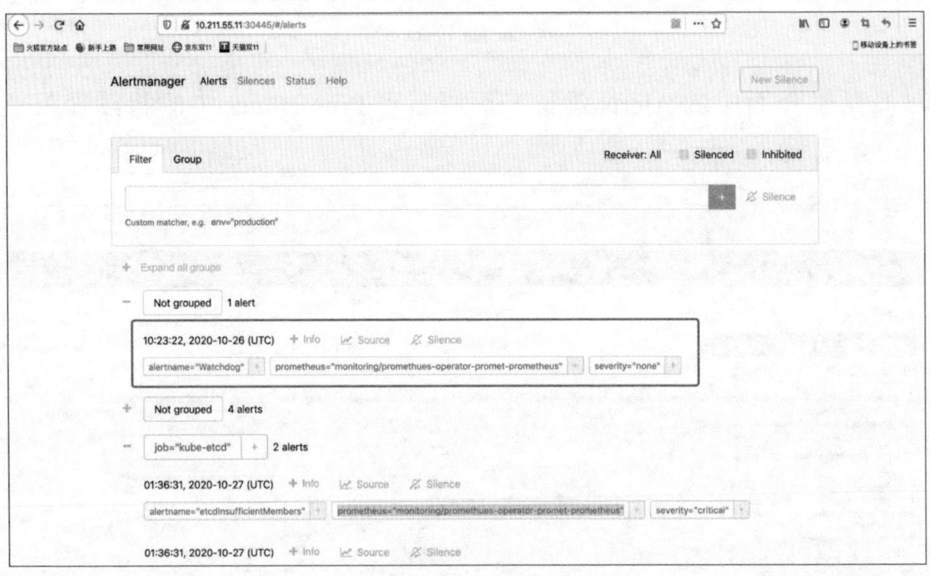

▲ 圖 10-10

10.2.4 步驟 3：部署 Grafana 視覺化監控系統

Grafana 是一個強大的跨平台的開放原始碼度量分析和視覺化工具，可以將擷取的 Metrics（度量指標）資料方便地訂製成圖形展示介面。Grafana 被廣泛用於實現時間序列資料和應用分析的視覺化。Grafana 支持多種資料來源，如 InfluxDB、OpenTSDB、ElasticSearch 及 Prometheus。

在 Kubernetes 安裝 Prometheus-Operator 時，Grafana 實際上就已經被部署並執行了。接下來透過 Kubernetes 的命令查詢 Grafana 所執行的 Pod，並設定 Grafana 服務的叢集外部存取通訊埠。

（1）查看 Grafana 執行的 Pod 資訊。命令如下：

```
$ kubectl -n monitoring get svc
```

（2）設定 Grafana 服務的存取通訊埠。

使用 "nodeport" 的方式設定 Grafana 服務的叢集外部存取通訊埠（例如 30441）。命令如下：

```
# 使用 "nodeport" 的方式將 promethues-operator-grafana 曝露在叢集外，並指定使
用 30441 通訊埠
$ kubectl  patch svc promethues-operator-grafana -n monitoring -p
'{"spec":{"type":"NodePort","ports":[{"port":80,"targetPort":3000,
"nodePort":30441}]}}'
```

需要注意，由於 Grafana 的應用執行的通訊埠預設為 80，為避免環境衝突，在這裡映射時將容器目標通訊埠指定為 3000，並最終將節點通訊埠映射為 30441。

（3）在瀏覽器輸入 Grafana 的存取 URL。

如果映射正常，則在瀏覽器輸入 Grafana 的存取 URL 後，會返回 Grafana 的登入介面，如圖 10-11 所示。

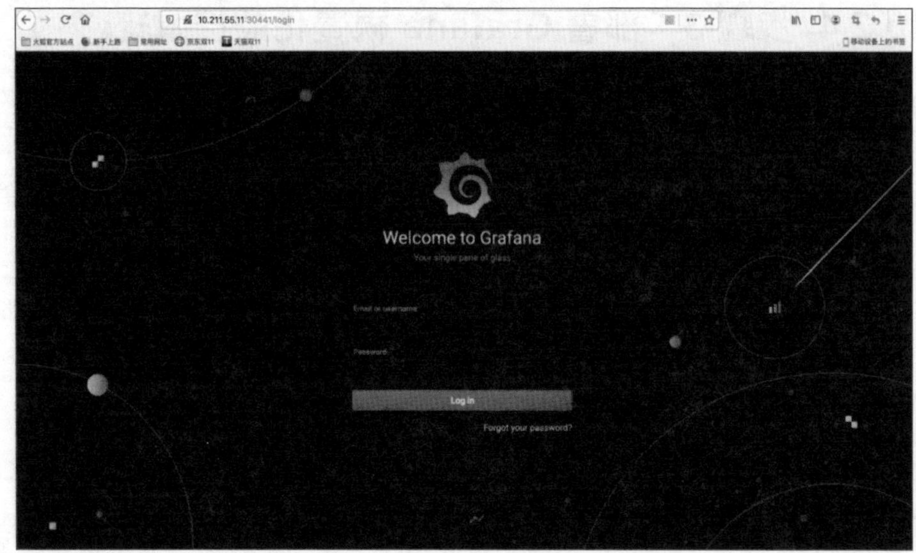

▲ 圖 10-11

輸入預設的登入帳號 / 密碼：admin/prom-operator。進入後 Grafana 的介面如圖 10-12 所示。

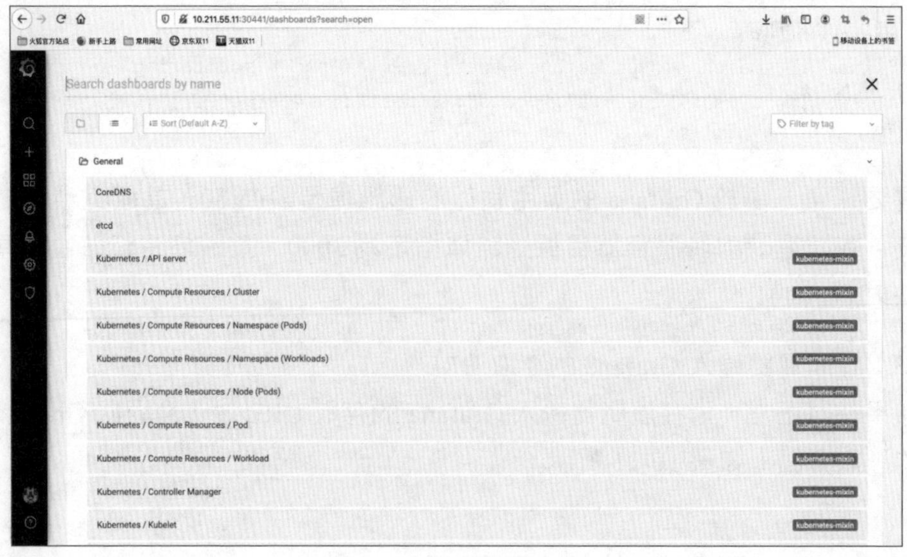

▲ 圖 10-12

可以看到，部署完成的 Grafana 已經預設內建了許多針對 Kubernetes 平台的企業級監控 Dashboard。舉例來說，針對 Kubernetes 叢集元件的 "Kubernetes/API server"、"Kubernetes/Kubelet"，以及針對 Kubernetees 運算資源的 "Kubernetes/Compute Resources/Pod"、"Kubernetes/Compute Resources/Workload" 等。

這裡找一個針對 Kubernetes 物理節點（Nodes）的監控 Dashboard，打開後看到的監控效果如圖 10-13 所示。

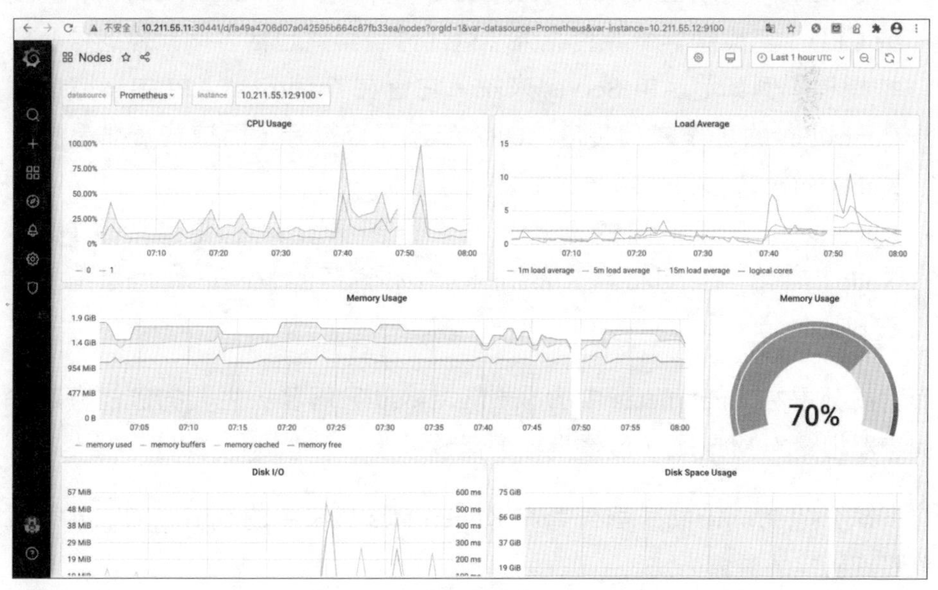

▲ 圖 10-13

在如圖 10-13 所示的 Dashboard 中展示了 Kubernetes 叢集所在的各物理節點的 CPU、負載、記憶體、磁碟 I/O、磁碟空間、網路傳輸等硬體資源的使用情況。從這些豐富的視圖可以看出 Grafana 強大的監控指標分析及視覺化能力。

10.2.5 步驟 4：將 Spring Cloud 微服務連線 Prometheus

一般來說，使用 Prometheus 對 Kubernetes 叢集進行監控，Metrics（度量指標）資料的來源主要有以下 3 種：

- 宿主機的監控資料。這部分資料是借助 Node Exporter 工具，以 DaemonSet 的方式執行在宿主機上擷取得到的。
- Kubernetes 的 API Server、Kubelet 等元件的 "/metrics"API。除正常的 CPU、記憶體等資源資訊外，這部分資料還包括各個元件的核心監控指標。例如對 API Server 來說，它會在 "/metrics" API 中曝露各個 Controller 的工作隊列長度、QPS 和延遲資料等，而這些資訊是檢查 Kubernetes 叢集工作情況的主要依據。
- Kubernetes 資源相關的監控資料。這部分資料主要包括了 Pod、Node、容器、Service 等 Kubernetes 核心資源的 Metrics（度量指標）資料。

而對於部署在 Kubernetes 中的 Spring Cloud 微服務，主要的監控資料是與容器相關的 Metrics（度量指標）資料。

接下來介紹 Promethues 對部署在 Kubernetes 叢集中的 Spring Cloud 微服務實施監控的具體方法。

1. 建構 Spring Cloud 微服務示範專案

為了示範 Spring Cloud 微服務連線 Prometheus 監控系統的場景，這裡新建立一個 Spring Cloud 微服務範例專案。

（1）利用第 2.3.1 節介紹的方法建立一個 Maven 專案，完成後的專案程式結構如圖 10-14 所示。

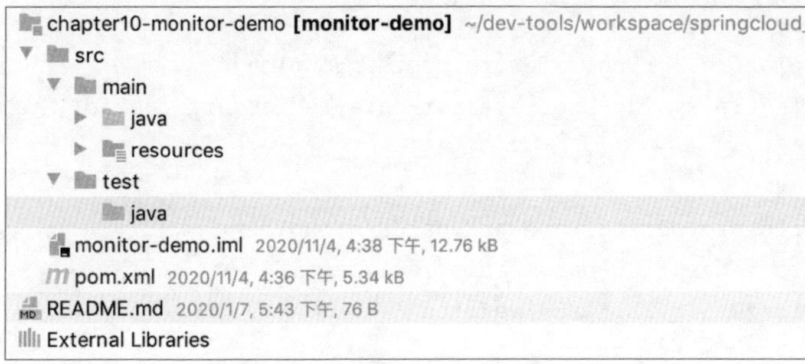

▲ 圖 10-14

（2）引入 Spring Cloud 微服務的核心依賴。

這裡可以參考 2.5.2 節中的具體步驟。

（3）考慮到後續內容還將以本範例服務為基礎進行分散式鏈路追蹤之類的測試，所以繼續在 pom.xml 檔案中整合存取 MySQL 資料庫及 Redis 快取等所需要的依賴。程式如下：

```
<!-- 引入 MyBatis 依賴 -->
<dependency>
    <groupId>org.mybatis.spring.boot</groupId>
    <artifactId>mybatis-spring-boot-starter</artifactId>
    <version>2.0.1</version>
</dependency>
<!-- 引入 Druid 連接池依賴 -->
<dependency>
    <groupId>com.alibaba</groupId>
    <artifactId>druid</artifactId>
    <version>1.0.28</version>
</dependency>
<!-- 引入 MySQL 資料庫驅動程式連接套件 -->
<dependency>
    <groupId>mysql</groupId>
    <artifactId>mysql-connector-java</artifactId>
    <scope>runtime</scope>
</dependency>

<!-- 引入 Redis 依賴 -->
```

```
<dependency>
    <groupId>org.springframework.boot</groupId>
    <artifactId>spring-boot-starter-data-redis</artifactId>
</dependency>
<dependency>
    <groupId>org.springframework.data</groupId>
    <artifactId>spring-data-redis</artifactId>
    <version>2.1.8.RELEASE</version>
    <scope>compile</scope>
</dependency>

<!-- 引入 lombok 開發套件 -->
<dependency>
    <groupId>org.projectlombok</groupId>
    <artifactId>lombok</artifactId>
</dependency>
```

（4）在專案程式的 resources 目錄新建一個基礎性設定檔——bootstrap.yml。設定檔中的程式如下：

```
spring:
  application:
    name: chapter10-monitor-demo
  profiles:
    active: debug
  cloud:
    consul:
      discovery:
        preferIpAddress: true
        instance-id: ${spring.application.name}:${spring.cloud.client.
ipAddress}:${spring.application.instance_id:${server.port}}:@project.
version@
        healthCheckPath: /actuator/health
server:
  port: 9092
```

（5）Spring Boot 不會預設載入 bootstrap.yml 這個檔案，所以需要在 pom.xml 中增加 Maven 資源相關的設定，具體參考 2.5.2 節內容。

(6) 為微服務專案繼續建立一個 test 環境設定檔 ——application-test.yml，用來設定測試環境 MySQL 及 Redis 的連接資訊，程式如下：

```
spring:
  cloud:
    # 獨立部署的 Consul 註冊中心位址（根據自己本地實際環境填寫）
    consul:
      host: 10.211.55.2
      port: 8500

  datasource:
    # 獨立部署的 MySQL 資料庫位址（根據自己本地實際環境填寫）
    url: jdbc:mysql://10.211.55.2:3306/monitor_test
    username: root
    password: 123456
    type: com.alibaba.druid.pool.DruidDataSource
    driver-class-name: com.mysql.jdbc.Driver
    separator: //

  # 獨立部署的 Redis 服務地址（根據自己本地實際環境填寫）
  redis:
    host: 10.211.55.2
    port: 6379
    password: 123456

# Logging
logging.level.org.springframework: INFO
```

(7) 建立本 Spring Cloud 示範微服務的入口程式類別。程式如下：

```
package com.wudimanong.monitor;

import org.springframework.boot.SpringApplication;
import org.springframework.boot.autoconfigure.SpringBootApplication;
import org.springframework.cloud.client.discovery.EnableDiscoveryClient;

@EnableDiscoveryClient
@SpringBootApplication
public class MonitorDemoApplication {
```

```
    public static void main(String[] args) {
        SpringApplication.run(MonitorDemoApplication.class, args);
    }
}
```

2. 撰寫微服務測試介面

為了方便後續驗證測試，這裡繼續撰寫一個簡單的 HTTP 測試介面。

（1）定義測試介面的 Controller 層。程式如下：

```
package com.wudimanong.monitor.controller;

import com.wudimanong.monitor.service.MonitorService;
...
import org.springframework.web.bind.annotation.RestController;

@RestController
@RequestMapping("/monitor")
public class MonitorController {

    @Autowired
    private MonitorService monitorServiceImpl;

    @GetMapping("/test")
    public String monitorTest(@RequestParam("name") String name) {
        monitorServiceImpl.monitorTest(name);
        return "監控示範專案測試介面傳回->OK!";
    }
}
```

（2）定義業務層（Service 層）介面類別 MonitorService。程式如下：

```
package com.wudimanong.monitor.service;
public interface MonitorService {
    /**
     * 監控測試程式
     */
    String monitorTest(String name);
}
```

（3）實現業務層（Service 層）介面類別的方法。程式如下：

```
package com.wudimanong.monitor.service.impl;
import com.wudimanong.monitor.dao.mapper.TestInfoDao;
import com.wudimanong.monitor.dao.model.TestInfoPO;
...
import org.springframework.stereotype.Service;

@Service
public class MonitorServiceImpl implements MonitorService {
    /**
     * 持久層（Dao 層）元件
     */
    @Autowired
    private TestInfoDao testInfoDao;
    /**
     * Redis 存取元件
     */
    @Autowired
    private RedisTemplate redisTemplate;
    /**
     * 保存方法
     */
    @Override
    public String monitorTest(String name) {
        TestInfoPO testInfoPO = new TestInfoPO();
        testInfoPO.setName(name);
        testInfoPO.setCreateTime(new Timestamp(System.
currentTimeMillis()));
        testInfoPO.setUpdateTime(new Timestamp(System.
currentTimeMillis()));
        // 插入資料庫
        testInfoDao.saveTestInfo(testInfoPO);
        // 插入快取
        redisTemplate.opsForValue().set(name, testInfoPO);
        return name;
    }
}
```

上述程式的主要邏輯是：將資料插入一張測試表，並將測試資料快取到 Redis 中。

（4）實現測試介面的持久層（Dao 層）。

定義測試表的資料庫實體類別。程式如下：

```
package com.wudimanong.monitor.dao.model;
import java.io.Serializable;
import java.sql.Timestamp;
import lombok.Data;
@Data
public class TestInfoPO implements Serializable {
    private Integer id;
    private String name;
    private Timestamp createTime;
    private Timestamp updateTime;
}
```

定義測試表的持久層（Dao 層）介面。程式如下：

```
package com.wudimanong.monitor.dao.mapper;
import com.wudimanong.monitor.dao.model.TestInfoPO;
...
import org.springframework.stereotype.Repository;
@Repository
@Mapper
public interface TestInfoDao {
    /**
     * 保存資料的方法
     */
    @Insert("insert into test_info(name,create_time,update_time) values
(#{name},#{createTime,jdbcType=TIMESTAMP},#{updateTime,jdbcType=TIMESTA
MP})")
    int saveTestInfo(TestInfoPO testInfoPO);
}
```

如上所示，該持久層（Dao 層）介面中只有一個保存資料的方法——向資料庫中插入資料。

建立測試資訊表的具體 SQL 敘述如下：

```
create table test_info
(
   id            bigint not null auto_increment,
   name          varchar(11) comment '測試名稱',
   create_time   timestamp default current_timestamp comment '建立時間',
   update_time   timestamp default current_timestamp comment '更新時間',
   primary key (id)
);
alter table test_info comment '測試資訊表';
```

至此，完成了微服務範例程式的撰寫。執行微服務程式，如果該介面能夠被正常存取，則說明示範專案架設成功了。

3. 設定微服務的 Prometheus 指標擷取用戶端

為了 Prometheus 能夠正常擷取到 Spring Cloud 微服務的 Metrics（度量指標）資料，需要引入 Prometheus 指標擷取用戶端的依賴。在微服務專案的 pom.xml 檔案中引入以下依賴：

```
<dependency>
    <groupId>io.micrometer</groupId>
    <artifactId>micrometer-registry-prometheus</artifactId>
</dependency>
```

在 bootstrap.yml 檔案中，增加開啟微服務 Metrics（度量指標）擷取端點的設定。程式如下：

```
# 開啟 Metrics 指標擷取端點
management:
  endpoint:
    metrics:
      enabled: true
    prometheus:
      enabled: true
  endpoints:
    web:
```

```
      exposure:
        include: '*'
  metrics:
    export:
      prometheus:
        enabled: true
```

至此，包括範例專案 Prometheus 擷取端點相關的邏輯就完成了。Prometheus 可以透過擷取端點獲取 Spring Boot 預設曝露的 Metrics（度量指標）資料。

> 在 Spring Boot 中，Spring Boot 預設暴露的 Metrics（度量指標）資料是透過 "spring-boot-starter-actuator" 元件來生成的。

4. 自訂微服務的 Prometheus 監控指標

前面透過整合 Prometheus 指標擷取用戶端，已經可以獲取 Spring Boot 預設曝露的 Metrics 了。但是，Spring Boot 預設曝露的 Metrics 數量及類型是有限的，如果要針對 Spring Cloud 微服務應用建立更豐富的指標維度（例如在 10.1.2 節提及的指標類型），則還需要設定 Prometheus 指標擷取用戶端（micrometer-registry-prometheus）提供的相關指標類型（如統計 TP 值）。

接下來將示範在 Spring Cloud 微服務中，以更加優雅的方式來自訂 Prometheus 監控指標。

（1）自訂監控指標的設定註釋。

在 Spring Cloud 微服務中，對程式執行資訊的收集（如指標、日誌），比較常用的方法是透過 Spring 的 AOP 代理攔截來實現的。但這種方式會損耗一定的系統性能。所以，在設計自訂 Prometheus 監控指標的方式時，可以將是否上報指標的選擇權交給開發人員。而從便利性角度來說，一般可以透過註釋來實現。舉例來說，定義 TP 值擷取的註釋程式如下：

```
package com.wudimanong.monitor.metrics.annotation;

import java.lang.annotation.ElementType;
...
import java.lang.annotation.Target;

@Target({ElementType.METHOD})
@Retention(RetentionPolicy.RUNTIME)
@Inherited
public @interface Tp {

    String description() default "";
}
```

上述程式定義了一個用於標注上報計時器指標類型的註釋。如果想統計介面的 TP90、TP99 這樣的分位值指標，則可以使用該註釋來曝露對應 Metrics（度量指標）資料。

除此之外，還可以定義曝露其他指標類型的註釋，例如：

```
package com.wudimanong.monitor.metrics.annotation;

import java.lang.annotation.ElementType;
import java.lang.annotation.Inherited;
import java.lang.annotation.Retention;
import java.lang.annotation.RetentionPolicy;
import java.lang.annotation.Target;

@Target({ElementType.METHOD})
@Retention(RetentionPolicy.RUNTIME)
@Inherited
public @interface Count {

    String description() default "";
}
```

上述程式定義了一個用於上報計數器類型指標的註釋。如果要統計介面的平均回應時間、介面的請求量之類的指標，則可以使用該註釋。

如果覺得分別定義不同指標類型的註釋比較麻煩，希望某些介面的各種指標類型都上報到 Prometheus，則可以定義一個通用註釋，以實現同時上報多個指標類型，例如：

```
package com.wudimanong.monitor.metrics.annotation;

import java.lang.annotation.ElementType;
...
import java.lang.annotation.Target;

@Target({ElementType.METHOD})
@Retention(RetentionPolicy.RUNTIME)
@Inherited
public @interface Monitor {

    String description() default "";
}
```

總之，無論是分別定義某種特定指標的註釋，還是定義一個通用的曝露多種指標註釋，其目標都是希望能以更靈活的方式來擴充 Spring Cloud 微服務應用的監控指標類型。

（2）實現自訂監控指標註釋 AOP 代理的邏輯。

在步驟（1）中定義了上報不同指標類型的註釋。而註釋的具體實現邏輯，可以透過定義一個通用的 AOP 代理類別來實現，程式如下：

```
package com.wudimanong.monitor.metrics.aop;

import com.wudimanong.monitor.metrics.Metrics;
...
import org.springframework.stereotype.Component;

@Aspect
@Component
public class MetricsAspect {
    /**
     * Prometheus 指標管理
     */
```

```
    private MeterRegistry registry;
    private Function<ProceedingJoinPoint, Iterable<Tag>>
tagsBasedOnJoinPoint;
    public MetricsAspect(MeterRegistry registry) {
        this.init(registry, pjp -> Tags
                .of(new String[]{"class", pjp.getStaticPart().
getSignature().getDeclaringTypeName(), "method",
                        pjp.getStaticPart().getSignature().getName()}));
    }

    public void init(MeterRegistry registry, Function<ProceedingJoinPoint,
Iterable<Tag>> tagsBasedOnJoinPoint) {
        this.registry = registry;
        this.tagsBasedOnJoinPoint = tagsBasedOnJoinPoint;
    }

    /**
     * @Tp 指標設定註釋
     */
    @Around("@annotation(com.wudimanong.monitor.metrics.annotation.Tp)")
    public Object timedMethod(ProceedingJoinPoint pjp) throws Throwable {
        Method method = ((MethodSignature) pjp.getSignature()).getMethod();
        method = pjp.getTarget().getClass().getMethod(method.getName(),
method.getParameterTypes());
        Tp tp = method.getAnnotation(Tp.class);
        Timer.Sample sample = Timer.start(this.registry);
        String exceptionClass = "none";
        try {
            return pjp.proceed();
        } catch (Exception ex) {
            exceptionClass = ex.getClass().getSimpleName();
            throw ex;
        } finally {
            try {
                String finalExceptionClass = exceptionClass;
                //建立定義計數器，並設定指標的tag資訊（名稱可以自訂）
                Timer timer = Metrics.newTimer("tp.method.timed",
                        builder -> builder.tags(new String[]{"exception",
finalExceptionClass})
```

```
                                .tags(this.tagsBasedOnJoinPoint.
apply(pjp)).tag("description", tp.description())
                                .publishPercentileHistogram().
register(this.registry));
                sample.stop(timer);
            } catch (Exception exception) {
            }
        }
    }
    /**
     * @Count 指標設定註釋
     */
    @Around("@annotation(com.wudimanong.monitor.metrics.annotation.Count)")
    public Object countMethod(ProceedingJoinPoint pjp) throws Throwable {
        Method method = ((MethodSignature) pjp.getSignature()).
getMethod();
        method = pjp.getTarget().getClass().getMethod(method.getName(),
method.getParameterTypes());
        Count count = method.getAnnotation(Count.class);
        String exceptionClass = "none";
        try {
            return pjp.proceed();
        } catch (Exception ex) {
            exceptionClass = ex.getClass().getSimpleName();
            throw ex;
        } finally {
            try {
                String finalExceptionClass = exceptionClass;
                //建立定義計數器，並設定指標的 Tags 資訊（名稱可以自訂）
                Counter counter = Metrics.newCounter("count.method.counted",
                        builder -> builder.tags(new String[]{"exception",
finalExceptionClass})
                                .tags(this.tagsBasedOnJoinPoint.
apply(pjp)).tag("description", count.description())
                                .register(this.registry));
                counter.increment();
            } catch (Exception exception) {
            }
        }
```

```
    }
    /**
     * @Monitor 指標設定註釋
     */
    @Around("@annotation(com.wudimanong.monitor.metrics.annotation.Monitor)")
    public Object monitorMethod(ProceedingJoinPoint pjp) throws Throwable
{
        Method method = ((MethodSignature) pjp.getSignature()).getMethod();
        method = pjp.getTarget().getClass().getMethod(method.getName(),
method.getParameterTypes());
        Monitor monitor = method.getAnnotation(Monitor.class);
        String exceptionClass = "none";
        try {
            return pjp.proceed();
        } catch (Exception ex) {
            exceptionClass = ex.getClass().getSimpleName();
            throw ex;
        } finally {
            try {
                String finalExceptionClass = exceptionClass;
                //計時器 Metric
                Timer timer = Metrics.newTimer("tp.method.timed",
                        builder -> builder.tags(new String[]{"exception",
finalExceptionClass})
                                .tags(this.tagsBasedOnJoinPoint.
apply(pjp)).tag("description", monitor.description())
                                .publishPercentileHistogram().
register(this.registry));
                Timer.Sample sample = Timer.start(this.registry);
                sample.stop(timer);

                //計數器 Metric
                Counter counter = Metrics.newCounter("count.method.counted",
                        builder -> builder.tags(new String[]{"exception",
finalExceptionClass})
                                .tags(this.tagsBasedOnJoinPoint.
apply(pjp)).tag("description", monitor.description())
                                .register(this.registry));
                counter.increment();
```

```
            } catch (Exception exception) {
            }
        }
    }
}
```

上述程式完整地實現了前面所定義的指標設定註釋的邏輯。其中，@Monitor 註釋的邏輯是 @Tp 和 @Count 註釋邏輯的整合。如果還需要定義其他指標類型，則可以在此基礎上繼續擴充。

需要注意，在上述邏輯實現中，對於 "Timer" 及 "Counter" 等類型指標的建構，這裡並沒有直接使用 "micrometer-registry-prometheus" 依賴套件中的建構物件，而是透過自訂的 Metrics.newTimer() 方法來實現的，這主要是希望以更簡潔、靈活的方式去實現指標的曝露。具體程式如下：

```
package com.wudimanong.monitor.metrics;

import io.micrometer.core.instrument.Counter;
...
import org.springframework.context.ApplicationContextAware;

public class Metrics implements ApplicationContextAware {

    private static ApplicationContext context;

    @Override
    public void setApplicationContext(@NonNull ApplicationContext
applicationContext) throws BeansException {
        context = applicationContext;
    }

    public static ApplicationContext getContext() {
        return context;
    }

    public static Counter newCounter(String name, Consumer<Builder>
consumer) {
```

```
        MeterRegistry meterRegistry = context.getBean(MeterRegistry.class);
        return new CounterBuilder(meterRegistry, name, consumer).build();
    }

    public static Timer newTimer(String name, Consumer<Timer.Builder>
consumer) {
        return new TimerBuilder(context.getBean(MeterRegistry.class),
name, consumer).build();
    }
}
```

上述程式透過連線 Spring 容器上下文獲取了 MeterRegistry 實例，並以此來建構像 Counter、Timer 這樣的指標類型物件。這裡之所以將獲取方法定義為靜態的，主要是便於未來在業務程式中進行引用。

此外，Metrics 類別中相關的建構元 CounterBuilder 及 TimerBuilder 的定義如下。

① 建構元 CounterBuilder 的定義如下：

```
package com.wudimanong.monitor.metrics;

import io.micrometer.core.instrument.Counter;
import io.micrometer.core.instrument.Counter.Builder;
import io.micrometer.core.instrument.MeterRegistry;
import java.util.function.Consumer;

public class CounterBuilder {

    private final MeterRegistry meterRegistry;

    private Counter.Builder builder;

    private Consumer<Builder> consumer;

    public CounterBuilder(MeterRegistry meterRegistry, String name,
Consumer<Counter.Builder> consumer) {
        this.builder = Counter.builder(name);
```

```
        this.meterRegistry = meterRegistry;
        this.consumer = consumer;
    }

    public Counter build() {
        consumer.accept(builder);
        return builder.register(meterRegistry);
    }
}
```

② 建構元 TimerBuilder 的定義如下：

```
package com.wudimanong.monitor.metrics;

import io.micrometer.core.instrument.MeterRegistry;
import io.micrometer.core.instrument.Timer;
import io.micrometer.core.instrument.Timer.Builder;
import java.util.function.Consumer;

public class TimerBuilder {

    private final MeterRegistry meterRegistry;

    private Timer.Builder builder;

    private Consumer<Builder> consumer;

    public TimerBuilder(MeterRegistry meterRegistry, String name,
Consumer<Timer.Builder> consumer) {
        this.builder = Timer.builder(name);
        this.meterRegistry = meterRegistry;
        this.consumer = consumer;
    }

    public Timer build() {
        this.consumer.accept(builder);
        return builder.register(meterRegistry);
    }
}
```

> 之所以將建構元程式單獨定義，主要是從程式的優雅性來考慮。如果包括其他指標類型的構造，也可以透過類似的方法進行擴展。

(3) 撰寫自訂指標註釋的設定類別。

在前面的步驟中，已經自訂了幾個指標註釋，並實現了具體曝露邏輯。為了使其在 Spring Boot 環境中執行，還需要撰寫以下設定類別：

```
package com.wudimanong.monitor.metrics.config;

import com.wudimanong.monitor.metrics.Metrics;
...
import org.springframework.core.env.Environment;

@Configuration
public class CustomMetricsAutoConfiguration {

    @Bean
    @ConditionalOnMissingBean
    public MeterRegistryCustomizer<MeterRegistry> meterRegistryCustomizer
(Environment environment) {
        return registry -> {
            registry.config()
                    .commonTags("application", environment.
getProperty("spring.application.name"));
        };
    }

    @Bean
    @ConditionalOnMissingBean
    public Metrics metrics() {
        return new Metrics();
    }
}
```

上述程式主要約定了曝露 Prometheus 指標資訊中所攜帶的應用名稱，並設定了自訂 Metrics 類別的實例。

（4）業務程式的使用方式及效果。

如果要在 Spring Cloud 微服務中曝露自訂的 Prometheus 監控指標，則可以透過在介面的 Controller 層增加相關自訂註釋來實現，程式如下：

```
package com.wudimanong.monitor.controller;

import com.wudimanong.monitor.metrics.annotation.Count;
...
import org.springframework.web.bind.annotation.RestController;

@RestController
@RequestMapping("/monitor")
public class MonitorController {

    @Autowired
    private MonitorService monitorServiceImpl;

    //監控指標註釋使用
    //@Tp(description = "/monitor/test")
    //@Count(description = "/monitor/test")
    @Monitor(description = "/monitor/test")
    @GetMapping("/test")
    public String monitorTest(@RequestParam("name") String name) {
        monitorServiceImpl.monitorTest(name);
        return "監控示範專案測試介面傳回->OK!";
    }
}
```

如上述程式所示，在實際的業務程式設計中，可以透過註釋的方式來設定介面所曝露的 Prometheus 監控指標。

啟動微服務程式，透過存取服務的 "/actuator/prometheus" 指標擷取端點，來查看曝露的指標資料，如圖 10-15 所示。

從圖 10-15 可以看到，在自訂監控指標（TP 值）資料後，就可以透過指標擷取端點來將其曝露給 Prometheus。在 10.2.7 節中將利用這些指標資料來建構微服務的視覺化監控視圖。

```
jvm_gc_pause_seconds_sum{action="end of minor GC",application="chapter10-monitor-demo",cause="Allocation Failure",} 0.542
jvm_gc_pause_seconds_count{action="end of major GC",application="chapter10-monitor-demo",cause="Metadata GC Threshold",} 1.0
jvm_gc_pause_seconds_sum{action="end of major GC",application="chapter10-monitor-demo",cause="Metadata GC Threshold",} 0.128
# HELP jvm_gc_pause_seconds_max Time spent in GC pause
# TYPE jvm_gc_pause_seconds_max gauge
jvm_gc_pause_seconds_max{action="end of minor GC",application="chapter10-monitor-demo",cause="Allocation Failure",} 0.0
jvm_gc_pause_seconds_max{action="end of major GC",application="chapter10-monitor-demo",cause="Metadata GC Threshold",} 0.0
# HELP jvm_threads_daemon_threads The current number of live daemon threads
# TYPE jvm_threads_daemon_threads gauge
jvm_threads_daemon_threads{application="chapter10-monitor-demo",} 30.0
# HELP tomcat_sessions_active_max_sessions
# TYPE tomcat_sessions_active_max_sessions gauge
tomcat_sessions_active_max_sessions{application="chapter10-monitor-demo",} 0.0
# HELP jvm_buffer_memory_used_bytes An estimate of the memory that the Java virtual machine is using for this buffer pool
# TYPE jvm_buffer_memory_used_bytes gauge
jvm_buffer_memory_used_bytes{application="chapter10-monitor-demo",id="mapped",} 0.0
jvm_buffer_memory_used_bytes{application="chapter10-monitor-demo",id="direct",} 81921.0
# HELP tomcat_sessions_active_current_sessions
# TYPE tomcat_sessions_active_current_sessions gauge
tomcat_sessions_active_current_sessions{application="chapter10-monitor-demo",} 0.0
# HELP tp_method_timed_seconds
# TYPE tp_method_timed_seconds histogram
tp_method_timed_seconds_bucket{application="chapter10-monitor-
demo",class="com.wudimanong.monitor.controller.MonitorController",description="/monitor/test",exception="none",method="monitorTest",le="0.001",}
175.0
tp_method_timed_seconds_bucket{application="chapter10-monitor-
demo",class="com.wudimanong.monitor.controller.MonitorController",description="/monitor
/test",exception="none",method="monitorTest",le="0.001048576",} 175.0
tp_method_timed_seconds_bucket{application="chapter10-monitor-
demo",class="com.wudimanong.monitor.controller.MonitorController",description="/monitor
/test",exception="none",method="monitorTest",le="0.001398101",} 175.0
tp_method_timed_seconds_bucket{application="chapter10-monitor-
demo",class="com.wudimanong.monitor.controller.MonitorController",description="/monitor
/test",exception="none",method="monitorTest",le="0.001747626",} 175.0
tp_method_timed_seconds_bucket{application="chapter10-monitor-
demo",class="com.wudimanong.monitor.controller.MonitorController",description="/monitor
/test",exception="none",method="monitorTest",le="0.002097151",} 175.0
tp_method_timed_seconds_bucket{application="chapter10-monitor-
demo",class="com.wudimanong.monitor.controller.MonitorController",description="/monitor
/test",exception="none",method="monitorTest",le="0.002446676",} 175.0
tp_method_timed_seconds_bucket{application="chapter10-monitor-
demo",class="com.wudimanong.monitor.controller.MonitorController",description="/monitor
/test",exception="none",method="monitorTest",le="0.002796201",} 175.0
tp_method_timed_seconds_bucket{application="chapter10-monitor-
demo",class="com.wudimanong.monitor.controller.MonitorController",description="/monitor
```

▲ 圖 10-15

5. 將微服務部署至 Kubernetes 叢集中

接下來將 Spring Cloud 微服務部署到 Kubernetes 叢集中。

（1）將用 Spring Boot 建構的微服務打包為 Docker 映像檔。

在以 Maven 建構為基礎的微服務專案中，可以透過引入 Docker 打包外掛程式，來自動將應用打包成 Docker 映像檔。

① 在專案 pom.xml 檔案中設定打包外掛程式，程式如下：

```
<properties>
    <!-- 定義 Docker 映像檔倉庫位址 -->
    <docker.repository>10.211.55.2:8080</docker.repository>
    <!-- 定義專案名稱作為映像檔名稱生成的組成部分 -->
    <app.name>chapter10-monitor-demo</app.name>
</properties>
<build>
    <plugins>
        ...
```

```
        <!-- 發佈 Maven 外掛程式 -->
        <plugin>
            <groupId>org.apache.maven.plugins</groupId>
            <artifactId>maven-deploy-plugin</artifactId>
            <configuration>
                <skip>true</skip>
            </configuration>
        </plugin>
        <!-- 增加將 Java 應用打包為 Docker 映像檔的 Maven 外掛程式 -->
        <plugin>
            <groupId>com.spotify</groupId>
            <artifactId>dockerfile-maven-plugin</artifactId>
            <version>1.4.13</version>
            <executions>
                <execution>
                    <id>build-image</id>
                    <phase>package</phase>
                    <goals>
                        <goal>build</goal>
                        <goal>push</goal>
                    </goals>
                </execution>
            </executions>
            <configuration>
                <!-- 指定 Dockerfile 檔案位置 -->
                <dockerfile>docker/Dockerfile</dockerfile>
                <repository>${docker.repository}/springcloud-action/
${app.name}</repository>
                <!--<tag>${project.version}</tag>-->
                <buildArgs>
                    <!-- 向 Dockerfile 檔案傳遞建構參數 -->
                    <JAR_FILE>target/${project.build.finalName}.jar</JAR_
FILE>
                </buildArgs>
            </configuration>
        </plugin>
    </plugins>
    ...
</build>
```

上述程式，在微服務的 pom.xml 檔案中增加了 "dockerfile-maven-plugin" 外掛程式設定，並透過該外掛程式的 "configuration" 屬性設定了映像檔打包命令檔案 Dockerfile。該檔案被儲存在開發專案的 Docker 檔案目錄下。

② 打包命令檔案 Dockerfile 的內容如下：

```
FROM openjdk:8u191-jre-alpine3.9
ENTRYPOINT ["/usr/bin/java", "-jar", "/app.jar"]
ARG JAR_FILE
ADD ${JAR_FILE} /app.jar
EXPOSE 8080
```

這是一個簡潔的 Docker 映像檔建構命令檔案。根據前面設定，在將專案打包為 Docker 映像檔後，會自動將映像檔 Push 到私有映像檔倉庫。

> 可以在開發專案中執行 Maven 的建構命令 "mvn clean package -X"，這樣在專案建構完成後會自動將建構的 Docker 鏡像上傳至在打包外掛程式中所設定的鏡像倉庫中。而 Docker 鏡像倉庫的架設及登入方式可參考第 9.4 節的內容。

在 Docker 映像檔上傳成功後，登入映像檔倉庫管理介面，可以看到上傳的映像檔資訊如圖 10-16 所示。

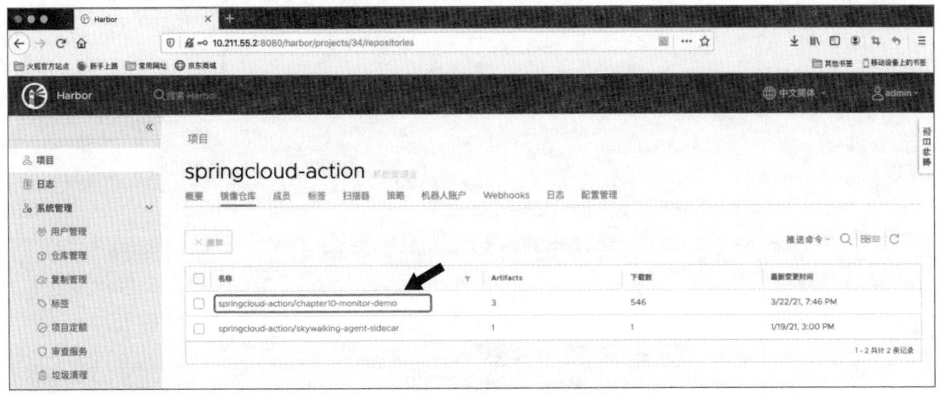

▲ 圖 10-16（編按：本圖例為簡體中文介面）

（2）撰寫微服務的 Kubernetes 部署檔案。

在將應用上傳到映像檔倉庫後，就可以透過撰寫微服務的 Kubernetes 部署檔案，來將 Spring Cloud 微服務部署到 Kubernetes 叢集中。部署檔案的內容如下：

```
apiVersion: apps/v1
kind: Deployment
metadata:
  name: chapter10-monitor-demo
spec:
  selector:
    matchLabels:
      app: chapter10-monitor-demo
  replicas: 1
  # 設定輪流升級策略
  #Kubernetes 在設定的時間後才開始進行升級，例如 5s
  minReadySeconds: 5
  strategy:
    type: RollingUpdate
    rollingUpdate:
      # 在升級過程中，最多可以比原先設定多出的 Pod 數量
      maxSurge: 1
      # 在升級過程中，Deployment 控制器最多可以刪除多少個舊 Pod，主要用於提供
緩衝時間
      maxUnavailable: 1
  template:
    metadata:
      labels:
        app: chapter10-monitor-demo
    spec:
      containers:
        - name: chapter10-devops-demo
          image: 10.211.55.2:8080/springcloud-action/chapter10-monitor-
demo:latest
          env:
            # 設定 Spring Boot 設定環境
            - name: SPRING_PROFILES_ACTIVE
              value: test
```

```
          - name: SERVER_PORT
            value: "8080"
---
apiVersion: v1
kind: Service
metadata:
  name: chapter10-monitor-demo
  # 設定服務 label 標籤，後面 Prometheus 會依據 label 機制來擷取微服務監控資料
  labels:
    svc: chapter10-monitor-demo
spec:
  selector:
    app: chapter10-monitor-demo
  ports:
    - name: http
      #Service 在叢集中曝露的通訊埠（用於 Kubernetes 服務間的存取）
      port: 8080
      #Pod 上的通訊埠（與製作容器時曝露的通訊埠一致，在微服務專案程式中指定的
通訊埠）
      targetPort: 8080
      #K8s 叢集外部存取的通訊埠（外部機器存取）
      nodePort: 30002
  type: NodePort
```

在上述部署檔案中，定義了 Kubernetes 的 Deployment 編排資源，以及 Service 服務資源。其中，設定的 "image" 映像檔位址就是步驟（1）中 Docker 映像檔在映像檔倉庫中的位址。

> 部署檔案的路徑在程式專案的 "/kubernetes/deploy-prometheus.yml" 目錄下。

（3）發佈微服務應用。

① 將微服務部署到 Kubernetes 叢集，命令如下：

```
$ kubectl apply -f kubernetes/deploy-prometheus.yml
```

如果發佈成功，則可以透過命令在 Kubernetes 叢集中查看發佈的 Pod 資源。命令如下：

```
# kubectl get pods
NAME                                    READY   STATUS    RESTARTS   AGE
chapter10-monitor-demo-755f6b8bb5-k67fp  1/1    Running   2          17h
```

如上所示，可以看到微服務應用的 Pod 資源已經成功啟動。

②查看 Service 資源，命令如下。

```
# kubectl get svc
NAME                 TYPE       CLUSTER-IP      EXTERNAL-IP   PORT(S)        AGE
chapter10-monitor-demo   NodePort    10.110.237.38    <none>
8080:30002/TCP   24d
kubernetes            ClusterIP   10.96.0.1      <none>     443/TCP     25d
```

如上所示，可以看到微服務的 Service 資源也成功定義了。

③存取微服務的測試介面。

因為在撰寫微服務的部署檔案時，已經設定了 Service 的 NodePort 通訊埠存取方式，所以可以在 Kubernetes 叢集之外部存取微服務的測試介面。測試效果如下：

```
$ curl http://10.211.55.12:30002/monitor/test?name=wudimanong
監控示範專案測試介面傳回 ->OK!
```

可以看到，透過 Kubernetes 叢集的「IP 位址 + NodePort 通訊埠」，成功地呼叫了小標題 "1." 中在建構微服務示範專案時所撰寫的測試介面。這說明微服務已經成功執行在 Kubernetes 叢集中。

10.2.6 步驟 6：使用 ServiceMonitor 管理監控目標

前面已經成功將 Spring Cloud 微服務部署在 Kubernetes 叢集中了。那麼部署在 Kubernetes 中的 Prometheus，如何才能實現對 Spring Cloud 微服務的監控呢？

可以透過 Prometheus Operator 的自訂資源 ServiceMonitor 來設定管理 Prometheus 的監控目標清單，並以此實現 Prometheus 對 Spring Cloud 微服務的監控。

（1）查看 Kubernetes 已經存在的 ServiceMonitor 資源定義。

在部署 Prometheus Operator 時，在系統中就已經存在了一些與 Kubernetes 叢集相關的 ServiceMonitor 的資源定義，查詢命令如下：

```
# kubectl get servicemonitors -n monitoring
NAME                                                AGE
promethues-operator-promet-alertmanager             108m
promethues-operator-promet-apiserver                108m
promethues-operator-promet-coredns                  108m
promethues-operator-promet-grafana                  108m
promethues-operator-promet-kube-controller-manager  108m
promethues-operator-promet-kube-etcd                108m
promethues-operator-promet-kube-proxy               108m
promethues-operator-promet-kube-scheduler           108m
promethues-operator-promet-kube-state-metrics       108m
promethues-operator-promet-kubelet                  108m
promethues-operator-promet-node-exporter            108m
promethues-operator-promet-operator                 108m
promethues-operator-promet-prometheus               108m
```

可以看到，在部署 Prometheus Operator 後，系統已經自動建立了針對 Kubernetes 及 Prometheus 自身元件的諸多 ServiceMonitor，這些元件也已經處在 Prometheus 的監控範圍內。

> 這也是前面可以透過 Prometheus 監控介面能夠看到許多 Kubernetes 元件的監控指標資料的原因。

（2）撰寫 ServiceMonitor 檔案來設定 Prometheus 對 Spring Cloud 微服務的監控。

在 Kubernetes 的主機目錄中建立 Prometheus 監控目標的管理檔案（如 serviceMonitor.yaml）。程式如下：

```
prometheus:
  additionalServiceMonitors:
    - name: chapter10-monitor-demo
      selector:
        matchLabels:
          # 對應於發佈檔案中設定的 label 標籤
          svc: chapter10-monitor-demo
      namespaceSelector:
        # 監控的 K8s 命名空間
        matchNames:
          - default
      endpoints:
        # 對應於發佈檔案中 Service 資源所設定的 HTTP 通訊埠設定
        - port: http
          #Prometheus 指標擷取的 endpoint 通訊埠
          path: /actuator/prometheus
          scheme: http
    # 多個服務可以重複上述設定
```

如上所示，透過 "additionalServiceMonitors" 屬性來追加 ServiceMonitor 的設定，而 "-name" 屬性的值則是微服務部署在 Kubernetes 叢集中的服務名稱。

> ServiceMonitor 透過 Labels 標籤來選取相應的 Service Endpoint，從而讓 Prometheus Server 透過選取的 Service Endpoint 來擷取被監控微服務的 Metrics（度量指標）資訊。所以，在上述設定 "selector.mathchLabels.svc" 中所指定的 Service 名稱，應該與 10.2.5 節中小標題 "4." 中撰寫的微服務 Kubernetes 部署檔案中的 Labels 標籤定義相對應。

這裡回顧一下微服務 Kubernetes 部署檔案中的相關定義，程式如下：

```
...
---
```

```
apiVersion: v1
kind: Service
metadata:
  name: chapter10-monitor-demo
  # 設定服務 label 標籤，後面 Prometheus 會依據 label 機制來擷取微服務的監控資料
  labels:
    svc: chapter10-monitor-demo
spec:
  selector:
    app: chapter10-monitor-demo
  ports:
    - name: http
      #Service 在叢集中曝露的通訊埠（用於 Kubernetes 服務間的存取）
      port: 8080
      #Pod 上的通訊埠（與製作容器器時曝露的通訊埠一致，在微服務專案程式中指定的
通訊埠）
      targetPort: 8080
      #K8s 叢集外部存取的通訊埠（外部機器存取）
      nodePort: 30002
  type: NodePort
```

如上所示，在 Service 資源的屬性 metadata.labels.svc 中定義的標籤資訊，就是 ServiceMonitor 所符合的名稱。

而在前面 ServiceMonitor 檔案中設定的資料獲取端點的位址 "/actuator/prometheus" 就是 10.2.5 節 "3." 小標題中引入的 Prometheus 指標擷取用戶端依賴所定義的介面路徑。

（3）透過 Helm 指令更新 Prometheus 的 ServiceMonitor 設定。

```
# helm upgrade promethues-operator stable/prometheus-operator
--values=serviceMonitor.yaml -n monitoring

WARNING: This chart is deprecated
manifest_sorter.go:192: info: skipping unknown hook: "crd-install"
manifest_sorter.go:192: info: skipping unknown hook: "crd-install"
manifest_sorter.go:192: info: skipping unknown hook: "crd-install"
manifest_sorter.go:192: info: skipping unknown hook: "crd-install"
```

```
manifest_sorter.go:192: info: skipping unknown hook: "crd-install"
manifest_sorter.go:192: info: skipping unknown hook: "crd-install"
Release "promethues-operator" has been upgraded. Happy Helming!
NAME: promethues-operator
LAST DEPLOYED: Mon Mar 22 11:50:39 2021
NAMESPACE: monitoring
STATUS: deployed
REVISION: 2
NOTES:
*******************
*** DEPRECATED ****
*******************
* stable/prometheus-operator chart is deprecated.
* Further development has moved to https://github.com/prometheus-
community/helm-charts
* The chart has been renamed kube-prometheus-stack to more clearly reflect
* that it installs the `kube-prometheus` project stack, within which
Prometheus
* Operator is only one component.

The Prometheus Operator has been installed. Check its status by running:
  kubectl --namespace monitoring get pods -l "release=promethues-
operator"

Visit https://github.com/coreos/prometheus-operator for instructions on
how
to create & configure Alertmanager and Prometheus instances using the
Operator.
```

可以看到，更新指令執行成功（如將部分元件的 type 修改成了 NodePort，則可能會提示更新失敗，但不影響，具體以實際效果為準）。此時，Spring Cloud 微服務的指標擷取端點就被增加到 Prometheus 的 Targets 列表了。

（4）查看 Prometheus 主控台的 Targets 列表，如圖 10-17 所示。

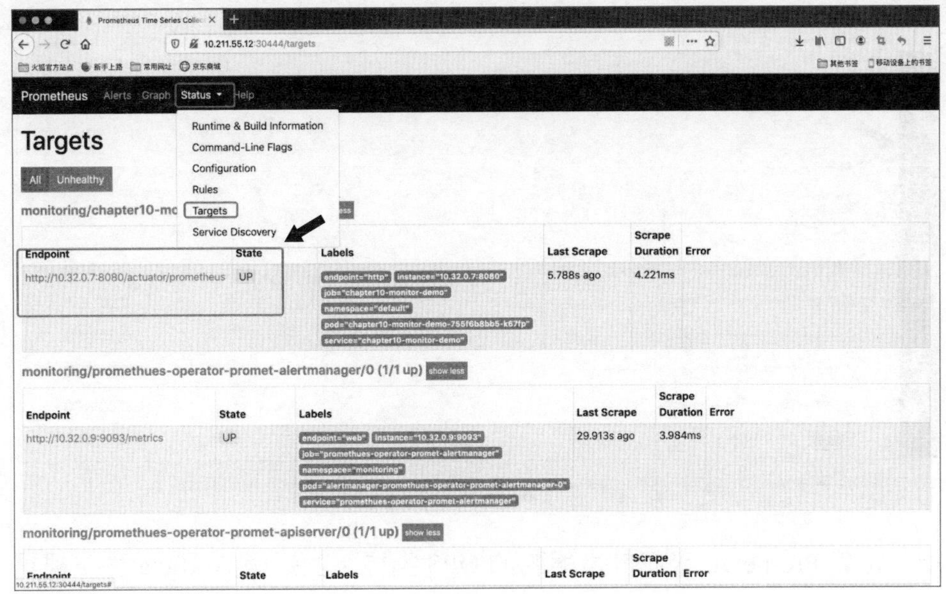

▲ 圖 10-17

從圖 10-17 中可以看出，此時 Spring Cloud 微服務已經被成功增加進 Prometheus 的 Targets 清單了，微服務指標擷取介面狀態也執行正常。

10.2.7 步驟 7：建構以 Grafana 為基礎的視覺化監控介面

透過 10.2.6 節的操作，此時 Prometheus 已經將部署在 Kubernetes 叢集中的 Spring Cloud 微服務監控起來。

接下來，透過 Grafana 來訂製微服務的監控視圖。這裡以最常見的 "QPS" 指標、"TP90/TP95" 分位線，以及介面的平均回應時間為例。

1. 微服務整體 QPS 指標監控視圖

（1）打開在 10.2.4 節中部署的 Grafana 監控介面，然後點擊 "+" 來建立一個 Dashboard，如圖 10-18 所示。

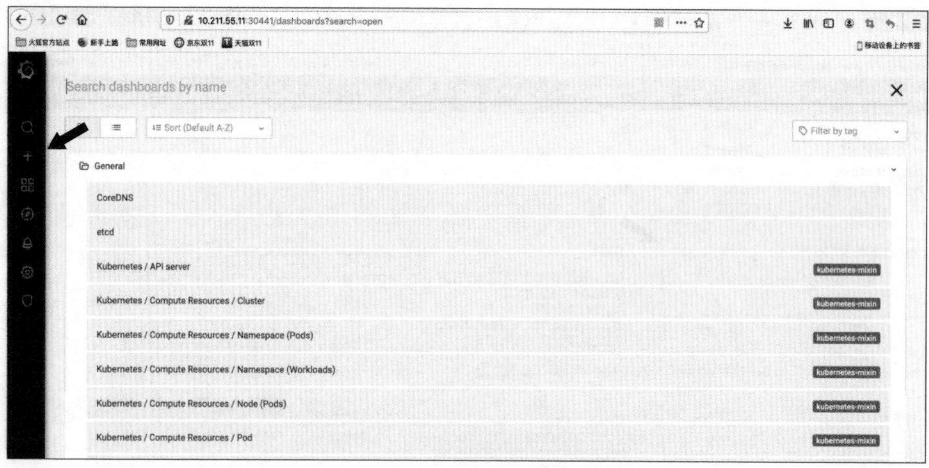

▲ 圖 10-18

（2）定義 PromeQL 來統計微服務的 QPS 指標，並透過 Grafana 實現視覺化監控介面。

在 Grafana 中，可以透過 PromeQL 實現對指標查詢、檢索，以及多種維度的靈活統計，並實現視覺化展示，如圖 10-19 所示。

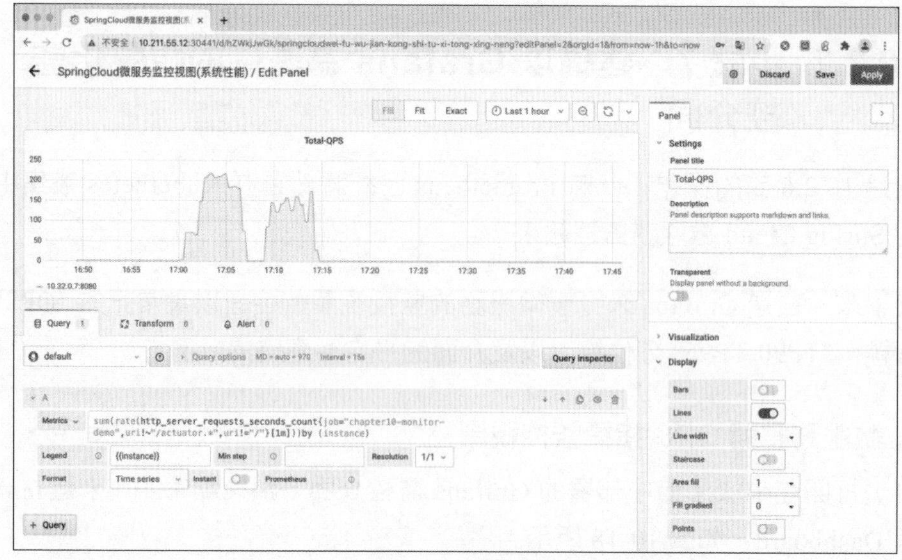

▲ 圖 10-19（編按：本圖例為簡體中文介面）

圖 10-19 中的敘述，就是以每 1 分鐘的頻率統計微服務 "chapter10-monitor-demo" 中除 "/actuator.*" 介面外的整體請求量。PromeQL 程式如下：

```
sum(rate(http_server_requests_seconds_count{job="chapter10-monitor-
demo",uri!~"/actuator.*",uri!="/"}[1m]))by (instance)
```

> 在圖 10-19 統計中所使用的指標 "http_server_requests_seconds_count" 是由 Spring Boot 預設監控端點暴露的。

2. 微服務介面分位值（TP90/TP95）監控視圖

接下來，透過在 10.2.5 節 "3." 小標題中自訂的指標來統計示範微服務介面 "/monitor/test" 的 TP90/TP95 分位值，如圖 10-20 所示。

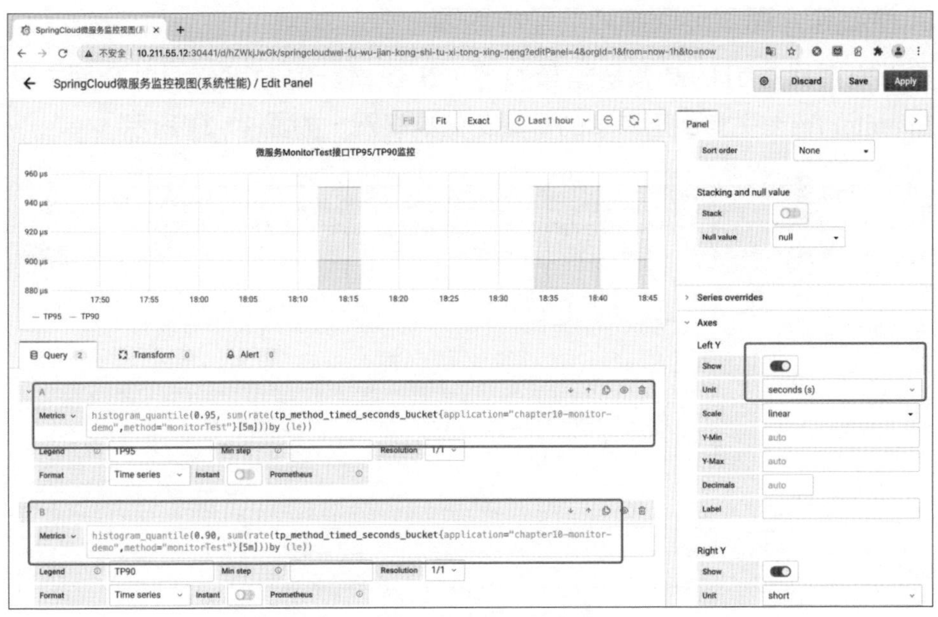

▲ 圖 10-20（編按：本圖例為簡體中文介面）

相關的 PromeQL 程式如下：

```
PromeQL-A:
histogram_quantile(0.95, sum(rate(tp_method_timed_seconds_
bucket{application="chapter10-monitor-demo",method="monitorTest"}[5m]))by
(le))

PromeQL-B:
histogram_quantile(0.90, sum(rate(tp_method_timed_seconds_
bucket{application="chapter10-monitor-demo",method="monitorTest"}[5m]))by
(le))
```

> 在 Grafana 中，可以同時定義多個 PromeQL 來統計不同的監控指標。在上述程式中，分別透過 Prometheus 所提供的 histogram_quantile() 函數統計了介面方法 monitorTest() 的 TP90 及 TP95 分位值。所使用的指標，正是在 10.2.5 節中自訂暴露的 "tp_method_timed_xx" 指標類型。

3. 微服務介面平均回應時間監控視圖

接下來透過自訂的計數器指標類型，來建構針對微服務測試介面方法 "monitorTest" 平均回應時間的視覺化監控視圖，如圖 10-21 所示。

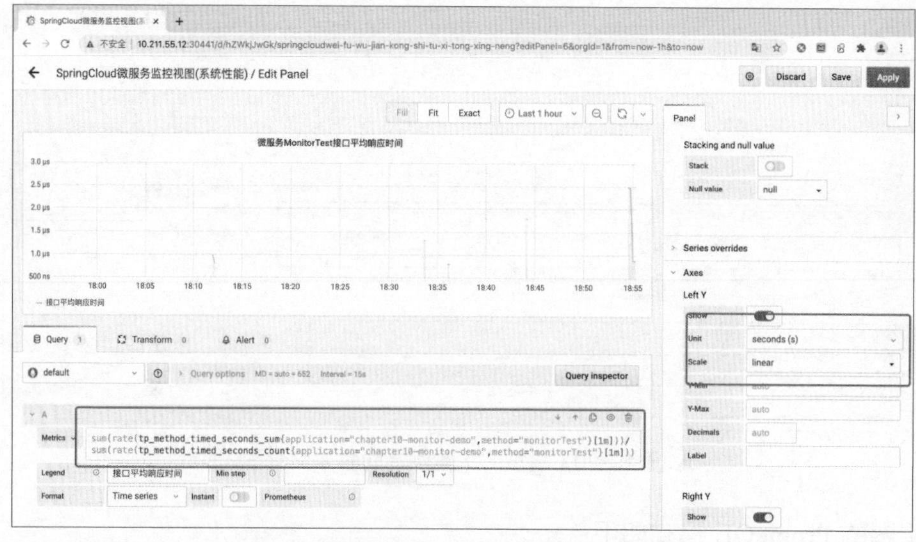

▲ 圖 10-21（編按：本圖例為簡體中文介面）

圖 10-21 中相關的 PromeQL 程式如下：

```
sum(rate(tp_method_timed_seconds_sum{application="chapter10-monitor-
demo",method="monitorTest"}[1m]))/ sum(rate(tp_method_timed_seconds_
count{application="chapter10-monitor-demo",method="monitorTest"}[1m]))
```

透過上述 PromeQL 程式可以看出，介面平均回應時間的計算是透過一段時間內「整體介面耗時 / 整體介面請求數」來計算的。

> 除上述所示範的幾種常見的監控指標外，在實際的業務場景中，還可以透過擴展更多的自訂指標，以及借助更多維度的 PromeQL 查詢敘述，來建構更加豐富的視覺化監控視圖。

本實例最終建構的視覺化監控視圖如圖 10-22 所示。

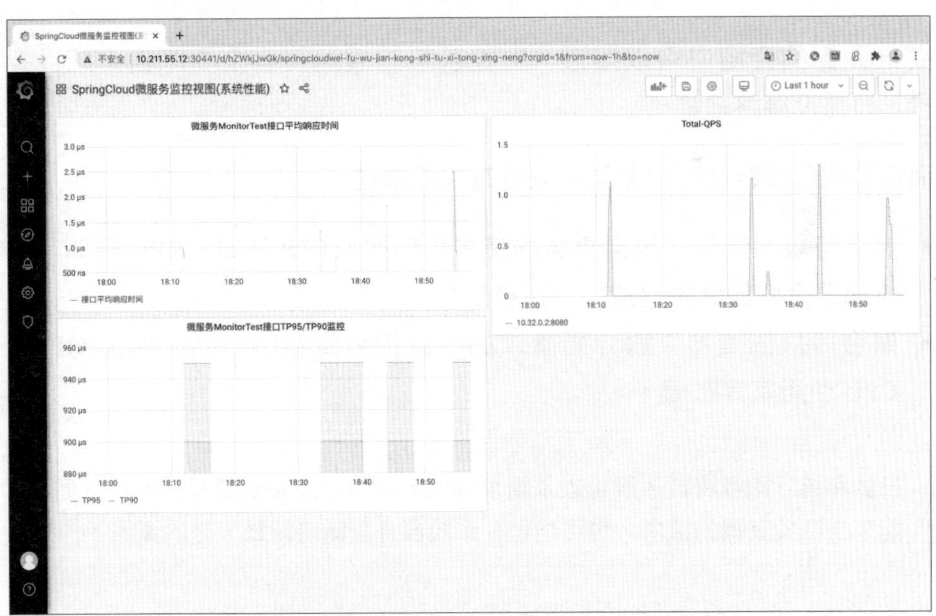

▲ 圖 10-22(編按：本圖例為簡體中文介面)

10.3【實戰】建構微服務分散式鏈路追蹤系統

在 10.2 節中建構了以 Prometheus 為基礎的微服務度量指標監控系統。對像微服務這樣鏈路複雜的分散式系統來說，建構以呼叫鏈為基礎的分散式鏈路追蹤系統，是快速定位問題、確保微服務系統穩定執行的重要手段。

接下來以 SkyWalking 為例，介紹分散式鏈路追蹤系統在微服務系統中的實際應用。

10.3.1 認識分散式鏈路追蹤

在介紹分散式鏈路追蹤系統之前，需要先了解什麼是鏈路追蹤。

從 10.1 節的介紹中可以知道，監控系統的觀測資料主要來自：統計指標、日誌及鏈路追蹤。

而這些觀測資料從類型上又可以分為以下兩種。

- 請求等級的資料：來自真實的請求，例如 HTTP 呼叫、RPC 呼叫等。本節要介紹的鏈路追蹤就是這種類型。
- 聚合等級的資料：對介面請求的度量指標資料的聚合，例如 QPS、CPU 使用率等數值。

> 日誌和統計指標資料，既可以是請求等級，也可以是聚合等級，因為它們可能來自源於真實的請求，也可能是在系統自身診斷時記錄下來的資訊。

鏈路追蹤就是將請求鏈路的完整行為記錄下來，以便透過視覺化的形式實現呼叫鏈路的查詢、性能分析、依賴關係，以及拓撲圖等分散式鏈路追蹤的功能，如圖 10-23 所示。

客戶端
(A)
微服務
(B)
微服務
(C)
Redis
MySQL

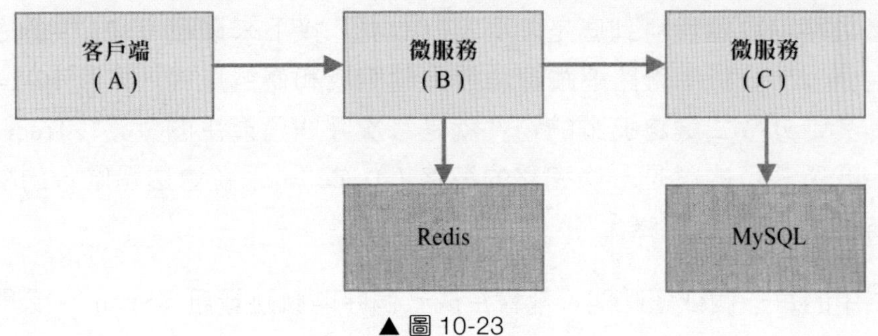

▲ 圖 10-23

在圖 10-23 中，假設一次介面呼叫共有兩個微服務參與，呼叫關係是：A → B → C。其中，B 服務呼叫了 Redis 服務，C 服務呼叫了 MySQL 資料庫。所以，鏈路追蹤就是詳細記錄：A → B（B → Redis）→ C（C → MySQL）這條鏈路上的呼叫資訊，例如介面回應結果、耗時等。

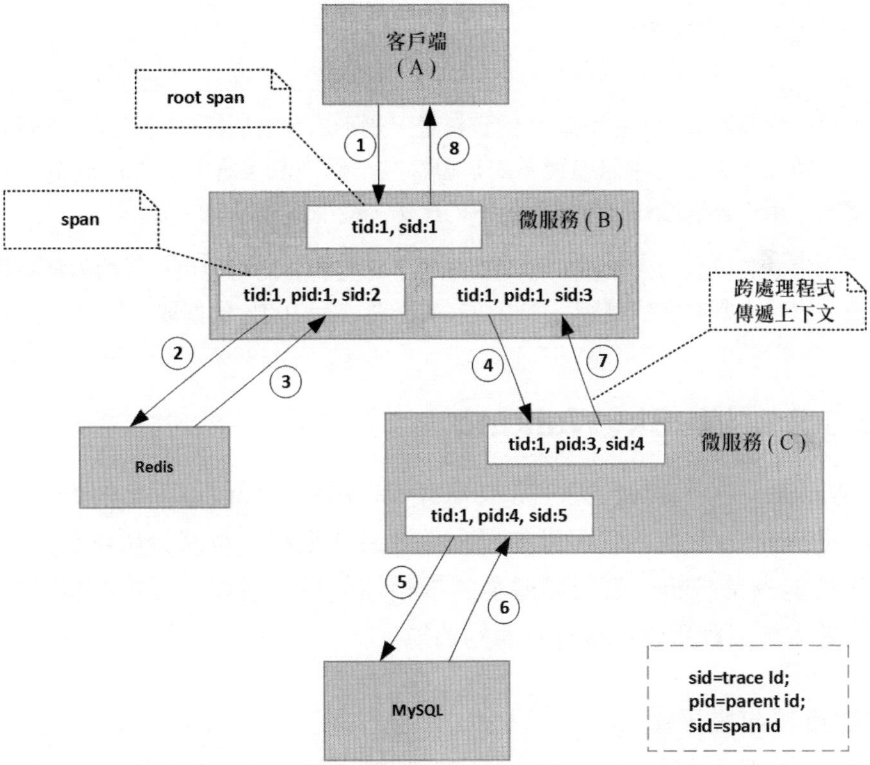

客戶端
(A)
root span
1
8
span
tid:1, sid:1
微服務(B)
tid:1, pid:1, sid:2
tid:1, pid:1, sid:3
跨處理程式
傳遞上下文
2
3
4
7
Redis
tid:1, pid:3, sid:4
微服務(C)
tid:1, pid:4, sid:5
5
6
MySQL
sid=trace Id;
pid=parent id;
sid=span id

▲ 圖 10-24

那麼鏈路追蹤的資料到底是怎麼記錄的呢？接下來以圖 10-23 中的呼叫鏈為例，來分析下鏈路追蹤資料的具體組成和傳遞形式，如圖 10-24 所示。其中分散式鏈路追蹤的物件就是每次呼叫所產生的鏈路（Trace），①～⑧所表示的就是一條完整的鏈路（Trace），系統會透過唯一的標識（TraceId）來進行記錄。

鏈路中的每一個依賴呼叫，都會生成一個呼叫軌跡資訊（Span）。最開始生成的 Span 被叫作根 Span（Root Span），後續生成的 Span 都會將前一個 Span 的標識（Sid）作為本 Span 資訊的父 ID（Pid）。

依此類推，Span 資訊會隨著呼叫鏈路的執行在處理程序內或跨處理程序進行傳遞。透過 Span 資料鏈，能將每次呼叫鏈路所產生的軌跡資訊串聯起來。而在每一個 Span 上附著的日誌資訊（Annotation）就是呼叫鏈路監控及分析的資料來源。

> 你可能會有疑問：監控這麼大的資料量，是不是會很消耗系統資源？的確如此。所以，大部分鏈路追蹤系統都會存在一個「取樣速率」（Sampling）的概念，用來控制系統擷取鏈路資訊的比例，從而提升系統性能。
>
> 因為很多時候大量鏈路資訊都是相同的，需要關注的可能也只是相對耗時較高、出錯次數較多的鏈路，所以並沒有必要進行 100% 的擷取。

10.3.2 認識 SkyWalking

SkyWalking 是一款優秀的開放原始碼 APM（Application Performance Management）系統。它不僅支援分散式鏈路追蹤、鏈路分析等功能，還支援性能指標分析、應用和服務的依賴性分析、服務的拓撲圖型分析，以及警告等與應用性能監控相關的功能。

1. 從資料收集來看

從資料收集來看，SkyWalking 支持多種不同的資料來源及格式，例如 Java、PHP 和 Python 等語言的應用都可以透過對應的無侵入式探針（Agent）連線 SkyWalking。

除此之外，SkyWalking 的新版本還支持對以 Istio 為代表的 Service Mesh（服務網格）控制面和資料面進行監控。SkyWalking 的架構如圖 10-25 所示。

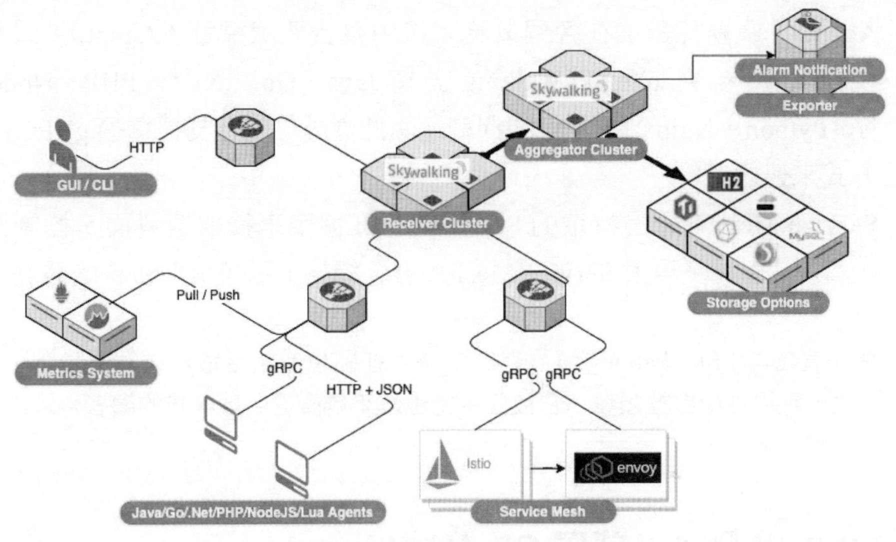

▲ 圖 10-25

SkyWalking 由鏈路收集伺服器（Receiver Cluster）、聚合伺服器（Aggregator Cluster）組成。其中，鏈路收集伺服器（Receiver Cluster）是整個後端服務連線的入口，主要用於收集連線服務的各種指標及鏈路資訊。聚合伺服器（Aggregator Cluster）則用於整理、聚合鏈路收集伺服器（Receiver Cluster）收集到的資料，並最終將聚合資料儲存到資料庫中。這些聚合資料將用於設定警報，或被 GUI/CLI 等視覺化系統以 HTTP 的形式存取並進行視覺化展示。

> SkyWalking 具體的儲存方式可以有多種，例如 ElasticSearch、MySQL、TIDB 等，可以根據實際需要進行選擇。

2. 從資料獲取邏輯來看

SkyWalking 支援多種語言探針及專案協定（見下方所列），能夠覆蓋目前主流的分散式技術堆疊。

- Metrics System：統計系統。支援直接從 Prometheus 中拉取度量指標資料到 SkyWalking，也支援程式自身透過 micrometer 推送資料。
- Agents：業務探針。在各個業務系統中整合連線探針（Agent），以實現鏈路資料獲取。SkyWalking 支持 Java、Go、.NET、PHP、Node.js、Python、Nginx LUA 等的探針。除此之外，它還支援透過 gRPC 的方式來傳遞資料。
- Service Mesh：透過特定的 Service Mesh 協定來擷取資料面、控制面的資料，以此實現對 Service Mesh（服務網格）系統鏈路資料的觀測。

> 最近這幾年，SkyWalking 發展得非常快，社區也非常活躍。在微服務鏈路追蹤、應用性能監控領域，它被使用得也越來越廣泛，感興趣的讀者可以深入了解一下。

10.3.3 步驟 1：部署 SkyWalking

SkyWalking 的部署主要包括 SkyWalking OAP Server 和 SkyWalking UI，根據實際需要可以將它們部署在物理機、虛擬機器或 Kubernetes 叢集中。本節將 SkyWalking 的後端 OAP Server 及 SkyWalking-UI 分別部署到 Kubernetes 叢集中。

在 Kubernetes 叢集中部署 SkyWalking，可以透過官方提供的 "charts" 採用 Helm 方式安裝，也可以手動撰寫 Kubernetes 部署檔案。

> 關於 Helm 及 charts 的概念，可以參考 10.2.2 節的內容。

為了便於學習，這裡採用手動撰寫 Kubernetes 部署檔案的方式來部署 SkyWalking OAP Server 和 SkyWalking UI。

1. 建立 SkyWalking 的 Kubernetes 命名空間

（1）在 Kubernetes 叢集中，建立一個單獨執行 SkyWalking 的 Namespace。命令如下：

```
# 在透過 kubectl 連接 Kubernetes 叢集後，執行建立 Namespace 的命令
$ kubectl create ns skywalking
```

（2）查看 Namespace 是否建立成功。命令如下：

```
# 查看 Namespace 的建立情況
$ kubectl get ns
NAME                     STATUS   AGE
default                  Active   10d
kube-node-lease          Active   10d
kube-public              Active   10d
kube-system              Active   10d
kubernetes-dashboard     Active   10d
skywalking               Active   46s
```

可以看到 Kubernetes 的 "skywalking" 命名空間已經成功建立。

2. 撰寫 SkyWalking OAP Server 及 SkyWalking UI 的 Kubernetes 部署檔案

在撰寫具體的 Kubernetes 部署檔案時，需要指定 SkyWalking OAP Server 及 SkyWalking UI 的容器映像檔。一般來說，SkyWalking 的安裝套件可以透過原始程式編譯，也可以直接使用官方已經打包好的映像檔。

接下來採用官方 Docker 映像檔倉庫中已經打包好的映像檔，來指定 Kubernetes 部署檔案中映像檔的名稱。

（1）在 Docker Hub 官方映像檔倉庫中，分別找到了 SkyWalking OAP Server 及 SkyWalking UI 的容器映像檔版本。

在 Docker Hub 官方映像檔倉庫中尋找 SkyWalking UI 的映像檔，如圖 10-26 所示。

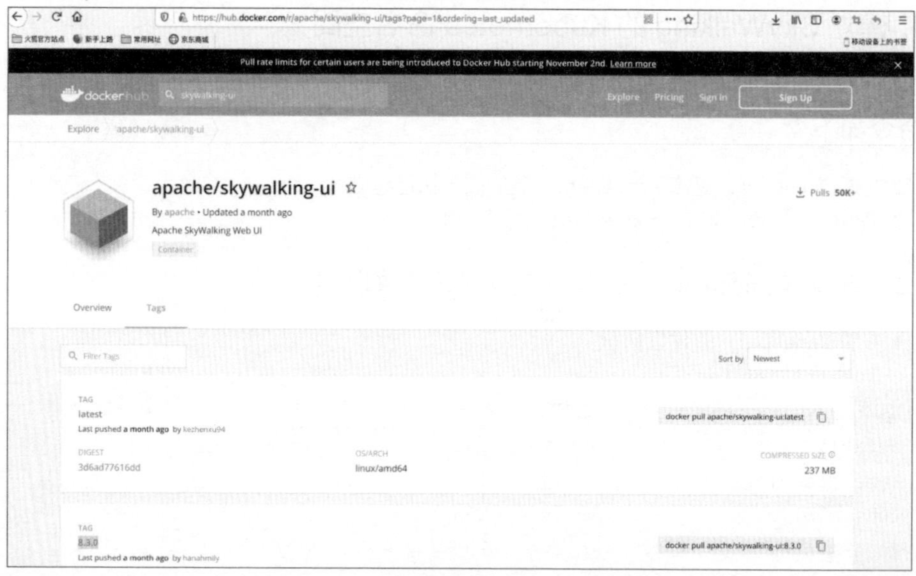

▲ 圖 10-26

在 Docker Hub 官方映像檔倉庫中尋找 SkyWalking OAP Server 的映像檔，如圖 10-27 所示。

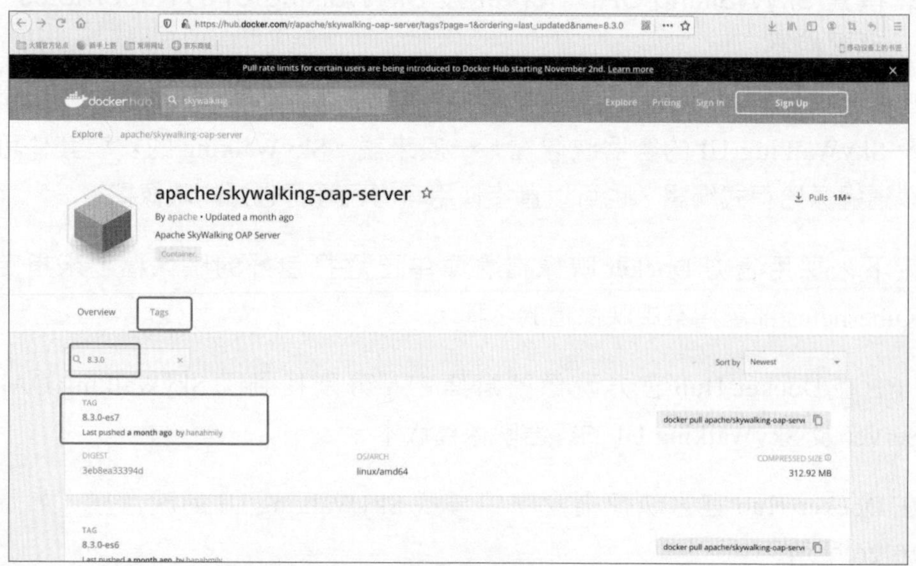

▲ 圖 10-27

(2) 撰寫 SkyWalking OAP Server 的 Kubernetes 部署檔案。

撰寫用於部署 SkyWalking OAP Server 的 Kubernetes 部署檔案 "skywalking-aop.yml"。具體內容如下：

```
apiVersion: apps/v1
kind: Deployment
metadata:
  name: oap
  namespace: skywalking
spec:
  replicas: 1
  selector:
    matchLabels:
      app: oap
      release: skywalking
  template:
    metadata:
      labels:
        app: oap
        release: skywalking
    spec:
      containers:
        - name: oap
          # 指定 OAP Server 容器映像檔及版本資訊
          image: apache/skywalking-oap-server:8.3.0-es7
          imagePullPolicy: IfNotPresent
          ports:
            - containerPort: 11800
              name: grpc
            - containerPort: 12800
              name: rest
---
apiVersion: v1
kind: Service
metadata:
  name: oap
  namespace: skywalking
  labels:
```

```
    service: oap
spec:
  ports:
    #restful 通訊埠
    - port: 12800
name: rest
     #rpc 通訊埠
    - port: 11800
      name: grpc
    - port: 1234
      name: page
  selector:
    app: oap
```

> 以上是一個標準的 Kubernetes 部署檔案，具體含義可查閱 Kubernetes 的相關資料。

（3）撰寫 SkyWalking UI 的 Kubernetes 部署檔案 "skywalking-ui.yml"。具體內容如下：

```
apiVersion: apps/v1
kind: Deployment
metadata:
  name: ui-deployment
  namespace: skywalking
  labels:
    app: ui
spec:
  replicas: 1
  selector:
    matchLabels:
      app: ui
  template:
    metadata:
      labels:
        app: ui
    spec:
```

```
        containers:
          - name: ui
            image: apache/skywalking-ui:8.3.0
            ports:
              - containerPort: 8080
                name: page
            env:
              - name: SW_OAP_ADDRESS
                value: oap:12800
---
apiVersion: v1
kind: Service
metadata:
  name: ui
  namespace: skywalking
  labels:
    service: ui
spec:
  ports:
    - port: 8080
      name: page
      nodePort: 31234
  type: NodePort
  selector:
    app: ui
```

（4）執行 Kubernetes 部署命令，將 SkyWalking OAP Server 及 SkyWalking-UI 部署到 Kuberntes 叢集中。

透過步驟（2）、步驟（3）撰寫的 Kubernetes 部署檔案執行 Kubernetes 部署命令：

```
# 進入 Kubernetes 部署檔案的儲存目錄下，執行一次部署全部檔案的命令
$ kubectl apply -f .
deployment.apps/oap created
service/oap created
deployment.apps/ui-deployment created
service/ui created
```

在部署命令執行完成後，查看具體部署的情況。命令如下：

```
# 查看 Kubernetes 叢集中 Skywalking 命名空間中的 Pod、Service 資源物件的執行情況
$ kubectl get all -n skywalking
NAME                                 READY   STATUS    RESTARTS   AGE
pod/oap-5f6d6bc4f6-k4mvv             1/1     Running   0          36h
pod/ui-deployment-868c66449d-fffrt   1/1     Running   0          36h

NAME          TYPE        CLUSTER-IP       EXTERNAL-IP   PORT(S)
AGE
service/oap   ClusterIP   10.110.112.244   <none>        12800/TCP,11800/
TCP,1234/TCP   36h
service/ui    NodePort    10.100.154.93    <none>        8080:31234/TCP   36h

NAME                            READY   UP-TO-DATE   AVAILABLE   AGE
deployment.apps/oap             1/1     1            1           36h
deployment.apps/ui-deployment   1/1     1            1           36h

NAME                                       DESIRED   CURRENT   READY   AGE
replicaset.apps/oap-5f6d6bc4f6             1         1         1       36h
replicaset.apps/ui-deployment-868c66449d   1         1         1       36h
```

可以看到，SkyWalking OAP Server 及 SkyWalking UI 服務都已經正常執行。

> 如果是第一次部署，則拉取鏡像的過程可能會比較慢一點。此外，如果在部署過程中存在問題，則可以查看 Pod 物件的執行日誌來排除問題，例如：
>
> ```
> # 查看 SkyWalking OAP Server 的對應 Pod 物件的執行日誌
> $ kubectl logs pod/oap-5f6d6bc4f6-k4mvv -n skywalking
> ```

（5）存取 SkyWalking UI 的 Web 介面。

經過前面的步驟，已經成功將 SkyWalking OAP Server 及 SkyWalking UI 服務執行在 Kubernetes 叢集中了。接下來，透過 SkyWalking UI 服務的映射通訊埠（在 Kubernetes 部署檔案中定義是 31234 通訊埠）來存取

SkyWalking 的管理介面，如圖 10-28 所示。

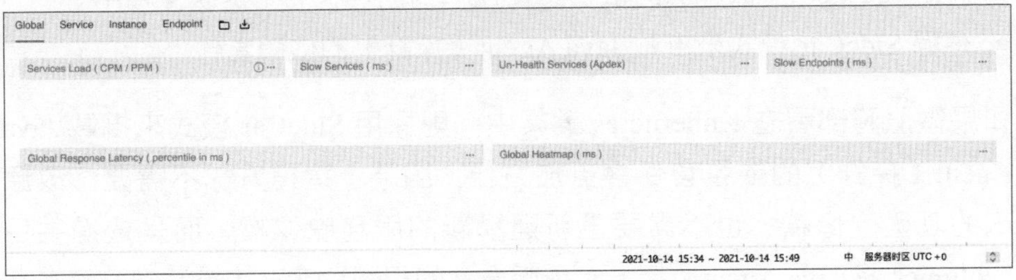

▲ 圖 10-28

具體透過 "http://NodeIP: 31234" 進行存取，例如 "http://10.211.55.12:31234"。

這裡的 IP 位址為 Kubernetes 叢集向外暴露的節點入口 IP 位址。如果不知道 Kubernetes 叢集節點入口 IP 位址，則可以透過以下命令進行查看：

```
# 查詢 SkyWalking-UI 所部署的 Kubernetes 叢集 Node 節點的 IP 位址
$ kubectl describe node kubernetes
Name:            kubernetes
Roles:           master
...
Addresses:
  InternalIP:    10.211.55.12
  Hostname:      kubernetes
...
```

可以看到 SkyWalking 服務執行成功。由於還沒有連線服務，所以還看不到有任何監控資料。

10.3.4 步驟 2：將 Spring Cloud 微服務連線 SkyWalking

Spring Cloud 微服務可以透過 Java Agent（探針）的方式連線 SkyWalking。在 Spring Cloud 微服務中整合 Java Agent（探針）主要有以下 3 種方式：

- 使用官方提供的基礎映像檔。
- 將 Java Agent（探針）的依賴套件建構到已存在的基礎映像檔中。
- 透過 SideCar 模式來掛載 Java Agent（探針）的依賴套件。

如果微服務部署在 Kubernetes 叢集中，則採用 SideCar 模式來掛載 Java Agent（探針）的依賴套件會更加方便。因為，這種方式不需要修改原來的基礎映像檔，也不需要重新建構新的服務映像檔，而是透過共用 "volume" 將 Java Agent（探針）依賴套件的相關檔案直接掛載到已經存在的服務映像檔中。

接下來，透過 SideCar 模式將 Spring Cloud 微服務連線 SkyWalking。

1. 建構 SkyWalking Java Agent（探針）映像檔

（1）下載 SkyWalking 的官方發行套件，並將其解壓縮到伺服器指定目錄下。命令如下：

```
# 下載 Skywalking-8.3.0 for es7 版本的發佈套件，與部署的 SkyWalking OAP
Server 的版本一致
$ wget https://mirror.bit.edu.cn/apache/skywalking/8.3.0/apache-
skywalking-apm-es7-8.3.0.tar.gz

# 將下載的發佈套件解壓縮到目前的目錄下
$ tar -zxvf apache-skywalking-apm-es7-8.3.0.tar.gz
```

（2）撰寫建構 SkyWalking Java Agent（探針）依賴套件 Docker 映像檔的 Dockerfile 檔案。

在步驟（1）解壓縮的 SkyWalking 發行套件的同級目錄下撰寫 Dockerfile 檔案，具體內容如下：

```
FROM busybox:latest
ENV LANG=C.UTF-8
RUN set -eux && mkdir -p /usr/skywalking/agent
add apache-skywalking-apm-bin-es7/agent /usr/skywalking/agent
WORKDIR /
```

在上述 Dockefile 檔案中，使用是的 "bosybox" 鏡像，而非 SkyWalking 的發行鏡像。這樣可以確保建構出來的 Docker 鏡像最小。

（3）執行 Docker 映像檔建構命令：

```
# 執行映像檔建構命令
$ docker build .  -t springcloud-action/skywalking-agent-sidecar:8.3.0

Sending build context to Docker daemon  556.5MB
Step 1/5 : FROM busybox:latest
latest: Pulling from library/busybox
d60bca25ef07: Pull complete
Digest: sha256:49dae530fd5fee674a6b0d3da89a380fc93746095e7eca0f1b70188a95
fd5d71
Status: Downloaded newer image for busybox:latest
 ---> a77dce18d0ec
Step 2/5 : ENV LANG=C.UTF-8
 ---> Running in e95b4c25ebf3
Removing intermediate container e95b4c25ebf3
 ---> 83f22bccb6f3
Step 3/5 : RUN set -eux && mkdir -p /usr/skywalking/agent
 ---> Running in 49c2eac2b6ab
+ mkdir -p /usr/skywalking/agent
Removing intermediate container 49c2eac2b6ab
 ---> 89cf3ce8238e
Step 4/5 : add apache-skywalking-apm-bin/agent /usr/skywalking/agent
 ---> 91fe5f06948f
Step 5/5 : WORKDIR /
 ---> Running in 6a64553f1870
Removing intermediate container 6a64553f1870
 ---> 7e73ddba48bb
Successfully built 7e73ddba48bb
Successfully tagged springcloud-action/skywalking-agent-sidecar:8.3.0
```

（4）透過命令查看本地建構的映像檔，確保映像檔建構成功。命令如下：

```
# 查看本地映像檔資訊
$ docker images
```

```
REPOSITORY      TAG                           IMAGE ID            CREATED
SIZE
springcloud-action/skywalking-agent-sidecar  8.3.0   7e73ddba48bb   2
minutes ago   32.2MB
...
```

2. 將打包的 Java Agent（探針）映像檔推送到 Harbor 映像檔倉庫中

為了便於後續微服務直接整合已經建構好的 Java Agent(探針) 映像檔，需要將其 Push 至 Harbor 私有映像檔倉庫中。

（1）登入 Harbor 私有映像檔倉庫。命令如下：

```
#登入映像檔倉庫，輸入使用者帳號及密碼
$ docker login http://10.211.55.2:8080
Username: admin
Password:
Login Succeeded
```

> 有關 Harbor 私有鏡像倉庫的安裝及登錄操作可參考本書 9.4 節的內容。

（2）將 "1." 小標題中建構 Docker 映像檔打上 tag。命令如下：

```
$ docker tag springcloud-action/skywalking-agent-sidecar:8.3.0
10.211.55.2:8080/springcloud-action/skywalking-agent-sidecar
```

（3）查看已經打上 tag 的映像檔資訊。命令如下：

```
$ docker images
REPOSITORY               TAG                 IMAGE ID          CREATED       SIZE
springcloud-action/skywalking-agent-sidecar          8.3.0
e21040c57e42        2 weeks ago          32.2MB
10.211.55.2:8080/springcloud-action/skywalking-agent-sidecar      latest
e21040c57e42        2 weeks ago          32.2MB
...
```

（4）將打上 tag 的 Java Agent（探針）的映像檔推送至 Harbor 私有映像檔倉庫中。命令如下：

```
# 將映像檔推送至 Harbor 私有映像檔倉庫中
$ docker push 10.211.55.2:8080/springcloud-action/skywalking-agent-
sidecar
The push refers to repository [10.211.55.2:8080/springcloud-action/
skywalking-agent-sidecar]
e80d641c3ed9: Layer already exists
11fe582bd430: Layer already exists
1dad141bdb55: Layer already exists
latest: digest: sha256:b495c18c3ae35f563ad4db91c3db66f245e6038be0ced635d1
6d0e3d3f3bcb80 size: 946
```

（5）進入 Harbor 倉庫管理介面查看剛推送的映像檔，如圖 10-29 所示：

▲ 圖 10-29（編按：本圖例為簡體中文介面）

3. 建構 Spring Cloud 微服務映像檔，並推送至 Harbor 映像檔倉庫中

將要連線 SkyWalking 的微服務打包成 Docker 映像檔，並上傳至 Harbor 私有映像檔倉庫中。

（1）透過 Maven 建構方式打包 Spring Cloud 微服務映像檔。命令如下：

```
# Maven 專案建構，會自動根據 pom.xml 中的相關外掛程式設定進行 Docker 映像檔建構
$ mvn clean install -X
```

（2）在本地查看建構的微服務映像檔資訊。命令如下：

```
$ docker images
REPOSITORY                                                         TAG
IMAGE ID            CREATED             SIZE
10.211.55.2:8080/springcloud-action/chapter10-monitor-demo         latest
3ae132cdfeb7        12 seconds ago      121MB
10.211.55.2:8080/springcloud-action/skywalking-agent-sidecar       latest
e21040c57e42        2 weeks ago         32.2MB
springcloud-action/skywalking-agent-sidecar                        8.3.0
e21040c57e42        2 weeks ago         32.2MB
...
```

(3) 將步驟 (2) 中建構的微服務映像檔也推送至 Harbor 私有映像檔映像檔倉庫中。命令如下：

```
$ docker push 10.211.55.2:8080/springcloud-action/chapter10-monitor-demo
The push refers to repository [10.211.55.2:8080/springcloud-action/
chapter10-monitor-demo]
5f3427edfc10: Pushed
925523484e00: Layer already exists
344fb4b275b7: Layer already exists
bcf2f368fe23: Layer already exists
latest: digest: sha256:b424180c56b28a9a7704a1f6476f4247fad12cc27721c21fce
32149a8f344dee size: 1159
```

(4) 在 Harbor 私有倉庫中查看微服務映像檔是否成功上傳，如圖 10-30 所示。

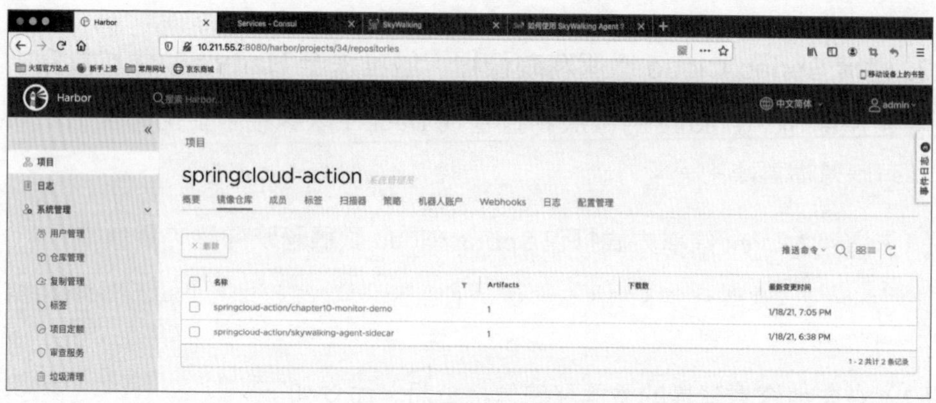

▲ 圖 10-30(編按：本圖例為簡體中文介面)

4. 微服務 Kubernetes 部署檔案整合 SkyWalking Java Agent

用 SideCar 模式掛載 SkyWalking Java Agent（探針）依賴套件，主要是透過 Kubernetes 的初始化容器 initContainers 來實現的。initContainers 是一種專用容器，在服務容器啟動之前執行，主要用於在完成服務啟動前的必要初始化工作。

接下來，改造 Spring Cloud 微服務的 Kubernetes 部署檔案，並將其連線 SkyWalking。改造後的部署檔案的內容如下：

```
apiVersion: apps/v1
kind: Deployment
metadata:
  name: chapter10-monitor-demo
spec:
  selector:
    matchLabels:
      app: chapter10-monitor-demo
  replicas: 1
  # 設定輪流升級策略
  #Kubernetes 在等待設定的時間後才開始進行升級，例如 5s
  minReadySeconds: 5
  strategy:
    type: RollingUpdate
    rollingUpdate:
      # 在升級過程中最多可以比原先設定多出的 Pod 數量
      maxSurge: 1
      # 在升級過程中 Deployment 控制器最多可以刪除多少個舊 Pod，主要用於提供緩
衝時間
      maxUnavailable: 1
  template:
    metadata:
      labels:
        app: chapter10-monitor-demo
    spec:
      # 建構初始化映像檔（透過初始化映像檔的方式整合 SkyWalking Agent）
      initContainers:
        - image: 10.211.55.2:8080/springcloud-action/skywalking-agent-
```

```
sidecar:latest
          name: sw-agent-sidecar
          imagePullPolicy: IfNotPresent
          command: ["sh"]
          args:
            [
              "-c",
              "mkdir -p /skywalking/agent && cp -r /usr/skywalking/
agent/* /skywalking/agent",
            ]
          volumeMounts:
            - mountPath: /skywalking/agent
              name: sw-agent
      containers:
        - name: chapter10-devops-demo
          image: 10.211.55.2:8080/springcloud-action/chapter10-monitor-
demo:latest
          env:
            # 這裡透過 JAVA_TOOL_OPTIONS，而非 JAVA_OPTS 來設定啟動參數，是
因為使用 JAVA_TOOL_OPTIONS 不需要給 "agent" 命令加上 JVM 啟動參數就能實現 Java
Agent（探針）的整合
            - name: JAVA_TOOL_OPTIONS 給
              value: -javaagent:/usr/skywalking/agent/skywalking-agent.jar
            - name: SW_AGENT_NAME
              value: chapter10-devops-demo
            - name: SW_AGENT_COLLECTOR_BACKEND_SERVICES
              # FQDN: servicename.namespacename.svc.cluster.local
              value: oap.skywalking:11800
            - name: SERVER_PORT
              value: "8080"
            - name: SPRING_PROFILES_ACTIVE
              value: test
          volumeMounts:
            - mountPath: /usr/skywalking/agent
              name: sw-agent
      volumes:
        - name: sw-agent
          emptyDir: {}
---
```

```
apiVersion: v1
kind: Service
metadata:
  name: chapter10-monitor-demo
  labels:
    svc: chapter10-monitor-demo
spec:
  selector:
    app: chapter10-monitor-demo
  ports:
    - name: http
      #Service 在叢集中曝露的通訊埠（用於 Kubernetes 服務間的存取）
      port: 8080
      #Pod 上的通訊埠（與製作容器時曝露的通訊埠一致，在微服務專案程式中指定的
通訊埠）
      targetPort: 8080
      #K8s 叢集外部存取的通訊埠（外部機器存取）
      nodePort: 30002
  type: NodePort
```

在微服務 "chapter10-devops-demo" 的 Kubernetes 部署檔案中，主要是透過共用 "volume" 的方式來掛載 Java Agent（探針）的依賴套件。其中，"initContainers" 透過 "skywalking-agent" 卷冊將 "skywalking-agent-sidecar" 映像檔掛載到 "/skywalking/agent" 目錄下，並將 "agent" 目錄中的檔案複製到 "/skywalking/agent" 目錄下。這樣，微服務容器啟動時透過掛載 "skywalking-agent" 卷冊，並將該卷冊掛載到容器的 "/usr/skywalking/agent" 目錄下，就可以實現微服務整合 SkyWalking Java Agent（探針）、連線 SkyWalking 的邏輯。

> 將微服務透過 Java Agent（探針）連線 SkyWalking，還可以透過在啟動命令中加入 JVM 參數（例如 "-javaagent:/usr/skywalking/agent/skywalking-agent.jar"）來實現。
>
> 可以在定義微服務鏡像打包的 Dockerfile 檔案中，透過 "ENTRYPOINT" 來設定，例如：

```
ENTRYPOINT [ "sh", "-c", "java ${JAVA_OPTS} -javaagent:/app/agent/
skywalking-agent.jar -Dskywalking. collector.backend_service=${SW_
AGENT_COLLECTOR_BACKEND_SERVICES} -Dskywalking.agent.service_
name=${SW_AGENT_NAME} -Dskywalking. agent.instance_name=${HOSTNAME}
-Djava.security.egd=file:/dev/./ urandom -jar /app/app.jar $PROFILE"
]
```

但這種方式需要在 Dockerfile 檔案中額外設置相關的 JVM 參數。這裡為了方便，透過 "JAVA_TOOL_OPTIONS"，以 JVM 環境變數的方式代替用 "JAVA_OPTS" 設置 JVM 啟動參數的方式。

5. 將微服務部署至 Kubernetes 叢集中，並驗證其是正常連線 SkyWalking

（1）進入微服務 Kubenetes 部署檔案所在目錄下，執行以下發佈命令：

```
$ kubectl apply -f deploy-skywalking.yml
deployment.apps/chapter10-monitor-demo created
service/chapter10-monitor-demo created
```

（2）由於在部署微服務時並未特別指定命名空間，所以，可以直接在預設的命名空間中查看執行的 Pod 資訊。命令如下：

```
$ kubectl get pods
NAME                                    READY   STATUS    RESTARTS   AGE
chapter10-monitor-demo-5767d54f5-vfqqf  1/1     Running   0          96m
```

（3）為了驗證微服務在 Kubernetes 中執行時期是否整合了 SkyWalking Java Agent（探針），可以透過以下命令查看容器的具體日誌。

```
$ kubectl logs chapter10-monitor-demo-5767d54f5-vfqqf
```

查看到的應用的開機記錄如下：

```
Picked up JAVA_TOOL_OPTIONS: -javaagent:/usr/skywalking/agent/skywalking-
agent.jar
DEBUG 2021-02-20 08:03:22:220 main AgentPackagePath : The beacon class
location is jar:file:/usr/skywalking/agent/skywalking-agent.jar!/org/
```

```
apache/ skywalking/apm/agent/core/boot/AgentPackagePath.class.
INFO 2021-02-20 08:03:22:222 main SnifferConfigInitializer : Config file
found in /usr/skywalking/agent/config/agent.config.
2021-02-20 08:03:39.157  INFO 1 --- [           main] trationDelegate$Be
anPostProcessorChecker : Bean 'org.springframework.cloud.autoconfigure.
ConfigurationPropertiesRebinderAutoConfiguration' of type [org.
springframework.cloud.autoconfigure.ConfigurationPropertiesRebinderAutoCo
nfiguration$$EnhancerBySpringCGLIB$$282a8554] is not eligible for getting
processed by all BeanPostProcessors (for example: not eligible for auto-
proxying)
...
2021-02-20 08:03:54.431  INFO 1 --- [           main] o.s.b.a.e.web.
EndpointLinksResolver      : Exposing 2 endpoint(s) beneath base path '/
actuator'
2021-02-20 08:03:54.851  INFO 1 --- [           main] o.s.b.w.embedded.
tomcat.TomcatWebServer  : Tomcat started on port(s): 8080 (http) with
context path ''
2021-02-20 08:03:54.892  INFO 1 --- [           main] o.s.c.c.s.C
onsulServiceRegistry         : Registering service with consul:
NewService{id='monitor-demo-spring-cloud-client-ipAddress-8080-1-0-
SNAPSHOT', name='monitor-demo', tags=[secure=false], address='10.32.0.16',
meta=null, port=8080, enableTagOverride=null, check=Check{script='null',
interval='10s', ttl='null', http='http://10.32.0.16:8080/actuator/
health', method='null', header={}, tcp='null', timeout='null', deregi
sterCriticalServiceAfter='null', tlsSkipVerify=null, status='null'},
checks=null}
2021-02-20 08:03:55.070  INFO 1 --- [           main] c.w.monitor.
MonitorDemoApplication       : Started MonitorDemoApplication in 24.584
seconds (JVM running for 32.992)
```

從中可以看出：服務在啟動時已經辨識到了在 Kubernetes 部署檔案中透過 "JAVA_TOOL_OPTIONS" 設定的參數 "-javaagent:/usr/skywalking/agent/skywalking- gent.jar"，並找到了 SkyWalking Java Agent（探針）相關的設定。這說明微服務已經透過 Java Agent（探針）連線了 SkyWalking 服務，並成功執行。

10.3.5 步驟 3：透過 SkyWalking UI 追蹤分散式鏈路

接下來透過呼叫 10.2.5 節中撰寫的微服務測試介面來產生 SkyWalking 監控資料，並透過 SkyWalking UI 對上報的鏈路資料進行追蹤。

（1）以一定頻率存取微服務的測試介面。例如：

```
http://10.211.55.12:30002/monitor/test?name=wudimanong
```

> 以上是在將微服務部署到 Kubernetes 叢集後透過 Service 映射的 nodePort 通訊埠。

（2）在存取微服務測試介面後，刷新 SkyWalking UI 介面，可以看到 Spring Cloud 微服務已經透過 Java Agent（探針）向 SkyWalking 上報了監控資料，如圖 10-31 所示。

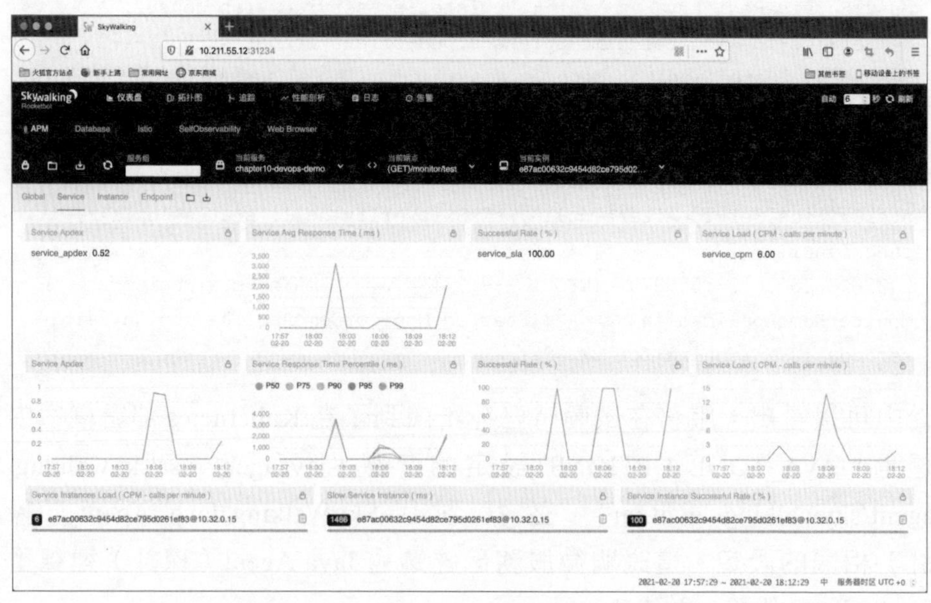

▲ 圖 10-31（編按：本圖例為簡體中文介面）

（3）點擊上方的「追蹤」選單後，可以看到每一次請求呼叫所經歷的鏈路過程，如圖 10-32 所示。

▲ 圖 10-32（編按：本圖例為簡體中文介面）

在圖 10-32 中可以看到，在微服務測試介面請求鏈路的詳情中清晰地展示了每個鏈路呼叫的耗時、回應等詳細資訊。

10.4 本章小結

本章系統地介紹了在 Spring Cloud 微服務中建構多維度監控系統的理論、方法及實踐，具有很強的實戰意義。其中相關的 Prometheus、Grafana、SkyWalking 等開放原始碼監控產品，也都是目前業界在 Metrics（度量指標）、Tracing（呼叫鏈）監控領域主流的建構方案。

在實際的應用場景中，日誌監控也是很重要的一部分。由於篇幅的原因，本章並沒有具體示範，感興趣的讀者可以研究一下主流的 ELK（Elasticsearch + Logstash + Kabana）方案。